数据通信与计算机网

主　编　杨延广
副主编　李　辉　孙群中
　　　　杨　斐　范兴娟
　　　　何　扬

《数据通信与计算机网》
在线开放课程

北京理工大学出版社
BEIJING INSTITUTE OF TECHNOLOGY PRESS

内 容 简 介

全书采用项目制、任务驱动方式编写，是配有数字化资源的新形态一体化教材，共分为七个项目：项目 1 初识计算机网与数据通信网，项目 2 分析 OSI 与 TCP/IP 模型，项目 3 组建小型办公室、家庭局域网，项目 4 组建中小型企业网，项目 5 组建大型企业网，项目 6 组建运营商城域网、骨干网，项目 7 数据通信网络安全。各个项目又细分为若干任务。各项目的设置遵循由浅入深、循序渐进的原则，从学生最为贴近且感兴趣的 Internet 应用入手，由单机入网到家庭、办公室网络到小型企业网，再到大型企业网、城域网、骨干网，步步深入、层层引导。教材将计算机网络知识和技能贯穿于各项任务中，使学生能够在“做中学”，将专业知识、学习方法、职业素养深度集成，引导学生在“做”任务的同时，理解、消化知识，并培养操作技能，同时可以自主查阅资料，激发学生的学习能动性，培养学生的学习能力和职业素养。

书中附有二维码，扫描二维码即可观看相应知识点的视频资源，随扫随学，突破传统课堂教学的时空限制，激发学生自主学习的兴趣，打造高效课堂。

本书可作为高等职业院校通信类、计算机类相关专业的高职生教材或高等院校电子信息类专业的本科生教材，也可作为通信系统、网络工程相关工程技术人员的参考书。

图书在版编目（CIP）数据

数据通信与计算机网 / 杨延广主编. -- 北京 : 北京理工大学出版社, 2021.9(2023.8 重印)

ISBN 978-7-5763-0439-8

Ⅰ. ①数… Ⅱ. ①杨… Ⅲ. ①数据通信②计算机网络 Ⅳ. ①TN919②TP393

中国版本图书馆 CIP 数据核字(2021)第 200096 号

出版发行 / 北京理工大学出版社有限责任公司
社　　址 / 北京市海淀区中关村南大街 5 号
邮　　编 / 100081
电　　话 / (010) 68914775（总编室）
　　　　　(010) 82562903（教材售后服务热线）
　　　　　(010) 68944723（其他图书服务热线）
网　　址 / http://www.bitpress.com.cn
经　　销 / 全国各地新华书店
印　　刷 / 涿州市新华印刷有限公司
开　　本 / 787 毫米 ×1092 毫米　1/16
印　　张 / 21.25　　　　责任编辑 / 王艳丽
字　　数 / 488 千字　　　　文案编辑 / 王艳丽
版　　次 / 2021 年 9 月第 1 版　2023 年 8 月第 3 次印刷　　　　责任校对 / 周瑞红
定　　价 / 55.00 元　　　　责任印制 / 施胜娟

图书出现印装质量问题，请拨打售后服务热线，本社负责调换

前言

党的二十大报告中指出："建设现代化产业体系。坚持把发展经济的着力点放在实体经济上，推进新型工业化，加快建设制造强国、质量强国、航天强国、交通强国、网络强国、数字中国"。数据通信与计算机网络技术在新一代信息技术、人工智能、高端装备等战略性新兴产业中发挥着重要的基础性作用，要不负时代使命，不断创新，落实二十大的新部署新要求，在"加快建设网络强国、数字中国"中发挥更大作用。

本书原为"十二五"职业教育国家规划教材，专门针对高职高专通信类专业学生编写，充分考虑了学生的特点和实际工作需要，理论与实践并重，通过本书学习可使学生对数据通信与计算机网络建立起较完整的概念，并掌握基本技能和基本理论，为从事相关工作打下基础。本次修订以党的二十大精神为引领，落实立德树人根本任务，以培养大国工匠、高技能人才为目标，主要做了如下几个方面的改进。

(1) 教书育人并重，强化课程思政实施，落实"讲好中国故事、传播好中国声音，展现可信、可爱、可敬的中国形象""引导广大人才爱党报国、敬业奉献、服务人民"的要求，在传授知识技能的同时，结合各项目内容合理引入思政教育元素，进一步强化爱国情怀、文化自信、职业素养及工匠精神的培养。

(2) 内容组织采用项目制，全书以项目为主线，将知识技能串联起来，每个项目分为若干个任务，每个任务由任务描述、任务分析、知识准备、任务实施、任务总结、任务评价等环节构成，将理论知识融入具体任务中。通过任务驱动使学习目标明确，学生通过完成一个个任务，逐步掌握相关知识和技能。

(3) 融入1+X证书，内容选取上融入了华为"网络系统建设与运维"证书内容，为学员考取1+X证书打下基础。

(4) 产教融合选取案例，由石家庄邮电职业技术学院教师和惠远通服科技有限公司工程师合作编写，项目案例全部由实际工程项目转换而来。

学习项目和任务的设置遵循由浅入深，循序渐进的原则，从学生最为贴近且感兴趣的互联网应用入手，从家庭、办公室网络到小型企业网，再到大型企业网，步步深入，层层引导，将计算机网络知识和技能贯穿于项目任务中，同时在各项任务中，适时穿插相关的数据通信、网络设备、网络体系结构、网络管理和安全等内容，使学生在完成任务，掌握技能的同时学会相关的理论知识。

本书适合高职高专通信类专业学生学习使用，也适用于企业员工培训，学习本书前，学生应该首先学习通信概论课程，并掌握通信技术的基本知识。本教材参考学时为70~90学时，学习过程中可根据课时安排及实际需要选做其中部分项目或任务，建议在实训基地授课，采用理实一体化模式学习，各项目的参考学时见下表。

学时分配表

项目	课程内容	学时
项目1	初识计算机网与数据通信网	10~12
项目2	分析OSI与TCP/IP模型	10~12
项目3	组建小型办公室、家庭局域网	8~12
项目4	组建中小型企业网	10~14
项目5	组建大型企业网	12~16
项目6	组建运营商城域网、骨干网	10~12
项目7	数据通信网络安全	10~12
课时总计		70~90

项目1由石家庄邮电职业技术学院李辉撰写，项目2、项目3由石家庄邮电职业技术学院孙群中和承德应用技术职业学院何扬撰写，项目4由石家庄邮电职业技术学院范兴娟撰写，项目5、项目6由石家庄邮电职业技术学院杨延广和杨斐撰写，项目7由石家庄邮电职业技术学院李辉和范兴娟共同撰写，杨延广负责整体设计及全书统稿，惠远通服科技有限公司的牛建彬、康昱等通信工程师，参与了书稿讨论、案例设计等。石家庄邮电职业技术学院的孙青华、黄红艳、张星等老师，以及惠远通服科技有限公司的部分工程师为本书的编写做出了贡献，在此表示衷心感谢。本书编写过程中，参考了一些相关文献，在此也对这些文献的作者表示诚挚的感谢。

由于编者水平有限，数据通信技术发展很快且涉及面很广，书中难免存在错误或不足之处，恳请专家和读者不吝赐教，以对本书内容进行改进和完善。

编　者

目录

项目1　初识计算机网与数据通信网 …… 1
任务1.1　初识计算机网与互联网 …… 1
1.1.1　计算机网络概述 …… 1
1.1.2　互联网 …… 6
1.1.3　搭建局域网、城域网、广域网拓扑结构 …… 8
1.1.4　分析常见网络互联设备的作用 …… 9
1.1.5　揭秘 Internet 的前世今生 …… 10
任务1.2　体验 Internet 的主要服务及应用 …… 12
1.2.1　Internet 提供的主要服务 …… 12
1.2.2　Internet 的主要应用 …… 19
1.2.3　体验 Internet 的主要服务 …… 20
1.2.4　体验 Internet 的主要应用 …… 23
任务1.3　初识数据通信网 …… 26
1.3.1　数据通信 …… 26
1.3.2　数据通信网络结构 …… 35
1.3.3　分析光猫在通信系统中的作用 …… 40
1.3.4　计算数据通信系统的主要性能指标 …… 41
1.3.5　分析城市城域网的网络结构 …… 41
1.3.6　分析校园局域网的网络结构 …… 42
练习与思考 …… 43
项目2　分析 OSI 与 TCP/IP 模型 …… 45
任务2.1　分析网络体系结构 …… 45
2.1.1　网络体系结构 …… 45
2.1.2　通信协议 …… 46
2.1.3　网络体系结构的分层 …… 47
2.1.4　用网络体系结构的分层思想分析邮政系统 …… 48

任务 2.2 分析 OSI－RM …… 50
2.2.1 OSI－RM 7 层协议 …… 50
2.2.2 分析 7 号信令系统 …… 53
任务 2.3 分析 TCP/IP 模型 …… 55
2.3.1 TCP/IP 模型 …… 56
2.3.2 以太网 MAC 帧 …… 59
2.3.3 IP 层协议 …… 61
2.3.4 运输层协议 …… 67
2.3.5 Wireshark 的安装和运行 …… 74
2.3.6 使用 Wireshark 抓包 …… 77
练习与思考 …… 89
项目 3 组建小型办公室、家庭局域网 …… 91
任务 3.1 网线制作 …… 91
3.1.1 网络传输介质 …… 91
3.1.2 网线制作 …… 93
任务 3.2 网卡的安装与配置 …… 95
3.2.1 网卡 …… 96
3.2.2 安装网卡 …… 98
3.2.3 配置网卡 …… 98
任务 3.3 家用宽带路由器组网与配置 …… 108
3.3.1 家用宽带路由器 …… 108
3.3.2 登录家用宽带路由器 …… 109
3.3.3 配置 PPPoE …… 110
3.3.4 配置以太网共享 …… 110
3.3.5 配置 WiFi …… 111
任务 3.4 使用 DOS 命令行的命令进行网络维护管理 …… 113
3.4.1 DOS 命令行界面 …… 113
3.4.2 常用的网络命令简介 …… 113
3.4.3 使用 DOS 命令行的命令进行网络维护管理 …… 116
练习与思考 …… 123
项目 4 组建中小型企业网 …… 126
任务 4.1 初识 2 层交换机 …… 127
4.1.1 2 层接入交换机 …… 127
4.1.2 2 层交换机基本配置 …… 134
任务 4.2 2 层交换机 VLAN 配置 …… 139
4.2.1 VLAN 原理 …… 139
4.2.2 VLAN 配置 …… 145
任务 4.3 2 层交换机 QinQ 配置 …… 149

4.3.1 QinQ 原理……………………………………………………………………… 149
4.3.2 QinQ 配置……………………………………………………………………… 153
任务 4.4 2 层交换机 STP 配置…………………………………………………………… 156
4.4.1 STP 原理 ……………………………………………………………………… 156
4.4.2 STP 配置 ……………………………………………………………………… 160
任务 4.5 2 层交换机链路聚合配置 ……………………………………………………… 162
4.5.1 链路聚合原理 ………………………………………………………………… 163
4.5.2 链路聚合配置 ………………………………………………………………… 165
任务 4.6 初识 3 层交换机………………………………………………………………… 168
4.6.1 3 层汇聚交换机 ……………………………………………………………… 168
4.6.2 3 层交换机实现 VLAN 互通配置 …………………………………………… 170
任务 4.7 组建 WLAN ……………………………………………………………………… 171
4.7.1 WLAN 原理及设备 …………………………………………………………… 172
4.7.2 WLAN 配置 …………………………………………………………………… 175
练习与思考 ……………………………………………………………………………… 180
项目 5 组建大型企业网 …………………………………………………………………… 182
任务 5.1 初识接入路由器………………………………………………………………… 182
5.1.1 路由器的作用 ………………………………………………………………… 182
5.1.2 接入路由器的功能结构 ……………………………………………………… 183
5.1.3 使用 eNSP 仿真软件初识接入路由器 ……………………………………… 184
任务 5.2 子网划分………………………………………………………………………… 186
5.2.1 IP 地址 ………………………………………………………………………… 186
5.2.2 分类的 IPv4 地址……………………………………………………………… 187
5.2.3 IPv4 子网划分 ………………………………………………………………… 188
5.2.4 无分类 IPv4 编址……………………………………………………………… 190
5.2.5 IPv6 地址 ……………………………………………………………………… 191
5.2.6 等长子网划分 ………………………………………………………………… 193
5.2.7 变长子网划分 ………………………………………………………………… 194
任务 5.3 路由器接口基本配置…………………………………………………………… 195
5.3.1 路由器的管理端口 …………………………………………………………… 196
5.3.2 路由器的物理端口 …………………………………………………………… 196
5.3.3 路由器的回环端口 …………………………………………………………… 198
5.3.4 IPv4 地址配置 ………………………………………………………………… 198
5.3.5 IPv6 地址配置 ………………………………………………………………… 200
任务 5.4 静态路由配置…………………………………………………………………… 201
5.4.1 静态路由原理 ………………………………………………………………… 202
5.4.2 IPv4 静态路由配置 …………………………………………………………… 204
5.4.3 IPv6 静态路由配置 …………………………………………………………… 207

任务 5.5　RIP 路由配置 …… 209
5.5.1　RIP 路由原理 …… 210
5.5.2　RIP 路由配置 …… 212
5.5.3　RIPng 路由配置 …… 214
任务 5.6　OSPF 路由配置 …… 217
5.6.1　OSPF 路由原理 …… 217
5.6.2　单区域 OSPF 路由配置 …… 222
5.6.3　多区域 OSPF 路由配置 …… 224
5.6.4　OSPFv3 路由配置 …… 226
练习与思考 …… 230
项目 6　组建运营商城域网、骨干网 …… 233
任务 6.1　初识城域网与骨干网路由器 …… 233
6.1.1　城域网路由器 …… 233
6.1.2　骨干网路由器 …… 235
6.1.3　探索城域网路由器硬件结构 …… 236
6.1.4　探索骨干网路由器硬件结构 …… 239
任务 6.2　IS-IS 路由配置 …… 242
6.2.1　IS-IS 路由原理 …… 243
6.2.2　IS-IS IPv6 路由原理 …… 249
6.2.3　IS-IS IPv4 路由配置 …… 250
6.2.4　IS-IS IPv6 路由配置 …… 254
任务 6.3　BGP 路由配置 …… 258
6.3.1　BGP 路由原理 …… 258
6.3.2　BGP 路由配置 …… 263
6.3.3　BGP4+路由配置 …… 266
任务 6.4　路由策略配置 …… 269
6.4.1　路由策略原理 …… 269
6.4.2　路由策略配置 …… 272
练习与思考 …… 276
项目 7　数据通信网络安全 …… 278
任务 7.1　防火墙及配置 …… 278
7.1.1　防火墙原理 …… 279
7.1.2　防火墙配置 …… 282
任务 7.2　ACL 技术及配置 …… 285
7.2.1　ACL 原理 …… 286
7.2.2　ACL 配置 …… 289
任务 7.3　NAT 技术及配置 …… 292
7.3.1　NAT 原理 …… 293

7.3.2　NAT 配置 …… 296
任务 7.4　VPN 技术及配置 …… 298
7.4.1　VPN 原理 …… 299
7.4.2　VPN 配置 …… 306
任务 7.5　ARP 技术及配置 …… 309
7.5.1　ARP 原理 …… 310
7.5.2　ARP 配置 …… 315
任务 7.6　IPSG 技术及配置 …… 322
7.6.1　IPSG 原理 …… 322
7.6.2　IPSG 配置 …… 325
练习与思考 …… 329
参考文献 …… 330

项目1

初识计算机网与数据通信网

项目描述：计算机网络是计算机技术和通信技术结合的产物。计算机网是实现计算机之间信息传递和资源共享的网络。数据通信网是为提供数据通信业务组成的电信网。两者既有联系也有区别。本项目分为3个任务，任务1.1是初识计算机网与互联网；任务1.2是体验Internet的主要服务及应用；任务1.3是初识数据通信网。

项目分析：从计算机网络的概念入手，通过图片、视频等方式，介绍计算机网络的产生和发展，计算机网络的组成、分类，理解网络拓扑结构。通过上网操作，让学生体验Internet的主要服务，同时让学生结合自身Internet的使用体会，分享Internet的主要应用。在了解数据通信的概念及特点、系统组成的基础上，理解数据传输方式和复用技术。通过实际组网案例，加深对数据通信网络结构的理解。

项目目标：

- 了解计算机网络与互联网基础。
- 熟悉Internet网络服务及应用。
- 理解数据通信网络结构。

任务1.1　初识计算机网与互联网

任务描述

了解计算机网络基础知识，包括概念、产生和发展、网络组成和拓扑结构、网络分类等；熟悉Internet的发展历程，并搜集Internet的相关资料。

任务分析

通过图片、视频等方式，让学生了解计算机网络的概念、产生和发展；通过举例的方式，介绍网络组成和拓扑结构、网络分类。在了解互联网基本概念的基础上，让学生搜集并分享Internet的发展历史。

知识准备

1.1.1　计算机网络概述

1. 计算机网络的基本概念

计算机网络概述

计算机网络是计算机技术与通信技术相结合的产物。为了使任意的自治计算机都能连接起来实现信息交换和资源共享，对于地理位置不同的计算机不仅需要通过专用的或公用的通信线路实现连接，还需要网络操作系统、网络管理软件及网络通信协议的管理和协调。因此，可给出下面的定义：

计算机网络是指将地理位置不同的具有独立功能的多台计算机及其外部设备，通过通信线路连接起来，在网络操作系统、网络管理软件及网络通信协议的管理和协调下，实现资源共享和信息传递的计算机系统。

2. 计算机网络的产生和发展

计算机网络的产生和发展经历了以下 5 个阶段。

1）以单计算机为中心的联机系统

20 世纪 50 年代中后期为计算机网络的孕育阶段。其主要特征是：实现了计算机技术和通信技术的初步结合。

早期的计算机系统是高度集中的，所有的设备安装在单独的大房间中，后来出现了批处理和分时系统，分时系统所连接的多个终端必须紧接着主计算机。将地理位置分散的多个终端通过通信线路连到一台中心计算机上，用户可以在自己办公室内的终端输入程序，通过通信线路传送到中心计算机，分时访问和使用资源进行信息处理，处理结果再通过通信线路回送到用户终端显示或打印。这种以单个计算机为中心的联机系统称为面向终端的远程联机系统，如图 1－1 所示。早期的终端就是一台计算机的外部设备，包括 CRT 控制器和键盘，但没有图形处理器（Graphics Processing Unit，GPU，即显卡）和内存。

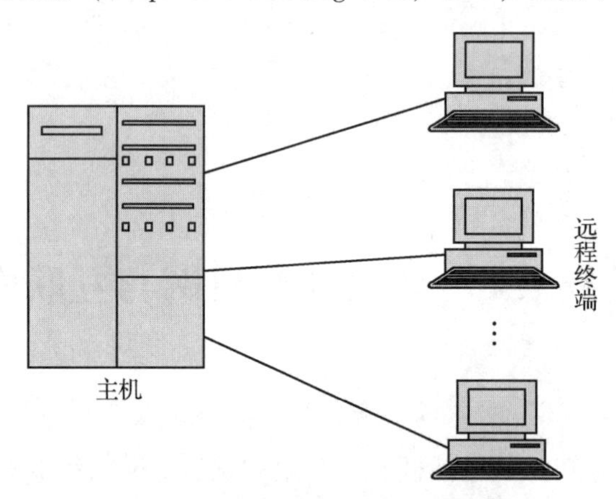

图 1－1　面向终端的远程联机系统

随着远程终端的增多，为提高主机的处理效率，在主机之前增加了一台功能简单的计算机，专门用于处理终端的通信信息和控制通信线路，并能对用户的作业进行预处理，这台计算机称为“通信控制处理机”（Communication Control Processor，CCP），也叫前置处理机；在终端设备较集中的地方设置一台集中器（Concentrator），终端通过低速线路先汇集到集中器上，再用高速线路将集中器连到主机上。

由于当时的终端还不是计算机，所以严格地说，不能算是计算机网络。当然像现在广泛使用微机作为终端，就可称为计算机网络了。

2）以通信子网为中心的计算机网络

20 世纪 60 年代末到 20 世纪 70 年代初为计算机网络发展的萌芽阶段。其主要特征是：

为了增加系统的计算能力和资源共享，把小型计算机连成实验性的网络。由美国国防部于1969年建成的ARPANET是第一个远程分组交换网，第一次实现了由通信网络和资源网络复合构成计算机网络系统，标志了计算机网络的真正产生。

分布在不同地点的计算机（也称为主机）通过通信线路互联成为计算机－计算机网络，各主机之间不是直接用线路相连，而是接口报文处理机IMP转接后互联的。IMP和它们之间互联的通信线路一起负责主机间的通信任务，构成了通信子网。由通信子网互联的各主机负责运行程序，提供共享资源，组成了资源子网。联网用户可以通过计算机使用本地计算机的软件、硬件与数据资源，也可以使用网络中的其他计算机软件、硬件与数据资源，以达到资源共享的目的。

分组交换技术和网络体系结构中的网络协议分层思想开始得到应用。

3）局域网络

20世纪70年代中后期是局域网络（LAN）发展的重要阶段，其主要特征为：局域网络作为一种新型的计算机体系结构开始进入产业部门。局域网技术是从远程分组交换通信网络和I/O总线结构计算机系统派生出来的。1976年，美国Xerox公司的帕罗奥托（Palo Alto）研究中心推出以太网（Ethernet），它成功地采用了夏威夷大学ALOHA无线电网络系统的基本原理，使之发展成为第一个总线竞争式局域网络。1974年，英国剑桥大学计算机研究所开发了著名的剑桥环局域网（Cambridge Ring）。这些网络的成功实现，一方面标志着局域网络的产生；另一方面，它们形成的以太网及环网对以后局域网络的发展起到导航的作用。

4）遵循网络体系结构标准建成的网络

整个20世纪80年代是计算机局域网络的发展时期。其主要特征是：局域网络完全从硬件上实现了ISO的开放系统互联通信模式协议的能力。计算机局域网及其互联产品的集成，使得局域网与局域互联、局域网与各类主机互联，以及局域网与广域网互联的技术越来越成熟。1980年2月，IEEE（美国电气和电子工程师学会）下属的802局域网络标准委员会宣告成立，并相继提出IEEE 802.1～802.6等局域网络标准草案，其中的绝大部分内容已被国际标准化组织（ISO）正式认可。作为局域网络的国际标准，它标志着局域网协议及其标准化的确定，为局域网的进一步发展奠定了基础。在1984年，ISO制定了OSI－RM，成为研究和制定新一代计算机网络标准的基础。各种符合OSI－RM与协议标准的远程计算机网络、局部计算机网络与城市地区计算机网络开始广泛应用。

5）互联网

自20世纪90年代初至今是计算机网络飞速发展的阶段，其主要特征是计算机网络化、协同计算能力发展以及因特网（Internet）的盛行。计算机的发展已经完全与网络融为一体，体现了“网络就是计算机”的口号。各种网络进行互联，形成更大规模的互联网。因特网为其典型代表，特点是互联、高速、智能与更为广泛的应用。

3. 计算机网络的功能

（1）数据通信。这是计算机网络的最基本功能，也是实现其他功能的基础。

（2）资源共享。计算机网络的主要目的是共享资源。共享的资源有硬件资源、软件资源、数据资源。其中共享数据资源是计算机网络最重要的目的。

（3）提高系统的可靠性。当人们需要的资源和通信能力在计算机网络中有冗余备份时，即使系统出现局部的故障，仍可以得到可靠的保障。

（4）促进分布式数据处理和分布式数据库的发展。通过计算机网络可以实现计算负荷的均衡，有利于加快处理速度，提高网络资源的利用率；并且可以实现单个计算机无法完成的大型任务。

（5）远程控制。随着计算机网络的普及和应用，在人们生活、商业、工业、科研及军事等众多领域，可以通过计算机网络来控制调节对象。

4. 计算机网络的组成和拓扑结构

1）计算机网络的组成

通常把计算机网络中的计算机、通信设备等称为节点，而把连接这些节点的通信线路称为链路。计算机网络就是由节点和连接节点的链路所组成的。按照功能又可以将计算机网络划分为通信子网和资源子网两部分。通信子网是指网络中实现网络通信功能的设备及其软件的集合，由通信处理机、其他通信设备、通信链路、通信软件等组成，其功能是通过通信处理机将资源子网中的计算资源连接起来进行通信。资源子网是指网络中共享的硬件、软件和数据资源，主要由网络的服务器、工作站、共享的打印机、存储设备和其他设备及相关软件所组成，如图 1－2 所示。

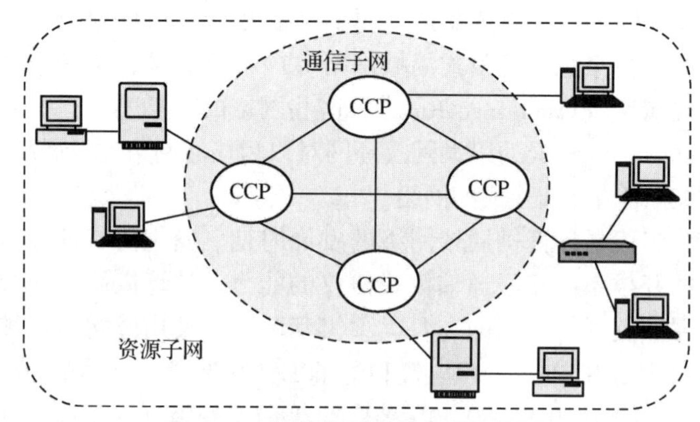

图 1－2　计算机网络的组成示意图

2）计算机网络的拓扑结构

通常用图论的观点来分析计算机网络中各网络节点间的位置关系。即把计算机网络中的网络设备看作节点，而将连接各节点间的链路看作边，从而组成的图形就称为计算机网络的拓扑结构。计算机网络的拓扑结构通常是相对于通信子网而言的。确定网络的拓扑结构是设计计算机网络的关键步骤，将对网络的维护、管理和扩充升级具有重要的影响。

按照信息传播方式，可以将网络拓扑结构分为两大类，即点对点型和共享型（又称为广播型）。

（1）点对点型。

在点对点型的网络拓扑结构中，一对节点通过它们之间的通信链路实现点对点的数据传输。这种拓扑结构有星型、树型、网型和全互联型等基本形式，如图 1－3 所示。而实际的网络拓扑结构可以是各种基本形式的组合。

（2）共享型。

在共享型的网络拓扑结构中，一个节点发送的数据通过共享传输介质可以传到多个节点。这种拓扑结构有总线型、环型等基本形式，并且非常适合于无线通信网，如图 1－4 所示。

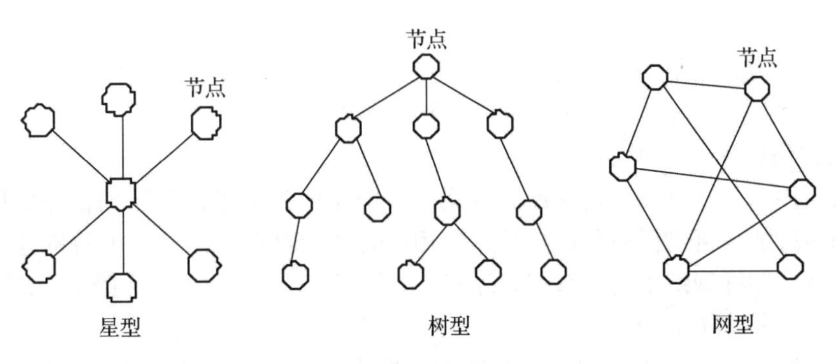

图1-3　点对点型的网络拓扑结构

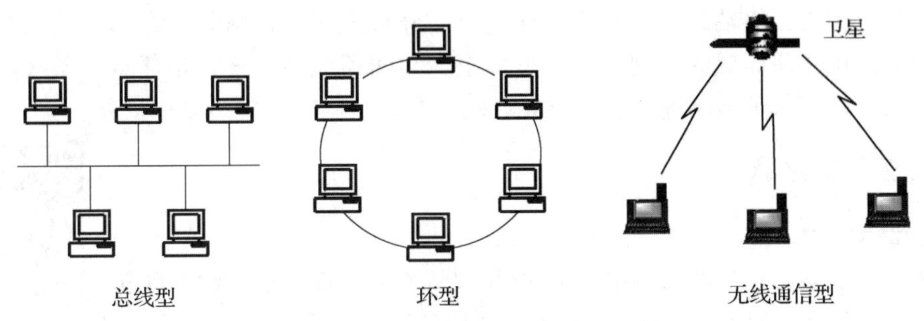

图1-4　共享型的网络拓扑结构

5. 计算机网络的分类

根据具体应用和需求的多样性，计算机网络也多种多样、各具特色。为方便了解和掌握网络技术，除按照拓扑结构分类外，通常计算机网络可从以下几个方面进行分类。

（1）按网络覆盖范围分类。

按网络覆盖范围，可分为局域网（Local Area Network，LAN）、城域网（Metropolitan Area Network，MAN）、广域网（Wide Area Network，WAN）。

①局域网。将一个校园、一个单位或一栋大楼等有限范围内的计算机、外设等通过通信设备连接起来就组成了局域网。其覆盖范围较小，通常为几十米到几千米。

②城域网。将一个城市范围的局域网、计算机系统等计算资源通过通信设备连接起来就组成了城域网。

③广域网。广域网又称远程网（Remote Computer Network，RCN）。广域网用来将分布在相距很远的不同地理位置的局域网、计算机系统等计算资源通过远程的通信链路连接起来，实现更大范围的资源共享。

（2）按通信介质分类。

按通信介质，可分为有线网和无线网。

①有线网。采用双绞线、同轴电缆和光纤等传输介质的网络。

②无线网。采用无线电、微波和卫星通信等进行数据通信的网络。

（3）按传播方式分类。

按传播方式可分为点对点方式和广播式（即点对多点）。例如，总线型以太网属于广播式网络，交换型以太网属于点对点式网络。

（4）按传输速率分类。

按传输速率可分为低速网、中速网和高速网。可以将 kb/s 量级的网称为低速网，将 Mb/s 量级的网称为中速网，将 Gb/s 量级的网称为高速网。

（5）按网络使用者范围分类。

按网络使用者范围可分为公用网和专用网。公用网是由电信运营商组建的网络，网络内的传输和转接装置可供任何部门使用；专用网是某个部门为本系统的特殊业务工作需要而建造的网络，这种网络不向本系统以外的人提供服务，即不允许其他部门和单位使用。

（6）按网络控制方式分类。

按网络控制方式可分为集中式和分布式。集中式计算机网络由一个大型的中央系统、终端客户机组成，数据全部存储在中央系统，由数据库管理系统进行管理，所有的处理都由该大型系统完成，终端只是用来输入和输出。分布式网络是由分布在不同地点且具有多个终端的节点机互联而成的。网中任一点均至少与两条线路相连，当任意一条线路发生故障时，通信可转经其他链路完成，具有较高的可靠性。同时，网络易于扩充。

1.1.2 互联网

互联网概述

1. 互联网基本概念

互联网（internet）指的是采用 TCP/IP 协议将不同的计算机网络互联起来，是网络的网络。因为 TCP/IP 网络体系结构的开放性和接口的标准化，使得各计算机网络的实现可以采用不同的技术、不同的网络结构等，并且可以与外部网络进行数据通信、资源共享而又不被外部网络所知。不同网络互联的示意如图 1－5 所示。

众所周知，因特网是全球最大的互联网，首字母大写的“Internet”特指因特网，以区别于其他的互联网。在不发生混淆时，人们也常常把因特网称为互联网。注意：由于广域网技术和互联网技术的侧重点是不同的，因此因特网不应被称为广域网。

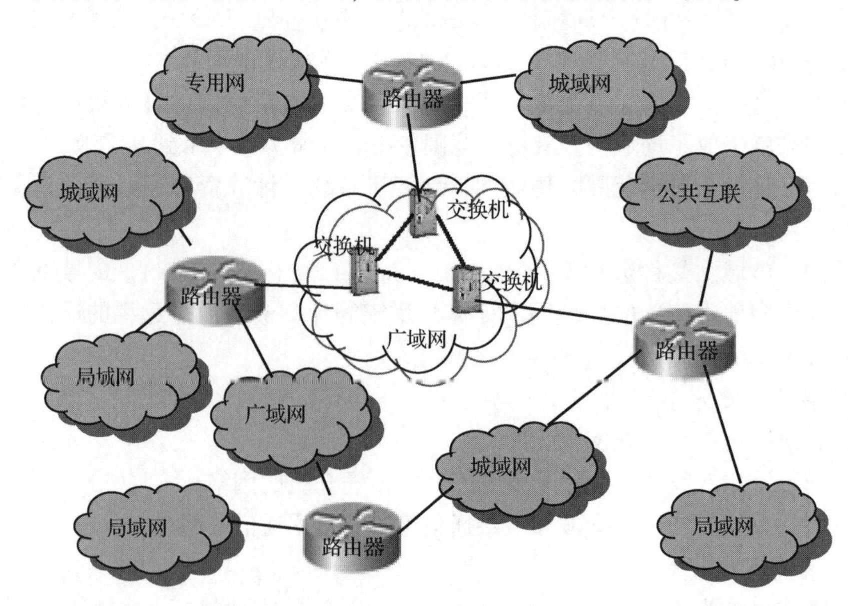

图 1－5　网络互联示意图

2. 因特网的发展

在20世纪60年代末，美国军方为了防止自己的计算机网络遭受攻击，由美国国防部高级研究计划局（Advanced Research Projects Agency，ARPA）主持研究并建立了供科学家们进行计算机联网实验用的、采用分组交换技术的ARPAnet（Advanced Research Projects Agency Network）。到20世纪70年代，ARPA又设立了新的研究项目，支持学术界和工业界进行研究，将不同的计算机局域网互联，形成“互联网（internet）”。1983年TCP/IP成为ARPAnet上的标准协议。虽然人们常说ARPAnet是因特网的前身，但完成实验任务的ARPAnet于1990年正式宣布关闭。现在的因特网是从1985年美国国家科学基金会（NSF）建设的国家科学基金网（NSFnet）作为主干网发展起来的。原来主要连接一些大学和科研机构，后来许多公司纷纷接入到因特网，网络通信流量急剧增大，因特网的主干网开始由私人公司运营并对接入因特网服务收费。最后发展成为多级ISP（Internet Service Provider，互联网服务提供商）结构的因特网。个人计算机（Personal Computer，PC）的普及和万维网（World Wide Web，WWW）在因特网上的广泛应用，极大地促进了因特网的发展。

因特网是以相互交流信息资源为目的，由使用相同网络协议（TCP/IP协议）的计算机连接而成的全球网络。因特网上的任何一台计算机（节点）都可以访问其他节点的网络资源，它是一个信息资源和资源共享的集合。随着通信技术和计算机网络技术的发展，人们对未来因特网的要求主要体现在高速、安全、处理功能强大、应用服务种类齐全、使用方便等方面。因特网的终端设备也由单一的计算机向着多样化方向发展，尤其是手机上网的普及应用，使移动互联网发展迅猛。

3. 我国互联网的发展

我国最早在1987年实现了国际远程联网，1988年实现了与欧洲和北美地区的E－mail通信。1994年4月20日，中国国家计算和网络设施（National Computing and Networking Facility of China，NCFC）工程通过美国Sprint公司联入因特网的64 kb/s国际专线开通，实现了与因特网的全功能连接，代表中国正式加入因特网。1994年5月中国科学院高能物理研究所的国内首个Web服务器正式进入了因特网，1996年1月，原中国电信建设的中国公用计算机互联网（CHINAnet）正式开通并投入运营。我国互联网发展早期，中国科学技术网（CSTNET）、中国教育科研网（CERNET）、中国公用计算机互联网（CHINAnet）和中国金桥信息网（CHINAGBN）被称为中国因特网的四大骨干网。现在中国科学院计算机网络信息中心（CNIC）、中国教育和科研计算机网络中心（CERNET）两个机构以及中国电信集团公司、中国联合通信有限公司及中国移动通信集团公司三家电信运营企业管理运营的网络是我国互联网的骨干。

中国科学院计算机网络信息中心下属的中国互联网络信息中心（CNNIC）是经国务院主管部门批准，于1997年6月3日组建的非营利性的管理和服务机构，行使国家互联网络信息中心的职责。CNNIC是信息产业部批准的我国域名注册管理机构，是我国国家级IP地址分配中心，为我国互联网发展提供IP地址、CN域名、中文域名、通用网址、AS号码等互联网地址服务，并以专业技术为全球用户提供不间断的域名注册、域名解析和Whois查询服务。

任务实施

1.1.3 搭建局域网、城域网、广域网拓扑结构

计算机网实现了计算机与计算机或数据终端与计算机之间的通信。计算机网可以按照覆盖范围划分为局域网（LAN）、城域网（MAN）、广域网（WAN）。

1. 局域网

局域网通常为某一单位私有网络，覆盖范围小于 20 km。如图 1－6 所示。

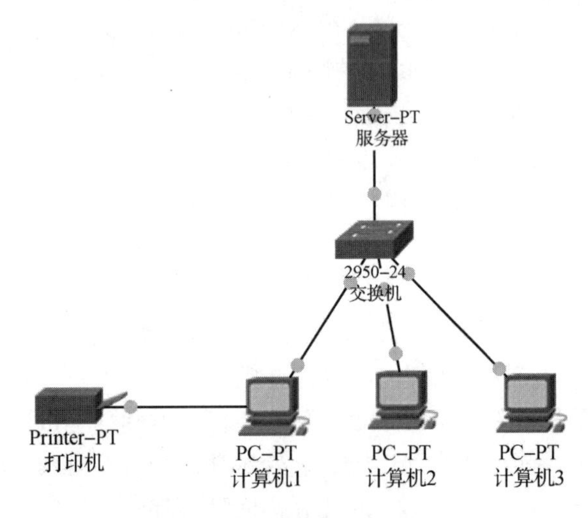

图 1－6　局域网示意图

常用的局域网拓扑结构有星型、总线型。通信介质有网线、光纤等。

2. 城域网

城域网覆盖整个城市，覆盖范围在几公里至几百公里。一般为公有网络，也有由大企业组成的私有网络，如某个城市的教育城域网，如图 1－7 所示。

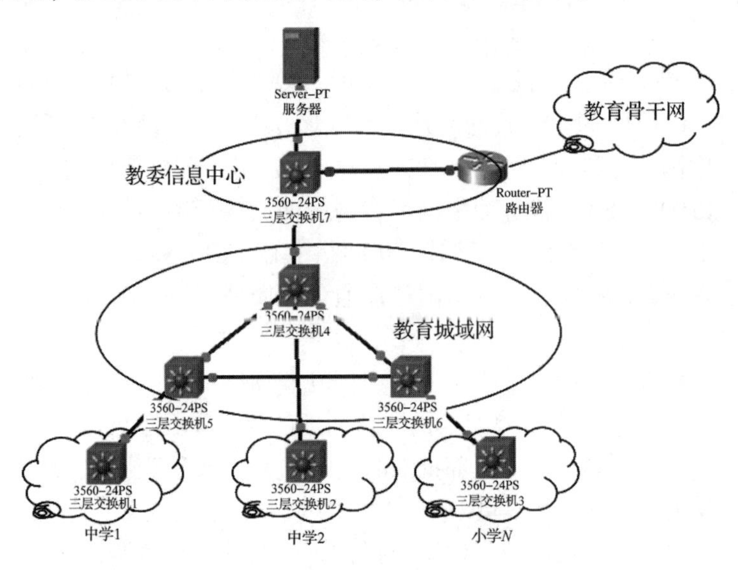

图 1－7　城域网实例

功能：向各分散的局域网提供服务，使用户能有效地利用网上资源。传输介质主要是光纤。

3. 广域网

广域网是覆盖范围较广的数据通信网络。它常利用公共网络系统提供的便利条件进行传输，可以分布在一个城市、一个国家乃至全球范围。覆盖范围为几公里至几千公里，如北京某局域网与广州和上海局域网通过广域网连接在一起，见图1-8。

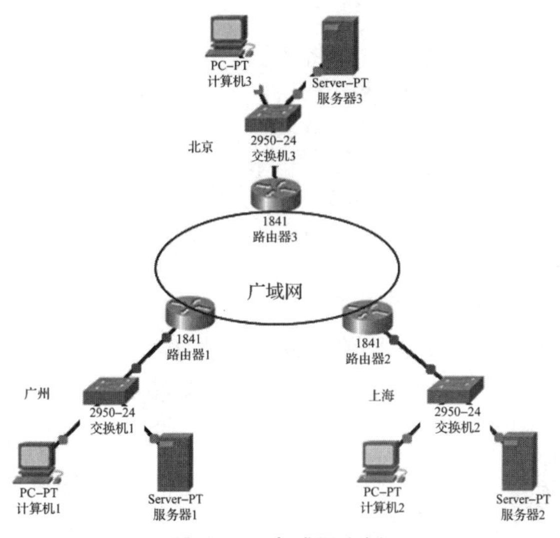

图1-8 广域网实例

广域网一般为公有网，但一些跨国的大公司建立的企业网拥有自己的广域网，如Lucent、Cisco、华为等。

广域网的拓扑结构根据定位不同，结构有所不同。骨干网络采用分布或网状结构；基层网与本地网采用树型或星型连接。

广域网一般由资源子网和通信子网组成。通信子网一般由公共网络充当，通信子网有电话交换网PSTN、IP数据网等形式。

1.1.4 分析常见网络互联设备的作用

为使处于不同网络的用户能够相互通信，实现资源共享，须将若干性质相同或不同的网络互联在一起，往往要用到网间连接设备。

网络互联的复杂程度不同，对应的互联设备有所不同，常见的互联设备有：交换机（Switch）、路由器（Router）、网关（Gateway）等，见图1-9。

(a) (b) (c)

图1-9 常见网络互联设备

(a) 交换机；(b) 路由器；(c) 网关

1. 交换机（Switch）

交换机是一种在通信系统中完成信息交换功能的设备。交换机能够通过自学习机制来自动建立端口－地址表，通过端口－地址表转发数据帧。当一个数据帧的目的地址在 MAC 地址表中有映射时，它被转发到连接目的节点的端口而不是所有端口，交换机允许多对计算机间能同时交换数据。当交换机包括一个冗余回路时，以太网交换机通过生成树协议避免回路的产生，同时允许存在后备路径。

2. 路由器（Router）

路由器是一种计算机网络设备，它能将数据包通过一个个网络传送至目的地。路由器的主要功能是路径选择、连接异构网络、包过滤等。它是连接因特网中各局域网、广域网的设备，它会根据信道的情况自动选择和设定路由，以最佳路径转发信号。路由器是互联网络的枢纽，是实现各种骨干网内部连接、骨干网间互联和骨干网与互联网互联互通业务的主力军。

3. 网关（Gateway）

网关又称高层协议转发器。一般用于不同类型且差别较大的网络系统间的互联，又可用于同一个物理网而在逻辑上不同的网络间互联（图 1－10），如移动通信与固定通信网之间通信就需要网关相连，以太网与 Netware 网的互联也需要网关设备进行协议转换。

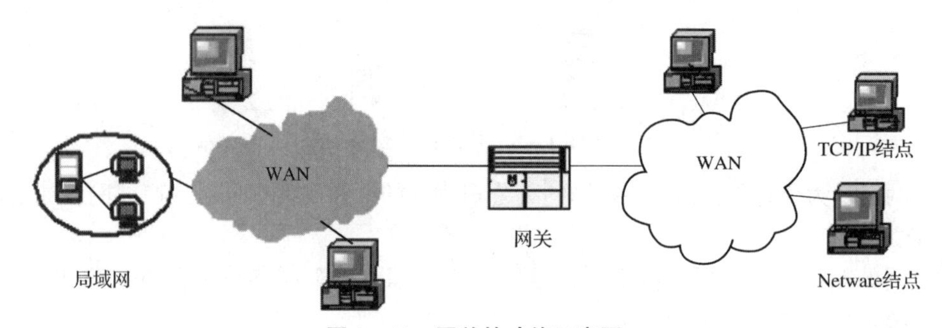

图 1－10　网关的功能示意图

网络如果不能互联，则功能非常有限。因特网的成功主要在于 TCP/IP 技术可以成功地把各种类型的计算机网络都连接到一起。网络的互联有多种方法，但最重要的是用 IP 协议的网络互联。由各个网络根据自身的特点管理自己网络内部的链路层地址，再由网络层的 IP 地址来贯通全局。

1.1.5　揭秘 Internet 的前世今生

Internet 是在美国早期的军用计算机网 ARPANET（阿帕网）的基础上经过不断发展演变而成的。Internet 的发展主要可分为以下 3 个阶段，如图 1－11 所示。

1. Internet 的雏形阶段

1969 年，美国国防部高级研究计划局（Advance Research Projects Agency，ARPA）开始建立一个命名为 ARPANET 的网络，叫做“阿帕网”。当时建立这个网络的目的是出于军事需要，计划建立一个计算机网络，当网络中的一部分被破坏时，其余网络部分会很快建立起新的联系。阿帕网于 1969 年正式启用，当时仅连接了 4 台计算机，供科学家们进行计算机联网实验用，人们普遍认为这就是 Internet 的雏形。

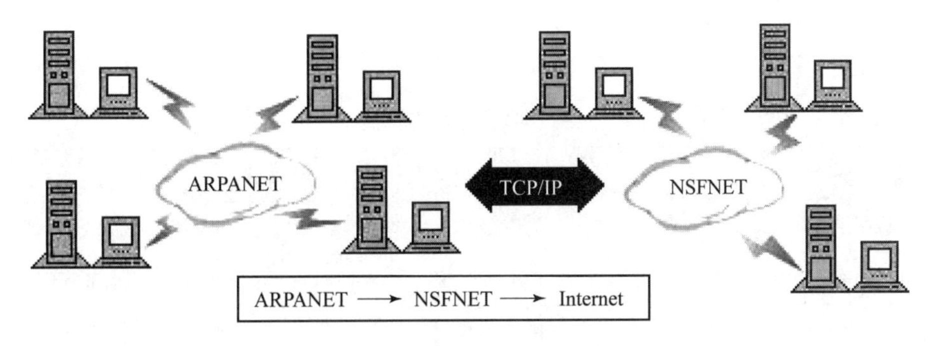

图1-11　Internet起源示意图

2. Internet的发展阶段

美国国家科学基金会（National Science Foundation，NSF）在1985年开始建立计算机网络NSFNET。NSF规划建立了15个超级计算机中心及国家教育科研网，用于支持全国性规模的科研和教育的NSFNET，并以此作为基础，实现同其他网络的连接。NSFNET成为Internet上主要用于科研和教育的主干部分，代替了ARPANET的骨干地位。1989年MILNET（由ARPANET分离出来）实现和NSFNET连接后，就开始采用Internet这个名称。自此以后，其他部门的计算机网络相继并入Internet，至此ARPANET就宣告解散了。

3. Internet的商业化阶段

20世纪90年代初，商业机构开始进入Internet，使Internet开始了商业化的新进程，成为Internet大发展的强大推动力。1995年，NSFNET停止运作，Internet已彻底商业化了。

Internet也称为网际网，它是由多个网络（可能异构）互相连接所形成的网络，是由本地、区域和国际区域内的计算机网络组成的集合（图1-12）。它将众多网络联在一起，实现数据交换，并进行分布数据处理。

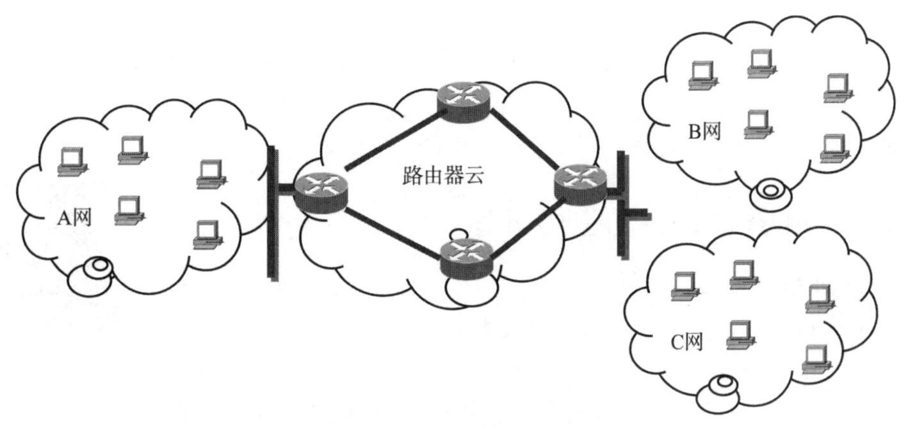

图1-12　互联网示意图

任务总结

通过教师引导和讲授，让学生了解计算机网络和互联网的基础知识。通过自主学习和网络搜集并分享Internet的相关资料，学生对互联网的发展有了更深刻的认识。在具备课程基础知识的同时，培养了学生自主学习和网络应用能力，并通过分享，锻炼了学生的表达能力和信息搜集能力。

任务评价

本任务自我评价见表 1 – 1。

表 1 – 1　自我评价表

知识和技能点	掌握程度
计算机网络的概念及发展	完全掌握　基本掌握　有些不懂　完全不懂
计算机网络的功能及组成	完全掌握　基本掌握　有些不懂　完全不懂
计算机网络拓扑结构	完全掌握　基本掌握　有些不懂　完全不懂
计算机网络的分类	完全掌握　基本掌握　有些不懂　完全不懂
因特网的发展	完全掌握　基本掌握　有些不懂　完全不懂

任务 1.2　体验 Internet 的主要服务及应用

任务描述

Internet 提供了多种网络服务，如 DNS、WWW、TELNET、FTP 和 E – mail 等。大部分网络服务是基于客户机/服务器（Client/Server）模式，基于 Web 的客户机/服务器模式，也称为 B/S（Browser/Server）模式。Internet 的发展迅速，有着广泛的应用，正在逐渐改变着人们的生活、工作和休闲娱乐方式。本任务是体验 Internet 的主要服务及应用。

任务分析

通过教师操作演示 Internet 的 5 种网络服务方式，学生学会使用这些服务方式的同时，理解这些服务方式的基本概念及其工作原理。结合平时自身 Internet 的使用体验，分享 Internet 的广泛应用。

知识准备

1.2.1　Internet 提供的主要服务

Internet 提供的主要服务

1. Internet 服务模式

Internet 的服务模式可以分成以下两大类。

（1）客户机/服务器模式。

客户机/服务器（Client/Server）模式，简称 C/S 模式，该模式下有两个主机，一个作为服务器，提供服务；另一个作为客户机请求服务。Internet 中的常用应用如万维网（WWW）、电子邮件（E – mail）、文件传输（FTP）和远程登录（TELNET）服务以及为各种应用提供支持的域名解析服务（DNS）等，都使用 C/S 模式。每一种服务都是通过相应的应用层协议来完成的。

Internet 中广泛使用的 C/S 模式是基于 Web 的 C/S 模式，也称为 B/S（Browser/Server）模式，这种模式下的客户端就是浏览器，各种应用软件则放在服务器运行，客户端只要通

过浏览器访问服务器就可以得到相应的服务，与 C/S 模式相比，B/S 模式服务器的负担较重，而客户端所承担工作较少，也称为瘦客户机。

（2）对等连接模式。

对等连接（Peer - to - Peer，简写为 P2P）模式是指两个主机在运行时并不区分哪一个是服务请求方哪一个是服务提供方，只要两个主机都运行了对等连接软件（P2P 软件），它们就可以进行平等的、对等连接通信。

2. 万维网（WWW）服务

1）WWW 服务的基本概念

（1）万维网（WWW）的概念。

WWW 是 World Wide Web 的简称，中文名字叫做万维网或环球信息网。万维网是蒂姆·伯纳斯·李（Tim Berners - Lee）最初于 1989 年 3 月在“关于信息化管理的建议”一文提出的，他于 1990 年发明了首个网页浏览器 World Wide Web。

万维网（WWW）是通过超文本（hypertext）技术将因特网上的各种网络资源组织起来，形成一个资源丰富、功能强大的资源网络，它提供的资源主要包括计算资源和信息资源两大类。WWW 用链接的方法使人们在因特网上能够方便地从一个站点访问到另外的站点，从而主动地按需获取丰富的信息。各站点的资源用超媒体（hypermedia）语言来描述，表现为一个个相互通过链接联系在一起的网页（Web page），并以一个个独立页面的形式通过浏览器窗口显示。由于这些网页之间的链接关系如蜘蛛网（web）般错综复杂，网页因此而得名。

WWW 服务就是让用户可以方便地浏览 Internet 上以网页形式存储的各种信息。

在 WWW 出现后，为了方便使用，1993 年 2 月第一个图形界面的浏览器 Mosaic 问世，1995 年网景公司开发的著名的 Netscape Navigator（后发展为 Firefox）浏览器上市，而目前最流行的浏览器是微软公司的 IE（Internet Explorer）浏览器。WWW 和浏览器的出现，使 Internet 从仅由少数计算机专家使用变为普通人也能够方便使用的信息资源，从而极大地促进了 Internet 应用的普及和发展。移动互联网的发展使得 WWW 服务可以通过手机来获得，于是纷纷开发出适合手机终端的小屏幕的 WAP 服务和手机浏览器。

（2）网页和页面描述语言。

网页是一个独立的信息文档（其扩展名一般为 html 或 htm），网页中往往包含着可引用的对象，即链接（或叫做超链接），使用户可以从一个网页转到另一个网页。它是用超文本标记语言（HyperText Markup Language，HTML）来进行组织和编写的。HTML 是 WWW 建立超文本的工具。HTML 文档由普通文字和标签组成。其中标签用来定义网页的显示方式、链接方式等。HTML 文档被引用时，由 HTML 解释程序解释执行，当 WWW 服务器将请求的页面返回浏览器，浏览器根据其显示器的分辨率重新组织和显示页面。HTML 使同一页面能够在不同的计算机系统上以相同的格式显示出来，从而对用户屏蔽了网络系统的异构特性，方便了用户的使用。

2）WWW 服务的工作原理

（1）统一资源定位器（Uniform Resource Locator，URL）。

Internet 上的每一个网页都具有一个唯一的名称标识，通常称为 URL 地址，这种地址可以是本地磁盘，也可以是局域网上的某一台计算机，更多的是 Internet 上的站点。简单地说，URL 就是 Web 地址，俗称网址。

URL 不仅指明了网络资源所在的位置，还包含如何访问该资源的明确指令。例如，“http://www.microsoft.com/”为 Microsoft 网站的 WWW URL 地址；“://”是分隔符，其前面的“http”指明了访问 Microsoft 网站使用的是 HTTP 协议。后面的“www.microsoft.com”是 Microsoft 网站的域名。

（2）WWW 服务系统的组成。

WWW 服务系统由客户机、WWW 服务器和 HTTP 协议等三部分组成。

①客户机。客户机是用户的本地计算机。使用浏览器软件访问 WWW 服务器。

②WWW 服务器。它是网站的服务器，是用户访问的信息资源所在的计算机，为用户提供 WWW 浏览服务。通常是租用或托管在互联网数据中心（Internet Data Center，IDC）。

③HTTP 协议。它是在客户机和 WWW 服务器之间使用的网络传输协议，它属于应用层的面向对象的协议。HTTP 的具体内容包括资源定位和消息内容格式两部分。

（3）WWW 服务系统的模式。

WWW 服务采用 C/S 模式。WWW 服务器启动后一直运行着一个服务器进程，它在 80 号端口等待用户的 Web 请求。当用户想要访问 Internet 上的信息资源时，通过运行在客户机上的浏览器等软件产生一个 Web 请求，该 Web 请求通过 HTTP 协议传输到 WWW 服务器的 80 号熟知端口；当 WWW 服务器收到一个 Web 请求后，服务器进程根据请求找到相关的 Web 信息，并通过 HTTP 协议将查到的 Web 信息返回给客户机；当客户机收到返回的 Web 信息后，将之以 Web 页面的形式显示在显示器的浏览器窗口，供用户浏览。

3. 域名解析（DNS）服务

1）域名的概念

人们在日常生活中，想要寻找某个地点时，需要事先知道该地点的地址。在 Internet 中主机间进程使用 IP 地址来进行寻址，但 IP 地址是一长串二进制数（IPv4 是 32 位，IPv6 长达 128 位），即使采用点分十进制或冒号十六进制的记法来表示，无规则的枯燥的字符数字比手机号码还难记，而人们习惯于记忆名字。为了便于记忆，常采用有意义的字符串代替字符数字串表示网络资源的地址，如网易的 126 邮件服务器的网址为 www.126.com。这种唯一地标识网络节点地址的符号叫做域名（domain name）。域名由专门的组织（不同级别的网络信息中心）进行管理和分配，用户使用域名需要向该组织申请和注册。

2）域名结构

由于 Internet 上的用户数量剧增，域名也相应地剧增，为了方便管理、记忆和查找，按照树形层次结构组织域名。域名一般由若干个部分组成，各个部分用点分开，每个部分称为域（domain），从树形层次结构的最顶层（树根）依次往下分别称为顶级域、二级域、三级域等，所表示的名称分别称为顶级域名（Top Level Domain，TLD）、二级域名、三级域名等，排列顺序从右到左，级别从高到低，分别对应树形结构的不同层次。例如，www.126.com 中的 com 为顶级域名，126 为二级域名，www 为三级域名。

各级域名层次关系实际上表示的是隶属关系，各级域名由上一级域名进行管理。最高层次的顶级域名由 ICANN 进行管理。顶级域名分成三大类。

（1）国家和地区顶级域名（country code Top－Level Domains，简称 ccTLDs）。目前 200 多个国家都按照 ISO 3166 国家代码分配了顶级域名，如中国是 cn、日本是 jp、美国是

us 等。

（2）通用顶级域名（generic Top－Level Domains，简称 gTLDs），如表示工商企业的 . com、表示网络服务机构的 . net、表示非营利性组织的 . org 等，见表 1－2。

（3）新顶级域名（new gTLD），如通用的 . xyz、代表“高端”的 . top、代表“红色”的 . red、代表“人”的 . men 等 1 000 多种。

表 1－2　常用的通用顶级域名

序　号	域　名	代表含义	序　号	域　名	代表含义
1	. com	公司企业	9	. travel	旅游网站
2	. net	网络服务机构	10	. info	网络信息服务组织
3	. org	非营利性组织	11	. museum	博物馆
4	. gov	政府部门	12	. name	个人
5	. mil	军事部门	13	. pro	医生、会计师
6	. edu	教育机构	14	. club	俱乐部等在线社区
7	. aero	航空部门	15	. mobi	手机（移动终端）
8	. biz	商业	16	. post	邮政机构

顶级域名下面是二级域名，我国将二级域名分成“类别域名”和“行政区域域名”两大类。其中类别域名 6 个，见表 1－3。行政区域域名 34 个，用于表示省、自治区和直辖市和特区，如 . bj 表示北京、. he 表示河北省等。若在我国二级域名 . edu 下面申请注册三级域名，需要向中国教育科研计算机网络中心申请，若在其他二级域名下面申请注册三级域名，需要向中国互联网网络信息中心（CNNIC）申请。2003 年 3 月 17 日正式开放对 . cn 下面二级域名的申请。

表 1－3　我国的二级域名中的类别域名

序　号	域　名	代表含义	序　号	域　名	代表含义
1	. com	公司企业	4	. edu	教育机构
2	. net	网络服务机构	5	. ac	科研机构
3	. org	非营利性组织	6	. gov	政府部门

根据 2003 年 3 月 IETF 发布的多语种域名国际标准，还可以使用中文域名，即在域名中至少含有一个中文文字，目前有多种类型的中文顶级域名可供注册，如中文 . com、中文 . net、中文 . org、中文 . cc、中文 . CN、中文．中国、中文．公司、中文．网络等。注意，为了使人们方便地找到想要访问的网络资源，还有网络实名或通用网址服务，都是以域名为基础，在申请域名后向提供网络实名或通用网址服务的公司或机构申请注册网络实名或通用网址，以建立网络资源的名称与网络资源网址之间的对应关系，利用模糊智能技术，可以用名称的缩写，甚至不太准确的名称信息来找到想要访问的网络资源。

图 1－13 表示了域名空间的层次结构关系。其中从四级域名 green 到树根串起来得到 green. sjzpc. edu. cn，它表示的是石家庄邮电职业技术学院邮件服务器的域名。

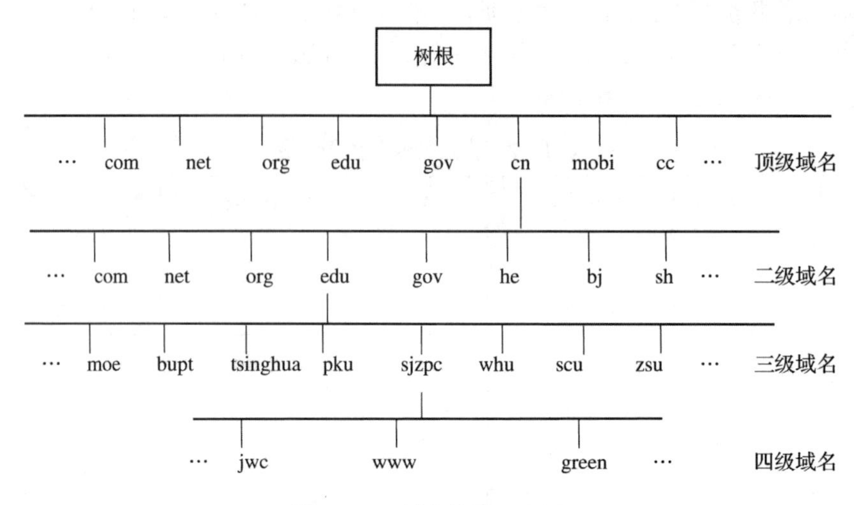

图 1－13 域名结构示意图

3）域名解析

使用域名表示某个网络节点的地址，只是为了方便记忆，但随 IP 数据报一起传输的还是 IP 地址，显然，上网时在浏览器（browser）的地址栏输入的是域名，需要一种方法能自动地将域名转换成 IP 地址。这种将域名转换为 IP 地址的过程称为域名解析，这个转换功能由域名服务器来完成。

域名服务器系统是一个分布式系统，其运行的实现域名解析功能的软件也称为 DNS 服务器。DNS 服务器软件工作在应用层，它使用传输层的 UDP 协议进行传输。在 Internet 上设有多个域名服务器，它们按照域名的层次进行组织。每一个自治系统（AS）都有自己的域名服务器，负责本区域内所有网络节点域名的管理和解析，该域名服务器称为本地域名服务器，也叫做授权/默认域名服务器。它要求该区域的所有网络节点必须将其域名和对应的 IP 地址等信息登记在本地域名服务器的 DNS 数据库中。此外，Internet 上还设有 13 个根域名服务器，负责顶级域名管理的授权域名服务器，这些域名服务器大部分位于北美洲。域名服务器系统中按照层次关系组织起来的各层次、各区域的域名服务器协同工作，以完成 Internet 上繁重的域名解析任务。为实现域名解析功能，要求每个域名服务器必须知道所有根域名服务器的 IP 地址，还要求每个域名服务器必须知道其下一级的域名服务器的 IP 地址。

4. 远程登录（TELNET）服务

1）TELNET 服务的基本概念

计算机发展初期，个人计算机功能简单，软、硬件资源集中在小型机或更高级的计算机系统上，只能采用共享的方式来使用。个人计算机（或终端）作为一个仿真终端或者智能终端登录到远程计算机系统上，以使用远程计算机系统上的资源，这就是 TELNET 服务。虽然现在个人计算机功能逐渐增强，TELNETP 已很少使用，但在数据通信维护管理时，还会经常用到 TELNET。

2）TELNET 服务的工作原理

TELNET 服务通过远程终端协议来实现，它使用传输层的 TCP 协议进行传输。工作模式为 C/S 模式，它由两部分组成，即客户端和 TELNET 服务器。TELNET 服务器上运行 TELNET 服务器进程，这个进程是一个守护进程，一直运行在 23 号端口，等待用户的 TELNET 请求。当有用户要请求 TELNET 服务时，他在客户机上要启动一个 TELNET 客户进程，通过 23 号端口向 TELNET 服务器发送请求，TELNET 服务器进程收到该请求后，会启动一个子进程响应该 TELNET 请求，为用户提供具体的服务，然后又返回到 TELNET 服务器进程继续等待其他用户的 TELNET 请求，如图 1－14 所示。

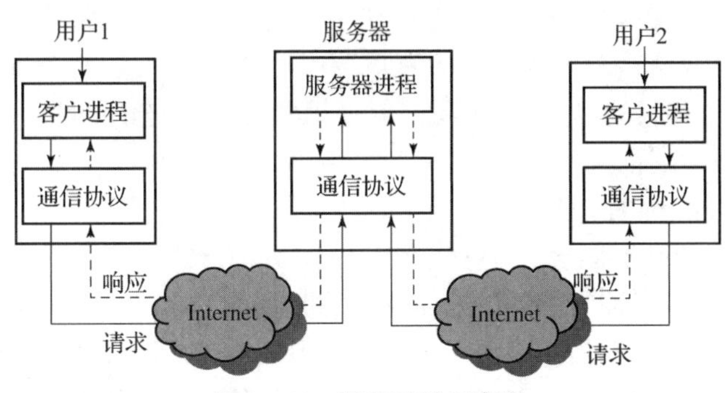

图 1－14　远程登录示意图

5. 文件传输（FTP）服务

1）FTP 服务的基本概念

FTP 服务是将数据文件从一台计算机复制到另一台计算机，即实现文件的下载和上传功能。同样在网络中异构的计算机之间进行 FTP 服务时，要考虑其操作系统、目录类型、文件结构及格式、字符的代码集等差异，因此其实现是相当复杂的。需要屏蔽掉各种差异，为用户提供透明的 FTP 服务。Internet 常常采用 FTP 协议实现透明的 FTP 服务。

2）FTP 服务的工作原理

FTP 服务工作模式为 C/S 模式，它由两部分组成，即客户端和 FTP 服务器。客户端运行的 FTP 客户进程包括控制进程、数据传送进程和用户界面，服务器运行 FTP 服务器进程包括主控制进程、从属控制进程和数据传送进程。FTP 服务使用传输层的 TCP 协议进行传输，并且在进行文件传输时，FTP 客户端和服务器之间要建立两个 TCP 连接，即控制连接和数据连接，如图 1－15 所示。

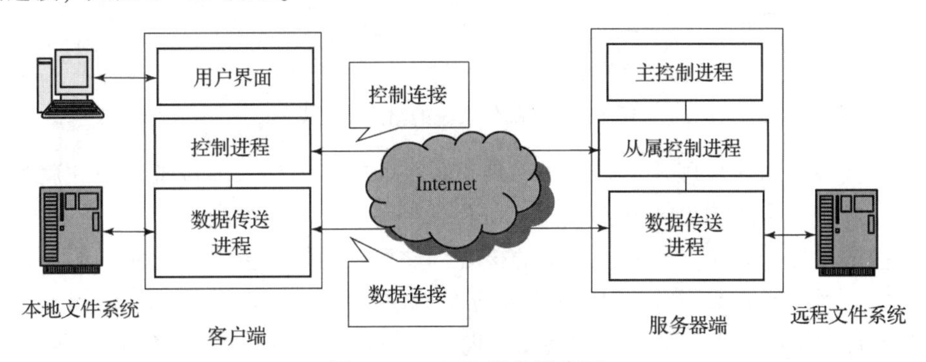

图 1－15　FTP 服务示意图

FTP 服务的过程如下。

（1）FTP 服务器一直运行主控制进程，打开熟知端口（21 号端口），等待用户的连接请求。

（2）用户调用 FTP 客户端的客户进程通过 21 号端口发出 FTP 连接请求。

（3）FTP 服务器的主控制进程收到用户的 FTP 连接请求后，启动从属控制进程来处理用户的连接请求。然后 FTP 服务器的主控制进程又去等待其他用户的连接请求。

（4）FTP 服务器的从属控制进程控制建立两个 TCP 连接，其中控制连接用于客户端与服务器的控制进程之间传送用户的文件传送请求及其应答，而数据连接用于客户端与服务器的数据传送进程之间传送文件。控制连接在整个会话期间一直保持打开，而数据连接在完成文件传送后将释放连接。传送数据的熟知端口号是 20，由于两个进程使用了不同的端口号，虽然源 IP 地址和目的 IP 地址相同，但标识两个 TCP 连接的端口不同，所以控制连接与数据连接不会发生混乱。

6. 电子邮件（E – mail）服务

1）E – mail 服务的基本概念

E – mail 服务是计算机网络提供的基本服务，是目前 Internet 上使用最广泛的服务之一。E – mail 又称为电子信箱。发信人将 E – mail 发送到 ISP 的邮件服务器，并放在其中的收信人邮箱（mail box）中，收信人可随时上网到 ISP 的邮件服务器读取。由于与电话相比，它不需要通信双方同时完成，所以带来很多方便。目前 E – mail 以其简单、快捷、廉价的特点成为人们相互传递信息的重要方式之一。

2）E – mail 服务的工作原理

（1）E – mail 系统的组成。

E – mail 系统一般由用户代理（User Agent，UA）、邮件服务器和邮件传输协议三部分组成，如图 1 – 16 所示。

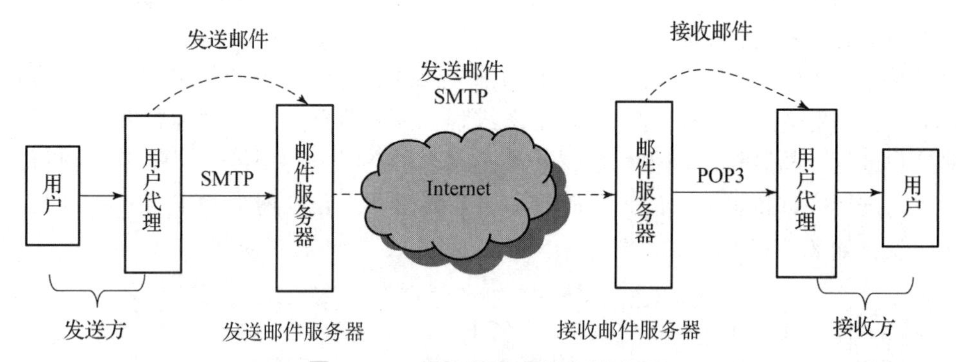

图 1 – 16　邮件系统的组成示意图

①用户代理。用户代理是用户与 E – mail 系统的接口，在大多数情况下它就是在用户 PC 中运行的程序。用户代理至少应当具有邮件的撰写、显示和处理功能。

②邮件服务器。它是 E – mail 系统的核心构件。从功能上分为发送邮件服务器和接收邮件服务器，通过 Internet 分别完成邮件的发送和接收功能。

③邮件传输协议。邮件服务器需要使用两个不同的协议。一个协议用于发送邮件，即简单邮件传输协议（Simple Mail Transfer Protocol，SMTP），SMTP 协议消除了系统间的异构

性，邮件正文使用 NVT 编码进行传输；另一个协议用于接收邮件，即邮局协议（Post Office Protocol，POP），目前使用的版本是 POP3。运行 POP3 协议的接收邮件服务器只有在用户输入鉴别信息（E－mail 地址和密码）后才允许对邮箱进行读取。

（2）E－mail 传输协议的扩充。

SMTP 协议和 POP3 协议是最初使用的 E－mail 传输协议，随着 Internet 的应用和普及，E－mail 传输协议逐渐得到了完善。

①通用 Internet 邮件扩充（Multipurpose Internet Mail Extensions，MIME）协议。由于 Internet 最初采用的 SMTP 只能传送可打印的 7 位 ASCII 码格式的邮件，因此在 1993 年又制定了新的 E－mail 标准，即 MIME 协议。MIME 协议在其邮件首部中说明了邮件的数据类型（如文本、声音、图像、视频文件等），MIME 协议邮件可同时传送多种类型的数据。这在多媒体通信环境下是非常有用的。MIME 协议工作在用户代理和 SMTP 协议之间，起到将 SMTP 支持的非 7 位 ASCII 码数据格式与多种其他类型的数据格式进行转换的作用。

②Internet 报文存取协议（Internet Message Access Protocol，IMAP）。IMAP 协议是一种比 POP3 协议更为复杂的邮件读取协议，它也是工作在 C/S 模式。IMAP 协议是一种联机协议，运行在用户主机上的 IMAP 客户程序要一直保持与 IMAP 服务器的连接，被读取的邮件也一直保存在 IMAP 服务器上，直到被用户主动删除。这样用户就可以在不同的地点使用不同的计算机读取信箱中的邮件。与 POP3 协议相比，IMAP 协议的功能就是代理接收邮件，使用户在自己的 PC 上就可以操纵 ISP 邮件服务器的邮箱，就像在本地操纵一样。

注意：不要将邮件读取协议 POP 和 IMAP 与邮件传输协议 SMTP 混淆。发信人的用户代理向源邮件服务器发送邮件，以及源邮件服务器向目的邮件服务器发送邮件，都是使用 SMTP 协议。而 POP 和 IMAP 则是用户从目的邮件服务器上读取邮件所使用的协议。

（3）电子邮件的格式。

电子邮件由信封（envelope）和内容（content）两部分组成。

TCP/IP 体系的电子邮件系统规定电子邮件地址（E－mail address）的格式如下：

收信人邮箱名@邮箱所在主机的域名

在发送 E－mail 时，邮件服务器只使用 E－mail 地址中的后一部分，即目的主机的域名。

（4）E－mail 服务模式。

E－mail 系统工作在 C/S 模式。邮件服务器一直运行着一个接收邮件服务器进程，在 25 号熟知端口等待用户的发送请求。当用户发送邮件时，启动一个客户进程，即用户代理，来编辑邮件并使用 25 号熟知端口建立 TCP 连接并将编辑好的邮件发送给接收邮件服务器；然后由发送邮件服务器进程与邮件地址中的域名对应邮件服务器的接收邮件服务器进程之间建立 TCP 连接，并将邮件发送给该接收邮件服务器。当用户读取邮件时，使用 110 号熟知端口与接收邮件服务器建立 TCP 连接，从中读取邮件，然后进行阅读和处理。

1.2.2 Internet 的主要应用

Internet 应用

Internet 的发展迅速，有着广泛的应用，正在逐渐改变着人们的生活、工作和休闲娱乐方式。主要反映在以下方面。

（1）收发电子邮件，这是最早也是最广泛的网络应用。由于其低廉的费用和快捷方便的特点，仿佛缩短了人与人之间的空间距离，不论身在异国他乡与朋友进行信息交流还是联络工作，都如同与隔壁的邻居聊天一样容易，“地球村”的说法不无道理。

（2）上网浏览或冲浪，这是网络提供的最基本的服务项目。可以访问网上的任何网站，根据自己的兴趣在网上畅游，足不出户可尽知天下事。

（3）查询信息。利用网络这个全世界最大的资料库，可以通过一些供查询信息的搜索引擎从浩如烟海的信息库中找到自己需要的信息。

（4）电子商务就是消费者借助网络，进入网络购物站点进行消费的行为。网络上的购物站点是建立在虚拟的数字化空间里，它借助 Web 来展示商品，并利用多媒体特性来加强商品的可视性、选择性。

（5）网络的广泛应用会创造一种数字化的生活与工作方式，叫做 SOHO（小型家庭办公室）方式。家庭将不再仅仅是人类社会生活的一个孤立单位，而是信息社会中充满活力的细胞。

（6）丰富人们的闲暇生活方式。闲暇活动即非职业劳动的活动。它包括：消遣娱乐型活动，如欣赏音乐、看电影、跳舞、参加体育活动；发展型活动，包括学习文化知识、参加社会活动、从事艺术创作和科学发明活动等。但与网络有直接关系的闲暇生活一般包括闲暇教育、闲暇娱乐和闲暇交往。

任务实施

1.2.3 体验 Internet 的主要服务

1. 体验 WWW 服务

输入网址 http://www. sjzpc. edu. cn/，登录石家庄邮电职业技术学院的官网，如图 1－17 所示。

图 1－17　http：//www. sjzpc. edu. cn/页面

2. 体验 DNS 服务

首先，在浏览器地址栏输入 http://www.sjzpc.edu.cn/，正常情况下会看到图 1－17 所示的页面。

接下来，在地址栏输入网址 http://222.223.188.229/，也可以得到同样的页面，如图 1－18 所示。因为 222.223.188.229 就是主机 www.sjzpc.edu.cn 的 IP 地址，它们代表同一台主机。

图 1－18　http://222.223.188.229/页面

下面在连接属性中修改“Internet 协议（TCP/IP）”的属性设置，删除其中的 DNS 地址，结果如图 1－19 所示。

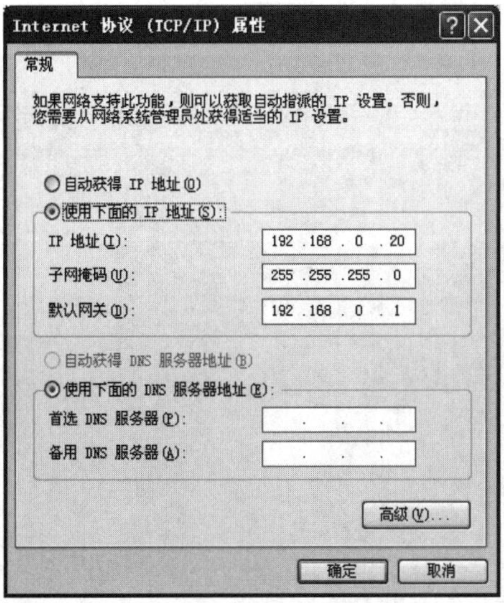

Internet 协议 (TCP/IP) 属性

常规

如果网络支持此功能，则可以获取自动指派的 IP 设置。否则，您需要从网络系统管理员处获得适当的 IP 设置。

自动获得 IP 地址(O)

使用下面的 IP 地址(S):

IP 地址(I): 192 .168 . 0 . 20

子网掩码(U): 255 .255 .255 . 0

默认网关(D): 192 .168 . 0 . 1

自动获得 DNS 服务器地址(B)

使用下面的 DNS 服务器地址(E):

首选 DNS 服务器(P):

备用 DNS 服务器(A):

高级(V)...

确定　取消

图 1－19　删除 DNS 设置

保存设置后，再次输入网址 http://222.223.188.229/，仍然能够正常访问网站，但是这次如果在浏览器地址栏输入 http://www.sjzpc.edu.cn/，就会看到图 1－20 所示的结果，即出现“域名无法解析”的错误。

图 1－20　域名无法解析页面

恢复 DNS 设置后又可以正常访问网站了。这里的 DNS 叫域名服务器，其作用就是能够把主机的域名翻译成 IP 地址。

3. 体验 TELNET 服务

本地用户要获取 TELNET 服务时，使用 telnet 命令在 TELNET 服务器上进行登录和注册，输入正确的用户名和密码，获得允许后就像本地终端一样，可以访问 TELNET 服务器上的各种资源。TELNET 界面如图 1－21 所示。

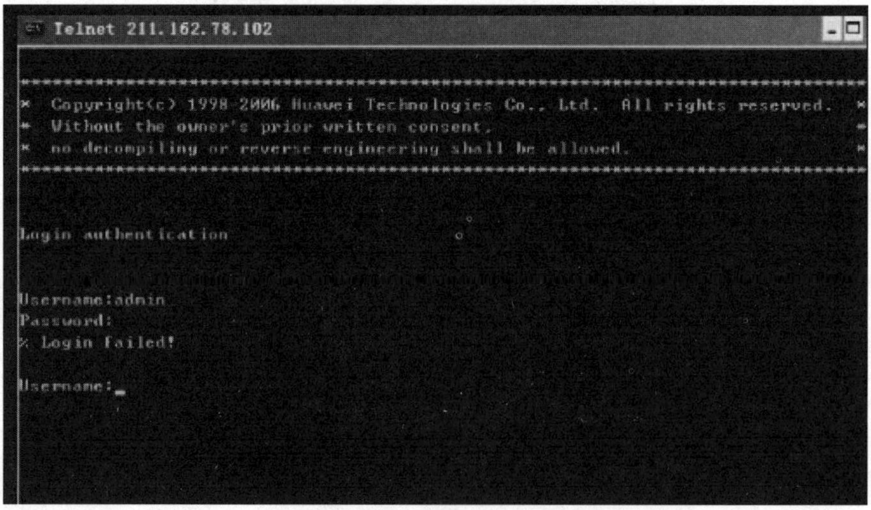

```
Telnet 211.162.78.102

******************************************************************************
*  Copyright(c) 1998-2006 Huawei Technologies Co., Ltd.  All rights reserved. *
*  Without the owner's prior written consent,                                  *
*  no decompiling or reverse engineering shall be allowed.                     *
******************************************************************************


Login authentication


Username:admin
Password:
% Login failed!

Username:_
```

图 1－21　TELNET 界面

4. 体验 FTP 服务

本地用户要获取 FTP 服务时，使用 FTP 命令或使用 FTP 客户端软件在 FTP 服务器上进行登录和注册，有的 FTP 服务器允许匿名服务；否则需要使用用户名和密码登录。当登录上 FTP 服务器后，就像在本地文件系统一样，但为了安全管理，根据需要给每个用户设置有相应的权限，规定其允许访问的范围和允许进行的读/写或修改文件操作。FTP 登录界面如图 1－22 所示。

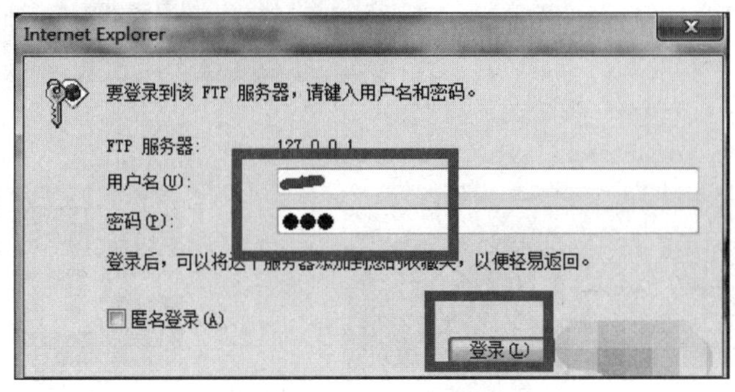

图 1－22　FTP 登录界面

5. 体验 E－mail 服务

人们在使用 E－mail 服务时，首先要向 Internet 上提供 E－mail 服务的 ISP 申请注册 E－mail 地址，这时就拥有了一个电子信箱。一定要记住 E－mail 地址和密码！然后把 E－mail 地址告诉你熟悉的联系人。使用 E－mail 时有两种方式可供选择：一是到 ISP 的网站凭借 E－mail 地址和密码登录电子信箱，在 B/S 模式下收发邮件；二是使用用户代理，即运行一个客户端软件，这时需要先创建本地邮箱，配置好登录密码和其他选项，就可以进行邮件的收发了。往往人们在自己的计算机上较多使用第二种方式，而在别人或公用的计算机上通过第一种方式也可以方便地收发邮件。E－mail 页面如图 1－23 所示。

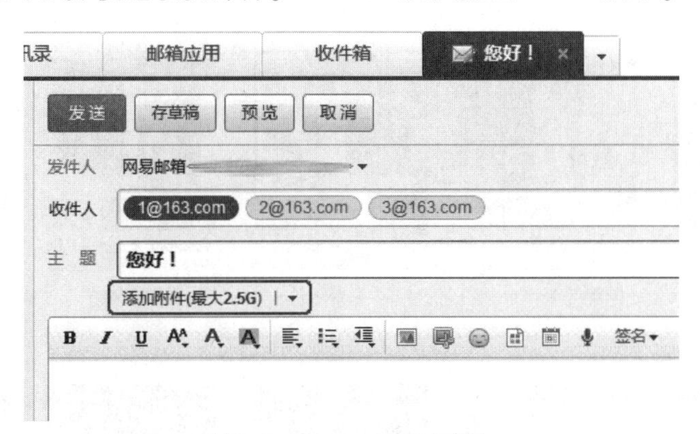

图 1－23　E－mail 页面

1.2.4　体验 Internet 的主要应用

1. 体验查询信息应用

利用搜索引擎，搜索“端午节”，会看到与端午节相关的信息，如图 1－24 所示。

图 1-24　查询信息

2. 体验电子商务应用

利用 Internet 上的购物网站，搜索想买的商品，通过电子支付完成消费交易，如图 1-25 所示。

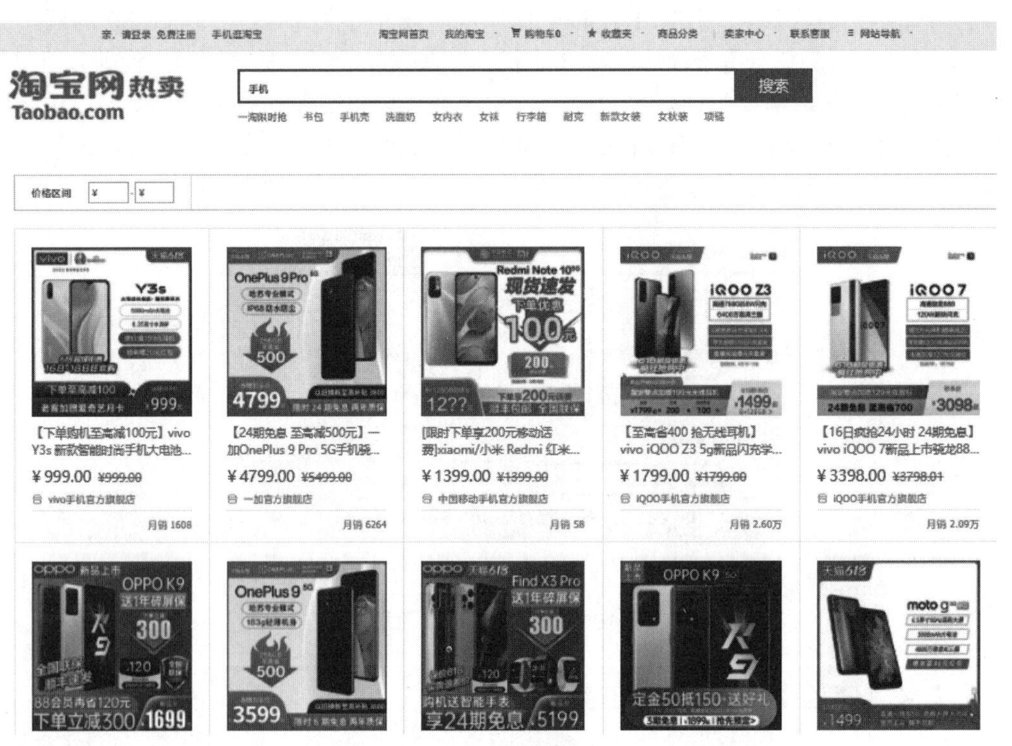

图 1-25　网络购物

3. 体验休闲娱乐应用

利用 Internet 网络资源，进行休闲娱乐活动，如看电影、听歌曲、健身、看小说等，如图 1－26 所示。

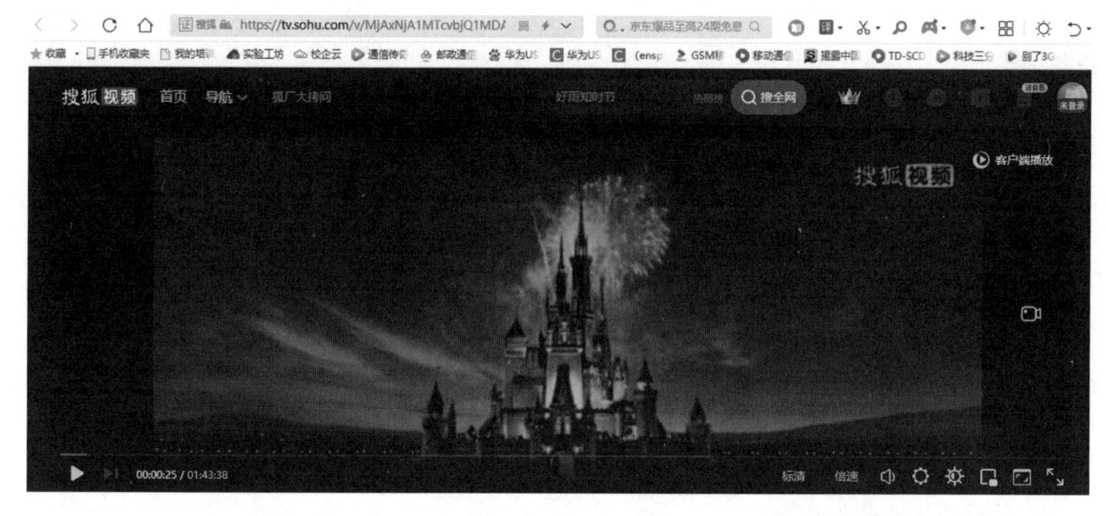

图 1－26　休闲娱乐

任务总结

通过教师操作演示和引导，让学生体验了 Internet 的 5 种主要服务方式，即 DNS、WWW、TELNET、FTP 和 E－mail，并通过 Internet 的应用体验，对 Internet 的广泛应用有了更深刻的认识。在操作体验 Internet 服务的同时，培养了学生动手操作能力，通过分享，锻炼了学生的表达能力。

任务评价

本任务自我评价见表 1－4。

表 1－4　自我评价表

知识和技能点	掌握程度
DNS 服务	完全掌握　基本掌握　有些不懂　完全不懂
WWW 服务	完全掌握　基本掌握　有些不懂　完全不懂
TELNET 服务	完全掌握　基本掌握　有些不懂　完全不懂
FTP 服务	完全掌握　基本掌握　有些不懂　完全不懂
E－mail 服务	完全掌握　基本掌握　有些不懂　完全不懂
Internet 应用	完全掌握　基本掌握　有些不懂　完全不懂

任务 1.3　初识数据通信网

任务描述

了解数据通信的概念、特点、系统组成；理解数据传输方式和复用技术；理解数据通信网络结构，会分析局域网和城域网网络结构，并能根据需求分析设计小型局域网络。

任务分析

通过教师的讲授和引导，让学生了解数据通信的基础知识，包括数据通信的概念、特点、系统组成、传输方式和复用技术。在了解数据通信网一般结构的基础上，利用实际案例，分析局域网和城域网网络结构，并能根据需求分析设计小型局域网络。

知识准备

1.3.1　数据通信

1. 数据通信的概念及特点

1）数据通信的概念

数据通信是为了实现计算机（或终端）与计算机（或终端）之间信息交互而产生的一种通信方式，是通信技术与计算机网络技术相结合的产物。

2）数据通信的特点

（1）实现计算机之间或计算机与人之间的通信，需要定义严格的通信协议或标准。

（2）数据传输的准确性和可靠性高。数据传输的误码率要求小于 10^{-9}，而语音系统只有 10^{-3}。

（3）传输速率高，目前的传输速率可达 Tb/s 数量级。

（4）通信持续时间差异较大，传输流量具有突发性。

（5）数据通信具有灵活的接口功能，以满足各类终端间的相互通信。

2. 数据通信系统的组成

数据通信系统由三部分组成，即计算机、数据电路终接设备（DCE）和数据传输信道。计算机由数据输入输出设备、CPU/存储器和通信控制器组成。数据电路由传输信道及其两端的数据电路终接设备（DCE）组成，完成数据传输的功能，如图 1－27 所示。

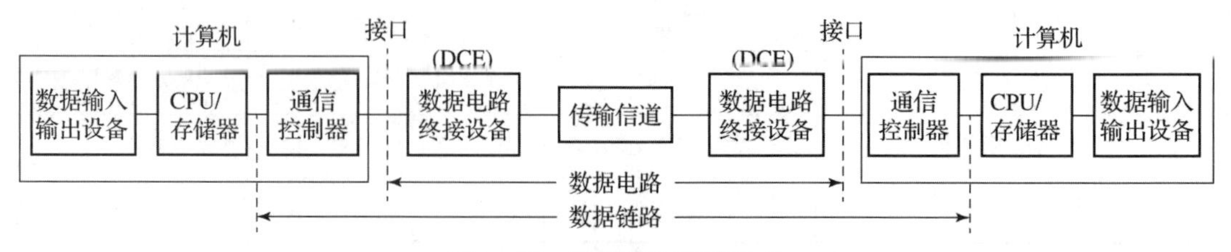

图 1－27　数据通信系统组成

（1）计算机。

计算机是数据的生成者和使用者。计算机由数据输入输出设备、CPU/存储器和通信控

制器组成。

①数据输入输出设备是操作人员与终端之间的界面。它把人可以识别的信息变换成计算机可以处理的信息或执行相反的过程。常见的输入设备有键盘、鼠标和扫描仪；输出设备有显示器、打印机等。

②CPU是中央处理器，是一台计算机的运算核心和控制核心。存储器用来存储计算机信息的部件，包括内存和外存。

③通信控制器是数据电路和计算机系统的接口，用于管理与计算机连接的所有通信线路，接收从另一计算机发来的数据信号，并向另一计算机发送数据信号。通信控制器执行与通信网络之间的通信过程控制，包括差错控制、流量控制、接续和传输等通信协议的实现。它的功能除进行通信状态的连接、监控和拆除等操作外，还可接收来自多个数据终端设备的信息，并转换信息格式，如计算机内部的网卡可分为有线网卡和无线网卡。

（2）数据电路终接设备（DCE）。

数据电路终接设备（Data Circuit - terminating Equipment，DCE）是一种信号变换器。它的功能是把通信控制器提供的数据转换成适合通信信道要求的信号形式，或把信道中传来的信号转换成可供计算机使用的数据，最大限度地保证传输质量。

在计算机网络的数据通信系统中，最常用的信号变换器是调制解调器和光纤通信网中的光电转换器。DCE为用户设备提供了入网的连接点。

（3）传输信道。

传输信道是信息在DCE之间传输的通道，如电话线路等模拟通信信道、数字通信信道、同轴电缆和光纤等。按传输介质不同，信道可分为有线信道和无线信道。

注意数据链路和数据电路的区别。数据电路是传输信道加上两端的DCE设备，实现数据传输功能。数据链路是在数据电路基础上，按照通信控制规程以实现可靠的数据传输。

3. 数据通信系统的主要性能指标

在设计和评价通信系统性能优劣时，要涉及通信系统的性能指标。数据通信系统的性能指标主要有两个，即有效性指标和可靠性指标。有效性指标用于衡量系统的传输效率；可靠性指标用于衡量系统的传输质量。

数据通信系统的主要性能指标

1）有效性指标

有效性指标是衡量系统传输能力的主要指标，通常用3个指标来说明，即码元传输速率、信息传输速率及频带利用率。

（1）码元传输速率。

定义：每秒传输信号码元的数目，又称调制速率、符号速率、传码率、波特率，用符号 R_B 表示。单位：波特（Baud），简写为B或Bd。如果信号码元持续时间（时间长度）为 T（单位为s），那么，码元传输速率公式为

$$R_B = \frac{1}{T} \tag{1-1}$$

图1-28给出了两种数据信号，其中图1-28（a）所示为二电平信号，即一个信号码元可以取“0”或“1”两种状态之一；图1-28（b）所示为四电平信号，它在一个码元 T 中可能取±3和±1这4种不同的值（状态），因此每个信号码元可以代表4种情况之一。

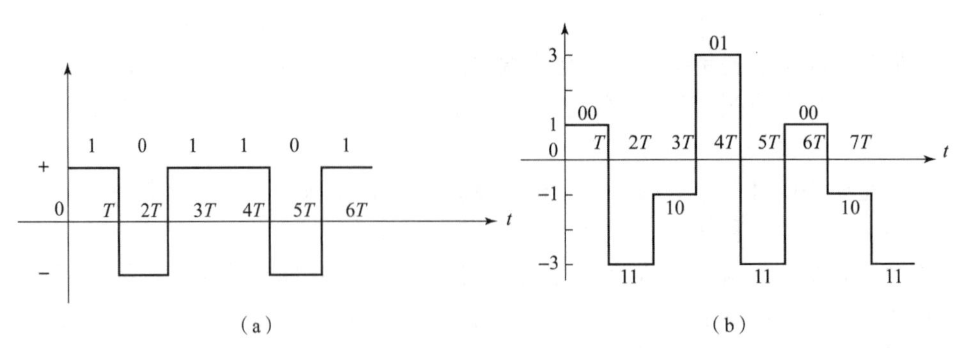

图 1 – 28　二电平和四电平数据信号

(a) 二电平信号；(b) 四电平信号

(2) 信息传输速率。

定义：每秒传输的信息量，又称传信率、比特率，用符号 R_b 表示。单位：比特/秒(bit/s，也常用 b/s)。

比特在数字通信系统中是信息量的单位。在二进制数字通信系统中，每个二进制码元若是等概率传送，则信息量是 1 b。所以，一个二进制码元在此时所携带的信息量就是 1 b。通常，在无特殊说明的情况下，都把一个二进制码元所传的信息量视为 1 b，即指每秒传送的二进制码元数目。在二进制数字通信系统中，码元传输速率与信息传输速率在数值上是相等的，但是单位不同、意义不同，不能混淆。在多进制系统中，多进制的进制数与等效对应的二进制码元数的关系为

$$M = 2^n \tag{1-2}$$

式中，M 为进制数；n 为二进制码元数。这时信息传输速率和码元传输速率的关系为

$$R_b = R_B \log_2 M \quad (\text{b/s}) \tag{1-3}$$

例如，在四进制中（$M = 4$），已知码元传输速率 $R_B = 600$ B，则信息传输速率 $R_b =$ 1 200 b/s。

(3) 频带利用率。

在比较两个通信系统的有效性时，单看它们的传输速率是不够的，或者说虽然两个系统的传输速率相同，但它们的系统效率可以是不一样的，因为两个系统可能具有不同的带宽，那么，它们传输信息的能力就不同。所以，衡量系统效率的另一个重要指标是系统的频带利用率 η，其定义为

$$\eta = \frac{\text{码元传输速率}}{\text{频带宽度}} \quad (\text{Bd/Hz}) \tag{1-4}$$

或

$$\eta = \frac{\text{信息传输速率}}{\text{频带宽度}} \quad (\text{b/s} \cdot \text{Hz}) \tag{1-5}$$

通信系统所占用的频带越宽，传输信息的能力就越强。系统的频带利用率越高，系统的有效性就发挥得越好。

2) 可靠性指标

由于数据信号在传输过程中不可避免地受到外界的噪声干扰，信道的不理想也会带来信号畸变，当噪声干扰和信号畸变达到一定程度时，就可能导致接收的差错。衡量数据通

信系统可靠性的指标是传输的差错率，常用的有误码率、误比特率和误字符率或误码组率。

（1）误码率（P_e）。

定义：通信过程中系统传错的码元数目与所传输的总码元数目之比，即传错码元的概率。记为

$$P_e = \frac{\text{传错码元的个数}}{\text{传输码元的总数}} \times 100\% \tag{1-6}$$

误码率是衡量数据通信系统在正常工作状态下传输质量优劣的一个非常重要的指标，它反映了数据信息在传输过程中受到损害的程度。误码率的大小反映了系统传错码元的概率大小。误码率是指某一段时间内的平均误码率。对于同一条通信线路，由于测量的时间长短不同，误码率也不一样。在测量时间长短相同的条件下，测量时间的分布不同，如上午、下午和晚上，它们的测量结果也不同。所以，在通信设备的研发和验收时，应以较长时间的平均误码率来评价。

（2）误比特率（P_b）。

定义：通信过程中系统传错的信息比特数目与所传输的总信息比特数之比，即传错信息比特的概率，也称误信率。记为

$$P_b = \frac{\text{传错比特数}}{\text{传输的比特总数}} \times 100\% \tag{1-7}$$

误比特率的大小，反映了信息在传输过程中，由于码元的错误判断而造成的传输信息错误的大小，它与误码率从两个不同层次反映了系统的可靠性。在二进制系统中，误码数目就等于传错信息的比特数，即 $P_e = P_b$。

（3）误字符率或误码组率。

定义：通信过程中系统传错的字符（码组）数与所传输的总字符（码组）数之比，即传错字符（码组）的概率。记为

$$\text{误字符率或误码组率} = \frac{\text{传错的字符数或码组数}}{\text{传输的总字符数或码组数}} \times 100\% \tag{1-8}$$

由于在一些数据通信系统中，通常以字符或码组作为一个信息单元进行传输，此时使用误字符率或误码组率更具实际意义，也易于理解。但由于几个比特表示一个字符或码组，而一个字符或码组中无论错一个还是多个比特都算错一个字符或码组，故用误字符率或误码组率评价数据电路的传输质量并不很确切。

4. 数据传输方式

数据传输方式

数据传输方式是指数据在信道上传送所采取的方式。例如，按数据代码传输的顺序可以分为并行传输和串行传输；按数据传输的同步方式可分为同步传输和异步传输；按数据传输的流向和时间关系可分为单工、半双工和全双工数据传输。

1）并行传输与串行传输

（1）并行传输。

并行传输指的是数据以成组的方式，在多条并行信道上同时进行传输。发送设备将这些数据位通过对应的数据线传送给接收设备，还可附加一位数据校验位。接收设备同时接收到这些数据，不需要作任何变换就可直接使用。图 1－29 给出了一个采用 8 位二进制码构成一个字符进行并行数据传输的示意图。

并行传输的主要优点如下。

①系统采用多个信道并行传输，一次传送一个字符，因此收、发双方不存在字符同步问题，不需要额外的措施来实现收、发双方的字符同步。

②传输速度快，1 位（比特）时间内可传输一个字符。

并行传输的主要缺点如下。

①通信成本高。每位传输要求一个单独的信道支持，因此，如果一个字符包含 8 个二进制位，则并行传输要求 8 个独立的信道支持。

②不支持长距离传输。由于信道之间的电容感应，远距离传输时，可靠性较低，因此较少使用。适于在一些设备之间距离较近时采用，如计算机和打印机之间的数据传送。

（2）串行传输。

串行传输指的是组成字符的若干位二进制码排列成数据流以串行的方式在一条信道上传输。通常传输顺序为由高位到低位，传完一个字符再传下一个字符，因此收、发双方必须保持字符同步，以使接收方能够从接收的数据比特流中正确区分出与发送方相同的一个个字符。这就需外加同步措施，这是串行传输必须解决的问题。

串行传输只需要一条传输信道，易于实现，是目前主要采用的远距离传输时一种传输方式。串行数据传输方式如图 1－30 所示。串行传输时，数据逐位依次在通信线路上传输，先由计算机内部的发送设备将并行数据经并/串变换电路变换成串行方式，再逐位经传输线到达接收设备，并在接收端将串行数据经串/并变换电路从串行方式重新变换成并行方式，以供接收方使用。

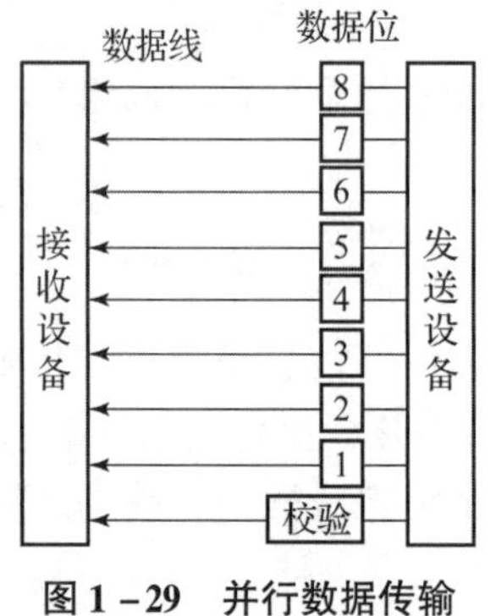

图 1－29　并行数据传输

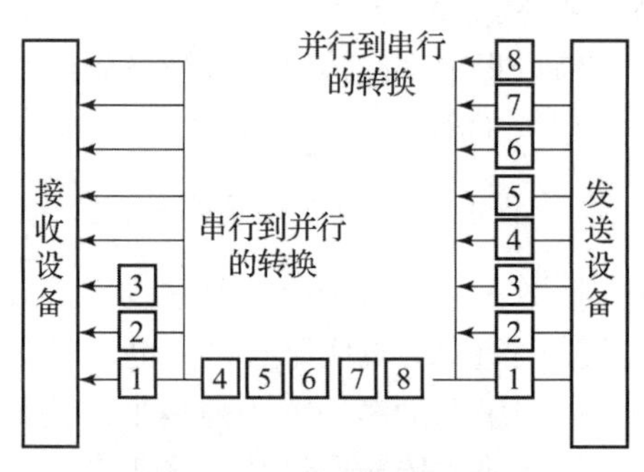

图 1－30　串行数据传输

2）同步传输与异步传输

在串行传输中，接收端如何从串行数据流中正确区分出发送的每一个字符，即如何解决字符的同步问题，目前有两种主要的方式，即异步传输和同步传输。

（1）异步传输。

异步传输方式一般以字符为单位传输，发送每一个字符代码时，都要在前面加上一个起始位，长度为 1 个码元长度，极性为“0”，表示一个字符的开始；后面加上一个终止位，长度为 1、1.5 或 2 个码元长度（对于国际电报 2 号码，终止位长度为 1.5 个码元长度，对于国际 5 号码或其他代码时，终止位长度为 1 个或 2 个码元长度），极性为“1”，表示一个字符的结束。字符可以连续发送，也可以单独发送；当不发送字符时，连续发送“止”信号，即保持“1”状态。因此，每个字符的起止时刻可以是任意的（这正是称为异步传输

的含义)。接收方可以根据字符之间从终止位到起始位的跳变，即由“1”变为“0”的下降沿来识别一个字符的开始，然后从下降沿以后 $T/2$ s（T 为接收方本地时钟周期）开始每隔 T s 进行取样，直到取样完整个字符，从而正确地区分一个个字符，这种字符同步方法又称为起止式同步。图1－31（a）所示为异步传输的情况。

异步传输的优点是实现字符同步比较简单，收、发双方的时钟信号不需要严格同步。缺点是对每个字符都需加入起始位和终止位（即增加2～3 b），降低了传输效率。如字符采用国际5号码，起始位1位，终止位1位，并采用1位奇偶校验位，则传输效率为70%。异步传输方式常用于1 200 b/s 及其以下的低速数据传输。

（2）同步传输。

同步传输是以固定的时钟节拍来发送数据信号的，因此在一个串行数据流中，各信号码元之间的相对位置是固定的（即同步）。接收方为了从接收到的数据流中正确地区分一个个信号码元，必须建立准确的时钟信号。

在同步传输中，数据的发送一般以组（或帧）为单位，一组或一帧数据包含多个字符代码或多个比特，在组或帧的开始和结束需加上预先规定的起始序列和结束序列作为标志。起始序列和结束序列的形式根据采用的传输控制规程而定，有两种同步方式，即字符同步和帧同步，分别如图1－31（b）和图1－31（c）所示。

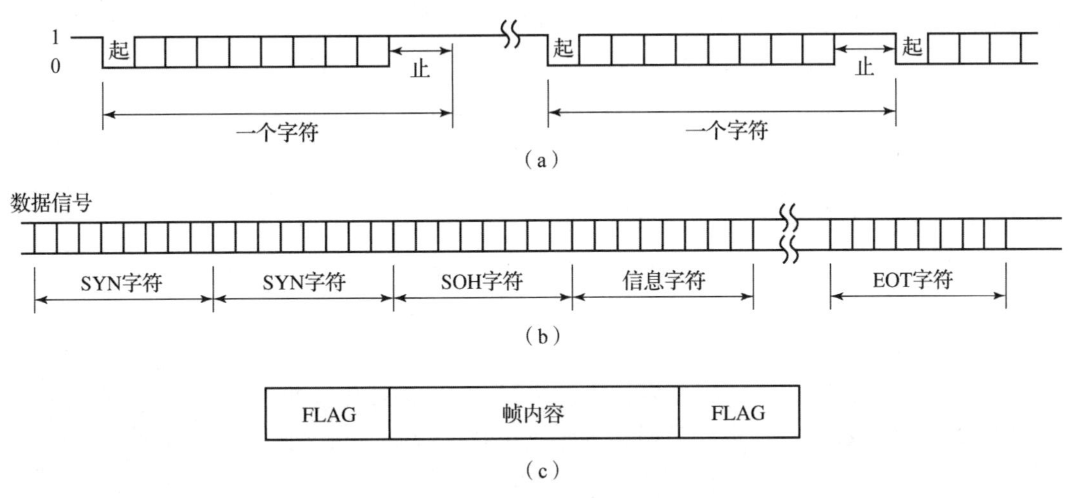

图1－31 异步传输和同步传输示意图

（a）异步传输；（b）字符同步；（c）帧同步

字符同步在 ASCII 中用 SYN（码型为“0110100”）作为“同步字符”，以通知接收设备表示一帧的开始；用 EOT（码型为“0010000”）作为“传输结束字符”，以表示一帧的结束。

帧同步中用标志字节 FLAG（码型为“01111110”）来表示一帧的开始或结束。由于帧的发送长度是可变的，而且不能预先决定何时开始帧的发送，故用标志序列来表示一帧的开始和结束。

同步传输方式与异步传输方式相比，由于它发送每一个字符时不需要对每个字符单独加起始位和终止位，只是在一串字符的前后加上标志序列，故具有较高的传输效率，但实现起来比较复杂，通常用于速率2 400 b/s 及其以上的数据传输。

3）单工、半双工和全双工传输

根据实际需要，数据通信采用单工、半双工和全双工 3 种传输方式或通信方式，如图 1－32 所示。通信一般总是双向的，这里所谓的单工、双工指的是数据传输的方向。

（1）单工传输。

单工传输是传输系统的两数据站之间只能沿单一方向进行数据传输，如图 1－32（a）所示的数据只能由 A 传送到 B，而不能由 B 传送到 A，但是允许由 B 向 A 传送一些简单的控制信号（联络信号）。由 A 到 B 的信道称为正向信道；由 B 向 A 的信道称为反向信道。一般正向信道传输速率较高，反向信道的传输速率一般较低，不超过 35 b/s。实际应用中可以使用反向信道，也可以不用。气象数据的收集、计算机与监视器及键盘与计算机之间的数据传输就是单工传输的例子。

A站 正向数据信道 B站 反向信道 （a）

A站 数据信道 B站 反向信道 （b）

A站 B站 （c）

—— 数据信道 ----- 反向信道

图 1－32　单工、半双工、全双工传输

（a）单工传输；（b）半双工传输；（c）全双工传输

（2）半双工传输。

半双工传输是系统两端可以在两个方向上进行数据传输，但两个方向的传输不能同时进行，当其中一端发送时，另一端只能接收；反之亦然，如图 1－32（b）所示。无论哪一方开始传输，都使用信道的整个带宽。对讲机和民用无线电都是半双工传输。

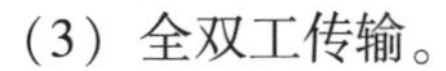

（3）全双工传输。

全双工传输是系统两端可以在两个方向上同时进行数据传输，即两端都可同时发送和接收数据，如图 1－32（c）所示，适于计算机之间的高速数据通信系统。

通常四线线路实现全双工数据传输；二线线路实现单工或全双工数据传输。在采用频分复用、时分复用或回波抵消技术时，二线线路也可实现全双工数据传输。

5. 数据通信的复用技术

数据通信的复用技术

为了提高线路的利用率，使多路信号在一个信道上进行传输的技术叫做多路复用技术。数据通信中，常用的多路复用技术包括频分多路复用、时分多路复用、统计时分多路复用和波分多路复用技术。

1）频分多路复用

频分多路复用（Frequency Division Multiplexing，FDM）技术是一种按频率来划分信道的复用方式，它把整个物理介质的传输频带，按一定的频率间隔划分为若干较窄的信道（子信道），每个子信道提供给一个用户使用。频分多路复用示意图如图 1－33 所示。

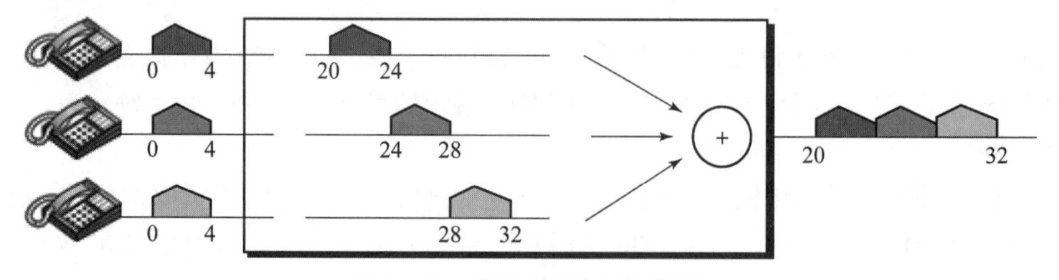

图 1－33　频分多路复用示意图

使用FDM时，需利用载波调制技术，实现原始信号的频谱搬移，使得多路信号在整个物理信道带宽允许的范围内，实现频谱上的不重叠，从而共用一个信道。其工作过程是先对多路信号的频谱范围进行限制（分割频带），然后通过变频处理，将多路信号分配到不同的频段。为了防止多路信号之间的相互干扰，使用隔离频带来隔离每个子信道。

FDM最早用于传输模拟信号的频分制信道，主要用于电话、电报和电缆电视（CATV）。在数据通信中，需和调制解调技术结合使用。

2）时分多路复用（TDM）

时分多路复用（Time Division Multiplexing，TDM）又称静态时分复用，或同步时分复用。TDM采用固定时隙分配方式，即一条信道按时间分成若干个时间片（时隙），轮流地分配给多个信号使用，使得它们在时间上不重叠。每一时隙由复用的一个信号占有，利用每个信号在时间上的交错，在一条信道上传输多个数字信号。

图1-34给出了一个时分多路复用器示意图。可以把复用器比作一个旋转开关，开关的每个接点与一个低速信道相连，当开关的刀旋转到某一接点时，发送端就对该信号的数据抽样，然后送到复用信道上去。接收端开关的刀和发送端开关的刀同步旋转，把复用信道中的数据分别传到相应的低速信道上去。PCM30/32路系统就是TDM的一个典型例子。

图1-34 一个时分多路复用器示意图

TDM技术主要用于数字信号。因此，与FDM将信号结合成一个单一复杂信号的做法不同，TDM保持了信号在物理上的独立性，而从逻辑上把它们结合在一起。

TDM系统的明显特点是：复用设备内部各通路的部件通用性好，因为各路的部件大都是相同的；要求收、发同步工作，故需有良好的同步系统。

虽然TDM可使多个用户共享一条传输线路资源，但是TDM方式时隙是预先分配的，且是固定的，每个用户独占时隙，不是所有终端在每个时隙内都有数据输出，所以时隙的利用率较低，线路的传输能力不能充分利用。这样就出现了统计时分多路复用。

3）统计时分多路复用

统计时分多路复用（Statistical Time Division Multiplexing，STDM）是针对TDM的缺点，根据用户实际需要动态地分配线路资源，因此也叫动态时分多路复用或异步时分多路复用。也就是当某一路用户有数据要传输时才给它分配资源，若用户暂停发送数据时，就不给其分配线路资源，线路的传输能力可用于为其他用户传输更多的数据，从而提高了线路利用率。这种根据用户的实际需要分配线路资源的方法称为统计时分多路复用。

图1-35给出了TDM和STDM复用原理的基本差别示意图。可见，利用TDM时，虽然在第一个扫描周期中的C_1、D_1时隙，第二个扫描周期中的A_2时隙，第三个扫描周期中的A_3、B_3、C_3时隙中无待发送的数据信息，但仍占用固定时隙，这样等于白白浪费信道的资

源，降低了传输效率。而 STDM 是按需分配时隙的，各路输入数据信息并不占用固定的时隙，所以就不会发送空的时隙。在第一个周期（时间段）中，只有来自 A、B 的时隙被发送，使时隙得到充分利用，从而提高了传输效率。因此，在 STDM 系统中，集合信道的传输速率可以大于各低速数据信道速率之和。

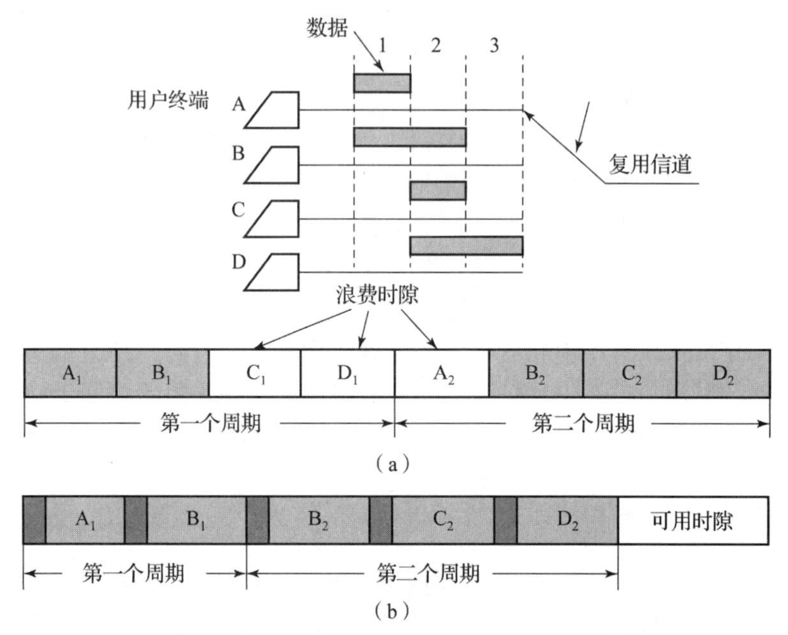

图 1－35　TDM 和 STDM 复用原理的基本差别示意图

(a) 时分多路复用；(b) 统计时分多路复用

由此可见，STDM 可以提高线路传输的利用率，这种方式特别适合于计算机通信中突发性或断续性的数据传输。

在 STDM 中，时隙位置失去了意义，因此当用户数据到达接收端时，由于它们不是以固定的顺序出现的，接收端就不知道应该将哪一个时隙内的数据送到哪一个用户。为了解决这个问题，必须在所传数据单元前附加地址信息，并对所传数据单元加上编号。这种机理在逻辑上把传输信道分成若干子信道，称之为逻辑信道。每个子信道可用相应的号码表示，称为逻辑信道号。逻辑信道号作为传输线路的一种资源，为用户提供了独立的数据流通路，对每一个用户，每次通信可分配不同的逻辑信道号。

4）波分多路复用

波分多路复用（Wavelength Division Multiplexing，WDM）是在一根光纤中同时传输多个波长光信号的一项技术。其基本原理是在发送端将不同波长的光信号组合起来（复用），送入光缆线路上的同一根光纤中进行传输，在接收端又将组合波长的光信号分开（解复用），恢复出原信号后送入不同的终端。也就是说，利用波分复用设备将不同信道的信号调制成不同波长的光信号，并复用到光纤信道上，在接收方，利用波分设备分离不同波长的光信号。波分多路复用与频分多路复用在本质上是没有什么区别的，一般载波间隔比较小时（小于 1 nm）称为频分复用，载波间隔较大时（大于 1 nm）才称为波分复用。WDM 示意图如图 1－36 所示。

图1－36 WDM示意图

WDM技术的出现使光通信系统的容量提高了几十倍、几百倍。

WDM系统按工作波长的波段不同可以分为两类：一类是在整个长波段内信道间隔较大的复用，称为粗波分复用（CWDM）；另一类是在1 550 nm波段的密集波分复用（DWDM）。它是在同一窗口中信道间隔较小的波分复用，可以同时复用4、8、16或更多个波长，其中每个波长之间的间隔为1.6 nm、0.8 nm或更低。另外，EDFA（Erbium－Doped Optical Fiber Amplifier，掺铒光纤放大器）成功应用于DWDM系统，极大地增加了光纤的传输距离。

WDM系统基本构成主要有两种形式，即双纤单向传输和单纤双向传输。双纤单向传输是指采用两根光纤实现两个方向信号传输，完成全双工通信；单纤双向传输是指光通路在一根光纤中同时沿两个不同的方向传输，此时，双向传输的波长互相分开，以实现彼此双方全双工通信。

1.3.2 数据通信网络结构

数据通信网络结构

1. 数据通信网一般结构

数据通信网络结构一般分为骨干网、城域网和接入网。骨干网由骨干节点组成。城域网由核心节点、汇聚节点和业务控制节点组成，接入网由接入节点组成，如图1－37所示。

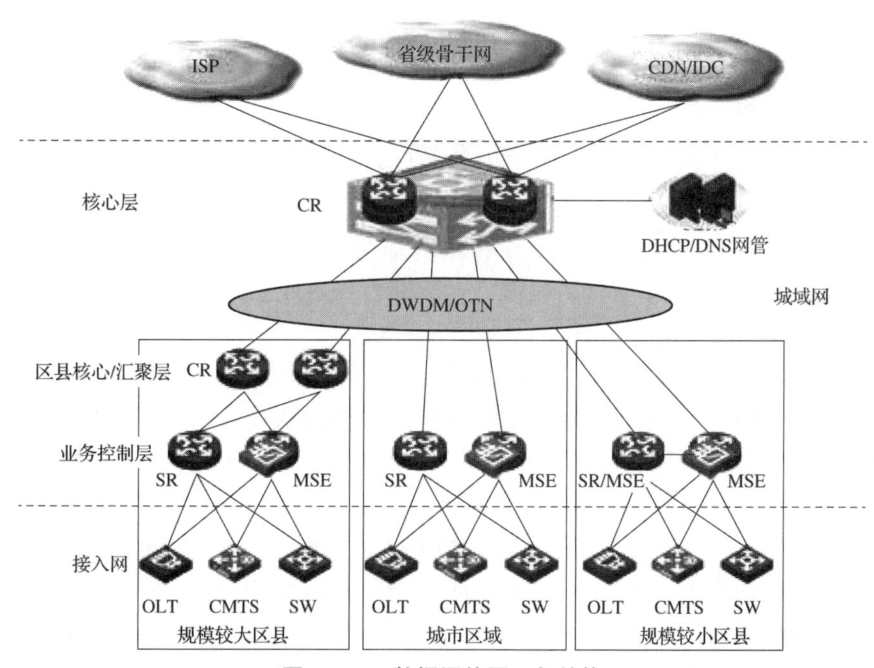

图1－37 数据通信网一般结构

骨干网分为国家骨干网和省级骨干网。骨干网络是整个网络的核心，作为城域网的上一级网络，承担着城域网访问外网的出口及城域网之间互通的枢纽作用。由于 IP 网络承载的业务类型越来越丰富，网络的流量随之越来越高，网络的重要性也日益提高，各运营商在提供传统 Internet 上网业务的同时，都在积极开展增值业务。

1）省级骨干网结构

省级骨干网结构如图 1 – 38 所示。省级骨干网核心层由华为 NE5000E 路由器组建，华为 NE40E 路由器作为地市节点，汇聚城域网、专线汇聚、窄带接入、IDC（Internet Data Center）的流量。

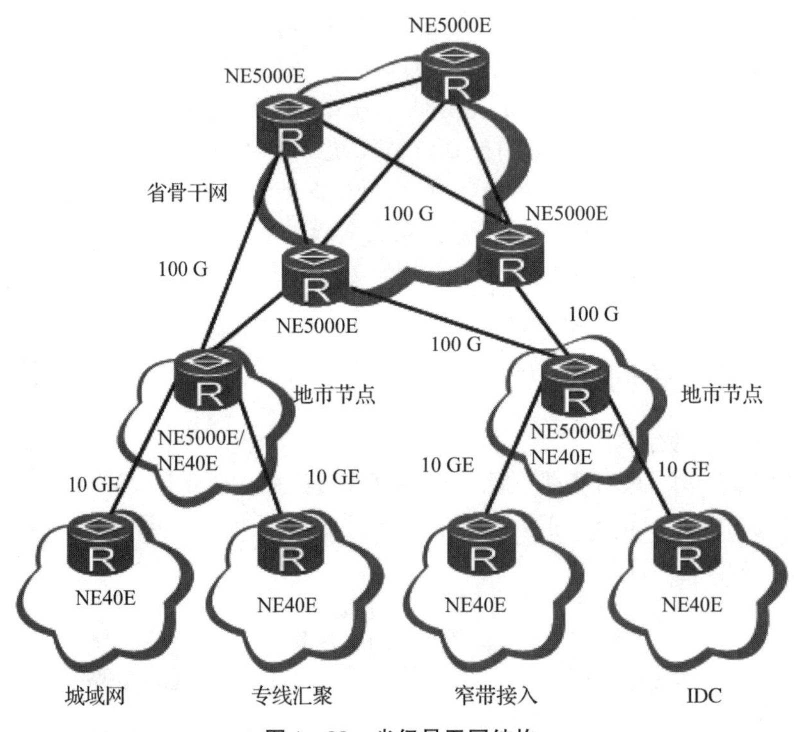

图 1 – 38　省级骨干网结构

本方案适用于大型省级骨干网络的新建、扩容和改造，这些网络的特点是既有传输资源，又有接入业务及成本优势。对于缺少传输资源的场合，网络拓扑不变，可相应降低链路带宽。汇聚层以上设备具备线速转发能力，全网支持 MPLS VPN。

2）国家骨干网结构

国家骨干网通常采用部分网状拓扑结构，如图 1 – 39 所示。上接国际出口，下连各省骨干网络，并通过 NAP（Network Access Point）与其他运营商网络相联。NE5000E 作为核心路由器设备，容量大，具有强大路由和高速转发能力，完全可以满足国家骨干网核心节点的网络要求。

NE5000E 支持 IPv6，基于第五代的业务扩展性和平滑升级、电信级的稳定性、良好的兼容性。提供高品质的 QoS 能力、完善的 QoS 机制，满足 IP 骨干网的多业务承载要求。

2. 城域网网络结构

城域网最初是一个计算机网络概念，指的是覆盖范围为一个城市大小的计算机网络。

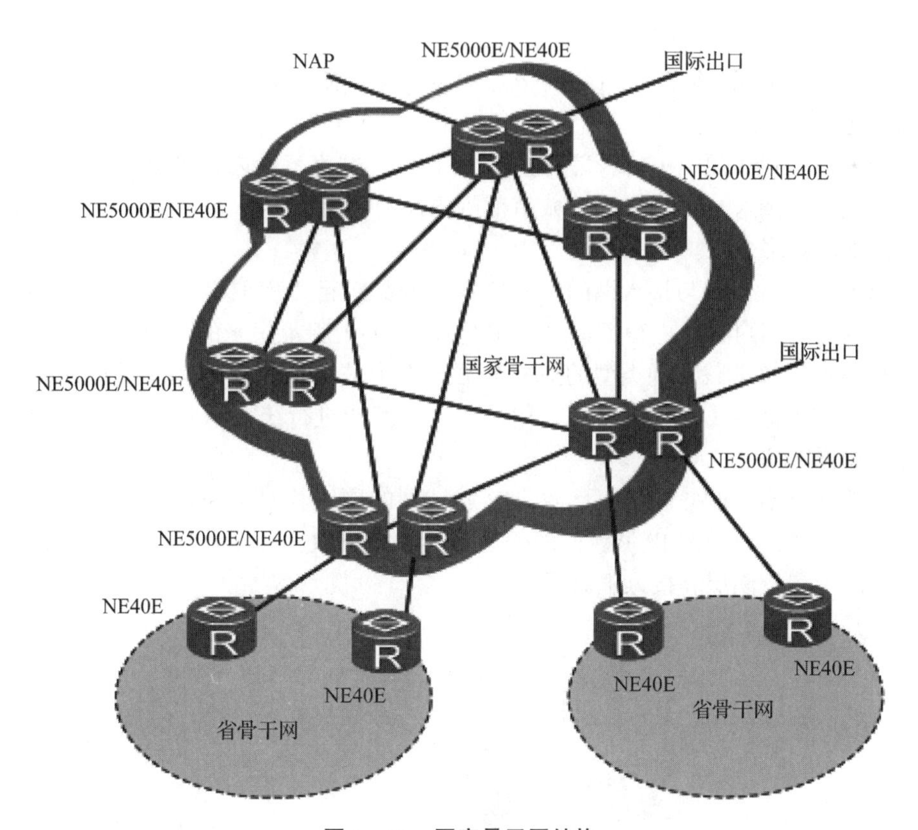

图1-39 国家骨干网结构

在 IEEE 802 系列标准中，IEEE 802.6 是关于城域网的标准，但是 IEEE 802.6 工作组已处于休眠状态，现在的城域网使用 Internet 的工作标准进行创建和管理。城域网通常是指城域以太网/IP 城域网，提供面向公众的多种宽带数据业务，属于数据网的范畴。

通常把城域网分为3层结构，即核心层、汇聚层和接入层。核心层主要为各业务汇聚节点提供高速的承载和传输通道，同时实现与既有网络的互联；汇聚层主要完成本地业务的区域汇接，进行业务汇聚、管理与分发处理；接入层则主要利用各种接入技术和线路资源实现对用户的覆盖。

值得强调的是，城域网的层次分为3层并不是固定的，这与城市规模、业务类型等一系列因素都有关系。在中小城市，则可以简化为两层，只有核心层、汇聚层（汇聚层和接入层综合在一起）；而在另外一些城市，可能汇聚层与核心层集成在一起，只有核心层（汇聚层）与接入层。运营商根据自己的网络规模、业务分布来决定网络的层次。另外，随着城域网网络规模的扩大，其接入层面与客户网络有了越来越多的重叠，接入网络有被边缘化的趋势。对于商业大厦、写字楼等大用户，可将光纤延伸至大楼，直接与那里已有的 LAN 相连，从而使城域网接入部分等同于客户网络。

随着基于 IP 业务种类的增加，采用基于 IP 的网络技术建立支持多种业务的统一网络平台已经成为一种经济、高效的城域网建设方法。宽带 IP 城域网可以认为是各运营商宽带 IP 骨干网在各城市范围内的延伸，可以支持高速上网、带宽租用、虚拟专用网（VPN）、窄带拨号接入、视频、语音各种多媒体业务，是以电信网络的可管理性、可扩充性为基础，来

满足政府部门、企业、个人用户对各种带宽的基于 IP 的多媒体业务的需求。其典型技术特征是在城域范围内实现传输的宽带化和节点的宽带化，使得城域网从接入到核心各个部分都实现宽带化。

IP 城域网的建设主要以 IP 技术为基础，并在一个城市范围内提供语音、数据、视频等一系列综合业务的接入，使之能满足城市范围内所有政府机构、企事业单位、个人家庭等多应用场景下的网络需求。

IP 城域网处于骨干网与接入网的中间位置，需要扛起“承上启下”的责任。向下将接入网络接入的所有用户数据进行汇聚（集中起来），向上将汇聚来的数据传送到骨干网进行处理。IP 城域网能够承载各种类型的业务数据，不论是语音业务还是视频业务、不论是家庭宽带业务还是政企专线业务以及移动用户业务，都能进行统一承载，因此有时候也被称为多业务城域网。

为了能够进行不同业务的统一承载，IP 城域网的网络相对来说也是比较复杂，采用了分层网络架构形式。典型的 IP 城域网的架构分为 3 个层次，如图 1 – 40 所示，从上到下依次为核心层、业务控制层和接入汇聚层。

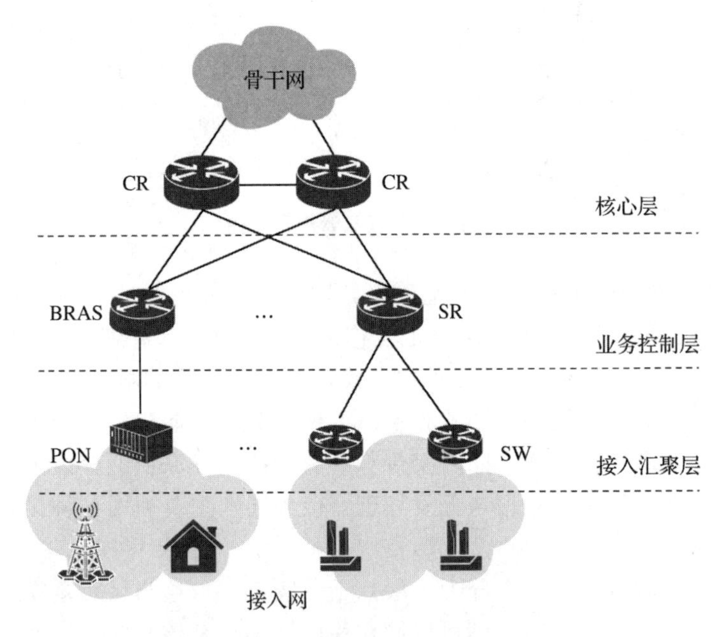

图 1 – 40　典型的 IP 城域网架构

核心层需要将城市所有的业务数据传送到骨干网进行处理，类似于提供了一条通往骨干网的高速公路。

业务控制层主要负责用户的业务控制，包括认证、计费、限速等功能，类似于高速公路中的收费站。

接入汇聚层的作用是接入并汇聚来自各种复杂场景下的业务，类似于城市范围内的大街小巷。

某市的教育城域网的结构如图 1 – 41 所示。

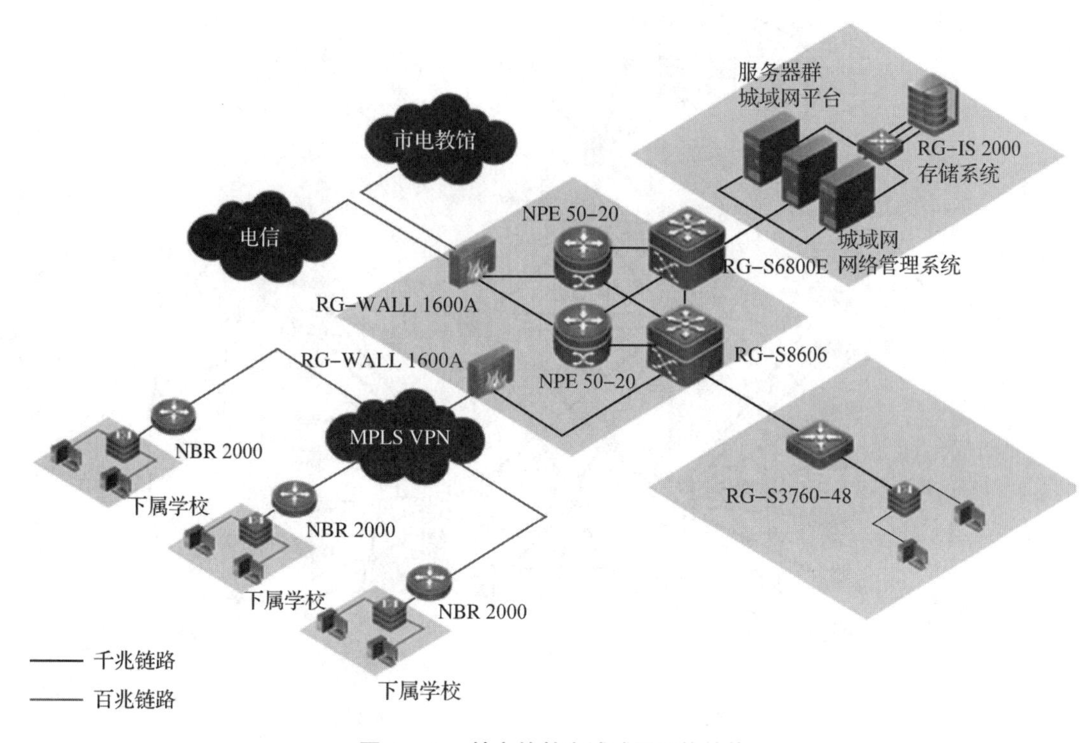

图1-41　某市的教育城域网网络结构

3. 局域网网络结构

局域网是目前最成熟、应用最广泛的一种计算机网络。Internet 就是由大小不同、各具特色的局域网通过广域网连接而成的，因此局域网可看作组成计算机网络的细胞。局域网的地理范围和站点数目均有限，具有传输速率高、延迟小、误码率低等特点。

局域网的网络分布架构与入网计算机的节点数量和网络分布情况直接相关。局域网根据入网计算机的数量可分为小型局域网、中型局域网和大型局域网。

如果所建设的局域网是由空间上集中的几十台计算机构成的小型局域网，在逻辑上可以不用考虑分层，使用一组或一台交换机连接所有的入网节点即可。

如果所建设的局域网在规模上是由几十台至几百台入网节点计算机组成的网络，在空间上分布在一座建筑物的多个楼层或多个部门，这样的网络称为中小型局域网。在设计上常常分为核心层和接入层两层考虑，接入层节点直接连接进核心层节点。

如果所建设的局域网在规模上是一个由数百台至上千台入网节点计算机组成的网络，在空间上跨越在一个园区的多个建筑物，则称这样的网络为大型局域网。对于大型局域网，通常在设计上将它组织成为核心层、汇聚层和接入层分别考虑。接入层节点直接连接用户计算机，它通常是一个部门或一个楼层的交换机；汇聚层的每个节点可以连接多个接入层节点，它通常是一个建筑物内连接多个楼层交换机或部门交换机的总交换机；核心层节点在逻辑上只有一个，它连接多个分布层交换机，通常是一个园区中连接多个建筑物的总交换机的核心网络设备。

某学校的校园局域网网络结构如图1-42所示。

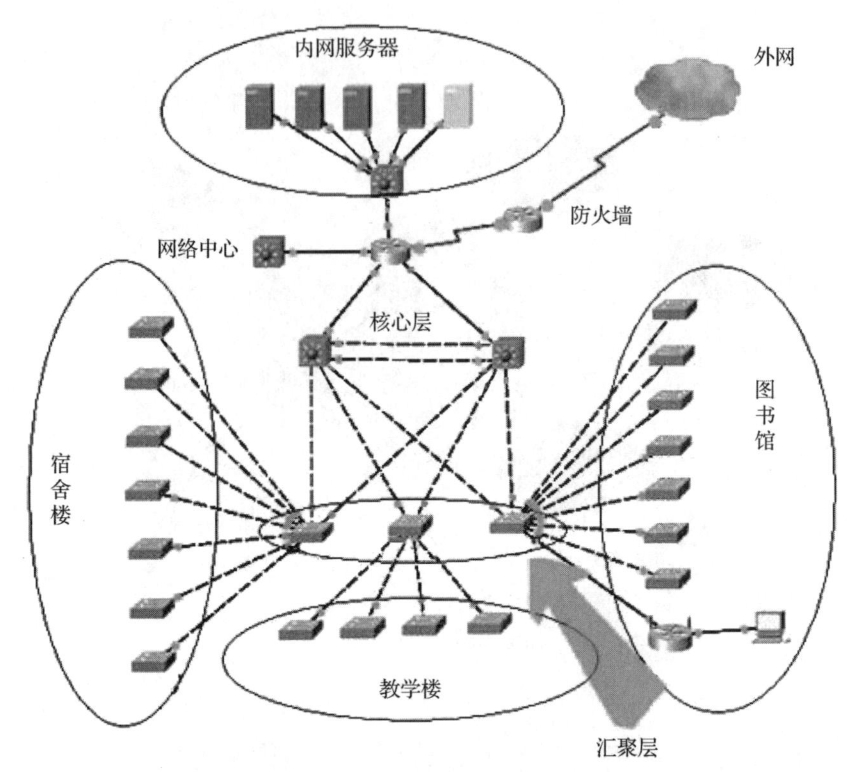

图 1－42　某学校的校园局域网网络结构

任务实施

1.3.3　分析光猫在通信系统中的作用

光猫泛指将光以太信号转换成其他协议信号的收发设备，光猫也称为单端口光端机，光猫与无线路由器的连接示意图如图 1－43 所示。

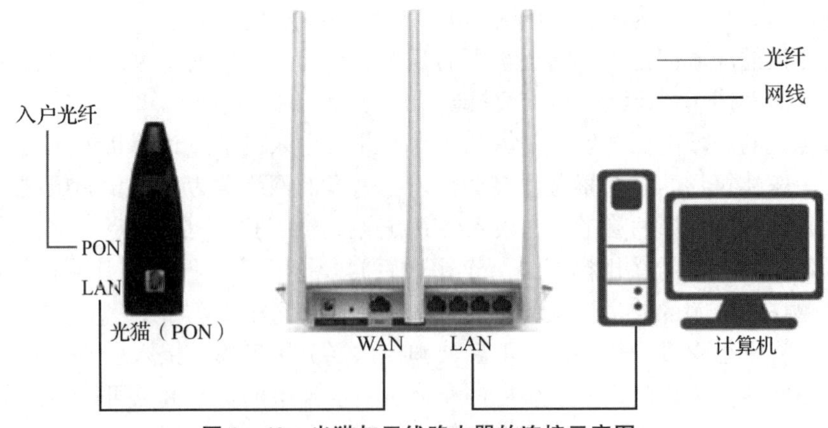

图 1－43　光猫与无线路由器的连接示意图

光猫一般使用于用户端，工作类似常用的广域网专线（电路）联网用的基带 MODEM，又称为“光 MODEM”“光调制解调器”。光猫的设备采用大规模集成芯片，其电路简单、功耗低、可靠性高，具有完整的告警状态指示和完善的网管功能。基带调制解调器由发送、

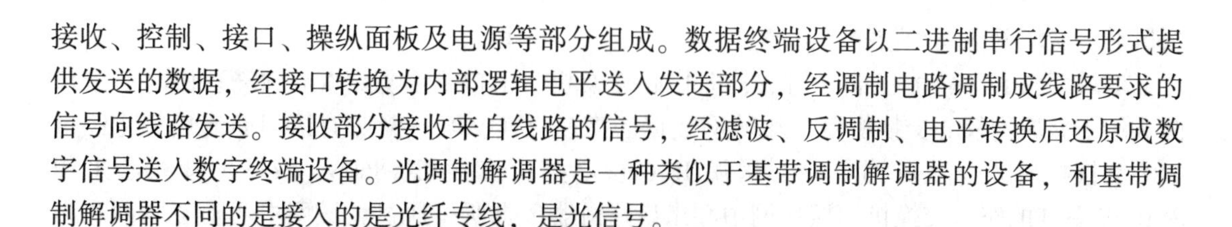

接收、控制、接口、操纵面板及电源等部分组成。数据终端设备以二进制串行信号形式提供发送的数据，经接口转换为内部逻辑电平送入发送部分，经调制电路调制成线路要求的信号向线路发送。接收部分接收来自线路的信号，经滤波、反调制、电平转换后还原成数字信号送入数字终端设备。光调制解调器是一种类似于基带调制解调器的设备，和基带调制解调器不同的是接入的是光纤专线，是光信号。

1.3.4　计算数据通信系统的主要性能指标

例1.1　已知二进制数字信号在2 min内共传送了72 000个码元。

（1）问其码元速率和信息速率各为多少？

（2）如果码元宽度不变（即码元速率不变），但改为八进制数字信号，则其码元速率为多少？信息速率又为多少？

解：

（1）在2×60 s内传送了72 000个码元

$$R_B = \frac{72\ 000}{2 \times 60} = 600(\text{B})$$

$$R_b = R_B = 600(\text{b/s})$$

（2）若改为八进制，则

$$R_B = \frac{72\ 000}{2 \times 60} = 600(\text{B})$$

$$R_b = R_B \log_2 8 = 1\ 800(\text{b/s})$$

例1.2　已知某八进制数字通信系统的信息速率为12 000 b/s，在接收端半小时内共测得出现了216个错误码元，试求系统的传输速率和误码率。

解：

$$R_b = 12\ 000\ \text{b/s}$$

$$R_B = R_b / \log_2 8 = 4\ 000(\text{B})$$

$$P_e = \frac{216}{4\ 000 \times 30 \times 60} = 3 \times 10^{-5}$$

1.3.5　分析城市城域网的网络结构

下面来分析图1-41所示城域网的结构。某市的教育城域网是以该市电信提供的MPLS-VPN形式为承载构建的宽带城域网，该市的教育管理系统及教育教学应用系统等大型应用系统均在专网内实现，各个学校通过10/100M链路接入MPLS VPN网络。各个学校通过MPLS VPN网络同中心连接在一起，形成一个巨大的园区网。访问中心的资源，并通过中心来访问Internet，由中心统一提供Internet公网出口，确保系统内的安全性。

该市教育城域网建设是以市电教馆（教育信息中心）作为主中心。在各区建立分中心。每个分中心有3个出口：一个是用来连接Internet的，作为每个中心所对应下属中小学的出口；一个是用来下联的接口，该接口作为汇聚区域内所有中小学的接口；还有一个是用来连接到主中心的接口，各分中心通过主中心节点实现各分中心之间的互联。

整个城域网由四大部分组成：城域网核心区域；城域网数据中心区域；电教馆办公接

入区域；城域网下属学校接入区域。

城域网核心区域由三部分组成，即核心交换机、出口路由器（NAT 处理引擎）、出口防火墙。城域网核心交换机负责城域网数据的高速交换，城域网所有访问的流量都将经过核心交换机转发。城域网主核心采用 IPv6 核心路由交换机 S8606，城域网辅核心采用 S6800E 系列的路由交换机。城域网中心出口路由器负责所有通过城域网中心上互联网和市教育城域网的数据转发和 NAT 处理。配置的 NAT 处理引擎为 NPE50 – 20。城域网出口防火墙负责城域网安全策略方面的控制。在学校接入城域网的线路上放置一台千兆防火墙 RG – WALL 1600A，用来控制和过滤学校内部的攻击和病毒；在城域网上互联网出口的线路上放置一台千兆防火墙 RG – WALL 1600A，用于控制和过滤外网进来的病毒和攻击。

城域网数据中心区域是城域网所有数据存储的中心，主要由服务器和存储系统组成。

在教育局办公区域需要接入到城域网，在该区域放置一台千兆汇聚交换机 RG – S3760 – 48，负责办公区域的汇聚和安全控制。

城域网下属学校的接入区域主要负责将各个学校接入到城域网中，提供访问城域网和互联网的路径。在每个学校的出口放置一台能够防病毒、防攻击的出口路由器 RG – NBR 2000，在每个学校的出口启用安全策略，严格限制各学校之间的相互访问，严格控制对城域网的访问，防止大量的攻击流量攻击城域网核心。

1.3.6 分析校园局域网的网络结构

下面分析图 1 – 42 所示的校园局域网的结构。该校园网由教学楼、办公行政楼、图书馆、学生宿舍、综合楼（信息网络中心）组成。网络结构分为接入层、汇聚层和核心层 3 层。核心层交换机通过光纤连接到办公及教学楼、综合楼、图书馆、学生公寓的汇聚层交换机。汇聚层交换机分别连接到各楼栋的接入层交换机，通过双绞线连接到各个信息面板上。信息网络中心通过光纤接入，连接到一台核心交换机和服务器群，再连接到防火墙，连接外网。服务器群组包括一台对外 Web 服务器，放的是学校的官方网站；一台内网 Web 服务器，是学校的内部网站；一台 FTP 服务器，由于 FTP 流量比较大，所以可以增加一台 FTP 服务器。

任务总结

通过教师引导和讲授，让学生了解数据通信的基础知识。通过实际组网案例，分析了数据通信网的网络结构。学生以分组的形式完成了实验室机房的网络结构设计。在组网设计过程中培养了学生团队合作精神，锻炼了学生自主探究的能力。

任务评价

本任务自我评价见表 1 – 5。

表 1 – 5　自我评价表

知识和技能点	掌握程度
数据通信的概念及特点	完全掌握　基本掌握　有些不懂　完全不懂
数据通信系统组成	完全掌握　基本掌握　有些不懂　完全不懂

续表

知识和技能点	掌握程度
数据通信系统主要性能指标	完全掌握　基本掌握　有些不懂　完全不懂
数据传输方式	完全掌握　基本掌握　有些不懂　完全不懂
数据通信的复用技术	完全掌握　基本掌握　有些不懂　完全不懂
数据通信网网络结构	完全掌握　基本掌握　有些不懂　完全不懂

项目小结

通过教师的引导、学生的体验以及学生的自主设计，完成了本项目的3个目标，即“懂”计算机网和数据通信网的基础知识；会“用”Internet提供网络服务及应用；能够根据组网需求“建”网，为下一个项目的顺利开展奠定了良好基础。通过本项目学习，培养了学生自主学习能力、动手操作能力和团队合作精神。希望学生能够学以致用，将所学内容与实际生活紧密结合起来，并能够做到活学活用、举一反三。

项目评价

本项目自我评价见表1-6。

表1-6　自我评价表

任务	掌握程度
初识计算机网与互联网	完全掌握　基本掌握　有些不懂　完全不懂
体验 Internet 主要服务及应用	完全掌握　基本掌握　有些不懂　完全不懂
初识数据通信网	完全掌握　基本掌握　有些不懂　完全不懂

练习与思考

1. 单项选择题

(1) 下列属于广播式网络的是（　　）。

A. 星型　　B. 树型　　C. 总线型　　D. 网状

(2) 下列属于点到点连接的网络是（　　）。

A. 球型　　B. 环形　　C. 总线型　　D. 树型

(3) 下列属于资源子网的是（　　）。

A. 打印机　　B. 集线器　　C. 交换机　　D. 路由器

(4) 浏览器和 WWW 服务器之间传输网页使用的协议是（　　）。

A. IP　　B. HTTP　　C. FTP　　D. TELNET

(5) Internet 计算机域名的最高域名表示组织性质，代表教育机构的是（　　）。

A. EDU　　B. CN　　C. GOV　　D. COM

(6) TELNET 的端口号是（　　）。

A. 21　　B. 22　　C. 23　　D. 24

（7）HTTP 的端口号是（　　）。

A. 80　　B. 23　　C. 21　　D. 79

（8）在配置一个 E－mail 客户程序时，需要配置（　　）。

A. SMTP 以便可以发送邮件，POP 以便可以接收邮件

B. POP 以便可以发送邮件，SMTP 以便可以接收邮件

C. SMTP 以便可以发送接收邮件

D. POP 以便可以发送和接收邮件

（9）下列不属于有效性指标的是（　　）。

A. 误码率　　B. 码元传输速率　　C. 信息传输速率　　D. 频带利用率

（10）电话通信采用的传输方式属于（　　）。

A. 单工传输　　B. 半双工传输　　C. 全双工传输　　D. 以上都不对

2. 判断题

（1）域名比 IP 地址更直观更便于记忆。（　　）

（2）域名解析是将 IP 地址转换成域名。（　　）

（3）使用 TELNET 时，用户需要知道远程主机的名字或 IP 地址，并且使用正确的用户名和口令。（　　）

（4）在浏览器中直接输入目的网站的 IP 地址，也可以打开网站页面。（　　）

（5）只有建立了数据电路，通信双方才能真正有效地进行数据通信。（　　）

（6）键盘和计算机间的通信采用同步传输。（　　）

（7）计算机内部一般采用并行传输方式。（　　）

（8）异步传输其传输效率高于同步传输。（　　）

3. 简答题

（1）什么是计算机网络？简述计算机网络的主要功能。

（2）简述计算机网络的组成。

（3）什么是计算机网络的拓扑结构？计算机网络的拓扑结构有哪些种类？

（4）计算机网络有哪些分类方式？各分为哪几类？

（5）画图说明数据通信系统的组成。

（6）某二进制系统 5 min 传送了 18 000 b 信息，系统带宽为 200 kHz，请问：

①其码元传输速率和信息传输速率各为多少？

②若改用八进制传输，则码元传输速率和信息传输速率各为多少？频带利用率为多少？

（7）请说明单工传输、半双工传输和全双工传输的概念并举例。

项目2

分析 OSI 与 TCP/IP 模型

项目描述：通过本项目学习，熟悉 OSI 与 TCP/IP 两种典型的网络体系结构。

项目分析：在了解通信协议及网络体系结构分层思想的基础上，掌握 OSI 与 TCP/IP 模型的结构、各层功能和数据封装过程。在熟悉 IPv4 与 IPv6 数据包格式以及运输层协议的基础上，通过 Wireshark 捕获并分析 TCP、UDP、IP、ARP、ICMP 等报文，熟悉各种报文封装格式及相互关系。

项目目标：

- 熟悉网络体系结构。
- 掌握 OSI - RM 七层协议的功能。
- 熟悉 OSI - RM 中的数据封装过程。
- 熟悉 TCP/IP 四层协议各层的功能。
- 熟悉 TCP/IP 中的报文封装过程。
- 熟悉 IPv4 与 IPv6 数据包格式。
- 熟悉 TCP 和 UDP 协议。
- 掌握 Wireshark 软件的用法，捕获并分析 TCP、UDP、IP、ARP 等报文。

任务 2.1　分析网络体系结构

任务描述

熟悉通信协议和网络体系结构的概念，了解网络体系结构的分层思想。

任务分析

在熟悉通信协议和网络体系结构概念的基础上，了解网络体系结构的分层思想，并尝试用它去分析问题。

知识准备

2.1.1　网络体系结构

网络体系结构

数据通信与计算机网络实现的是各种类型的数据终端或计算机之间的通信，它不同于两端都有人参与的电话通信，其通信控制过程要复杂得

多，因此引入了通信协议的概念。网络通信协议的集合称为网络体系结构，网络体系结构是抽象的，具体的通信网络是网络体系结构的实现。

最早的计算机网络是 ARPANET，它在设计上采用的是分层结构的网络体系结构。计算机网络在 20 世纪 70 年代迅速发展，特别是在 ARPANET 建立以后，世界上许多计算机大公司都先后推出了自己的计算机网络体系结构。世界上第一个网络体系结构是美国的 IBM 公司于 1974 年提出的系统网络体系结构（System Network Architecture，SNA）。SNA 就是按照分层的方法制定的。随后，其他一些公司也相继推出本公司的一套体系结构，并都采用不同的名称。这些封闭性的网络体系结构，使得同一公司的各种设备很容易互联组网，但不同公司的设备很难互相联通。为了使不同体系结构的计算机网络都能互联，国际标准化组织（ISO）于 1977 年成立了专门机构研究开放式的网络体系结构。ISO 在 1978 年提出了开放系统互联参考模型（OSI－RM），并于 1983 年颁布为国际标准。所谓开放系统是指遵循 OSI－RM 和相关协议标准能够实现互联的具有各种应用目的的计算机系统。

Internet 的网络体系结构是以 TCP/IP 协议为核心的，由于 Internet 的迅速发展，TCP/IP 已经成为一个事实上的标准。

2.1.2 通信协议

1. 通信协议的概念

在数据通信中，为了能够实现各种数据终端或计算机参与的通信，必须事先约定一些通信双方共同遵守的协议规程。把通信的发送和接收之间需要共同遵守的这些规定、约定和规程统称为通信协议。

2. 通信协议的作用

通信协议是协调网络的运行，使之达到互联、互通和互换的目的，因此通信协议十分重要。其主要作用有数据的分段和重组、封装和拆装、连接控制、流量控制、差错控制、寻址、数据交换、复用、提供用户接口等。

3. 通信协议的组成要素

数据通信系统中的协议，是一整套关于信息传输程序、信息格式和信息内容等方面的规则和约定，它保证了计算机与终端之间、计算机之间能够正确、有效地传递信息。

通信协议主要由以下 3 个要素组成。

（1）语义。

对协议元素的含义进行解释。语义规定了通信双方彼此“讲什么”，语义确定协议元素的类型和内容，包括数据的内容和含义以及用于协调的控制信息和差错控制，如报文中哪些部分用于控制、哪些部分是真正的通信内容。

（2）语法。

将若干个协议元素和数据组合在一起用来表达一个完整的内容所应遵循的格式，也就是对信息的数据结构做一种规定。语法规定了通信双方彼此“怎样讲”，即确定协议元素的结构与格式，包括数据格式、编码和信号等级。

（3）同步。

同步又称为定时关系，是对事件实现顺序的详细说明。同步规定了“什么时候讲”，即规定事件的执行顺序，同步确定通信过程中通信状态的变化，包括速率适配和排序，如何时进行通信。

由此可以看出，协议（protocol）实质上是数据网络通信时所使用的一种功能描述语言。

2.1.3 网络体系结构的分层

1. 网络体系结构的分层思想及其优点

通信协议就是网络的构造标准语言，由标准化组织事先制定并以标准的形式颁布。为了方便描述和实现，按照系统功能分为若干层，分别定义对等层的协议及上下层间的关系，即每一层如何进行工作、上一层和下一层如何协调，这就是网络体系结构的层次化概念。网络体系结构采用这种分层结构，把实现通信的网络在功能上视为若干相邻的层组成，各层完成自己特定的功能。每一层都建立在较低层的基础上，利用较低层的服务，同时为较高一层提供服务。网络体系结构的分层示意图如图 2－1 所示。这样通过协议分层，把复杂的协议分解为一些简单的协议，再组合成总的协议。对于采用这种层次化设计的网络体系结构，在用户要求更改通信程序的功能时，不必改变整个结构，只需改变相关的层次即可。因此，协议分层是为了简化问题，减少协议设计的复杂性。

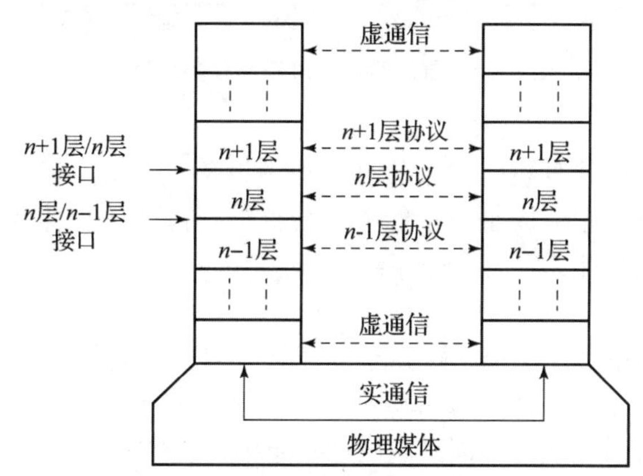

图 2－1 网络体系结构的分层示意图

网络体系结构采用层次化设计的优点总结如下。

（1）复杂问题简单化。

层次化的网络体系结构中，某一层并不需要知道它的下一层是如何实现的，而仅仅需要知道该层通过层间的接口（即界面）所提供的服务。由于每一层只实现一种相对独立的功能，因而可将一个难以处理的复杂问题分解为若干个较容易处理的更小一些的问题。这样，整个问题的复杂程度就下降了。

（2）灵活性好。

当任何一层发生变化时（如由于技术的变化），只要层间接口关系保持不变，则其他各层均不受影响。此外，对某一层提供的服务还可进行修改。甚至当某层提供的服务不再需要时，还可以将这层取消而不会影响其他各层。

（3）易于实现和维护。

因为整个系统已被分解为若干个相对独立的子系统，各层都可以采用最合适的技术来

实现，并且这种结构使得实现和调试一个庞大而又复杂的系统变得易于处理。

（4）便于标准化。

分层设计能促进标准化工作，因为每一层的功能及其所提供的服务都已有了精确的说明。

2. OSI－RM 中的层次化相关概念

为了描述层次化的网络体系结构，OSI－RM 定义了以下概念，如图 2－2 所示。

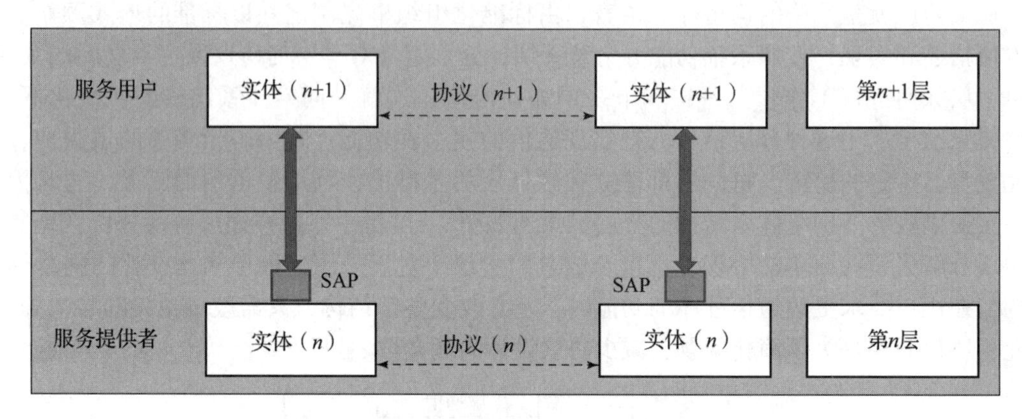

图 2－2　层、实体、接口和服务示意图

（1）系统。

系统是由一台或多台计算机、相关软件、外围设备、终端、操作员、物理过程及信息传递手段等组成的集合，它形成了一个能够执行信息处理和信息传送的独立单元。协议中的每一层都完成各自的功能，又称为子系统。

（2）实体。

OSI－RM 的每一层都实现一定的功能，功能的实现是由其系统内的活动元素完成的，具有相对的独立性，称之为实体。每一层可能有许多个实体，相邻层的实体之间可能有联系。相邻层之间通过接口联系。不同系统的同一层中的实体称为对等实体。

（3）接口。

接口是指在相邻层之间进行数据传送的一组规则。它可以是硬件接口，也可以是软件接口。在协议分层中，接口通常是逻辑的而不是物理的，所以又称为“服务访问点（SAP）”。

（4）服务。

服务指下一层以及以下各层通过接口提供给上层的一种能力。上层为服务用户，下层为服务提供者，每一层都是下一层的服务用户，同时又是上一层的服务提供者。

（5）应用进程。

系统为某一具体应用而执行信息处理功能的一个元素称为应用进程，可以是操作进程、计算机进程或物理进程。

任务实施

2.1.4　用网络体系结构的分层思想分析邮政系统

下面试用分层的思想分析一个具体的系统，如邮政系统。

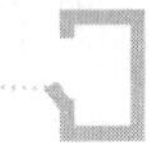

以甲国的 A 要给乙国的 B 发送一封信为例。假定 A、B 两人使用的语言不同，无法直接交流，都请一位英文翻译，完成信件的翻译。A 写好信件后，请翻译译成英文并填好信封，然后选择邮寄方式，如普通寄递的航空方式，付完邮资后把信件交给邮局，甲国的邮局根据目的地是乙国进行分拣，装入邮包，送到上级邮局，最后送上国际航班，到达乙国后，乙国的邮局进行分拣，然后再往下面各邮政分局（所）分发，最后最下级别邮政所的邮递员把信件送到目的地，B 收到信件，请翻译把信件翻译成 B 使用的语言，最后 B 读取信件内容。

按照网络体系结构分层思想来分析，在这个寄信过程中，A、B 是处于最高层的信源和信宿，对应写信和最终读信的功能。双方的翻译处于其下一层，保证双方语言互通。再下一层就是规定信封信息填写格式，以保证信件按照地址信息正确寄递。再下一层，邮局规定可提供的寄递方式及相应邮资，用户根据需要选择合适的寄递方式并支付邮资。用户和邮局之间的接口可以是邮筒，也可以是邮局营业厅的邮寄业务窗口。最下面就是邮局具体的寄递功能：甲国邮局通过分拣，装入邮包，最后送上相应的航班，以及到乙国后，乙国邮局分拣，最终投递。这是完成信件的具体运输过程，对此过程也可以进行功能细分，如邮局内分拣功能、打包邮包功能、邮包在各级邮局间的运输功能以及邮递员投递功能等。按照分析可以画出邮政系统功能分层结构示意图，如图 2－3 所示。

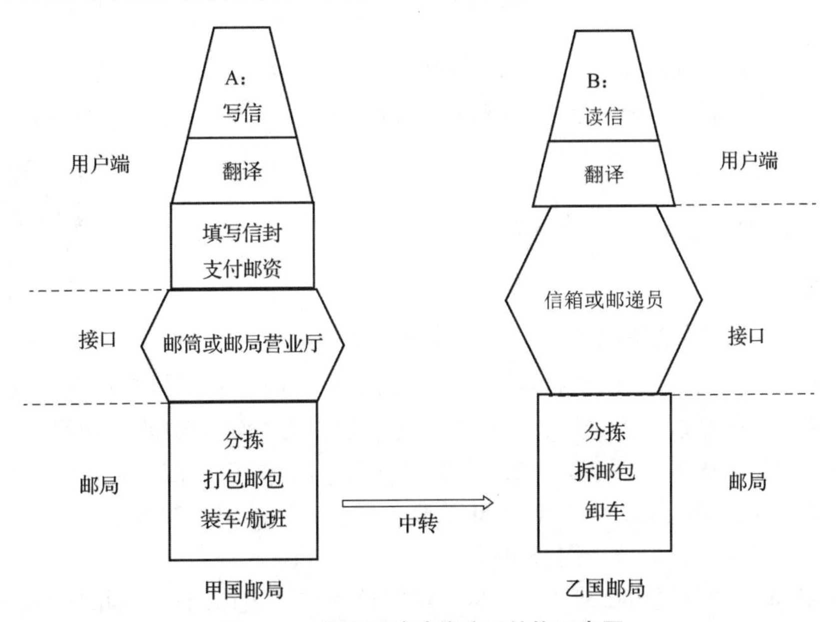

图 2－3　邮政系统功能分层结构示意图

类似地，学生可以结合自己的网购经历，用网络体系结构的分层思想分析某快递平台。

任务总结

通过对网络体系结构基本概念的学习，以及运用分层的思想去分析具体的系统，加深对网络体系结构的理解。

任务评价

本任务自我评价见表 2－1。

表 2-1 自我评价表

知识和技能点	掌握程度
网络体系结构	完全掌握　基本掌握　有些不懂　完全不懂
通信协议	完全掌握　基本掌握　有些不懂　完全不懂
协议分层的思想	完全掌握　基本掌握　有些不懂　完全不懂
OSI-RM 中的层次化概念	完全掌握　基本掌握　有些不懂　完全不懂

任务 2.2　分析 OSI-RM

任务描述

熟悉 OSI-RM 7 层协议的划分，掌握 OSI-RM 7 层协议中各层的功能。了解 OSI-RM 中的数据封装过程。

任务分析

熟悉 OSI-RM 7 层协议的划分，理解 OSI-RM 7 层协议中各层的功能，并通过 OSI-RM 中的数据封装过程加深对各层功能的理解。在此基础上，分析 7 号信令系统各层的功能。

知识准备

2.2.1　OSI-RM 7 层协议

OSI-RM 网络体系结构

1. OSI-RM 7 层协议的划分

OSI-RM 采用分层结构化技术，将整个网络的通信功能分为 7 层。OSI-RM 7 层协议的划分如图 2-4 所示。由低层至高层分别是物理层、数据链路层、网络层、运输层、会话层、表示层、应用层。每一层都有特定的功能，并且上一层利用下一层的功能所提供的服务。第一层到第三层属于 OSI-RM 的低 3 层，负责创建网络通信连接的链路。第四层到第七层属于 OSI-RM 的高 4 层，负责端到端的数据通信，所以高 4 层只在终端设备上存在，而通信子网只包括第 3 层。

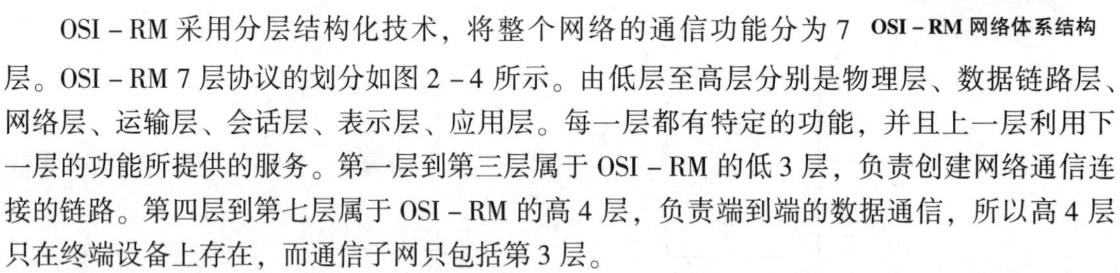

在 OSI-RM 中，各层的数据并不是从一端的第 N 层直接送到另一端的，第 N 层的数据在垂直的层次中自上而下地逐层传递直至物理层，在物理层的两个端点进行物理通信，通常把这种通信称为实通信。而对等层由于通信并不是直接进行，因而称为虚拟通信。

应该指出，OSI-RM 只是提供了一个抽象的体系结构，从而根据它研究各项标准，并在这些标准的基础上设计系统。开放系统的外部特性必须符合 OSI 参考模型，而各个系统的内部功能是不受限制的。

2. OSI-RM 7 层协议各层的功能

1）物理层

物理层主要讨论在通信线路上比特流的传输问题。物理层是 OSI 参考模型的最低层，

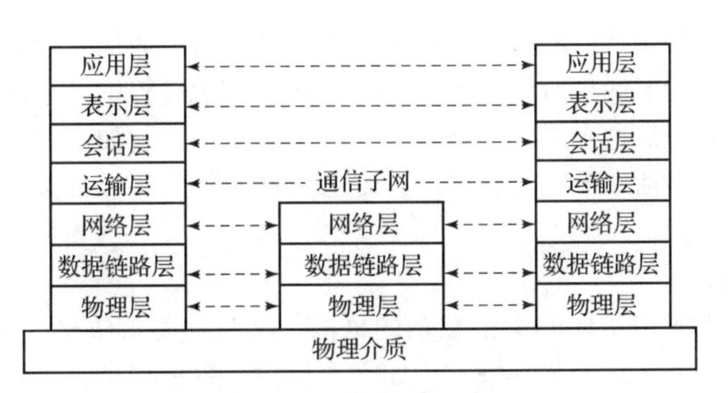

图 2－4　OSI－RM 7 层协议的划分

它建立在物理介质的基础上，实现系统与物理媒体的接口。通过物理介质来建立、维持和断开物理连接，为数据链路实体之间提供比特流的透明传输。这一层协议描述传输介质的电气、机械、功能和过程的特性。其典型的设计问题有信号的发送电平、码元宽度、线路码型、物理连接器引脚的数量、引脚的功能、物理拓扑结构、物理连接的建立和终止、传输方式等。其典型协议有 RS－232C、RS－449、RS－422A、RS－423A、V. 24、V. 28、X. 20 和 X. 21 等。物理层传送数据的基本单位是 b。

2）数据链路层

数据链路层主要讨论在数据链路上帧流的传输问题。这一层协议的内容包括帧的格式、帧的类型、比特填充技术、数据链路的建立和终止信息流量控制、差错控制、向物理层报告一个不可恢复的错误等。这一层协议的目的是保障在相邻的站与节点或节点与节点之间正确、有序、有节奏地传输数据帧。常见的数据链路协议有两类：一类是面向字符的传输控制规程，如基本型传输控制规程（BSC）；另一类是面向比特的传输控制规程，如高级数据链路控制规程（HDLC）。实际应用中主要是后一类。数据链路层中传送数据的基本单位一般是帧。

3）网络层

网络层主要处理数据分组在网络中的传输。这一层协议的功能是路由选择、数据交换、网络连接的建立和终止一个给定的数据链路上网络连接的复用、根据从数据链路层来的错误报告而进行的错误检测和恢复、分组的排序、信息流的控制等。网络层的典型例子是原 CCITT 的 X. 25 建议的第三层标准。网络层传输数据的基本单位是分组。

4）运输层

运输层是第一个端到端的层次，也就是计算机－计算机的层次。OSI－RM 的前 3 层可组成公共网络，可被很多设备共享，并且计算机－节点机、节点机－节点机、节点机－计算机是按照“接力”方式传送的，为了防止传送途中报文的丢失，两个计算机之间可实现端到端控制。这一层的功能是把运输层的地址变换为网络层的地址、运输连接的建立和终止、在网络连接上对运输连接进行多路复用、端到端的次序控制、信息流控制、错误的检测和恢复等。运输层传送数据的基本单位是报文。运输层又称为传输层或传送层。

5）会话层

会话层是指用户与用户的连接，它通过在两台计算机间建立、管理和终止通信来完成对话。会话层的主要功能：在建立会话时核实双方身份是否有权参加会话；确定何方支付通信费用；双方在各种选择功能方面（如全双工还是半双工通信）取得一致；在会话建立以后，需要对进程间的对话进行管理与控制。例如，对话过程中某个环节出了故障，会话层在可能条件下必须存储这个对话的数据，使其不丢失数据，如不能保留，那么终止这个对话，并重新开始。会话层及以上各层中，传送数据的单位一般都称为报文，但是与运输层的报文有本质的不同。

6）表示层

表示层主要处理应用实体间交换数据的语法，其目的是解决格式和数据表示的差别，从而为应用层提供一个一致的数据格式，如文本压缩、数据加密、字符编码的转换，从而使字符、格式等有差异的设备之间可以相互通信。

7）应用层

应用层与提供网络服务相关，这些服务包括文件传送、打印服务、数据库服务、电子邮件等。应用层提供了一个应用网络通信的接口，它直接面向用户以满足用户的不同需要，利用网络资源唯一向应用进程直接提供服务的一层。

从7层的功能可见，1～3层主要完成数据交换和数据传输，称之为网络低层，即通信子网，是面向通信的；5～7层主要完成信息处理服务的功能，称之为网络高层，是面向信息处理的；低层与高层之间由第4层运输层衔接，是执行网络通信的最高层，但它只存在于终端系统，不属于通信子网，可以认为是传输和应用之间的接口，所以运输层是网络体系结构中很重要的一层。数据通信网涉及的只有物理层、数据链路层和网络层，在终端系统才会有完整的7层。

3. OSI－RM 中的数据封装过程

在 OSI－RM 中，当一台主机需要传送用户的数据时，数据首先通过应用层的接口进入应用层。在应用层，用户的数据被加上应用层的报头（Application Header，AH），形成应用层协议数据单元（Protocol Data Unit，PDU），然后被递交到其下层——表示层。不同系统的应用进程在进行数据传送时，其信息在各层之间传输过程所经历的变化如图 2－5 所示。

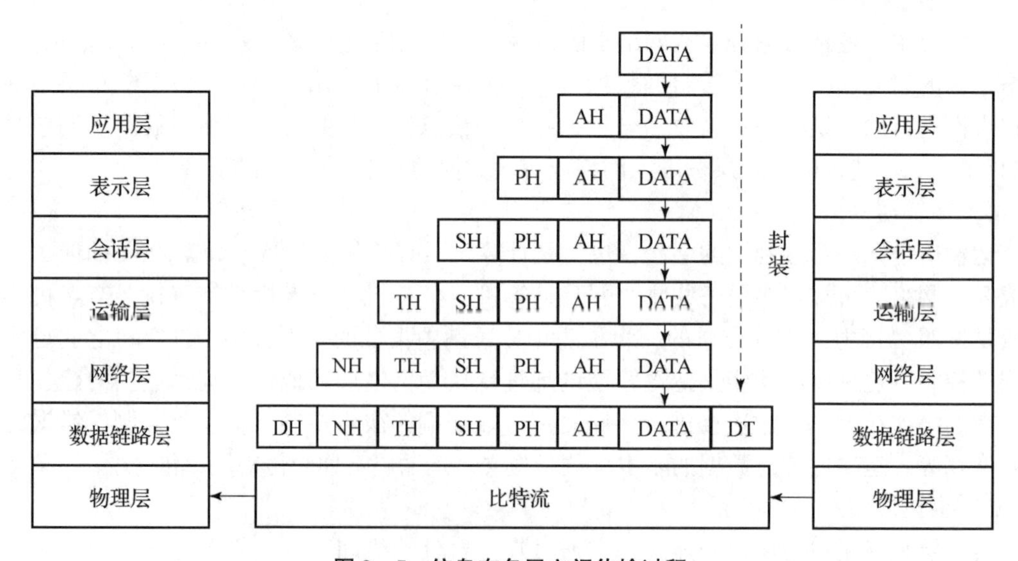

图 2－5　信息在各层之间传输过程

表示层并不“关心”其上层——应用层的数据格式，而是把整个应用层递交的数据包看成是一个整体进行封装，即加上表示层的报头（Presentation Header，PH）。然后，递交到其下层——会话层。

同样，会话层、运输层、网络层、数据链路层也都要分别给上层递交下来的数据加上自己的报头。它们是会话层报头（Session Header，SH）、运输层报头（Transport Header，TH）、网络层报头（Network Header，NH）和数据链路层报头（Data link Header，DH）。其中，数据链路层还要给网络层递交的数据加上数据链路层报尾（Data link Termination，DT）形成最终的一帧数据。

当一帧数据通过物理层传送到目标主机的物理层时，该主机的物理层把它递交到其上层——数据链路层。数据链路层负责去掉数据帧的帧头部 DH 和尾部 DT（同时还进行数据校验）。如果数据没有出错，则递交到其上层——网络层。

同样，网络层、运输层、会话层、表示层、应用层也要做类似的工作。最终，原始数据被递交到目标主机的具体应用程序中。

任务实施

2.2.2　分析 7 号信令系统

7 号信令系统（Signaling System Number 7，SS7）是一种被广泛应用在公共交换电话网、蜂窝通信网络等现代通信网络的共路信令系统。

1. 7 号信令系统的功能结构

7 号信令系统采用功能模块化结构，从功能上可以分为公用的消息传递部分（MTP）和适合不同用户的独立用户部分（UP）。采用功能分级和 OSI 分层模式的混合结构如图 2-6 所示。

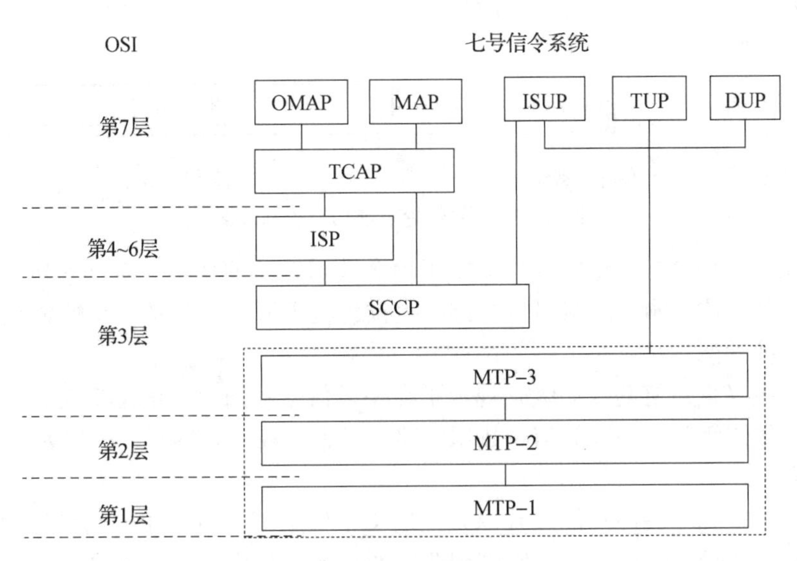

图 2-6　7 号信令功能结构

（1）消息传递部分。

消息传递部分（MTP）作为一个公共传递系统，在相对应的两个用户部分之间可靠地传递信令消息。MTP 的主要功能是在信令网中提供可靠的传递系统，保证两个不同地点对应 UP 之间传送的信令消息无差错、不丢失、不错序、不重复。MTP 包括信令数据链路功能（第一功能级）、信令链路功能（第二功能级）和信令网功能（第三功能级）。

（2）用户部分。

UP 则是使用消息传递部分传送能力的功能实体。目前 CCITT 建议使用的用户部分主要有电话用户部分（TUP）、数据用户部分（DUP）、综合业务数字网用户部分（ISUP）、信令连接控制部分（SCCP）、移动通信用户部分（MAP）、事务处理能力应用部分（TCAP）、操作维护应用部分（OMAP）及信令网维护管理部分。

每个用户部分都包含其特有的用户功能或与其有关的功能。在采用多个用户部分的系统中，消息传递部分为各个用户部分所公用。因此，在组织一个信令系统时，消息传递部分是必不可少的，而用户部分则可根据实际需要选择。

2. 7 号信令系统的功能级

7 号信令系统在基本功能结构的基础上可进一步划分为 4 个功能级：第一级为信令数据链路级；第二级为信令链路控制级；第三级为信令网络功能级；第四级为用户部分功能级。其中前 3 级属于消息传递部分，第四级属于用户部分，如图 2－7 所示。

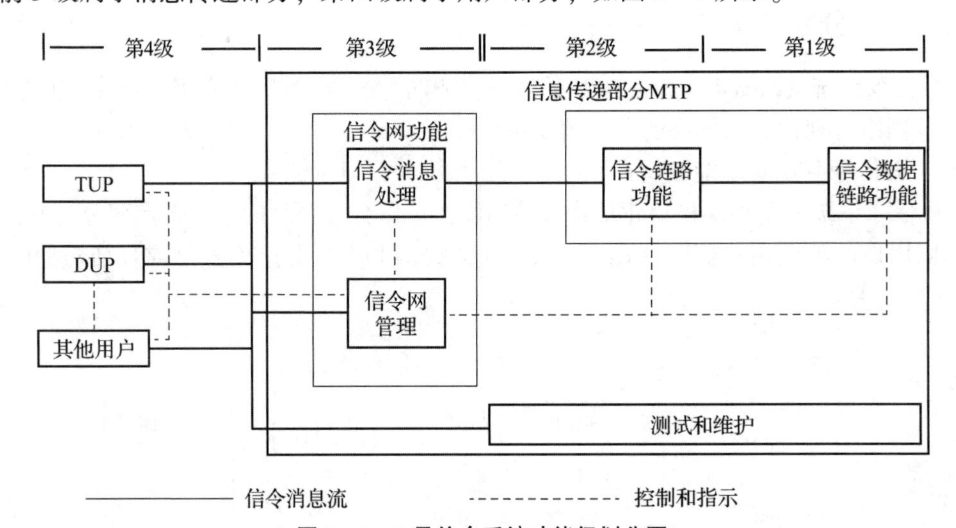

图 2－7　7 号信令系统功能级划分图

第一功能级（信令数据链路级）规定了信令数据链路的物理、电气和功能特性及其与数据链路连接的方法。本功能级对信令链路提供传输手段，它包括一个传输通道和接入此传输信道的交换功能。

第二功能级（信令链路控制级）规定了在一条信令链路上，消息传递和与传递有关的功能和程序。第二级和第一级的信令数据链路一起，为在两点间进行信令消息的可靠传递提供信令链路。

第三功能级（信令网络功能级）原则上定义了传送消息所使用的消息识别、分配、路由选择及在正常或异常情况下信令网管理调度的功能和程序。第三级进一步分为信令消息处理和信令网管理两个部分。消息处理部分的功能是在一条信令消息实际传递时，引导它到达指定的信令链路或用户部分。信令网管理功能是以信令网中已信令路由组织数据和其

状态信息为基础，控制消息的路由和信令网设备的重新组合，并在状态发生变化时，提供维持或恢复正常消息传递能力。

第四功能级（用户部分功能级）规定了各用户部分使用的消息格式、编码及控制功能和程序。

3. 7 号信令系统与 OSI 分层结构的关系

根据 7 号信令系统各级功能和 OSI 各层功能的比较，如图 2－5 所示，7 号信令系统中的第一级相当于物理层，7 号信令系统中的第二级相当于数据链路层，7 号信令系统中的第三级完成了网络层部分功能。另外，CCITT 于 1984 年增补的 SCCP 提供虚电路服务和数据报服务，它与第三级一起提供 OSI 网络层功能。ISP（中间服务部分）对应于 OSI 的 4～6 层，目前尚未定义，它和 TCAP（事务能力应用部分）合并称为事务能力部分（TC）。7 号信令系统的第四级中的各个用户部分属于应用层协议，这些应用部分涉及的都是电路交换业务，对于一般的与电路接续无关的应用业务，其消息传送除了 MTP 第 1～3 级支持外还必须有 SCCP 的支持。同时，为了协调电路无关消息的传送，CCITT 又增补了 TCAP，OMAP 和 MAP 分别为操作维护应用部分和移动应用部分，用于 7 号信令网的操作维护和移动通信系统，均由 TCAP 支持。TCAP 及其支持的应用部分也属于应用层的范围。

任务总结

加深对 OSI－RM 7 层协议的划分以及 OSI－RM 中的数据封装过程的理解和掌握。在此基础上，分析 7 号信令系统各层的功能。

任务评价

任务自我评价见表 2－2。

表 2－2　自我评价表

知识和技能点	掌握程度
OSI－RM 7 层协议的分层	☺完全掌握　☺基本掌握　☹有些不懂　☹完全不懂
OSI－RM 7 层协议各层的功能	☺完全掌握　☺基本掌握　☹有些不懂　☹完全不懂
OSI－RM 中的数据封装过程	☺完全掌握　☺基本掌握　☹有些不懂　☹完全不懂
分析 7 号信令系统	☺完全掌握　☺基本掌握　☹有些不懂　☹完全不懂

任务 2.3　分析 TCP/IP 模型

任务描述

熟悉 TCP/IP 的 4 层结构以及各层功能和主要协议；了解 TCP/IP 中的报文封装过程；熟悉 Wireshark 软件的使用方法，用 Wireshark 抓包分析 TCP/IP 各层数据。

任务分析

熟悉 TCP/IP 的 4 层结构以及各层功能和主要协议。通过 TCP/IP 中的报文封装过程加深对 TCP/IP 各层功能的理解和掌握。用 Wireshark 抓包分析以太网 MAC 帧、IP 数据报、ICMP 报文、ARP 报文、TCP 报文和 UDP 报文等 TCP/IP 各层数据，深入了解 TCP/IP 各层协议的功能和相互关系。

知识准备

TCP/IP 网络体系结构

2.3.1 TCP/IP 模型

1. TCP/IP 的 4 层结构

TCP/IP（Transmission Control Protocol/Internet Protocol）的出现比 OSI－RM 要早，它是在 20 世纪 70 年代中期美国国防部为其 ARPANET 开发的网络体系结构和协议标准，所以有时又称为 DoD（Department of Defense）模型，以它为基础组建的 Internet 是目前国际上规模最大的计算机网络，正因为 Internet 的广泛使用，使 TCP/IP 成了事实上的工业标准。

TCP/IP 是发展至今最成功的通信协议，是一组通信协议的代名词，这组协议使任何具有网络设备的用户都能访问和共享 Internet 上的信息，其中最重要的协议是传输控制协议（TCP）和网际协议（IP）。TCP 和 IP 是两个独立且紧密结合的协议，负责管理和引导数据报文在 Internet 上的传输。二者使用专门的报文头定义每个报文的内容。TCP 负责和远程主机的连接，IP 负责寻址，使报文被送到其该去的地方。

TCP/IP 也分为不同的网络层次结构，每一层负责不同的通信功能。但 TCP/IP 协议简化了层次结构，只有 4 层，自下而上分别为网络接口层、网际层（网络层）、运输层（运输层）、应用层，如图 2－8 所示。需要指出的是，TCP/IP 是 OSI 模型之前的产物，所以两者间不存在严格的网络层次对应关系。在 TCP/IP 模型中并不存在与 OSI 中的物理层与数据链路层相对应的部分；相反，由于 TCP/IP 的主要目标是致力于异构网络的互联互通，所以在 OSI 中的物理层与数据链路层相对应的部分没有作任何限定。

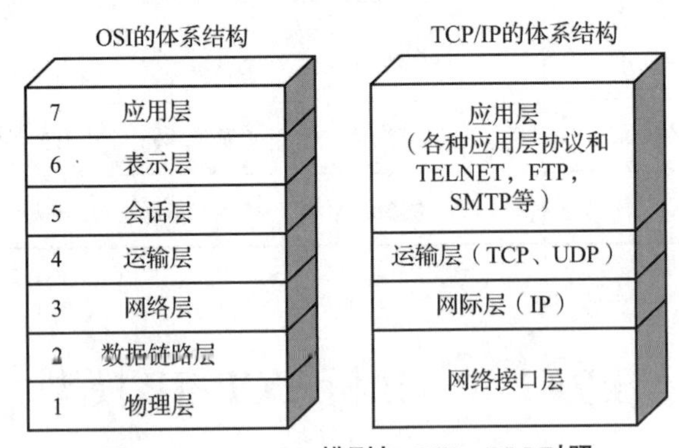

图 2－8　TCP/IP 模型与 OSI－RM 对照

TELNET—远程登录；FTP—文件传输协议；SMTP—简单邮件传送协议；
TCP—传输控制协议；UDP—用户数据报协议；IP—互联网络协议

2. TCP/IP 4 层协议各层的功能

1）网络接口层

网络接口层（Network Interface Layer，NIL）是 TCP/IP 模型的最低层，该层负责接收从网络层交来的 IP 数据报，并将 IP 数据报通过底层物理网络发送至选定的网络，或者从底层物理网络上接收物理帧，抽出 IP 数据报，交给网络层。网络接口层使采用不同技术的网络硬件之间能够互联，它包括属于操作系统的设备驱动器和计算机网络接口卡，以处理具体的硬件物理接口。

2）网际层

网际层（Internet Layer，IL）又称为 IP 层，主要功能是处理来自运输层的分组，将分组形成的数据包（IP 数据包）进行路由选择，最终将数据包从源主机发送到目的主机，TCP/IP 模型的网络层在功能上非常类似于 OSI 参考模型中的网络层，即检查网络拓扑结构，以决定传输报文的最佳路由。

3）运输层

运输层（Transport Layer，TL）的基本任务是在源节点和目的节点的两个对等实体间提供可靠的端到端的数据通信。为保证数据传输的可靠性，运输层协议也提供了确认、差错控制和流量控制等机制。运输层从应用层接收数据，并且在必要的时候把它分成较小的单元，传递给网络层，并确保到达对方的各段信息正确无误。

4）应用层

应用层（Application Layer，AL）为用户提供网络应用，并为这些应用提供网络支撑服务，把用户的数据发送到低层，为应用程序提供网络接口。由于 TCP/IP 将所有与应用相关的内容都归为一层，所以在应用层要处理高层协议、数据表达和对话控制等任务。

3. TCP/IP 的各层主要协议

与 OSI/RM 不同，TCP/IP 从推出之时就把考虑问题的重点放在了异种网络互联上。异种网络即遵循不同网络体系结构的网络。

TCP/IP 事实上是一个协议系列或协议簇，目前包含了 100 多个协议，用来将各种计算机和数据通信设备组成实际的 TCP/IP 计算机网络。TCP/IP 模型各层的一些重要协议如图 2－9 所示。它的特点是上下两头大而中间小，应用层和网络接口层都有许多协议，而中间的 IP 层很小，上层的各种协议都向下汇聚到一个 IP 协议中。这种很像沙漏计时器形状的 TCP/IP 协议簇表明，TCP/IP 可以为各式各样的应用提供服务（Everything Over IP），同时也可以连接到各式各样的网络上（IP Over Everything）。

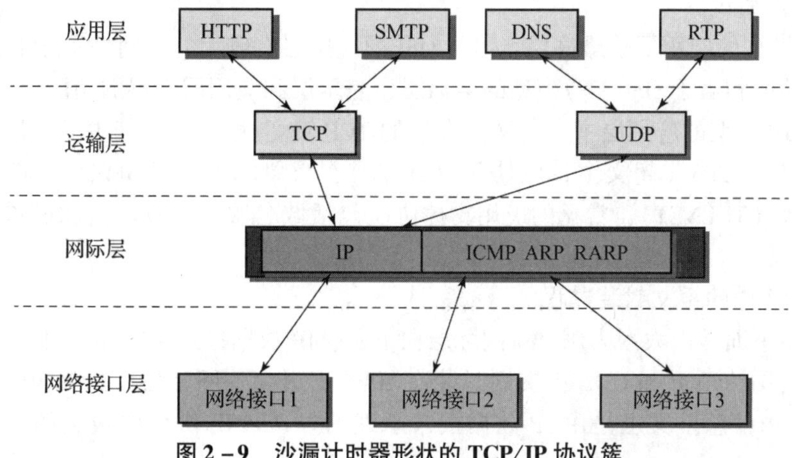

图 2－9 沙漏计时器形状的 TCP/IP 协议簇

1）网络接口层协议

这是 TCP/IP 的最底层，TCP/IP 的网络接口层中包括各种物理网协议，如 Ethernet、令牌环、帧中继、ISDN 和分组交换网 X.25 等。当各种物理网被用作传送 IP 数据包的通道时，就可以认为是属于这一层的内容。

2）网际层协议

网际层所执行的主要功能是处理来自运输层的协议数据单元，将运输层的协议数据单元形成数据包（IP 数据报或分组），并为该数据包进行路径选择，最终将数据包从源主机发送到目的主机，其地位类似于 OSI 参考模型的网络层，向上提供不可靠的数据报传输服务。

网际层包括多个重要协议，主要协议有 IP 协议、ICMP 协议、ARP 协议与 RARP 协议和 IGMP 协议。

网际协议（Internet protocol，IP）是其中的核心协议，IP 协议规定网际层数据报的格式，是用来实现数据分段和寻址功能的。

Internet 控制消息协议（Internet Control Message Protocol，ICMP）是用来提供网络控制和消息传递功能的。

地址解释协议（Address Resolution Protocol，ARP）是用来将逻辑地址解析成物理地址。而反向地址解释协议（Reverse Address Resolution Protocol，RARP）则是将物理地址解析成逻辑地址。注意：ARP 和 RARP 协议不是封装到 IP 包而是直接封装到 MAC 帧。

Internet 组管理协议（Internet Group Management Protocol，IGMP）运行于主机和与主机直接相连的组播路由器之间，是 IP 主机用来报告多址广播组成员身份的协议。

3）运输层协议

运输层提供应用程序之间（即端到端）的通信。该层可以提供两种不同的协议，即 TCP 协议和 UDP 协议。传输控制协议（Transport Control Protocol，TCP）是面向连接的协议，提供端到端之间的可靠传输服务，数据传送单位是报文段；用 3 次握手和滑动窗口机制来保证传输的可靠性和进行流量控制。用户数据报协议（User Datagram Protocol，UDP）是面向无连接的不可靠运输层协议，在端与端之间提供不可靠服务，但传输效率比 TCP 协议高，数据传送单位是数据报，实际上就是以前提到的报文。

4）应用层协议

TCP/IP 模型的应用层是最高层，但与 OSI 的应用层有较大的区别。实际上，TCP/IP 模型应用层的功能相当于 OSI 参考模型的会话层、表示层和应用层 3 层的功能。

在 TCP/IP 模型的应用层中，定义了大量的 TCP/IP 应用协议，其中最常用的协议包括文件传输协议（FTP）、超文本传输协议（HTTP）、简单邮件传输协议（SMTP）、虚拟终端、远程登录（TELNET），常见的应用支撑协议包括域名服务（DNS）和简单网络管理协议（SNMP）等。

4. TCP/IP 中的报文封装过程

以网际层下面是以太网为例，从网际层向下看，IP 数据报封装在 MAC 帧中；从网际层向上看，运输层的 TCP 和 UDP 报文则封装在 IP 数据报中；网际层中的 ICMP、IGMP 等报文及 OSPF 路由信息报文也是由 IP 数据报来承载的。TCP/IP 协议中报文的封装示意图如图 2－10 所示。

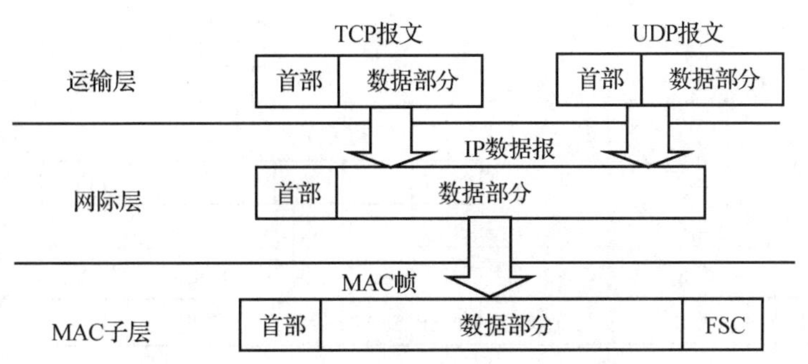

图2－10　TCP/IP协议报文的封装示意图

2.3.2　以太网MAC帧

以太网帧结构和MAC地址

以太网的MAC帧格式有很多种类型，包括以太网V2（DIX Ethernet V2）标准、IEEE 802.3标准、以太网SNAP标准及Novell以太网标准等。其中，以太网V2和IEEE 802.3标准的帧格式较为常见。

1. 以太网V2的MAC帧格式

以太网V2的MAC帧格式包含5个字段，如图2－11所示，前两个字段分别是长度为6 B的目的地址和源地址。第3个字段是2 B的类型字段，用来标明上一层用的是哪一种协议，如该字段是0×0800时，就表示上层使用的是IP协议。第4个字段是数据字段，长度为46～1 500 B，当数据字段实际长度小于46 B时，MAC层会在数据字段后面加入一个整数字节的填充字段，以保证MAC帧的总长度不小于64 B。最后一个字段是帧校验序列FCS，长4 B。

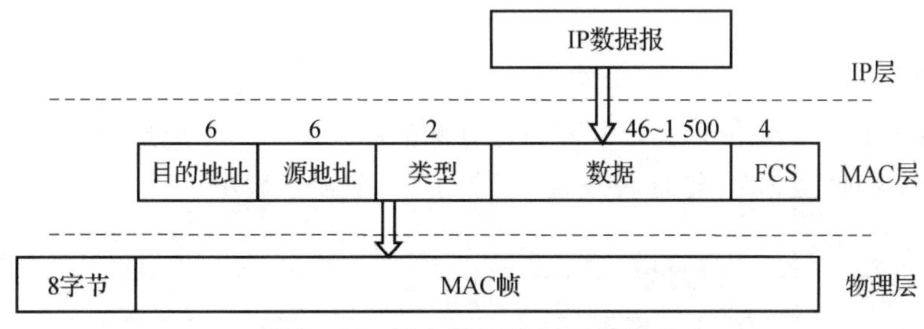

图2－11　以太网V2 MAC帧格式

2. IEEE 802.3的MAC帧格式

IEEE基于原始的以太网V2的MAC帧来设计自己的以太网的MAC帧类型，如图2－12所示。IEEE 802.3的以太网的MAC帧报头和以太网V2的MAC帧报头的区别主要有以下两点。

（1）IEEE 802.3的MAC帧第3个字段是长度/类型字段，当它的数值小于1 500时，用来表示MAC帧数据字段的长度；当它的数值大于1536（十六进制的0600）时，用来表示和以太网V2中一样的协议类型。

（2）当长度/类型字段表示的是类型时，IEEE 802.3的MAC帧和以太网V2的MAC帧一样，当长度/类型字段表示的是长度时，MAC帧增加了一个称为逻辑链路控制（LLC）的字段。LLC用来识别信息包中使用的3层协议。LLC报头或IEEE报头都包含DSAP（Desti-

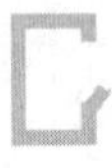

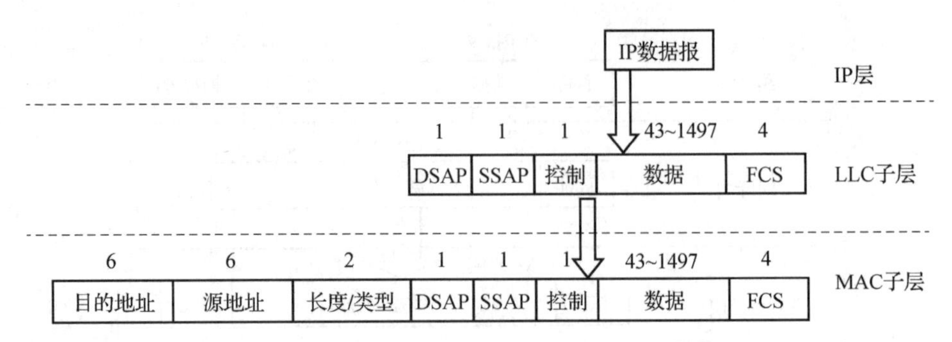

图 2-12　IEEE 802.3MAC 帧格式

nation Service Access Point，目的服务访问点）、SSAP（Source Service Access Point，源服务访问点）和控制字段。DSAP 和 SSAP 合并后就可标识第 3 层协议的类型。

3. 以太网 MAC 地址

拓扑结构上，以太网通常采用星型或树型结构。不论哪一种拓扑，以太网在物理上都是由一些网络设备（工作站）和用于连接这些站点的线缆组成，以太网中的工作站可以接收到各种各样的数据。那么它们是如何判断接收的数据是不是发给自己的呢?

实际上，工作站传输数据时，把每 8 个二进制位组成一个字节，然后用一个个字节组合成数据帧，数据帧的起点称为帧头，节点称为帧尾。每一帧的帧头部都有专门的一个目的介质访问控制（MAC）地址和一个源 MAC 地址，分别用来标识这一帧的接收方和发送方。网络设备出厂时，厂家会分配给它一个全球唯一的 MAC 地址（就像身份证号一样），这样它就可以通过帧头部的目的 MAC 地址和自己的 MAC 地址，来判断数据帧是否对它进行直接访问。若网络设备发现帧的目的 MAC 地址与自己的 MAC 不匹配，就不处理该帧。

MAC 地址共有 6 B（48 位），如图 2-13 所示。其中，前 3 B（高位 24 位）代表该供应商代码，后 3 B（低 24 位）是由厂商自己分配的序列号。一个地址块可以生成 224 个不同的地址。通常习惯把 MAC 地址转换成 12 位的十六进制数表示。

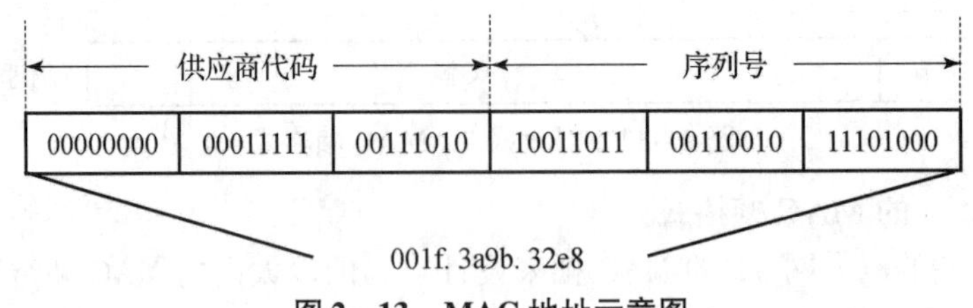

图 2-13　MAC 地址示意图

（1）单播地址：用于网段中两个特定设备之间的通信，可以作为以太网帧的源和目的 MAC 地址。

（2）多播地址：用于网段中一个设备和其他多个设备通信，只能作为以太网帧的目的 MAC。

（3）广播地址：用于网段中一个设备和其他所有设备通信，只能作为以太网帧的目的 MAC。

2.3.3　IP 层协议

IP 数据报分为首部和数据两部分，实际应用的 IP 协议版本有 IPv4 和 IPv6 两种。

1. IPv4 数据报格式

IPv4 的首部包含固定的首部和选项两部分，IPv4 固定的首部长度为 20 B，选项字段用来支持排错、测量及安全等措施。如果没有选项，数据在固定的 IP 首部后面开始；如果有选项，无论选项内容的长度是否是整行，数据总在选项后面新的一行的行首开始。IPv4 数据报的格式如图 2－14 所示。

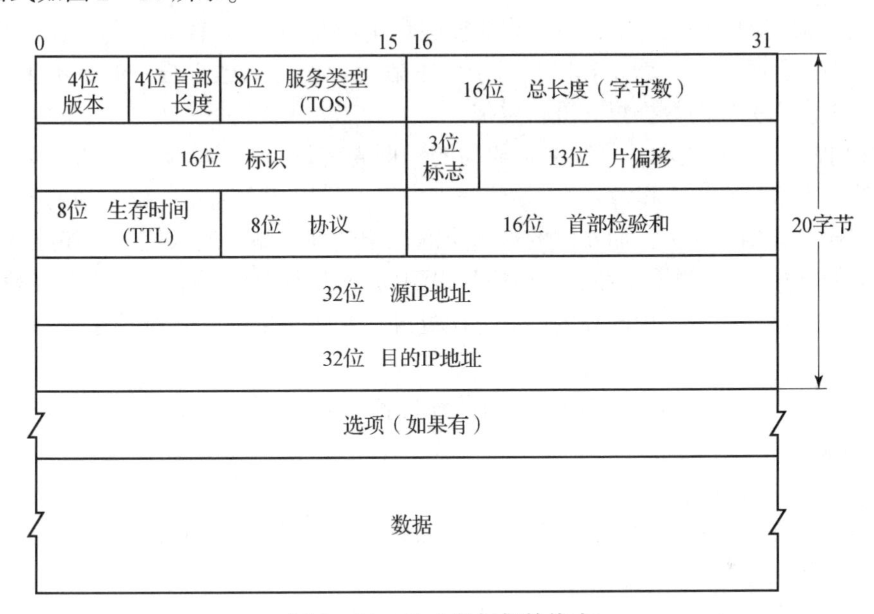

图 2－14　IPv4 数据报的格式

固定首部中各字段的含义如下。

（1）版本。占 4 b，指出使用的 IP 版本号，IPv4 协议版本号是 4。

（2）首部长度。占 4 b，指示 IP 数据报首部的长度。以 32 b（4 B）为计数单位。如果没有选项字段，典型的首部长度为 20 B，则此字段的值是 5。此字段最大取值为 15 个单位，因此 IP 数据报首部最长为 60 B。

（3）服务类型（Type of Service，ToS）。占 8 b，前 3 b 为优先级子字段（已被忽略），4 b 的服务类型子字段和 1 b 未用位（但必须置 0）。4 b 的服务类型子字段分别为：bit4 表示更短时延，bit5 表示更大吞吐量，bit6 表示更高可靠性，bit7 表示更小费用。4 b 中只能置其中的 1 b。若 4 b 均为 0，为一般服务。

（4）总长度。占 16 b，指整个 IP 数据报的长度，以 B 为单位。

利用首部长度字段和总长度字段，就可以知道 IP 数据报中数据内容的起始位置和长度。该字段长 16 b，IP 数据报最长可达 65 535 B。当数据报被分片时，该字段的值也随着变化。

（5）标识。占 16 b，唯一地标识主机发送的每一份数据报。通常每发送一份报文，它的值就会加 1。

（6）标志。占 3 b，只有后两个比特有意义。标志字段中的最低位为 MF（More Frag-

ment)。MF =1，表示后面还有分片的数据报；MF =0，表示这已是最后一个数据报片。中间一位记为 DF（Don't Fragment)，只有 DF =0 时才允许分片。

（7）片偏移。占 13 b，数据报分片后，该片在原数据报中的相对位置，以 8 B 为单位。

（8）生存时间（Time - To - Live，TTL)。占 8 b，设置了数据报可以经过的最多路由器数。其初始值由源主机设置（通常为 32 或 64)，一旦经过一个处理它的路由器，值就减去 1。当值为 0 时，数据报被丢弃，并发送 ICMP 报文通知源主机。

（9）协议。占 8 b，指出此数据报携带的数据是使用哪一种协议，以便使目的主机的 IP 层知道将此数据报上交给哪个进程。

（10）首部校验和字段。占 16 b，首部校验和字段是根据 IP 首部计算的校验和码。它不对首部后面的数据进行计算。若校验错误，IP 就丢弃收到的数据报。但是不生成差错报文，由上层去发现丢失的数据报并进行重传。

TCP/IP 报文中的校验和的算法都是相同的，即先将校验和字段设置成 0，对校验和检查范围内的各字段进行以下运算：每 16 位分为一组，采用从右到左按位相加的方法，若产生进位，则向左进到下一位，而左侧的最高位的进位进到右侧的最低位上，如此依次计算，若最后不足 16 位，在右侧填 0 补足，最后将得到的 16 位计算结果取反，填到校验和字段。在接收端收到该报文后，采用同样的运算方法处理，并将结果取反，若不为 0，则说明数据传输出错。

（11）源地址和目的地址。源地址和目的地址各占 4 B。表示送出 IP 数据报的主机地址和接收 IP 数据报的目的地址。

2. IPv6 数据报格式

IPv6 数据报在基本首部的后面允许有零个或多个扩展首部（extension header)，再后面是数据部分，如图 2 - 15 所示。

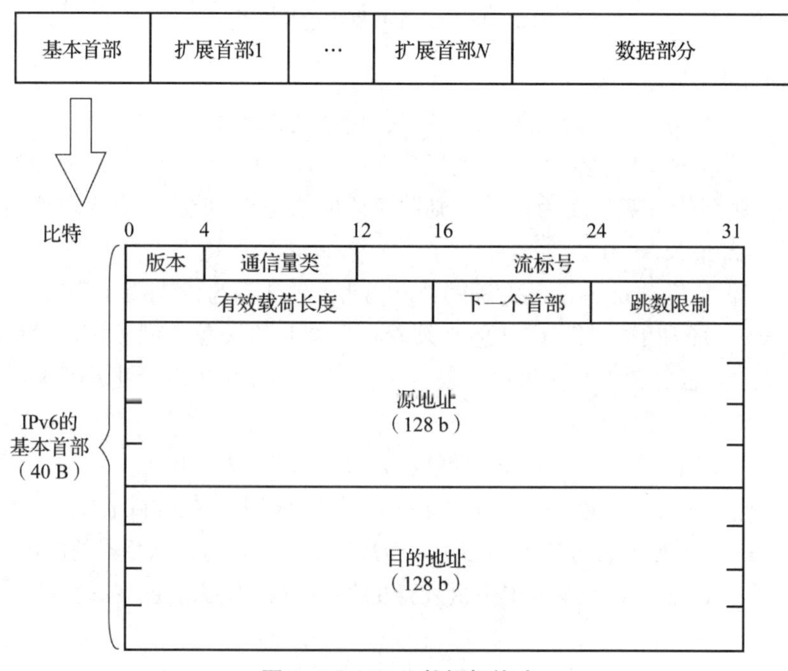

图 2 - 15　IPv6 数据报格式

IPv6 基本首部中的各字段含义如下。

（1）版本（version）。占 4 b，指出使用的 IP 版本号，IPv6 协议的版本号为 6。

（2）通信量类（traffic class）。占 8 b，表示 IPv6 数据报的类别或优先级。

（3）流标号（flow label）。占 20 b，IPv6 支持资源预分配，并允许路由器将每一个数据报与一个给定的资源分配相联系。用于 QoS 控制。所谓“流”就是互联网络上从特定源点到特定终点（单播或多播）的一系列数据报（如实时音频或视频传输），而在这个“流”所经过的路径上的路由器都保证指明的服务质量。所有属于同一个“流”的数据报都具有相同的流标号。

（4）有效载荷长度（payload length）。占 16 b，表示负载的长度，它包括高层的数据和可能选用的扩展首部。

（5）下一个首部（next header）。占 8 b，用于向后兼容性。当数据报不包含扩展首部时，固定首部中的下一个首部字段就相当于 IPv4 首部中的协议字段，此字段的值指出后面的有效载荷应当交付给上一层的哪一个进程。当有扩展首部时，下一个首部字段的值表示的是后面第一个扩展首部的类型。

（6）跳数限制（hop limit）。占 8 b，生存时间，相当于 IPv4 中的 TTL。

（7）源地址和目的地址。各占 128 b，表示送出 IP 数据报的主机地址和接收 IP 数据报的目的地址。

对于 IPv6 的扩展首部，在 RFC 2460 中定义了以下 6 种扩展首部，按级别从高到低顺序为逐跳选项、路由选择（类型 0，即不严格的源站路由选择）、分片、鉴别、封装安全有效载荷、目的站选项。除逐跳选项扩展首部外，路由器都不做处理。IPv6 基本首部中不包含用于分片的字段，而是在需要分片时，源站便在每一数据报片的基本首部的后边插入一个小的分片扩展首部，分片扩展首部有以下几个字段。

（1）下一个首部。占 8 b，表示的是后面紧接着的扩展首部的类型。

（2）保留。占 10 b，设置为 0。

（3）片偏移。占 13 b，片偏移是 13 b 的无符号整数。以 8 个 8 位组为单位，表示首部后面的数据相对于原包中可分片部分的开始位置处的偏移量。

（4）M。占 1 b，标志位 M = 1 表示还有分片；M = 0 表示这是最后一个分片。

（5）标识符。占 32 b，对于要发送大于去往目的节点的路径 MTU 的数据报，源节点可以将数据报分成若干分片，每个分片单独发送，并且在接收者处进行重组。源节点应为每个要分片的数据报规定一个标识值。这个标识值必须不同于近期之内同一对源节点和目的节点之间其他的分片数据报的标识值。如果存在路由首部，那么目的节点是指最终目的节点。

“近期之内”是指数据报可能的最大生存期。其中，包括从源节点到目的节点的传输时间，以及等待与同一数据报的其他分片重组所花费的时间。尽管如此，源节点并没有必要知道数据报的最大生存期。它只需将标识字段值作为一个简单的 32 b 循环计数器，每次将数据报分片时计数器增加一个增量即可。具体的实现可以自己选择是维护一个计数器还是多个计数器，还可以选择是为每个节点可能的源地址维护一个计数器，还是为每个活动的（源地址，目的地址）对维护一个计数器。

3. ARP/RARP、ICMP 与 IGMP 等协议

1）地址解析协议（ARP）和逆地址解析协议（RARP）

在 TCP/IP 网络中 IP 数据报的传送是按照 IP 地址实现寻址的，而在局域网内 IP 数据报封装在 MAC 帧中，按照 MAC 地址实现寻址的。如何建立 IP 地址到 MAC 地址的映射呢?这就要用到 ARP 和 RARP。注意，由于这两个协议是通过在一个局域网内传送 MAC 帧实现的，所以，有人按照 OSI 的分层划分把它们划分为第 2 层（数据链路层）的协议，但在 TCP/IP 协议栈中它们属于网际层的协议。

（1）ARP。

地址解析是将主机 IP 地址映射为硬件地址的过程。ARP 用于由已知目的主机 IP 地址获得在同一局域网中的主机的硬件地址。

在每台安装有 TCP/IP 的计算机中都有一个 ARP 缓存表，表里的 IP 地址与 MAC 地址是相对应的，如表 2－3 所列。

表 2－3　IP 地址与 MAC 地址的对应关系

IP 地址	MAC 地址
192.168.1.1	00－AA－02－36－C0－08
192.168.1.2	00－18－00－24－C4－07
192.168.1.3	00－62－03－4A－C5－06
⋮	⋮

下面以主机 A（192.168.1.1）向主机 B（192.168.1.2）发送数据为例进行介绍。

当发送数据时，主机 A 会在自己的 ARP 缓存表中寻找是否有目标 IP 地址。如果找到，直接把目标 IP 地址对应的 MAC 地址写入帧里面发送。

若没有找到，主机 A 就会发送一个广播（ARP 请求帧），询问主机 B（192.168.1.2）的 MAC 地址。ARP 请求帧的目的 MAC 地址为广播地址 ff－ff－ff－ff－ff－ff，载荷部分为 ARP 请求分组。在 ARP 请求分组的源 IP 地址和目的 IP 地址中，填入主机 A 和主机 B 的 IP 地址。在源 MAC 地址中填写主机 A 的 MAC 地址，在目的 MAC 地址字段中填写 0。

接收到主机 A 的 ARP 请求帧的所有主机都会维护自己的 ARP 缓存表，只有主机 B 接收到这个帧时，才向主机 A 以单播方式发送 ARP 响应帧，回应主机 B 的 MAC 地址。主机 A 就知道了主机 B 的 MAC 地址，就可以向主机 B 发送信息了。同时它还更新了自己的 ARP 缓存表，下次再向主机 B 发送信息时，直接从 ARP 缓存表里查找就可以了。注意，由于 ARP 协议中主机 A 不需要去核实是否自己发送过 ARP 请求帧，只要收到 ARP 响应帧，就更新自己的 ARP 缓存表，网络攻击者可利用 ARP 协议的这个弱点进行地址欺骗。

ARP 缓存表采用了老化机制，在一段时间内如果表中的某一行没有使用，就会被删除，减少了 ARP 缓存表的长度，可加快查询速度。

如果两台要通信的主机不在同一局域网内，其实没必要知道远程主机的硬件地址，这时主机通过路由选择协议选择一个与目的网络相连接的路由器，并将该路由器的 IP 地址解析为硬件地址，如果没有这样的路由器，就将默认网关路由器的 IP 地址解析为硬件地址，

以便通过路由器转发 IP 数据报。因此，每个主机应该配置有默认网关 IP 地址，即它连接的某个路由器的 IP 地址。在 IP 数据报转发过程中，每个路由器都要解析出下一跳路由器的 MAC 地址，直到最后，与目的主机相连的路由器需要解析出目的主机 MAC 地址。

因此，只要主机或路由器要和本网络上的另一个已知 IP 地址的主机或路由器进行通信，ARP 协议就会自动将该 IP 地址转换成为相应的 MAC 地址。

（2）RARP。

与地址解析相反，逆地址解析是将主机硬件地址映射为 IP 地址的过程。RARP 用于使只知道自己硬件地址的主机能够知道其 IP 地址。这种主机往往是无盘工作站。这时，局域网中至少要有一个主机充当 RARP 服务器，无盘工作站发送一个广播（RARP 请求帧），其中包含自己的硬件地址。RARP 服务器有一个事先准备好的从无盘工作站的硬件地址到 IP 地址的映射表，收到 RARP 请求帧后，查表找出该无盘工作站的 IP 地址，并回送 RARP 响应帧，这样，无盘工作站就能知道自己的 IP 地址。

（3）ARP/RARP 的帧格式。

ARP/RARP 的帧格式如图 2－16 所示。

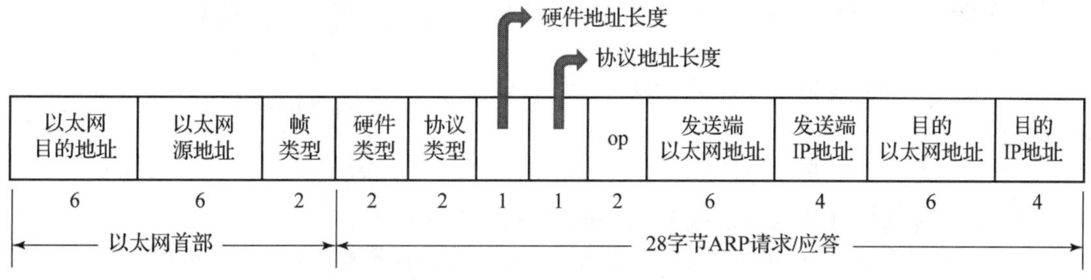

图 2－16 ARP/RARP 的帧格式

①以太网 MAC 帧中的前两个字段是以太网的源地址和目的地址。目的地址为全 1 的特殊地址，是广播地址。电缆上的所有以太网接口都要接收广播的数据帧。

②2 B 长的以太网帧类型表示后面数据的类型。ARP 请求或应答的以太网帧类型字段的值为 0×0806，而 RARP 请求或应答的以太网帧类型字段的值为 0×8035。

③硬件和协议类型用来描述 ARP 分组中的各个字段。例如，一个 ARP 请求分组询问协议地址（这里是 IP 地址）对应的硬件地址（这里是以太网地址）。

硬件类型字段表示硬件地址的类型。它的值为 1 即表示以太网地址。协议类型字段表示要映射的协议地址类型。它的值为 0×0800 即表示 IP 地址。它的值与包含 IP 数据报的以太网数据帧中的类型字段的值相同，这是有意设计的。

④接下来的两个 1 B 的字段，硬件地址长度和协议地址长度分别指出硬件地址和协议地址的长度，以 B 为单位。对于以太网上 IP 地址的 ARP 请求或应答来说，它们的值分别为 6 和 4。

⑤操作字段指出 4 种操作类型，它们是 ARP 请求（值为 1）、ARP 应答（值为 2）、RARP 请求（值为 3）和 RARP 应答（值为 4）。这个字段必需的，因为 ARP 请求和 ARP 应答的帧类型字段值是相同的。

⑥接下来的 4 B 是发送端的硬件地址（在本例中是以太网地址）、发送端的协议地址（IP 地址）、目的端的硬件地址和目的端的协议地址。注意，这里有一些重复信息：在以太

网的数据帧报头中和 ARP 请求数据帧中都有发送端的硬件地址。

2）网际控制消息协议（ICMP）

ICMP 属于网络层协议，主要用于在主机与路由器之间传递控制信息，包括报告错误、交换受限控制和状态信息等。当遇到 IP 数据无法访问目标、IP 路由器无法按当前的传输速率转发数据包等情况时，会自动发送 ICMP 消息。

ICMP 报文信息封装在 IP 数据报中，如图 2－17 所示。

ICMP 报文的种类有两种，即 ICMP 差错报告报文和 ICMP 询问报文。

ICMP 差错报告报文共有 5 种，用于目的站不可达、源站抑制、时间超过、参数问题和改变路由（重定向）5 种情况。ICMP 差错报告报文的数据字段由两部分组成：一部分是收到的需要进行差错报告的 IP 数据报的首部；另一部分是 IP 数据报的数据字段的前 8 B。

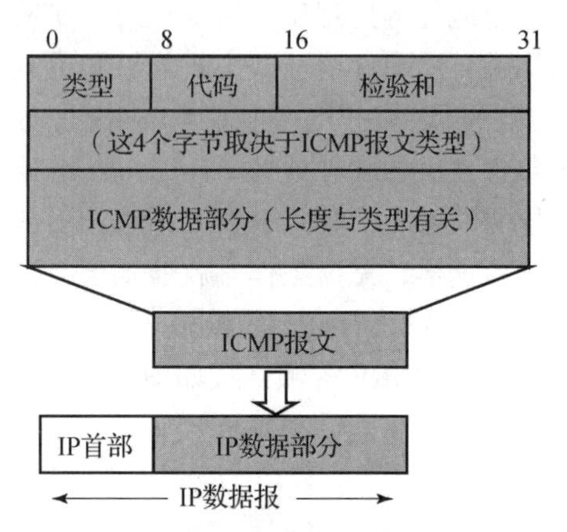

图 2－17　ICMP 报文格式及封装示意图

注意，在下面的几种情况下不应发送 ICMP 差错报告报文。

①对 ICMP 差错报告报文不再发送 ICMP 差错报告报文。

②对第 1 个分片的数据报片的所有后续数据报片都不发送 ICMP 差错报告报文。

③对具有多播地址的数据报都不发送 ICMP 差错报告报文。

④对具有特殊地址（如 127.0.0.0 或 0.0.0.0）的数据报不发送 ICMP 差错报告报文。

ICMP 询问报文有 4 种，即用于回送请求和回答、时间戳请求和回答、掩码地址请求和回答及路由器询问和通告 4 种情况。

下面介绍几种常见的 ICMP 报文。

（1）响应请求。

日常使用最多的 ping 就是响应请求（Type＝8）和应答（Type＝0），一台主机向一个节点发送一个 Type＝8 的 ICMP 报文，如果途中没有异常（如被路由器丢弃、目标不回应 ICMP 或传输失败），则目标返回 Type＝0 的 ICMP 报文，说明这台主机存在，更详细的 tracert 通过计算 ICMP 报文通过的节点来确定主机与目标之间的网络距离。

（2）目标不可到达、源抑制和超时报文。

这 3 种报文的格式是一样的，目标不可到达报文（Type＝3）在路由器或主机不能传递数据报时使用。例如，要连接对方一个不存在的系统端口（端口号小于 1024）时，将返回 Type＝3、Code＝3 的 ICMP 报文，常见的不可到达类型还有网络不可到达（Code＝0）、主机不可到达（Code＝1）、协议不可到达（Code＝2）等。源抑制则充当一个控制流量的角色，它通知主机减少数据报流量，由于 ICMP 没有恢复传输的报文，所以只要停止该报文，主机就会逐渐恢复传输速率。最后，无连接方式网络的问题就是数据报会丢失，或者长时间在网络游荡而找不到目标，或者拥塞导致主机在规定时间内无法重组数据报分段，这时就要触发 ICMP 超时报文的产生。超时报文的代码域有两种取值：Code＝0 表示传输超时；Code＝1 表示重组分段超时。

（3）时间戳。

时间戳请求报文（Type = 13）和时间戳应答报文（Type = 14）用于测试两台主机之间数据报来回一次的传输时间。传输时，主机填充原始时间戳，接收方收到请求后填充接收时间戳并以 Type = 14 的报文格式返回，发送方计算这个时间差。一些系统不响应这种报文。

注意，上述介绍的是 IPv4 版本中的 ICMP 协议，在 IPv6 版本中有对应的 ICMP 协议——ICMPv6，其报文格式与 IPv4 中的相似，前 4 B 是一样的，但 ICMPv6 把第 5 个字节起的后面部分作为报文主体。ICMPv6 把报文分成两类，即差错报文和提供信息的报文。差错报文有 4 种，用于目的站不可达、分组太长、时间超时和参数问题 4 种情况。提供信息的报文有两种，是用于回送请求和回送回答两种情况。ICMPv6 报文信息的前面是 IPv6 首部和零个或多个 IPv6 扩展首部。注意，ICMPv6 在 IP 数据报首部的协议号为 58，而 IPv4 中的 ICMP 的协议号为 1。

3）互联组管理协议（IGMP）

IGMP 运行于主机和与主机直接相连的组播路由器之间，是 IP 主机用来报告多址广播组成员身份的协议。

IGMP 定义了两种报文，即成员关系报告报文和成员关系询问报文。IGMP 主机可以通过成员关系报告报文通知本地路由器希望加入并接收某个特定组播组的信息；路由器通过成员关系询问报文周期性地查询局域网内某个已知组的成员是否处于活动状态。

IGMP 报文信息封装在 IP 数据报中，其 IP 数据报首部的协议号为 2。IGMP 具有 3 种版本，即 IGMPv1、IGMPv2 和 IGMPv3。

IGMPv1：主机可以加入组播组。没有离开信息（leave messages）。路由器使用基于超时的机制去发现其成员不关注的组。

IGMPv2：该协议包含了离开信息，允许迅速向路由协议报告组成员终止情况，这对高带宽组播组或易变型组播组成员而言是非常重要的。

IGMPv3：与以上两种协议相比，该协议的主要改动为：允许主机指定它要接收通信流量的主机对象。来自网络中其他主机的流量是被隔离的。IGMPv3 也支持主机阻止那些来自非要求的主机发送的网络数据包。

IGMP 协议变种有以下几种。

①距离矢量组播路由选择协议（Distance Vector Multicast Routing Protocol，DVMRP）。

②IGMP 用户认证协议（IGMP for user Authentication Protocol，IGAP）。

③路由器端口组管理协议（Router - port Group Management Protocol，RGMP）。

注意，上述介绍的是 IPv4 版本中的 IGMP 协议，在 IPv6 版本中没有对应的 IGMP 协议，因为其功能已包含在 ICMPv6 协议中了。

2.3.4　运输层协议

1. TCP 协议

1）TCP 报文格式

TCP 报文分为首部和数据两部分，TCP 报文首部格式如图 2 - 18 所示。

TCP 报文首部中各字段的含义如下。

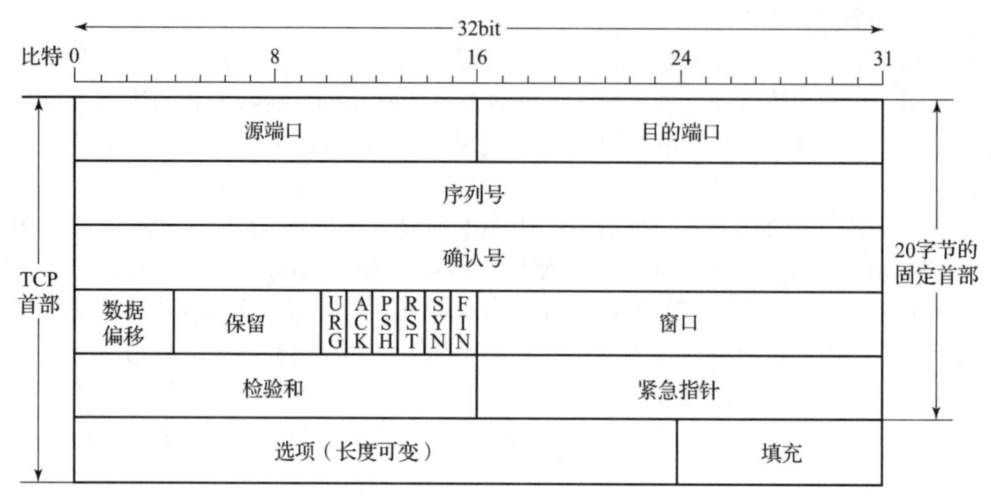

图 2-18　TCP 报文首部格式

URG—紧急数据标志位；ACK—确认标志位；PSH—立即进行标志位；
RST—复位标志位；SYN—同步标志位；FIN—释放标志位

（1）源端口和目的端口。占 16 b，表示发送方和接收方的端口（port）号。不同的端口号表示不同的应用程序（或称为高层用户）。

（2）序列号和确认号。各占 4B，序列号表示本报文段数据部分第一个字节的序号，而确认号表示该数据报的接收者希望对方发送的下一个字节的序号。

（3）数据偏移。占 4bit，指出数据开始的地方距 TCP 报文段的起始处有多远，即 TCP 报文段首部的长度。长度以 4B 为单位来计算。所以，如果选项部分的长度不是 4B 的整数倍，则要加上填充。

（4）保留。共 6 b，紧接在数据偏移字段后，目前把它设置为 0。

（5）标志位。共 6 b，各标志位含义如下。

①URG（urgent）为紧急数据标志。URG = 1，表示本数据报中包含紧急数据。此时紧急数据指针表示的值有效，表示在紧急数据之后的第一个字节的偏移值（即紧急数据的总长度）。

②ACK（acknowledge）为确认标志位。ACK = 1，表示报文中的确认号是有效的；否则，报文中的确认号无效，接收端可以忽略它。

③PSH（push）为立即进行标志位。被置位后，要求发送方的 TCP 协议软件马上发送该数据报，接收方在收到数据后也应该立即上交给应用程序，即使其接收缓冲区尚未填满。

④RST（reset）为复位标志位。用来复位一条连接。

⑤SYN（synchronous）为同步标志位。用来建立连接，让连接双方同步序列号。如果 SYN =1 而 ACK =0，则表示该数据报为连接请求；如 SYN = 1 而 ACK = 1，则表示是接收连接。

⑥FIN（finish）为释放标志位。表示发送方希望释放连接。

（6）窗口。占 16 b，表示从被确认的字节开始，发送方最多可以连续发送的字节个数。接收方通过设置该窗口值的大小，调节源端发送数据的速度。

（7）校验和。占 16 b，校验和是 TCP 提供的一种检错机制。

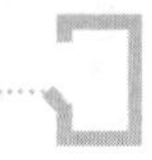

注意，校验和字段检测的范围包括首部和数据两部分。在计算校验和时，还要在 TCP 报文前面加上 12 B 的伪首部，伪首部只是计算校验和时和 TCP 报文连接在一起形成一个临时报文，计算出校验和后就没用了。它包括 5 个字段：前两个字段为源 IP 地址和目的 IP 地址，各占 4 个字节；第 3 个字段是全零，占 1 个字节；第 4 个字段是 IP 首部中的协议字段的值，TCP 的协议代码为 6，占 1 个字节；第 5 个字段是 TCP 报文的长度，以 B 为单位，占 2 个字节。

（8）紧急指针。占 16 b，URG = 1 时，该字段才有效。表明目前发送的 TCP 包中包含有紧急数据，需要接收方的 TCP 尽快将它送到高层上去处理。

（9）可选项。表示接收端能够接收的最大区段的大小，在建立连接时规定此值。如果此字段不使用，可以使用任意的数据区段大小。

（10）填充字段。字段大小依可选项字段的设置而有所不同。设置此字段的目的在于和可选项字段相加后，补足 32 位的长度。

2）TCP 的功能及连接管理

（1）TCP 的功能。

TCP 协议通过确认和重传机制，提供面向连接的、可靠的、带确认的、端到端的全双工通信服务。具体的协议功能包括以下几个方面。

①建立 TCP 连接。IP 地址和端口号合在一起构成一个插口，又称套接字（Socket），套接字分为发送套接字和接收套接字。

发送套接字 = 源 IP 地址 + 源端口号

接收套接字 = 目的 IP 地址 + 目的端口号

一对套接字可以唯一地确定一个 TCP 连接的两个端点。

②实现复用和分用。TCP 是面向连接的，但同时会有不同应用进程间的多个连接都需要 TCP 协议的支持。和 UDP 一样，在发送端通过在 TCP 报文段首部写入的端口号，可以将不同应用进程的数据加以标识，合在一起传输，实现复用；到接收端根据目的端口号将接收的数据交给相应的进程，实现分用。注意，源端口号和目的端口号在目的端形成响应报文段时，反过来作为响应报文段中的目的端口号和源端口号。

③实现分段和重组。TCP/IP 网络中，每个协议层对所能够传输的最大数据长度都有一定的限制。和无连接的面向报文的 UDP 不同，TCP 协议将一个连接所传输的数据根据 IP 层所允许的 IP 数据报的最大长度分成多个小的数据段，分别组成 TCP 报文段，交给 IP 层，这一过程称为数据分段。注意，IP 层对太长的 UDP 数据报进行划分，或因在不同节点设备对 IP 数据报最大长度要求不同而进行的数据划分，称为分片。而重组与数据的分段/分片相对应在同一协议层完成。

④实现报文段的顺序控制。TCP 在复用传输多个应用进程的数据时，将数据看作字节流处理，而不考虑其到底属于哪个应用进程。为了对传输进行有效控制，给每个字节依次编上序号，每个报文段的第一个字节的序号写入该报文段首部的序号字段。接收时按照序号可以把顺序传输的各报文段重组成原来的完整数据。

⑤实现报文段的可靠传输。TCP 协议通过确认和重传机制，在无连接的、不可靠的 IP 层服务的基础上，实现了报文段的可靠传输。确认机制是由接收方通过报文段首部的校验和字段进行差错校验，并在正确接收后，给发送方以确认响应。确认机制的实现有两种方式：一是单独发送确认报文，即报文段的数据部分为空；二是为提高传输效率采用捎带技

术，在全双工通信中，利用反向传送数据时，通过报文段首部的确认号字段来实现。为防止发送的报文段（或应答报文段）在传送的过程中丢失，造成发送方得不到确认而无限等待下去，TCP 协议引入了超时重传机制，即每发送一个报文段，就启动一个定时时钟，并将报文段的副本保存在缓冲存储器中，定时器超时而没能收到确认信息，则将该报文段重传。定时器的超时时间称为重传时间，应略大于统计所得报文段的平均往返时延。

⑥ 实现流量控制和拥塞控制。TCP 协议利用滑动窗口协议实现流量控制，确定发送窗口大小时，一方面通过由接收方的接收能力确定出通知窗口，通过报文段首部的窗口字段送给发送方，要求发送窗口不大于通知窗口；另一方面发送方根据网络拥塞情况确定出拥塞窗口，要求发送窗口不大于拥塞窗口。所以，发送窗口只能取通知窗口和拥塞窗口中较小的一个。而对拥塞窗口的动态控制是将慢启动、加速递减和拥塞避免 3 种方法结合起来实现的，如图 2－19 所示。

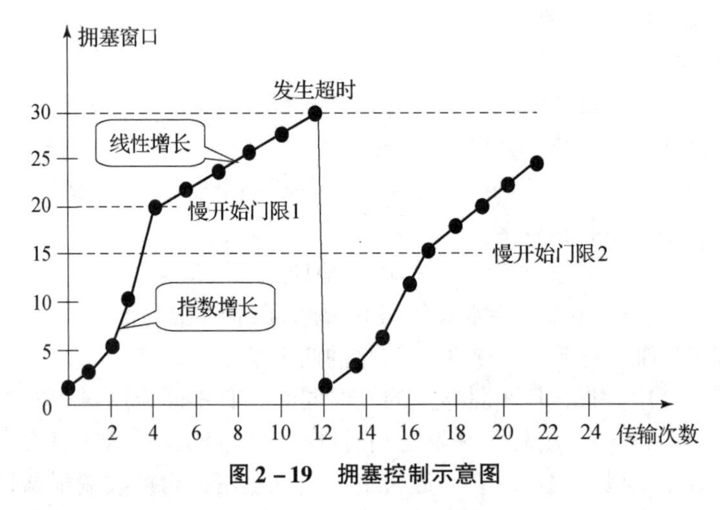

图 2－19　拥塞控制示意图

这 3 种方法的确切含义解释如下。

①慢启动。初始化时拥塞窗口从 1 开始，以指数规律迅速增长。

②加速递减。当发生拥塞后，慢开始门限值减半，拥塞窗口回到 1，再次以指数规律迅速增长。

③拥塞避免。为避免拥塞频繁发生，设置慢开始门限的初始值（如取 20），当拥塞窗口从 1 开始，以指数规律迅速增长，达到慢开始门限值时，减慢增长速度，改以线性规律增长。

注意，TCP 采用滑动窗口协议，存在一种称为糊涂窗口综合征的问题。

糊涂窗口综合征是指 TCP 采用滑动窗口协议，在通知窗口变化较小时，频繁传送这些通知窗口信息，报文段很小，效率很低，对于其他一些短的报文段来说，也存在效率低下的问题。其解决办法有：在接收方，通告零窗口后，需要等待缓冲区可用空间达到总空间一半或最大报文段才发送更新窗口通告；在接收方，采用推迟确认技术，因为根据滑动窗口协议，当发送窗口大于 1 时，允许在没有收到确认前，连续发送报文段。也可以一次对几个报文段进行确认。在发送方采用组块技术（Nagle 算法），即发送完上一个报文段后，TCP 协议继续接收应用程序的数据到其缓存中，但并不将数据立即发送出去，而是等发送端缓存中的数据可以形成一个最大长度的 TCP 报文段或对已发送的报文段的确认到达时才发送。

（2）TCP 的连接管理。

TCP 协议是面向连接的，通信双方进行数据传输的过程包括 3 个阶段，即建立连接、传输数据、释放连接。TCP 协议中建立的连接并不是建立真正的物理连接，建立连接的目的在于：通过连接过程，通信双方相互通报各自的情况，使每一方能够确认对方的存在，并协商最大报文段长度、窗口大小等参数以及对缓存等资源进行分配。TCP 协议中是采用 C/S 方式建立连接的，主动要求建立连接的一方为客户机，被动等待连接建立的一方为服务器。TCP 连接的建立和释放都要通过 3 次握手信号来实现，分别如图 2－20 和图 2－21 所示。

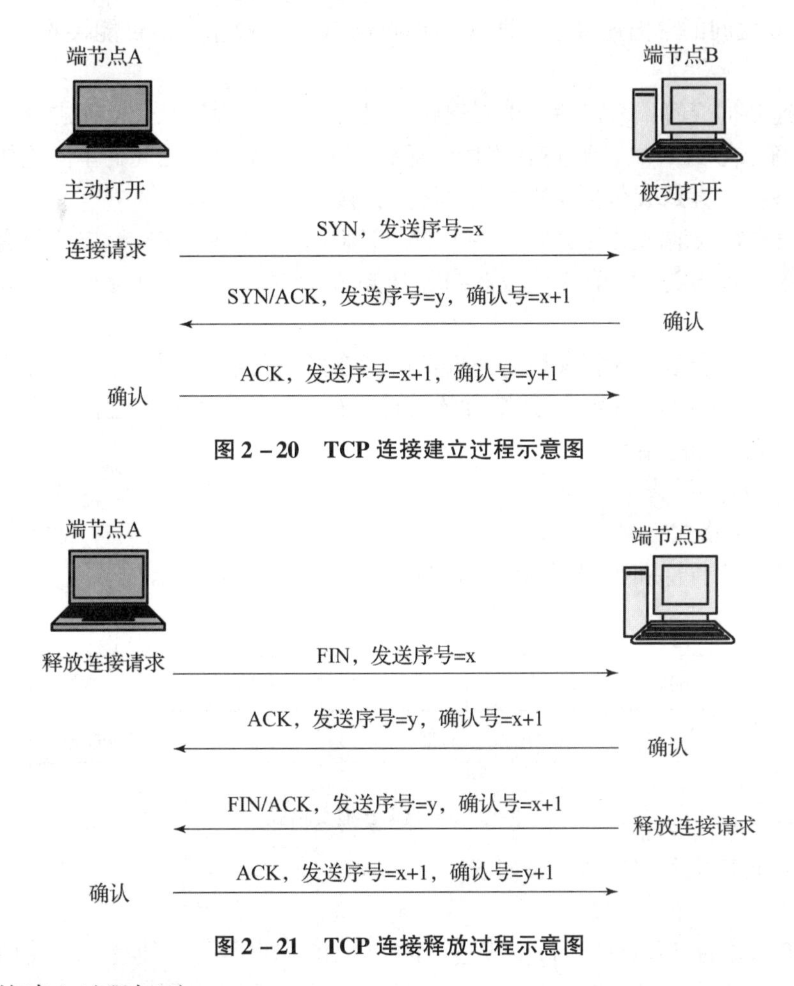

图 2－20　TCP 连接建立过程示意图

图 2－21　TCP 连接释放过程示意图

具体连接建立过程如下。

①A 向 B 发送连接请求，发送的请求报文段首部中的 SYN 标志位有效，发送序号为 x。

②B 收到 A 的请求报文段后，发送应答报文段给 A，报文段首部中的 SYN 和 ACK 标志位都有效，发送序号为 y，确认号为 $x+1$。

③A 收到 B 的应答报文段后，也发送应答报文段给 B，其中 ACK 标志位有效，发送序号为 $x+1$，确认号为 $y+1$，通知 B 连接已建立。这样，A 和 B 之间的全双工连接同时建立。

注意，在 B 发送应答报文段给 A，系统处于半连接状态，B 同意与 A 建立连接，并为之预留必要的资源（如缓冲区等），如果一个服务器在较短时间内接到大量连接请求，而这些请求都处于半连接状态，由于资源有限，服务器允许并发的连接数是有限的，这使得资源耗尽后，再有新的连接请求将得不到正常响应。拒绝攻击服务（Denial of Service，DoS）就利用了 TCP 协议的这个弱点。

具体连接释放过程如下。

①A 向 B 发送释放连接请求，释放连接请求报文段的首部中的 FIN 标志位有效，通知 B 数据已全部发送完毕，发送序号为 x。

②B 收到 A 的释放请求报文段后，若还有数据要发送，则发送应答报文段给 A，报文段首部中的 ACK 标志位有效，应答报文首部中的发送序号为 y，确认号为 $x+1$，通知 A 可以释放 A 到 B 之间的单向连接了，即 A 不能再向 B 发送数据，但仍能接收 B 发来的数据；否则转到④。

③A 收到 B 的应答报文段后，也发送应答报文段给 B，其中 ACK 标志位有效，发送序号为 $x+1$，确认号为 $y+1$，通知 B 连接已释放。这样，A 到 B 之间的单向连接释放，相关资源归还给系统。直到 B 数据全部发送完毕后，接下来执行④。

④B 也发送释放请求报文段给 A，报文段首部中的 FIN 和 ACK 标志位都有效，应答报文首部中的发送序号为 y，确认号为 $x+1$，通知 A 数据已全部发送完毕，可以释放双向连接了。

⑤A 收到 B 的释放请求报文段后，也发送应答报文段给 B，其中 ACK 标志位有效，发送序号为 $x+1$，确认号为 $y+1$，通知 B 连接已释放。这样，A 和 B 之间的全双工的连接全部释放，相关资源归还给系统。

2. UDP 协议

1）UDP 报文格式

UDP 报文分为首部和数据两部分，如图 2－22 所示。

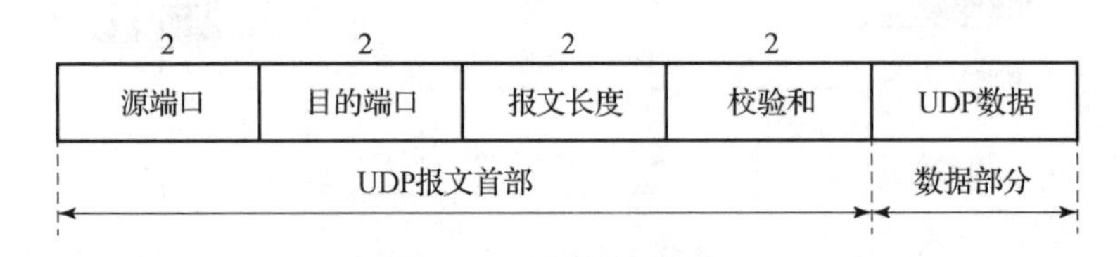

图 2－22　UDP 报文格式

UDP 报文首部中各字段的含义如下。

（1）源端口和目的端口。

各占 2 B，源端口和目的端口字段包含的是 UDP 端口号，它使得多个应用程序可以多路复用同一个运输层协议。UDP 仅通过不同的端口号来区分不同的应用程序。

（2）长度。

占 2 B，表示该 UDP 数据包的总长度（以 B 为单位），包括 8 B 的 UDP 头和其后的数据部分。最小值是 8（即报文头的长度，表示只有报文头而无数据区），最大值为 65 535 B。

（3）校验和。

占 2 B，UDP 校验和（Checksum）字段的内容超出了 UDP 数据报文本身的范围，与 TCP 一样，它的值是通过计算 UDP 数据报及一个伪首部的校验和而得到，只是伪首部中的协议代码是 17。

2）UDP 的功能和特点

（1）UDP 的功能。

UDP 协议的功能相对简单，只在 IP 协议基础上增加了端口功能和差错检测功能，它提供无连接的、不可靠的、无确认的端到端数据传输服务。

（2）UDP 的特点。

①无连接。使用 UDP 传输数据时不需要建立和释放连接，从而减少了数据传输的开销和时延。

②无确认和拥塞控制功能。不能保证数据传输的正确性和可靠性。

③传输效率高。UDP 协议数据单元由首部和数据部分组成，其首部仅有 8 B，短小精悍，所以传输数据的效率比较高。

④UDP 是面向报文的。UDP 不具有报文的分段和重组功能，当它发送的报文太长时，向下交给 IP 层后，IP 层在传送时可能需要进行分片处理。

⑤UDP 支持一对一、一对多、多对一和多对多的交互通信。

3. TCP/UDP 工作原理及应用

1）TCP/UDP 工作原理

在运输层中，TCP 和 UDP 协议都通过端口号实现复用和分用功能，如图 2－23 所示。并利用协议数据单元首部中的校验和字段实现差错检测功能。

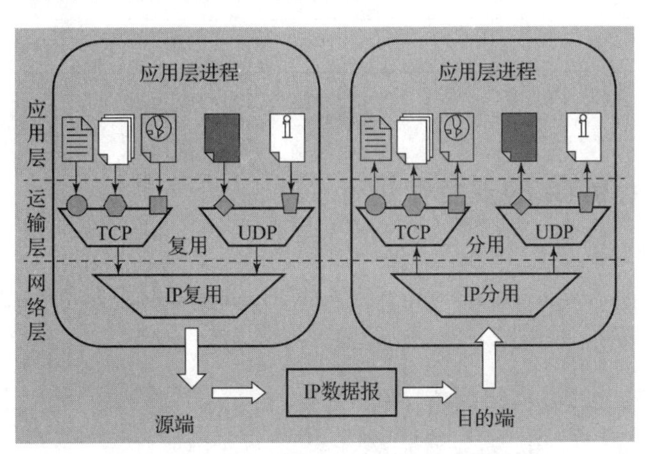

图 2－23　TCP 和 UDP 复用和分用示意图

TCP 和 UDP 都使用与应用层接口（运输层服务访问点）处的端口与上层的应用进程进行通信。注意，端口不是物理概念，而是运输层服务访问点的各应用进程数据通过对应的某个端口号来标识。各应用进程间需要传送的数据向下提交给运输层时，在 TCP 和 UDP 协议数据单元的首部中写入源端口号和目的端口号，实现在运输层的复用；而在运输层将接收的各应用进程数据向上提交时，就是根据 TCP 和 UDP 协议数据单元首部中的目的端口号，将数据正确地交付到各应用进程，实现在运输层的分用。

通常把端口号分为以下 3 类。

（1）熟知端口。

0～1 023 的端口号已经由 ICANN 负责分配给特定的应用程序来使用，这类端口号称为熟知端口，如表 2－4 所示。

表 2－4　常用的熟知端口与应用程序对照表

应用程序	FTP	TELNET	SMTP	DNS	TFTP	HTTP	SNMP	SNMP（trap）
熟知端口	21	23	25	53	69	80	161	162

（2）登记端口。

1 024～49 151 的端口号是 ICANN 控制的，使用这个范围的端口必须在 ICANN 登记，以防重复。

（3）动态端口。

49 152～65 535 的端口号留给客户进程选择作为临时端口，可以自由使用。

2）TCP/UDP 的应用

根据 UDP 的特点，UDP 是无连接的，非常适合于对实时性要求较高的少量数据的传输。TCP 则通过较为复杂的确认和重传机制，提供面向连接的、可靠的数据传输。TCP 和 UDP 支持的应用层协议如表 2－5 所示。

表 2－5　运输层协议支持的应用层协议

运输层协议	支持的应用层协议
TCP	SMTP、TELNET、HTTP、FTP
UDP	DNS、TFTP、RIP、BOOTP、DHCP、SNMP、NFS

任务实施

2.3.5　Wireshark 的安装和运行

1. 安装 Wireshark

打开网址 http://www.wireshark.org，进入 Wireshark 官网，如图 2－24 所示。单击“下载”图标进入下载页面，如图 2－25 所示。

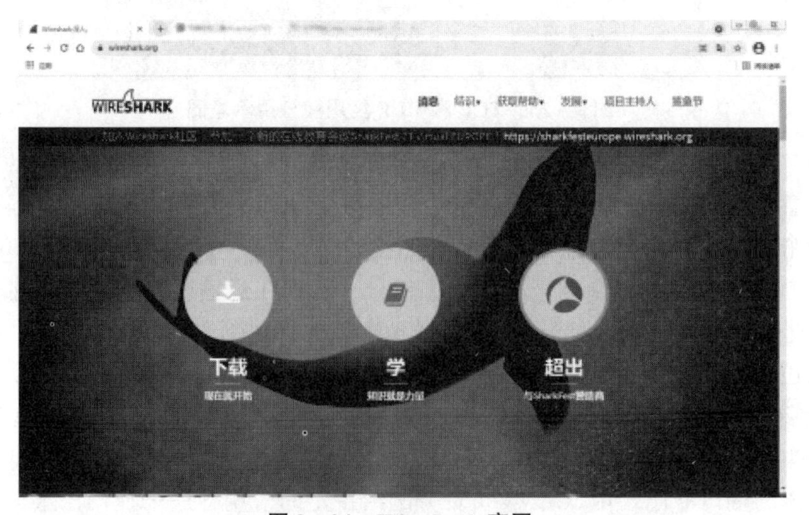

图 2－24　Wireshark 官网

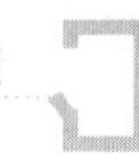

图 2-25　Wireshark 下载页面

可以看到目前 Wireshark 的最新版本是 3.4.4，并提供了 Windows（32 位和 64 位）、Mac OS 和源码包的下载地址。用户可以根据自己的操作系统下载相应的软件包。单击需要下载的软件包进行安装。安装比较简单，只要使用默认值，单击 Next 按钮，即可安装成功。在安装过程中还有两个程序 Npcap 和 USBPcap 可选，需要同意安装 Npcap，以便进行本地抓包，USBPcap 是 USB 抓包工具，可以先不选，需要时再安装。安装好以后，在 Windows 的“开始”菜单或桌面会出现 Wireshark 图标，如图 2-26 所示。

图 2-26　“开始”菜单和桌面的 Wireshark 图标

2. 运行 Wireshark

找到 Wireshark 图标打开 Wireshark 程序，如图 2-27 所示。

在接口列表中选择“本地连接”，双击“本地连接”，或单击左上角蓝色的“开始捕获分组”按钮，将捕获网络数据。没有网络数据传送时，Wireshark 捕获数据界面是空白的，如图 2-28 所示。当有网络数据传送时，Wireshark 捕获数据界面会显示出抓到的各种数据包的信息，如图 2-29 所示。

Wireshark 将一直捕获“本地连接”上的数据。如果不需要再捕获，可以单击左上角的红色“停止捕获分组”按钮，停止捕获。

3. Wireshark 软件的主界面

Wireshark 软件的主界面窗口最上面为标题栏，标题栏显示的是当前监控的接口名称“本地连接”，如果打开的是以前保存的捕获文件，标题栏显示的是打开的捕获文件的文件名。然后，下面 3 行分别是主菜单栏、主工具栏和过滤工具栏。Wireshark 软件所有功能都可以在主菜单项及其下拉菜单里找到。主工具栏提供快速访问菜单中经常用到的项目功能。过滤工具栏提供处理当前显示过滤的方法。它的可输入窗口是显示过滤器，显示过滤器是

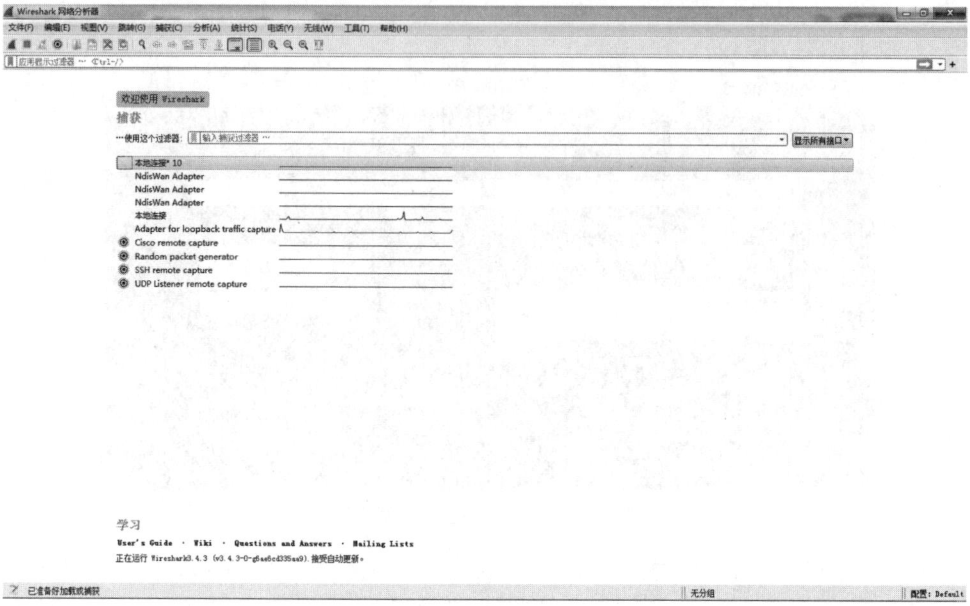

图 2－27　Wireshark 程序启动界面

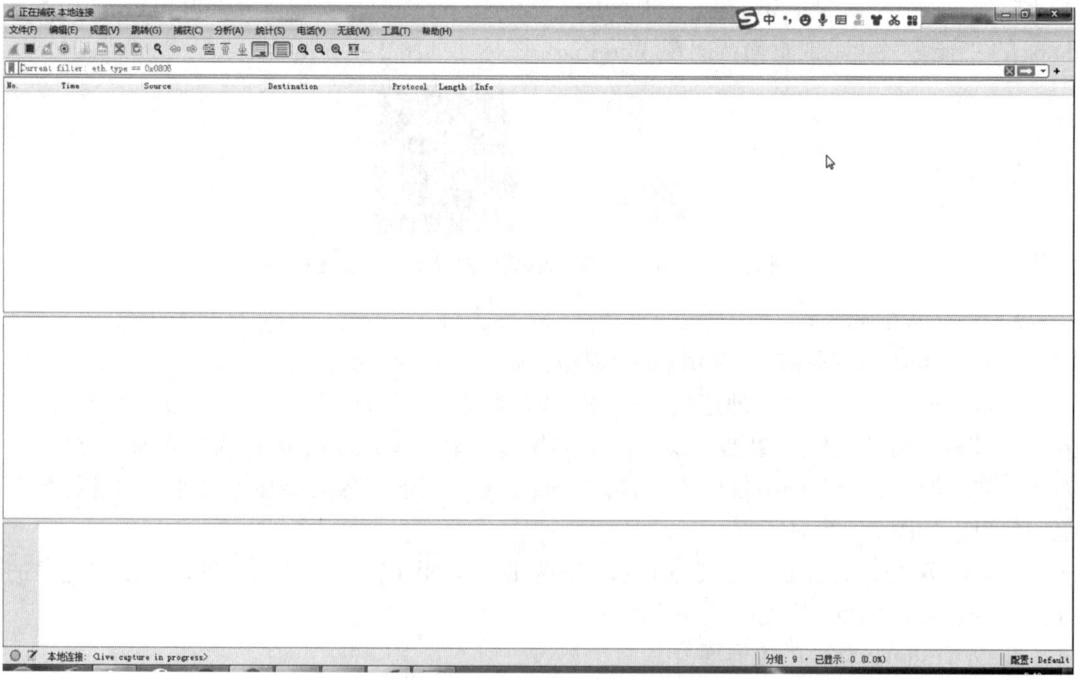

图 2－28　Wireshark 捕获数据界面（空白时）

基于协议、应用程序、字段名或特有值的过滤器，可以帮助用户在众多的数据包中快速地查找数据包，可以大大减少查找数据包时所需的时间。使用显示过滤器，需要在 Wireshark 的数据包界面中输入显示过滤器并执行。

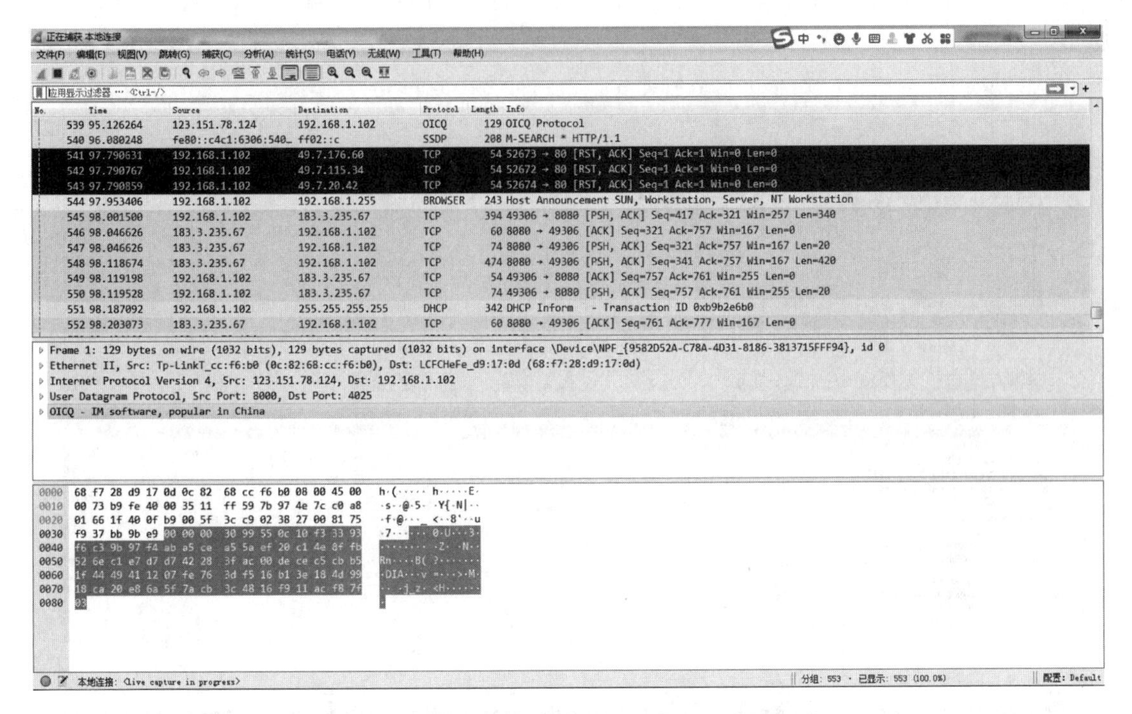

图 2－29　Wireshark 捕获数据界面（有数据包时）

任何捕获的数据包都有它自己的层次结构，Wireshark 会自动解析这些数据包，将数据包的层次结构显示出来，供用户进行分析。这些数据包及数据包对应的层次结构分布在 Wireshark 界面中的不同面板中。Wireshark 所显示的信息从上到下分布在 3 个面板中，每个面板包含的信息含义如下。

（1）Packet List 面板：上面部分，显示 Wireshark 捕获到的所有数据包，这些数据包从 1 进行顺序编号。

（2）Packet Details 面板：中间部分，显示一个数据包的详细内容信息，并且以层次结构进行显示。这些层次结构默认是折叠起来的，用户可以展开查看详细的内容信息。

（3）Packet Bytes 面板：下面部分，显示一个数据包未经处理的原始样子，数据是以十六进制和 ASCII 格式进行显示。

最下面是状态条，其内容随鼠标在面板中单击的位置变化而变化。

打开 Packet List 面板中的某个数据包，出现的新窗口只有这个数据包的 Packet Details 面板和 Packet Bytes 面板的内容。展开查看详细的内容信息时更方便些。

2.3.6　使用 Wireshark 抓包

当开始打开网页或使用其他网络服务时，启动 Wireshark 将监控通过“本地连接”发送和接收的数据，并在 Packet List 面板显示出捕获到的各种协议报文。为方便以后分析使用可以将捕获到的报文数据保存下来。下面就保存的各种协议的报文为例进行分析。

1. 捕获分析 TCP 报文

当浏览网页时，可以抓到 TCP 包。为方便找到 TCP 报文，在过滤工具栏左侧的过滤器书签中选择 tcp，筛选出 TCP 报文和基于 TCP 协议的应用层报文，如 HTTP 等，如图 2 – 30 所示。

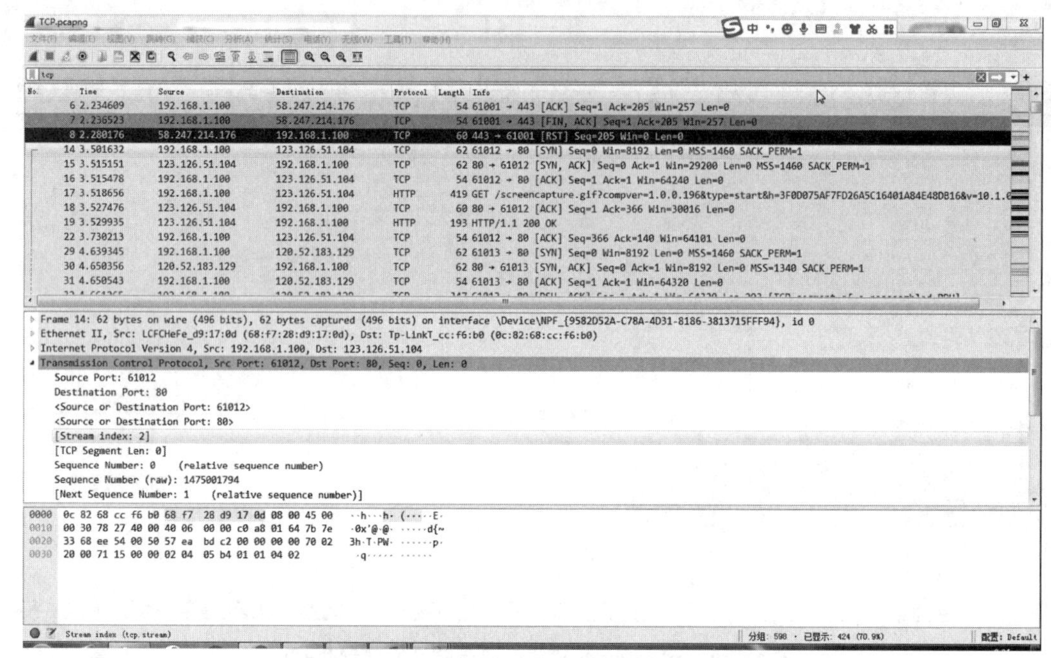

图 2 – 30　Wireshark 捕获到 TCP 报文界面

对照图 2 – 20，从标志位可以看出，第 14 ~ 16 号这 3 个 TCP 报文是建立 TCP 连接的 3 次握手过程。第 14 号 TCP 报文的各字段值及其十六进制代码如图 2 – 31 所示。

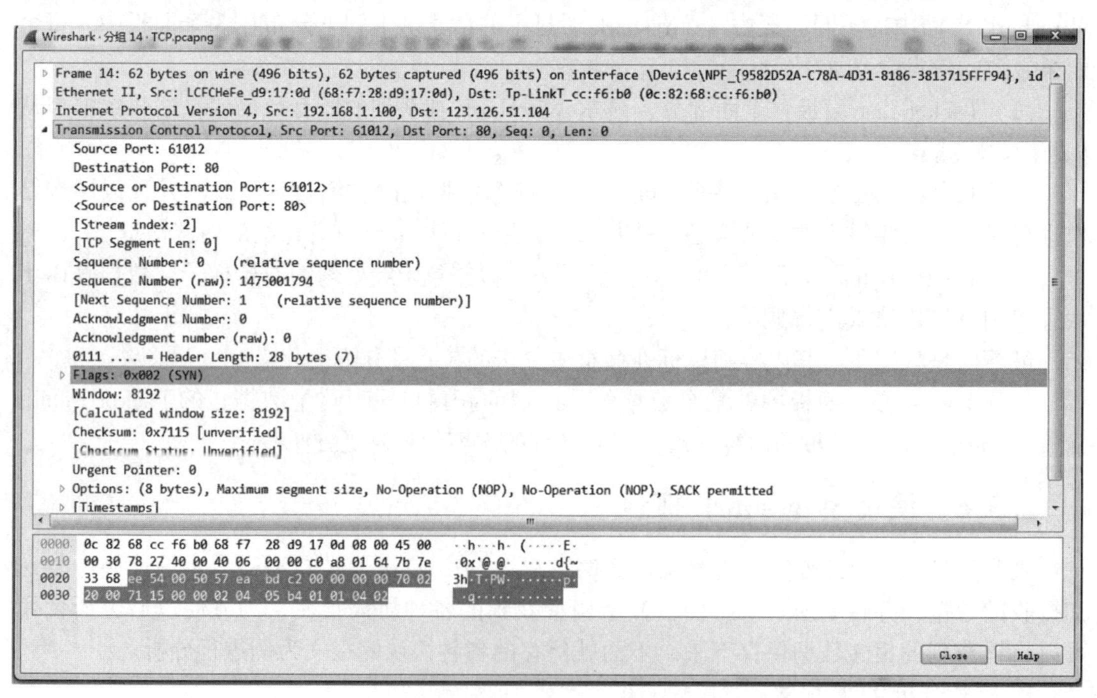

图 2 – 31　第 14 号 TCP 报文代码

第 14 号 TCP 报文交给 IP 层后，加上 IP 报文首部，封装成 IP 数据报，第 14 号 IP 数据报首部如图 2－32 所示。

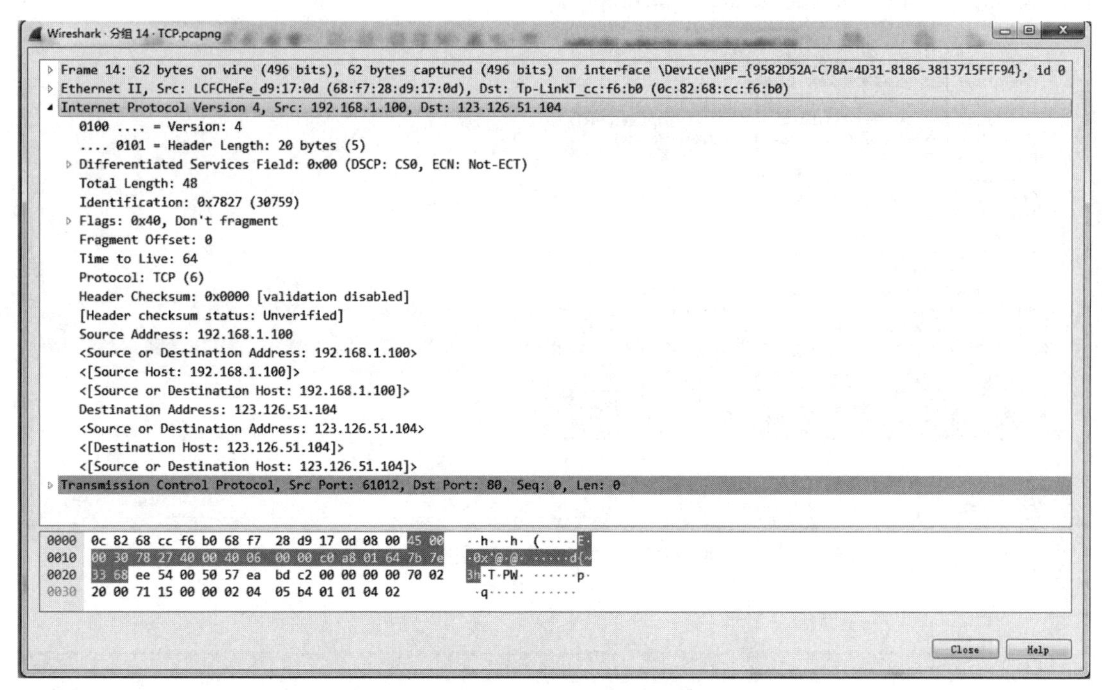

图 2－32　第 14 号 IP 数据报首部

第 14 号 IP 数据报交给 MAC 层，加上 Ethernet II 的 MAC 帧的帧头，封装成 MAC 帧，第 14 号 MAC 帧的帧头如图 2－33 所示。注意：Wireshark 软件分析 MAC 帧数据时，只显示 MAC 帧的帧头，帧尾的 FCS 字段不显示。

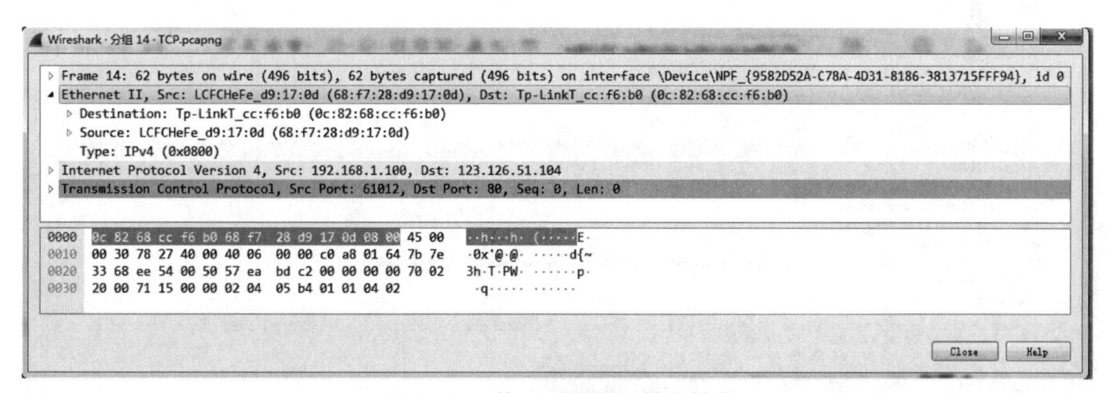

图 2－33　第 14 号 MAC 帧的帧头

第 14 号 MAC 帧交给物理层，以比特流形式通过物理层接口发送到物理信道，第 14 号物理层报文如图 2－34 所示。

图 2－35 和图 2－36 分别是 15 号 TCP 报文和 16 号 TCP 报文内容，对其逐层封装这里不再赘述了。

通过对第 14～16 号 TCP 报文的分析，可以进一步了解建立 TCP 连接的 3 次握手过程。

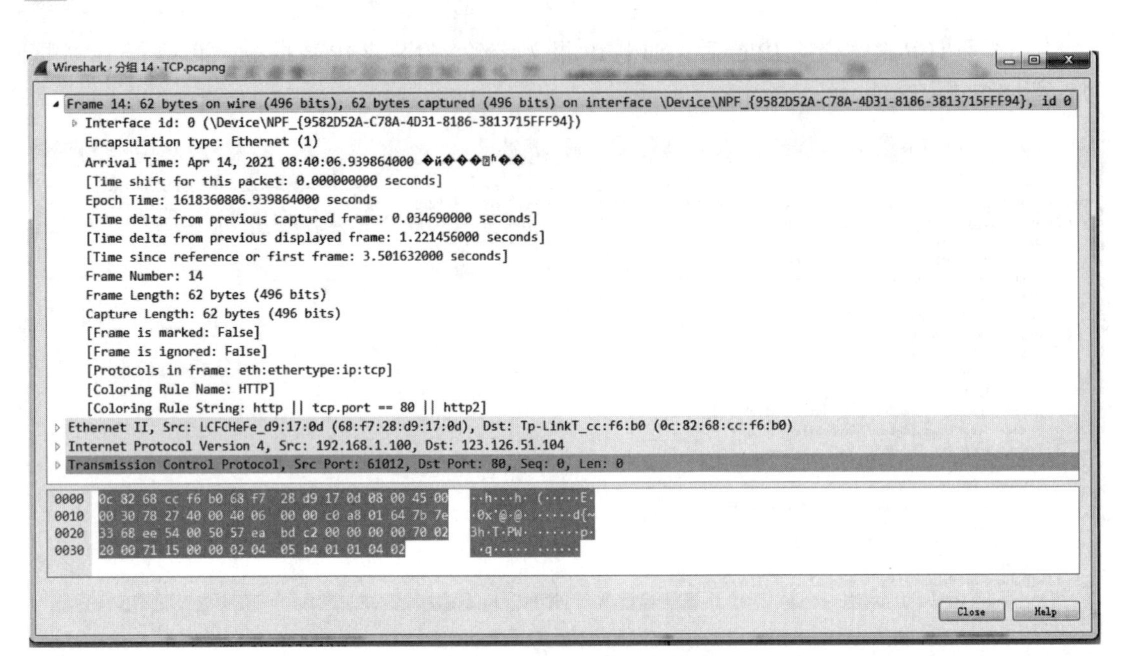

图 2-34　第 14 号物理层报文

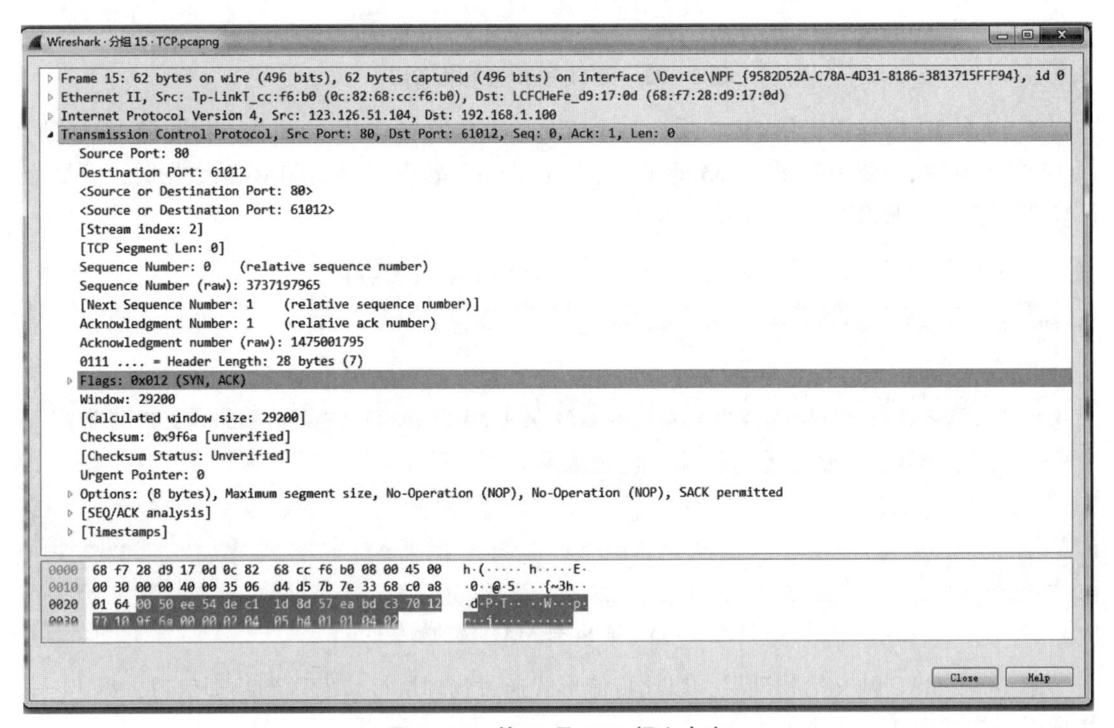

图 2-35　第 15 号 TCP 报文内容

2. 捕获分析 ARP 报文

在浏览网页时，可以抓到 ARP 包。为方便找到 ARP 报文，在过滤工具栏左侧的过滤器书签中选择 eth. type == 0 ×0806，筛选出 ARP 报文，如图 2-37 所示。

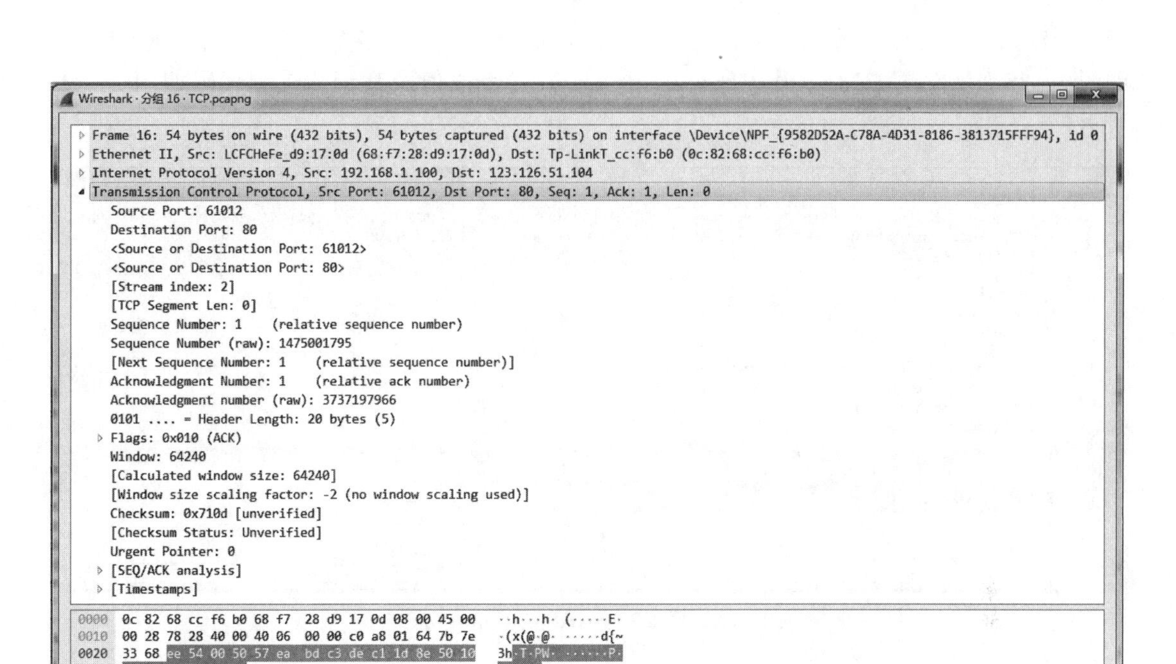

图 2-36 第 16 号 TCP 报文内容

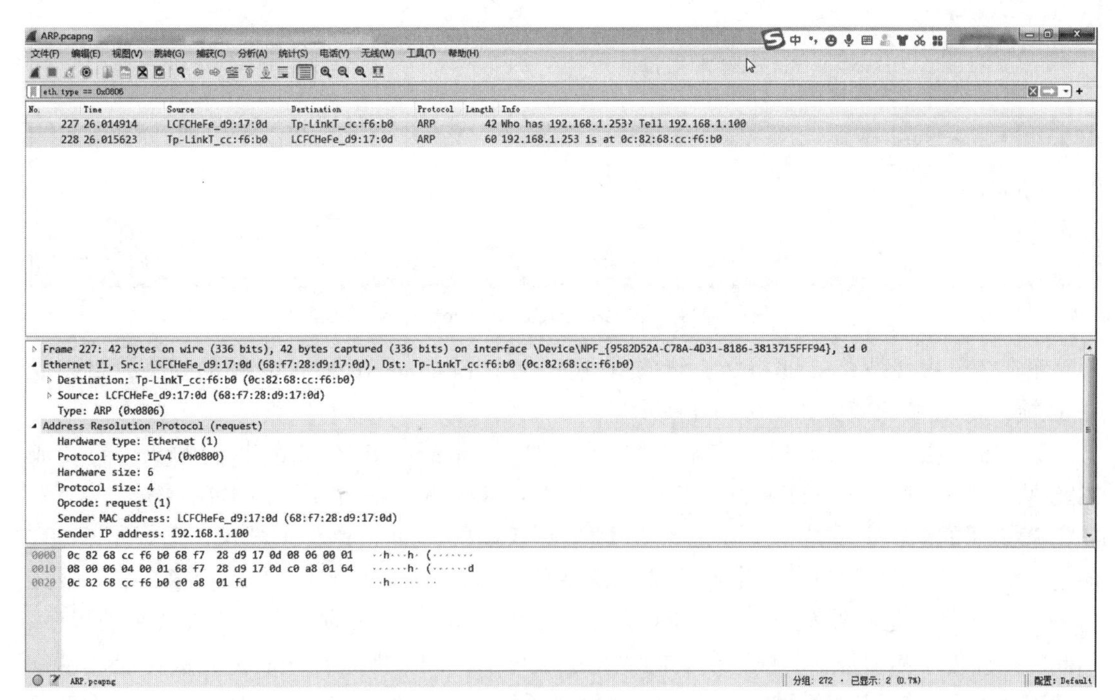

图 2-37 Wireshark 捕获到 ARP 报文界面

捕获到的两条 ARP 报文，第 227 号报文是 request 报文，其各字段值及其十六进制代码如图 2－38 所示。第 228 号报文是 reply 报文，其各字段值及其十六进制代码如图 2－39 所示。

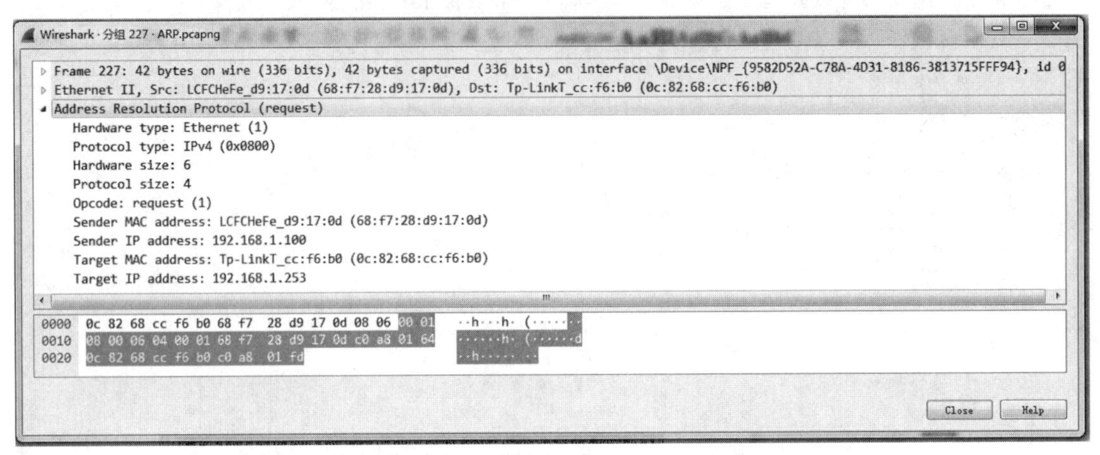

图 2－38　第 227 号 ARP 的 request 报文

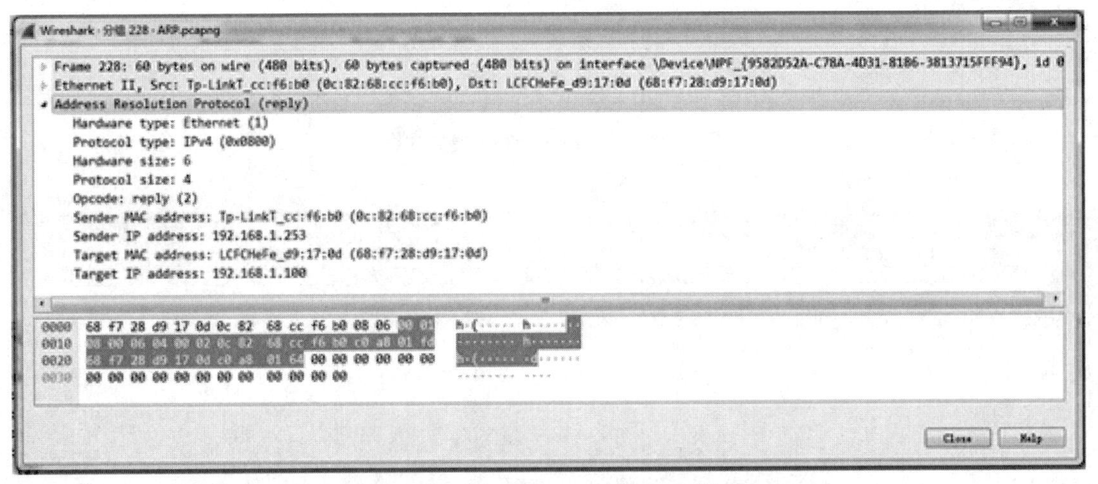

图 2－39　第 228 号 ARP 的 reply 报文

第 227 号报文是 request 报文交给 MAC 层，加上 Ethernet II 的 MAC 帧的帧头，封装成 MAC 帧，MAC 帧的帧头如图 2－40 所示。

第 228 号报文是 reply 报文交给 MAC 层，加上 Ethernet II 的 MAC 帧的帧头，封装成 MAC 帧，MAC 帧的帧头如图 2－41 所示。注意：MAC 帧最短长度为 64 B，图 2－41 中 MAC 帧最后的全零字节是为了补足 MAC 帧最短长度的，加上 FCS 字段 4 B 正好是 64 B。但是在图 2－40 中，没有分析出补足 MAC 帧最短长度的全零字节，这是因为第 227 号报文是 request 报文，是向外发送的，由于填充数据是由 MAC 子层负责，也就是设备驱动程序。不同的抓包程序和设备驱动程序所处的优先层次可能不同，抓包程序的优先级可能比设备驱动程序更高，抓包程序可能在设备驱动程序还没有填充到 64 B 帧的时候，已经捕获了数据。

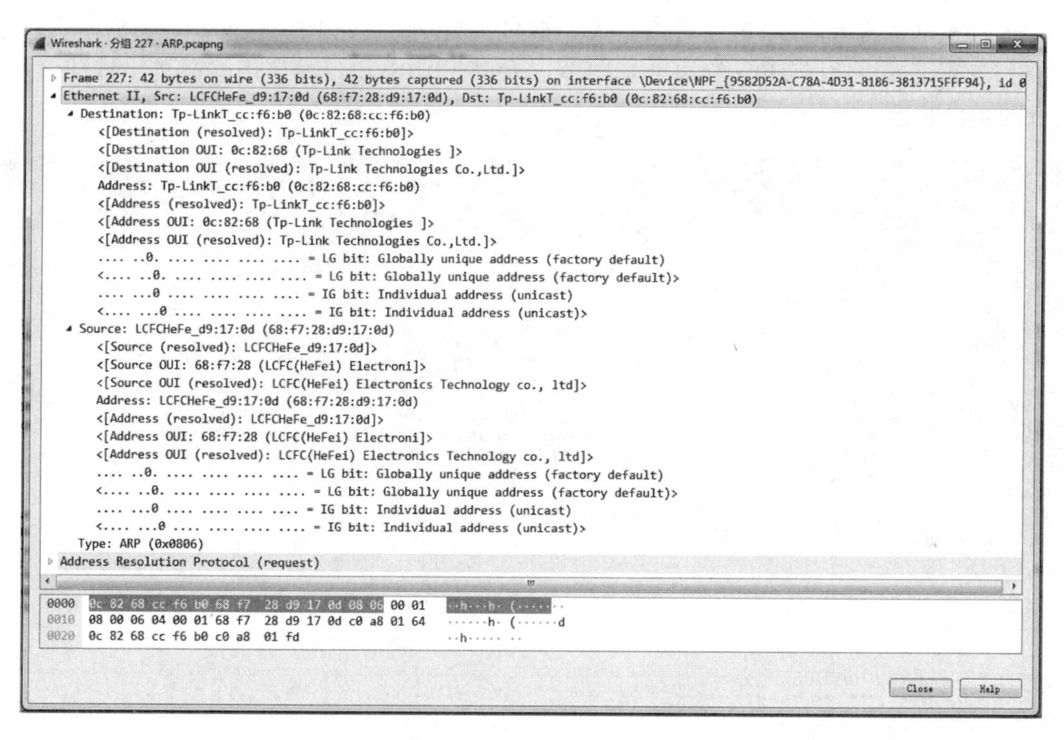

图 2 – 40 第 227 号 MAC 帧的帧头

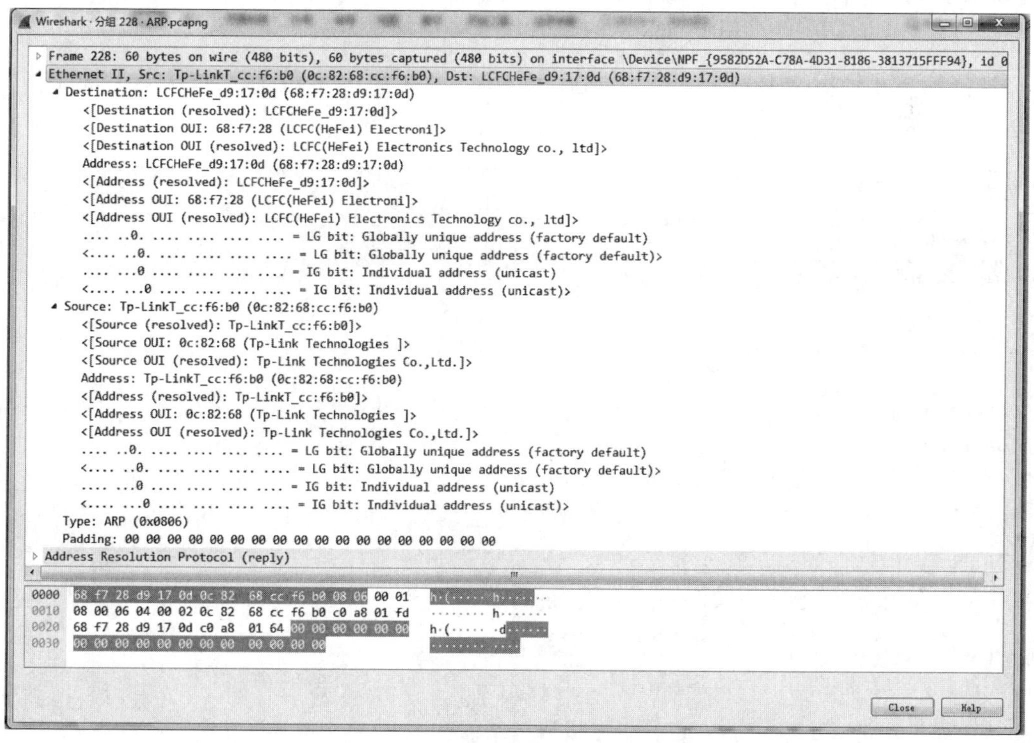

图 2 – 41 第 228 号 MAC 帧的帧头

3. 捕获分析 UDP 报文

在浏览网页或运行 QQ 时，可以抓到 UDP 包。为方便找到 UDP 报文，在过滤工具栏左侧的过滤器书签中选择 udp，筛选出 UDP 报文和基于 UDP 协议的应用层报文，如 DNS 等，如图 2－42 所示。

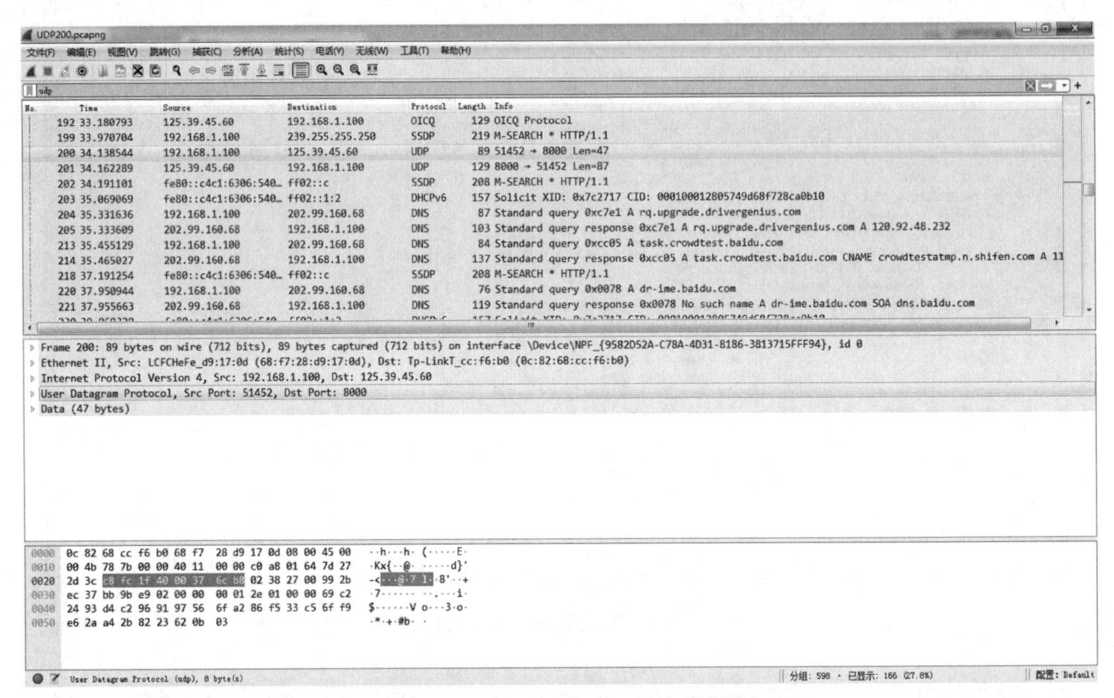

图 2－42 Wireshark 捕获到 UDP 报文界面

选择第 200 号报文进行分析。第 200 号 UDP 报文的各字段值及其十六进制代码如图 2－43 所示。该 UDP 报文中的端口 8000 是 QQ 的服务端口。

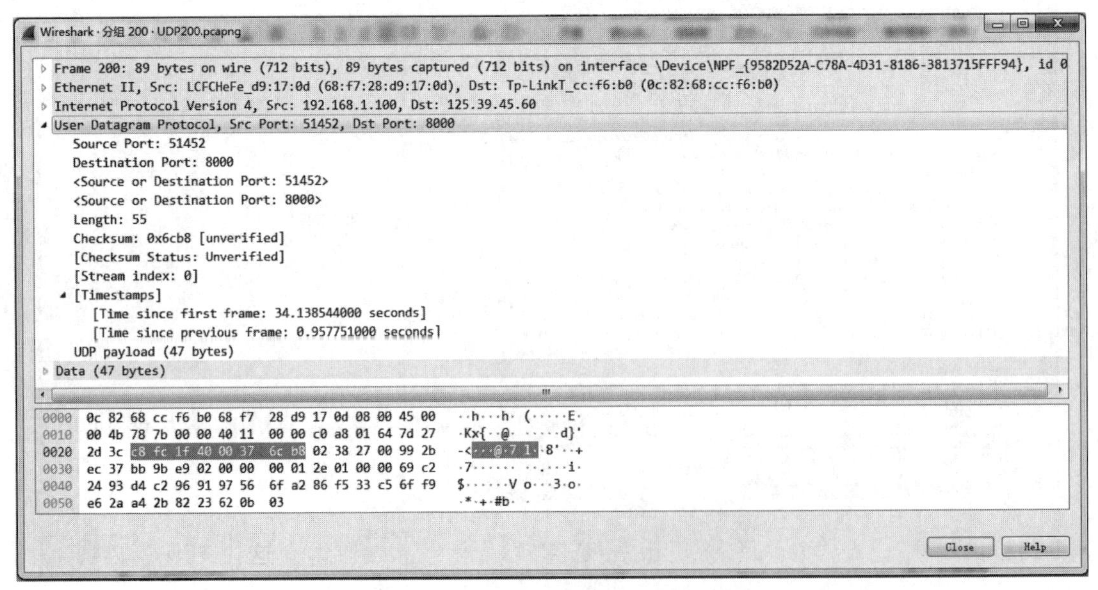

图 2－43 第 200 号 UDP 报文内容

第 200 号 UDP 报文交给 IP 层，加上 IP 报文首部，封装成 IP 数据报，第 200 号 IP 数据报首部如图 2 – 44 所示。

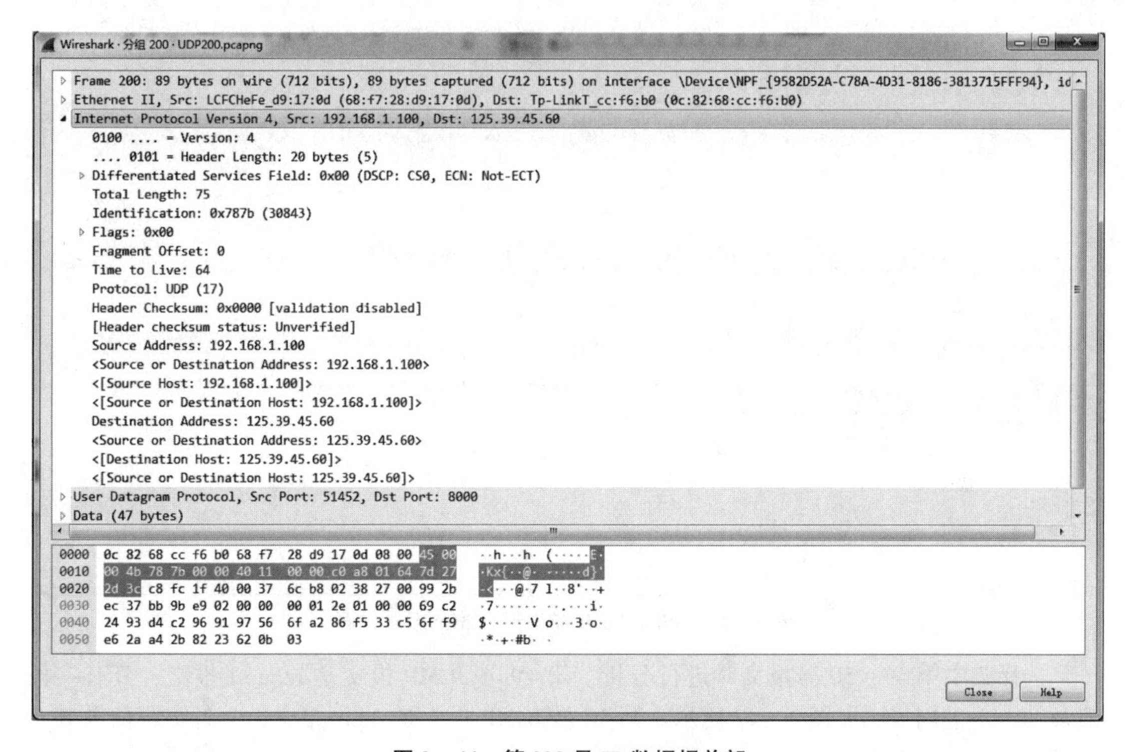

图 2 – 44　第 200 号 IP 数据报首部

第 200 号 IP 数据报交给 MAC 层，加上 Ethernet II 的 MAC 帧的帧头，封装成 MAC 帧，第 200 号 MAC 帧的帧头如图 2 – 45 所示。

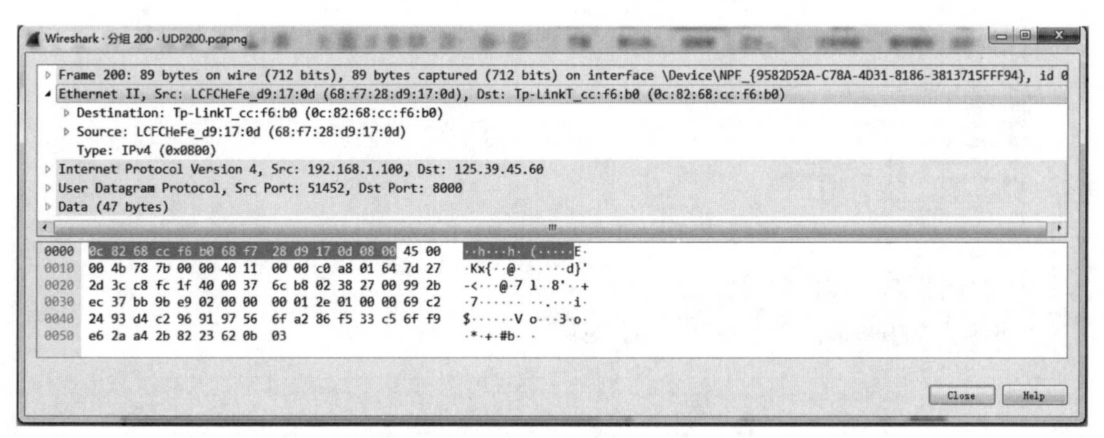

图 2 – 45　第 200 号 MAC 帧的帧头

4. 捕获分析 ICMP 报文

在 DOS 命令行窗口运行 ping 192. 168. 1. 253，可以抓到 ICMP 包。为方便找到 ICMP 报文，在过滤工具栏输入 icmp，筛选出 ICMP 报文，如图 2 – 46 所示。这些 ICMP 报文成对出现，一个是 request 报文，一个是 reply 报文。

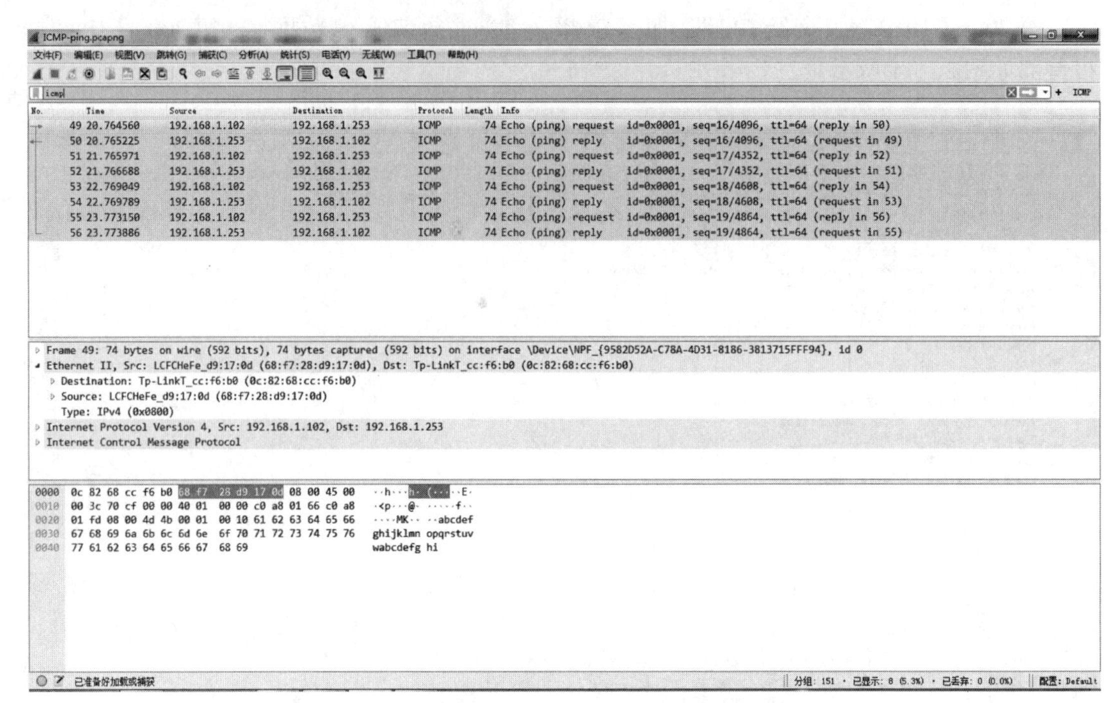

图 2 – 46 Wireshark 捕获到 ICMP 报文界面

选择其中第 49、50 号报文对进行分析，第 49 号 ICMP 报文是 request 报文，其各字段值及其十六进制代码如图 2 – 47 所示。第 50 号 ICMP 报文是 reply 报文，其各字段值及其十六进制代码如图 2 – 48 所示。

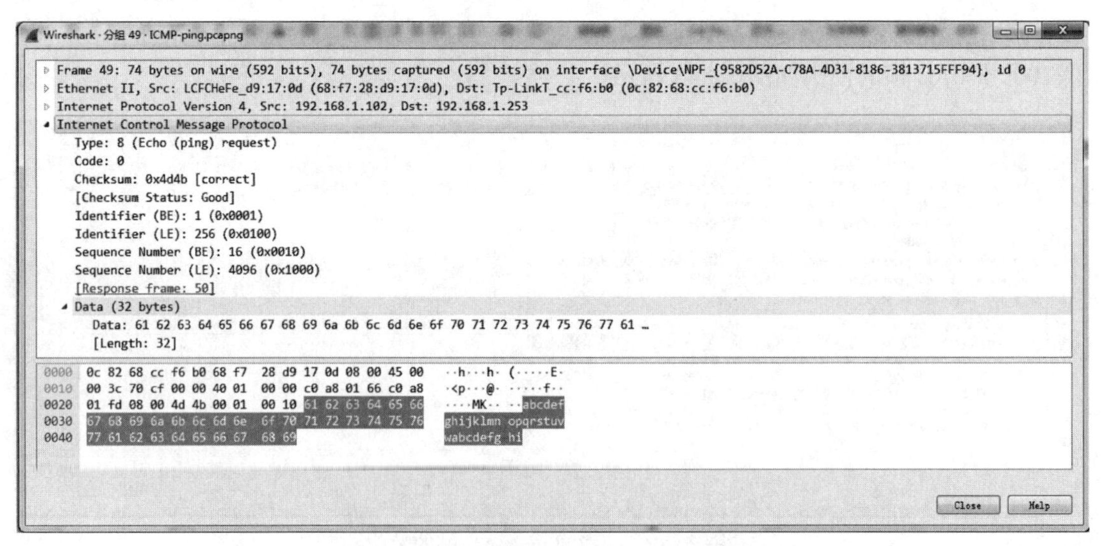

图 2 – 47 第 49 号 ICMP 的 request 报文

下面以第 49 号报文为例来看其封装过程。第 49 号 ICMP 报文交给 IP 层，加上 IP 报文首部，封装成 IP 数据报，第 49 号 IP 数据报首部如图 2 – 49 所示。

第 49 号 IP 报文交给 MAC 层，加上 Ethernet II 的 MAC 帧的帧头，封装成 MAC 帧。第 49 号 MAC 帧的帧头如图 2 – 50 所示。

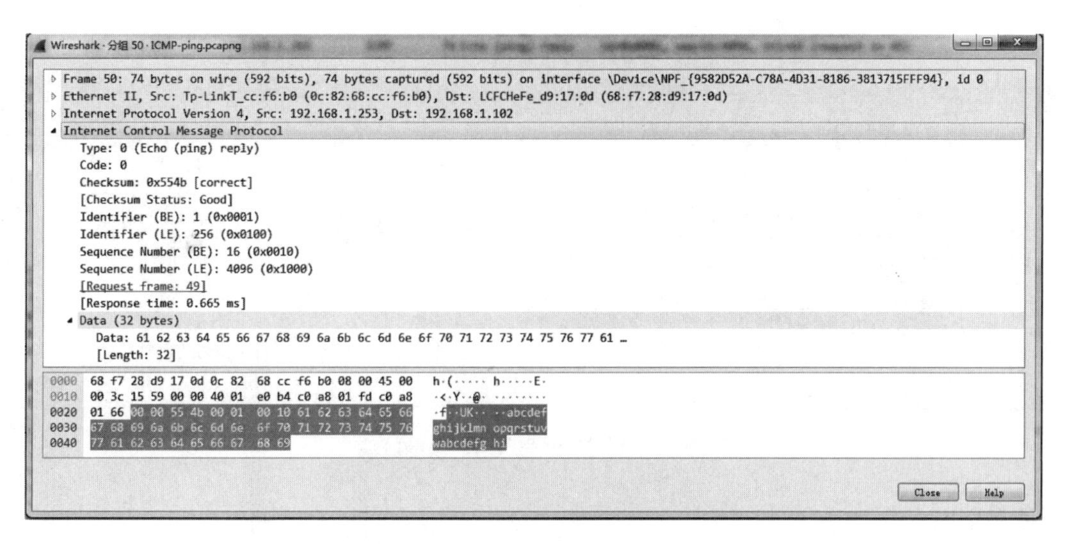

图 2-48　第 50 号 ICMP 的 reply 报文

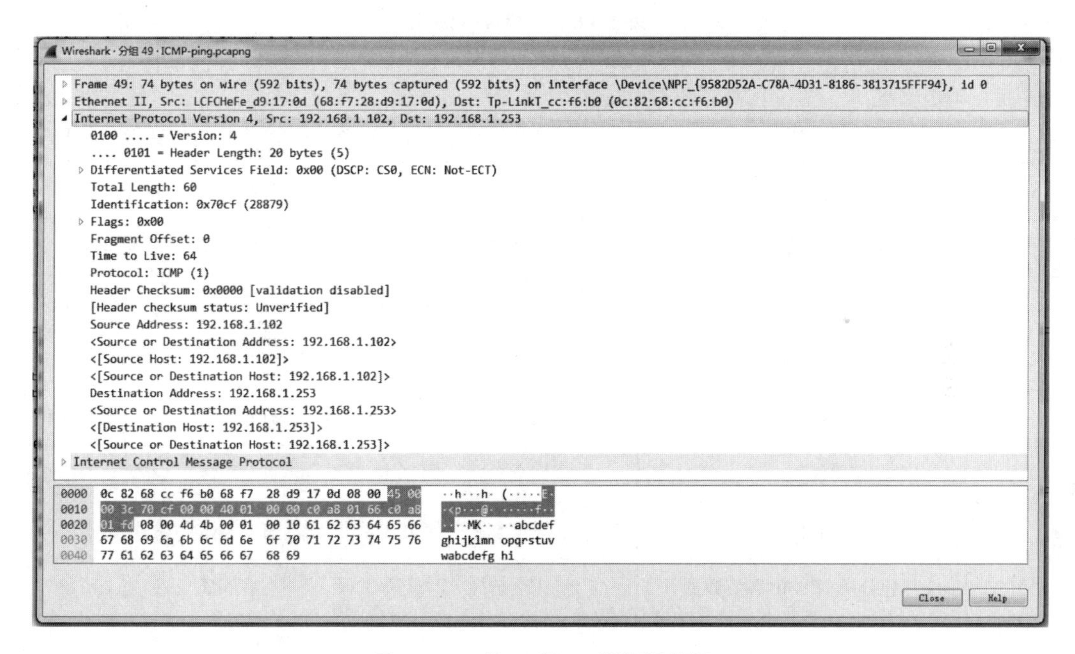

图 2-49　第 49 号 IP 数据报首部

最后，学生自己安装运行 Wireshark，使用 Wireshark 抓包分析以太网 MAC 帧、IP 数据报、ICMP 报文、ARP 报文、TCP 报文和 UDP 报文等 TCP/IP 各层数据，以及 DNS、HTTP 等应用层报文数据。

任务总结

通过 TCP/IP 协议中报文的封装过程理解并掌握 TCP/IP 的 4 层结构以及各层主要功能，熟悉 TCP/IP 的各层协议。通过 Wireshark 抓包分析以太网 MAC 帧、IP 数据报、ICMP 报文、ARP 报文、TCP 报文和 UDP 报文等 TCP/IP 各层数据，深入了解 TCP/IP 各层协议的功能和相互关系。并且能够举一反三，对 DNS、HTTP 等应用层报文进行抓包分析。

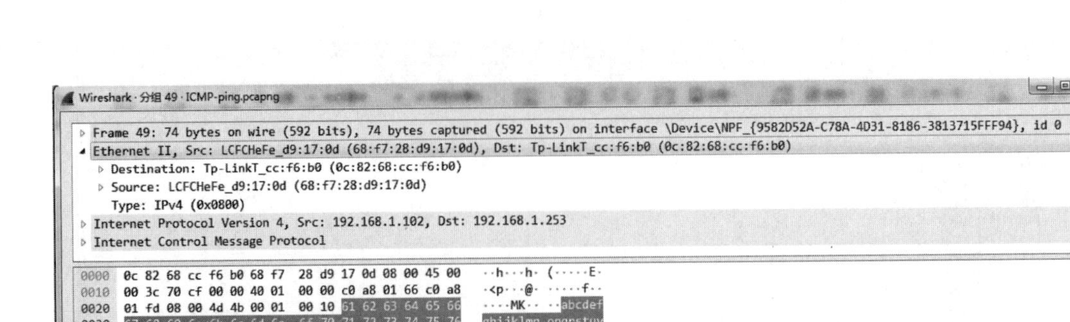

图 2-50 第 49 号 MAC 帧的帧头

任务评价

任务自我评价见表 2-6。

表 2-6 自我评价表

知识和技能点	掌握程度
TCP/IP 4 层结构	完全掌握 基本掌握 有些不懂 完全不懂
TCP/IP 各层主要功能	完全掌握 基本掌握 有些不懂 完全不懂
TCP/IP 各层主要协议	完全掌握 基本掌握 有些不懂 完全不懂
TCP/IP 协议中报文的封装过程	完全掌握 基本掌握 有些不懂 完全不懂
以太网 MAC 帧结构	完全掌握 基本掌握 有些不懂 完全不懂
IP 层协议	完全掌握 基本掌握 有些不懂 完全不懂
TCP 层协议	完全掌握 基本掌握 有些不懂 完全不懂
Wireshark 软件用法	完全掌握 基本掌握 有些不懂 完全不懂
用 Wireshark 抓包分析 TCP/IP 各层数据	完全掌握 基本掌握 有些不懂 完全不懂

项目小结

通过教师的指导、学生的体验以及学生的自主设计，完成本项目 3 个层次的目标，即“懂”OSI-RM 和 TCP/IP 网络体系结构基本知识；“会”画出 OSI-RM 和 TCP/IP 模型，以及数据封装过程示意图。“能”使用 Wireshark 抓包分析 TCP/IP 各层数据。通过本项目，培养了学生自主学习能力、动手操作能力和团队合作精神。希望学生能够学以致用，将所学内容与实际生活紧密结合起来，并能够做到活学活用、举一反三。

项目评价

项目自我评价见表 2-7。

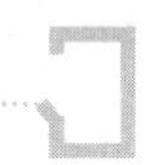

表2-7　自我评价表

任务	掌握程度
分析网络体系结构	完全掌握　基本掌握　有些不懂　完全不懂
分析 OSI-RM 7 层协议	完全掌握　基本掌握　有些不懂　完全不懂
分析 TCP/IP 模型	完全掌握　基本掌握　有些不懂　完全不懂

练习与思考

1. 单项选择题

(1) 端口号是位于（　　）。

A. 物理层　　B. 链路层　　C. 网络层　　D. 传输层

(2) 下列（　　）属于网络层地址。

A. MAC 地址　　B. IP 地址　　C. 网络域名地址　　D. 物理地址

(3) 传输层信息传输的单位是（　　）。

A. 比特　　B. 帧　　C. IP 包　　D. 报文

(4) 域名地址是位于（　　）。

A. 物理层　　B. 网络层　　C. 传输层　　D. 应用层

(5) 网络层信息传输的单位是（　　）。

A. 比特　　B. 帧　　C. IP 包　　D. 报文

(6) MAC 地址是位于（　　）。

A. 物理层　　B. 链路层　　C. 网络层　　D. 传输层

(7) ARP 协议的作用是（　　）。

A. 将端口号映射到 IP 地址　　B. 连接 IP 层和 TCP 层

C. 广播 IP 地址　　D. 将 IP 地址映射到第二层地址

(8) 传输层可以通过（　　）标识不同的应用。

A. 物理地址　　B. 端口号　　C. IP 地址　　D. 逻辑地址

(9) 在 TCP/IP 中，解决计算机到计算机（端到端）之间通信问题的层次是（　　）。

A. 网络接口层　　B. 网际层　　C. 传输层　　D. 应用层

(10) 下面提供 FTP 服务的默认 TCP 端口号是（　　）。

A. 21　　B. 25　　C. 23　　D. 80

2. 多项选择题

(1) 下列（　　）属于网络地址。

A. MAC 地址　　B. IP 地址　　C. 网络域名地址　　D. 物理地址

(2) 二层交换机包含（　　）层次的功能。

A. 物理层　　B. 链路层　　C. 网络层　　D. 传输层

(3) OSI-RM 定义了（　　）。

A. 系统　　B. 实体　　C. 接口　　D. 服务

(4) 网络协议分层的好处有（　　）。

A. 便于描述和实现
B. 降低各层的耦合性，各层独立实现和修改互不影响
C. 简化问题，降低协议设计的复杂性
D. 便于学习和理解
（5）上网用的计算机包含 OSI（　　）层次的功能。
A. 物理层　　B. 链路层　　C. 网络层　　D. 应用层
（6）路由器包括（　　）层次的功能。
A. 物理层　　B. 链路层　　C. 网络层　　D. 传输层
（7）下列属于网络地址的有（　　）。
A. MAC 地址　　B. IP 地址　　C. 端口号　　D. 域名地址

3. 判断题（下列句子正确的在后面括号中打“√”，错误的打“×”）

（1）ARP 协议完成 IP 地址到 MAC 地址的转换。（　　）
（2）TCP/IP 将整个通信网络的功能分为 7 层。自下而上分别是物理层、数据链路层、网络层、运输层、会话层、表示层和应用层。（　　）
（3）计算机网络中，低层为高层提供服务。（　　）
（4）接收端对数据的处理是从物理层到应用层逐层拆包（解封装）。（　　）
（5）RARP 协议完成 IP 地址到 MAC 地址的转换。（　　）
（6）协议是对等层之间遵守的规则。（　　）
（7）OSI 的每一层只能有一个实体，不同系统的同一层中的实体称为对等实体。（　　）
（8）OSI 7 层中，上层为服务提供者，下层为服务用户，每一层都是下层的服务提供者，同时又是上一层的服务用户。（　　）
（9）IP 数据包是一个固定长度的包，由头部和数据两部分组成。（　　）
（10）TCP 协议是面向连接的、可靠的协议。（　　）

4. 简答题

（1）试画出 OSI 参考模型，并简述 OSI 参考模型各层的主要功能。
（2）试画出 TCP/IP 模型，并简述 TCP/IP 模型各层的主要功能。
（3）试画出沙漏计时器形状的 TCP/IP 协议簇，并说明各层协议是什么功能。
（4）请画出 TCP 和 UDP 报文的格式，并说明各字节的含义。
（5）请画出 IPv4 报文的格式，并说明各字节的含义。
（6）地址解析协议（ARP）的功能是什么？
（7）ICMP 协议的功能是什么？
（8）请说明 TCP 建立连接时 3 次握手的过程。
（9）传输层端口号分为哪 3 类？分别说明 HTTP、SNMP、SMTP、DNS、TELNET 分别占哪些熟知端口？
（10）请说明传输层协议 TCP、UDP 分别支持的常用的应用层协议有哪些？

项目3

组建小型办公室、家庭局域网

项目描述：通过本项目学习，能够使用家用宽带路由器组建家庭或办公室网络，实现有线或无线上网。

项目分析：首先在对网络传输介质和网卡认知的基础上，学会网线制作，掌握网卡的安装和配置；然后使用家用宽带路由器组建家庭或办公室网络，实现有线上网，以及设置WiFi实现无线上网。

项目目标：

- 熟悉网络传输介质和网线制作。
- 掌握网卡的配置和工作原理。
- 掌握家用带宽路由器组网与配置方法。
- 熟悉命令行及网络维护常用的命令。

任务3.1 网线制作

任务描述

使用网线钳制作网线，并用网线测线仪检查网络是否制作成功。

任务分析

认识双绞线以及网线制作的线序，学会使用网线钳制作网线，然后用网线测线仪检查网络是否制作成功。

知识准备

3.1.1 网络传输介质

网络传输介质分为有线和无线两大类。有线传输介质有同轴电缆、双绞线和光纤光缆等。无线传输介质就是空间，不同于有线传输介质，无线传输介质的资源是可用的频谱。

目前，在小型局域网内常用的有线传输介质是双绞线。

1. 双绞线

1）双绞线的概念

双绞线就是在多线对的电缆中，将一个回路的两条线按一定标准扭绞在一起。一对双绞线作为一个回路，就像是两个磁通方向相反的螺旋线圈，电流流过时产生的磁场可以相互抵消，这样成对扭绞的作用是尽可能减少电磁辐射，同样地，也能尽可能减少外部电磁干扰的影响。即便不考虑外部环境，双绞线也可以减少不同线对之间的干扰。

2）双绞线的分类

双绞线按其是否外加金属网丝套的屏蔽层可分为屏蔽双绞线（Shielded Twisted Pair，STP）和非屏蔽双绞线（Unshielded Twisted Pair，UTP）。从性价比和可维护性出发，大多数局域网使用非屏蔽双绞线。

在 EIA/TIA－568 标准中，将非屏蔽双绞线按电气特性分为 3 类、4 类、5 类、超 5 类、6 类、7 类线等。5 类线的最大传输速率为 100 Mb/s，5 类线上标有 CAT5 字样，而超 5 类线上标有 5e 字样。网络中最常用的是 3 类线和 5 类线，3 类线里的线是两对 4 根，5 类线里的线是 4 对 8 根。

3）双绞线的组成

常见网线使用的是非屏蔽 5 类线。如图 3－1 所示，非屏蔽 5 类线由 4 对双绞线组成，其中包括 8 种（橙白、橙、绿白、绿、蓝白、蓝、棕白、棕）不同颜色的线，间有白色的花线和对应的纯色线，如橙白和橙、绿白和绿、蓝白和蓝、棕白和棕分别扭绞成 4 对双绞线。

2. 网线的线序

一条网线由双绞线加上两端的 RJ45 水晶头组成。网线通过 RJ45 水晶头连到计算机网卡或连到交换机、路由器等网络设备的 RJ45 接口上。网线制作线序标准有 T568A 和 T568B 两种。RJ45 水晶头的线序读法是将水晶头有铜牙的一面儿朝向自己，并且铜牙一端在上，从左到右依次为 1～8，如图 3－2 所示。

图 3－1　非屏蔽 5 类线

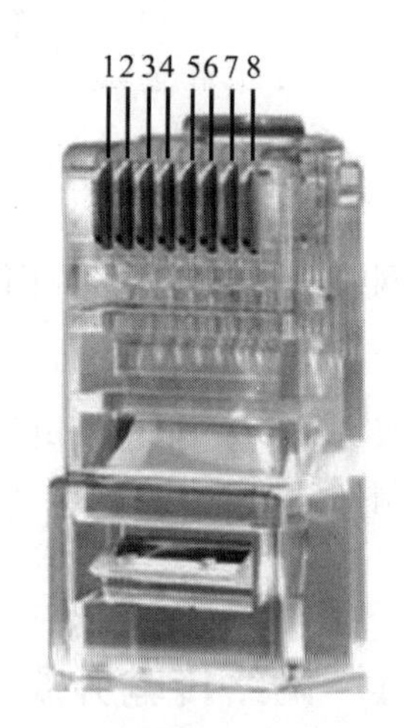

图 3－2　RJ45 水晶头线序

T568A 的线序为：1—绿白；2—绿；3—橙白；4—蓝；5—蓝白；6—橙；7—棕白；8—棕。

T568B 的线序为：1—橙白；2—橙；3—绿白；4—蓝；5—蓝白；6—绿；7—棕白；8—棕。

对传输信号来说，8 根线所起的作用分别是 1、2 用于发送，3、6 用于接收，4、5 和

7、8 是双向线。

3. 网线的分类

常用网线分为直通线和交叉线。交叉线用于同种设备之间互连，直通线用于异种设备之间相连。

直通线是用于网络使信号直接通过，两端线对排列顺序一一对应，收对收，发对发，这样才能传递信号，所以叫直通线。直通线的两端都是同一线序，一般都使用 T568B 的线序。通常直通线用于 PC – 交换机、交换机 – 路由器、路由器 – HUB、PC – HUB 之间。

交叉线是用于同种设备之间互相收发信号，一端的发线对用来发信号，则要对应另一端的收线对用来收信号，所以两端需要使用收发不同的线对相连接，即发对收，收对发，这样两端在水晶头中排列的位置就不对应所以叫交叉线。交叉线的线序一端为 T568A，另一端为 T568B。通常交叉线用于 PC – PC、路由器 – 路由器、交换机 – 交换机、PC – 路由器、交换机 – HUB、HUB – HUB 之间。

另外，在以太网中，无中继网段的长度是 100 m。这是理论值，实际上由于网线质量、布线及外部干扰等一般都达不到标准。非屏蔽 5 类线的有效使用距离 80 m 应该是极限了，超过这个距离建议中间使用中继器或交换机等。

任务实施

3.1.2　网线制作

1. 制作网线需要的工具和材料

制作网线需要的工具和材料包括网线、RJ45 水晶头、网线钳和网线测线仪。

2. 网线制作步骤

下面以直通线为例介绍网线的制作步骤。

(1) 剪断。

用网线钳的切割刀片截取合适长度的网线，如图 3 – 3 所示。

(2) 剥皮。

用网线钳的剥皮刀片环切网线的外塑料皮，注意不要伤到双绞线芯线，如图 3 – 4 所示。

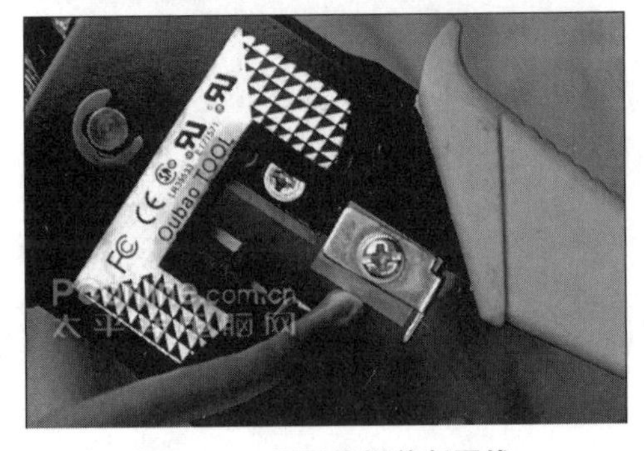

图 3 – 3　用网线钳剪断网线

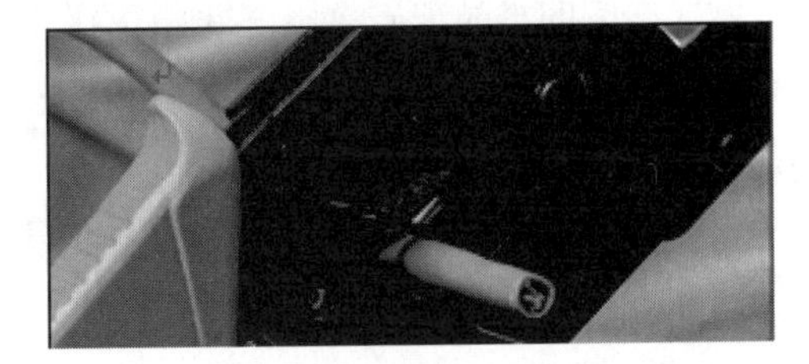

图 3 – 4　用网线钳剥皮

(3) 排序。

按照 T568B 标准线序排列，一定要从根部将 8 条线理直排列好，并在插入到水晶头之前保持捏紧，如图 3 – 5 所示。

（4）剪齐。

注意裸露的双绞线芯线长短要合适。不能短于 1 cm，如图 3－6 所示。

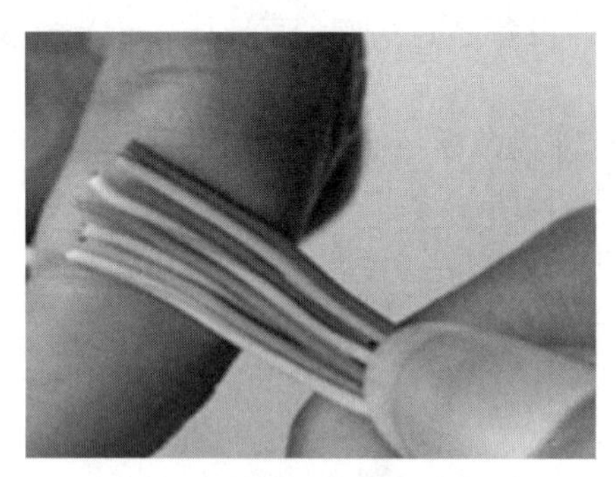

图 3－5　按 T568B 标准线序排序

图 3－6　用网线钳剪齐网线芯线

（5）插入。

要求保证网线的外塑料皮能够被压在水晶头内部，并且每根铜线都能伸到水晶头顶部，如图 3－7 所示。

（6）压制。

使用 8 个牙的压紧槽将水晶头压紧。注意把水晶头完全插入，用力压紧，直到听到“咔嚓”声。可重复压制多次，如图 3－8 所示。

图 3－7　将网线插入水晶头

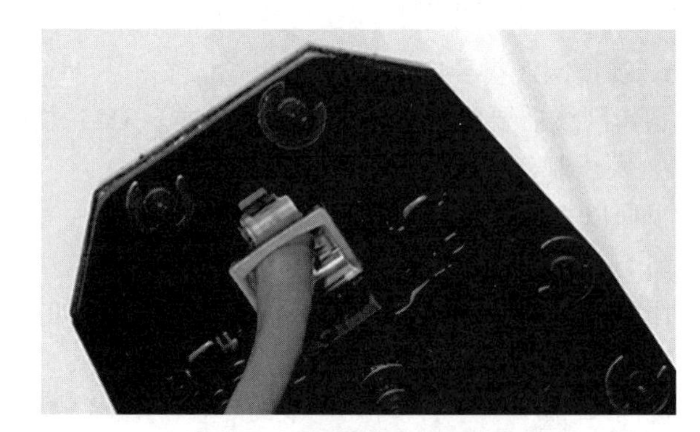

图 3－8　用网线钳压紧水晶头

（7）测试。

做完两端的水晶头后，用网线测线仪进行测试。对应指示灯同步亮，说明网线制作成功。如图 3－9 所示。

任务总结

本任务通过对传输介质的认知，主要是了解以太网最常用的非屏蔽 5 类线，并掌握网线的制作方法。对其他类的双绞线，同学们可以自己查找资料，以进一步了解。

任务评价

本任务自我评价见表 3－1。

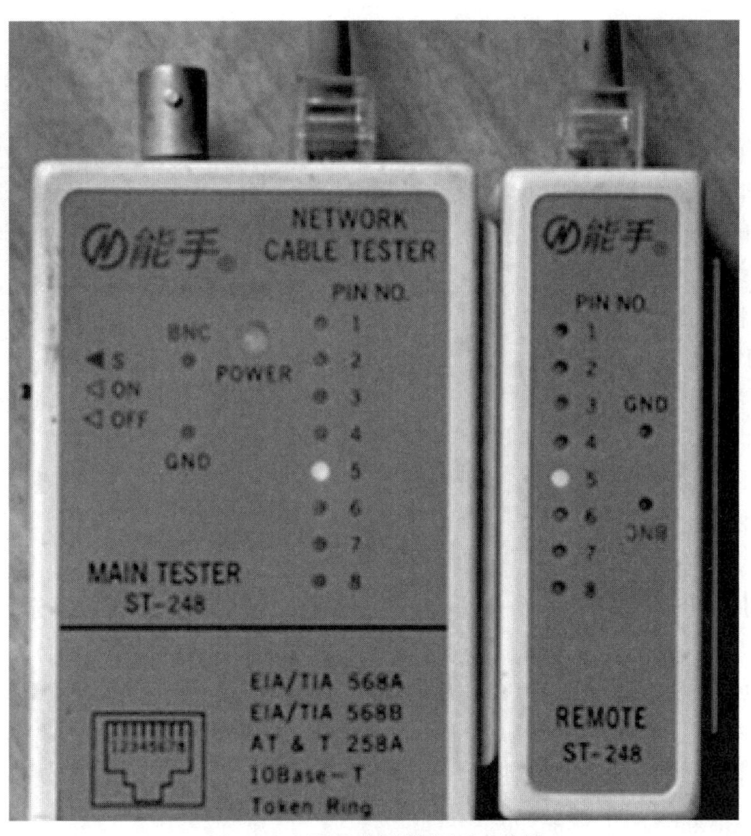

图3－9　用网线测线仪测试网线

表3－1　自我评价表

知识和技能点	掌握程度
双绞线	完全掌握　基本掌握　有些不懂　完全不懂
线序标准	完全掌握　基本掌握　有些不懂　完全不懂
网线制作	完全掌握　基本掌握　有些不懂　完全不懂
网线测试	完全掌握　基本掌握　有些不懂　完全不懂

任务3.2　网卡的安装与配置

任务描述

了解网卡，掌握网卡的安装与配置。

任务分析

在认知网卡的基础上，学会网卡的安装，掌握网卡的网络参数配置。

知识准备

3.2.1 网卡

网卡及配置

1. 网卡的基本概念

网卡（Network Interface Card，NIC）也叫网络适配器，是计算机连接网络中各设备的接口。网卡一般插在计算机或服务器 PCI 插槽中，通过网络介质（如双绞线、同轴电缆或光纤）与其他计算机连接，以达到网络数据交换（资源共享）的目的。便携的无线网卡通常插在 USB 接口上。

2. 网卡的作用

网卡的主要作用可以分为固定网络地址、数据转换并发送到网线上和接收数据并转换数据格式。

说到网络地址，首先要清楚它跟计算机所在的地理位置没有直接关系；其次一定要分清楚以下几个概念。

（1）MAC 地址。

网卡在出厂时已经固化了一个全球唯一的 48 位二进制地址，所以网卡的 MAC 地址也叫物理地址。

（2）IP 地址。

它可以在网卡的网络属性参数中进行灵活配置，因此是一种逻辑地址。IPv4 的 IP 地址是 32 位二进制数，为方便书写和使用常用点分十进制表示，即每个字节对应表示成十进制数，中间用“.”分隔，如 192.168.1.1。

在 DOS 命令行使用 ipconfig /all 命令可以查看计算机网卡的 MAC 地址及网卡的网络属性参数等，如图 3－10 所示。

（3）网络域名地址。

由于 IP 地址不便于记忆，因此给网络中经常访问的主机 IP 地址对应地起一个域名，如石家庄邮电职业技术学院的网站主页地址为：

http://www.sjzpc.edu.cn/sjzyd/，其中 www.sjzpc.edu.cn 为域名。

又如大家熟悉的百度的主页地址为：

http://www.baidu.com/，其中 www.baidu.com 为域名。

3. 网卡的工作原理

1）发送数据

计算机发送数据时，网卡首先侦听介质上是否有载波（载波由电压指示）。如果有，则认为其他主机正在传送信息，继续侦听介质。一旦通信介质在一定时间段内（称为帧间缝隙 IFG＝9.6 μs）没有侦听到载波，即没有被其他主机占用，则开始进行帧数据发送，同时继续侦听通信介质，以检测冲突。如果检测到冲突，则根据截断二进制指数类型退避算法确定一个随机的等待时间，然后再开始侦听。这就是 CSMA/CD 协议。总体而言就是先听后发、边发边听、冲突停发、随机延迟后重发。

截断二进制指数类型退避算法主要包括以下几点。

①确定基本退避时间（基数），一般定为 2τ，即一个争用期时间，对于以太网就是 51.2 μs。

②定义一个参数 k，n 为重传次数，$k=\min[n, 10]$，可见 $k\leqslant 10$。

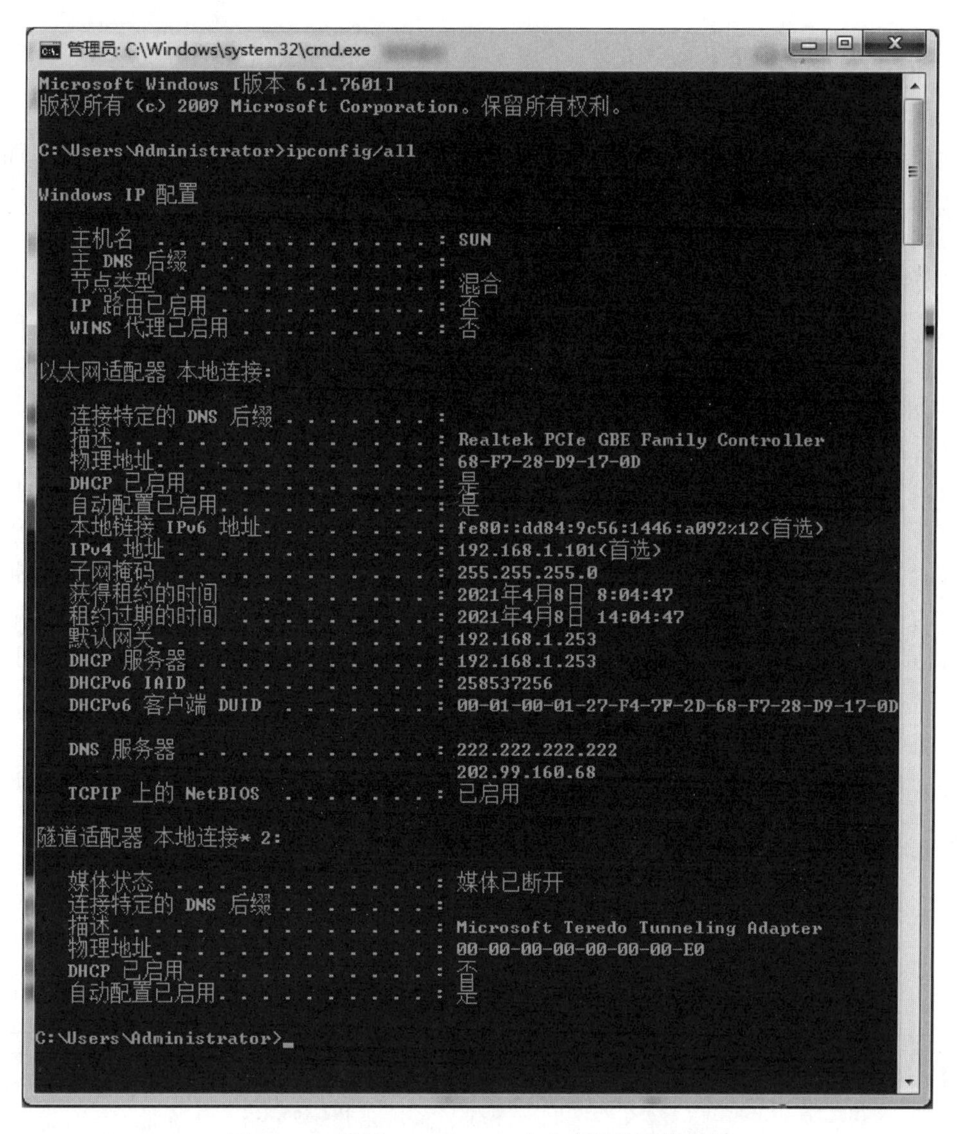

图3－10　使用 ipconfig /all 命令查看的网络参数

③从离散型整数集合［0，1，2，…，(2^{k-1})］中，随机取出一个数记做 R，那么重传所需要的退避时间为 R 倍的基本退避时间，即 $T=R\cdot 2\tau$。

④同时，重传也不是无休止地进行，当重传16次不成功时，就丢弃该帧，传输失败，报告给高层协议。

2）接收数据

计算机接收数据时，网卡根据收到数据帧中的目的 MAC 地址，决定是否应该接收。因此使用域名进行访问的过程中，存在两次网络地址的转换：一是网络域名地址到 IP 地址的转换，由 DNS 服务器完成；二是 IP 地址到 MAC 地址的转换，由 ARP 协议完成。

任务实施

3.2.2 安装网卡

1. 网卡的硬件安装

前面介绍网卡的概念时说过，一般内置网卡插在主机的主板上的 PCI 插槽里，而便携式无线网卡通常插在主机的 USB 接口上。总之，要先把网卡正确安装到主机上。

2. 网卡的驱动程序安装

在安装操作系统时，网卡的驱动程序会和主机的主板、显卡和声卡等各种硬件驱动程序一起安装完成。如果是后加装的网卡，把网卡安装到主机上之后，还要安装网卡的驱动程序。

根据网卡驱动程序来源，安装驱动程序可以分为以下几种情况。

（1）购买网卡时附带的驱动程序光盘。自动运行光盘选择安装驱动即可。

（2）根据网卡型号到网上查找下载驱动程序文件包。在解压缩驱动程序文件包后，如果其中有可执行文件，就运行可执行文件；如果其中没有可执行文件，只有“. sys”“. dll”或“. inf”类型的文件，从计算机的“设备管理器”页面的“其他设备”项下找到带有黄色叹号的网卡设备，有线网卡可能显示为“以太网控制器”，无线网卡可能显示为“802. 11n NIC”，然后在其右键菜单中单击“更新驱动程序软件”，然后选择“浏览计算机以查找驱动程序软件”，手动定位到网卡驱动程序文件所在的文件夹，然后单击“下一步”按钮自动找到安装程序文件进行安装即可。

（3）用驱动精灵之类的软件自动识别网卡类型，查找并安装与网卡型号匹配的驱动程序。

3.2.3 配置网卡

网卡安装好后，还要配置网卡的网络参数，将其配置到事先规划好的网络中，网卡的网络参数规划表见表 3－2。

表 3－2 网卡的网络参数规划表

参数	值
IP 地址	192. 168. 1. 2
子网掩码	255. 255. 255. 0
网关	192. 168. 1. 1
首选 DNS 服务器	202. 99. 160. 68
备用 DNS 服务器	222. 222. 222. 222

下面介绍在计算机上常用的 RJ45 接口的有线网卡和支持 WiFi 的无线网卡的配置。

1. 有线网卡的配置

以 Windows 7 系统为例，介绍有线网卡的配置过程。

（1）找到本地连接。

在 PC 右下角的状态栏上有代表“本地连接”的小计算机图标，注意当网卡没有连接网线时或连有网线但对端设备未加电时，小计算机图标上会有个小红叉；当网卡的网络参数配置不正确时，小计算机图标上有个带叹号的黄色三角形；或虽然网络参数配置正确但不能联入 Internet，小计算机上也有个带叹号的黄色三角形；配置好网络参数并正常联入 Internet后小计算机就没有这些警示标志了，这 4 种情况如图 3－11 所示。右键单击小计算机后，选择“打开网络和共享中心”，如图 3－12 所示。除第 1 种未连接的情况外，其他都可以在“网络和共享中心”页面看到“本地连接”，如图 3－13 所示，图 3－13 中 4 种情况分别与图 3－11 中的 4 种情况一一对应。或者在桌面的“网络”右键菜单单击“属性”，如图 3－14 所示，也可以在“网络和共享中心”页面看到“本地连接”。或者单击“网络和共享中心”页面左侧的“更改适配器配置”查看网络连接，也可以在“网络连接”页面看到“本地连接”，如图 3－15 所示。

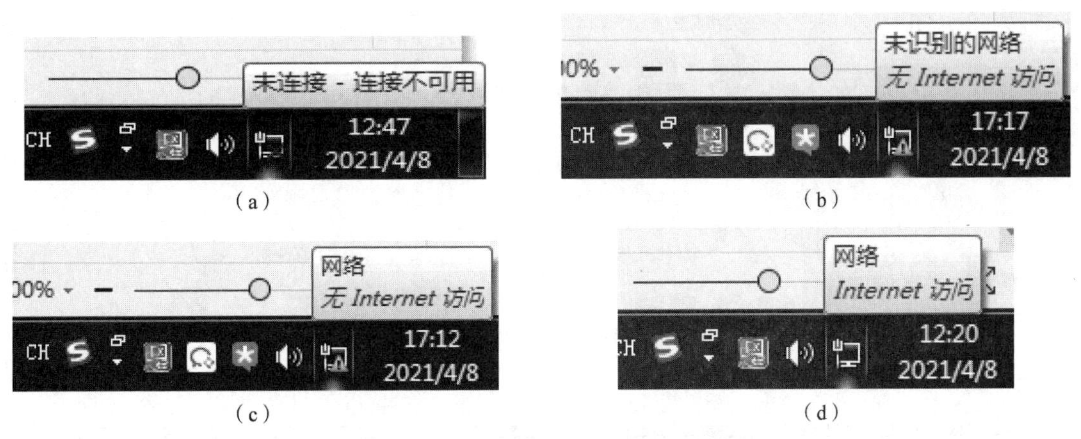

图 3－11　PC 状态栏上的本地连接状态图

（a）未连接；（b）未识别的网络；（c）配置好网络参数但无 Internet 访问；（d）配置好网络参数且联入 Internet

图 3－12　从状态栏上小计算机右键菜单选择“打开网络和共享中心”

（2）找到“本地连接”的属性页面。

在网络和共享中心单击“本地连接”，就可以看到“本地连接 状态”对话框，如图 3－16 所示。在该对话框单击“属性”按钮就可以看到“本地连接 属性”对话框，如图 3－17 所示。或者在图 3－15 中本地连接的右键菜单中单击“属性”命令打开“本地连接 属性”对话框。

（3）打开“Internet 协议版本 4（TCP/IPv4）属性”页面。

在“本地连接 属性”对话框“此连接使用下列项目”列表框里选择“Internet 协议版本 4（TCP/IPv4）”，再单击该框下面的“属性”按钮，可以看到“Internet 协议版本 4（TCP/IPv4）属性”对话框，如图 3－18 所示。

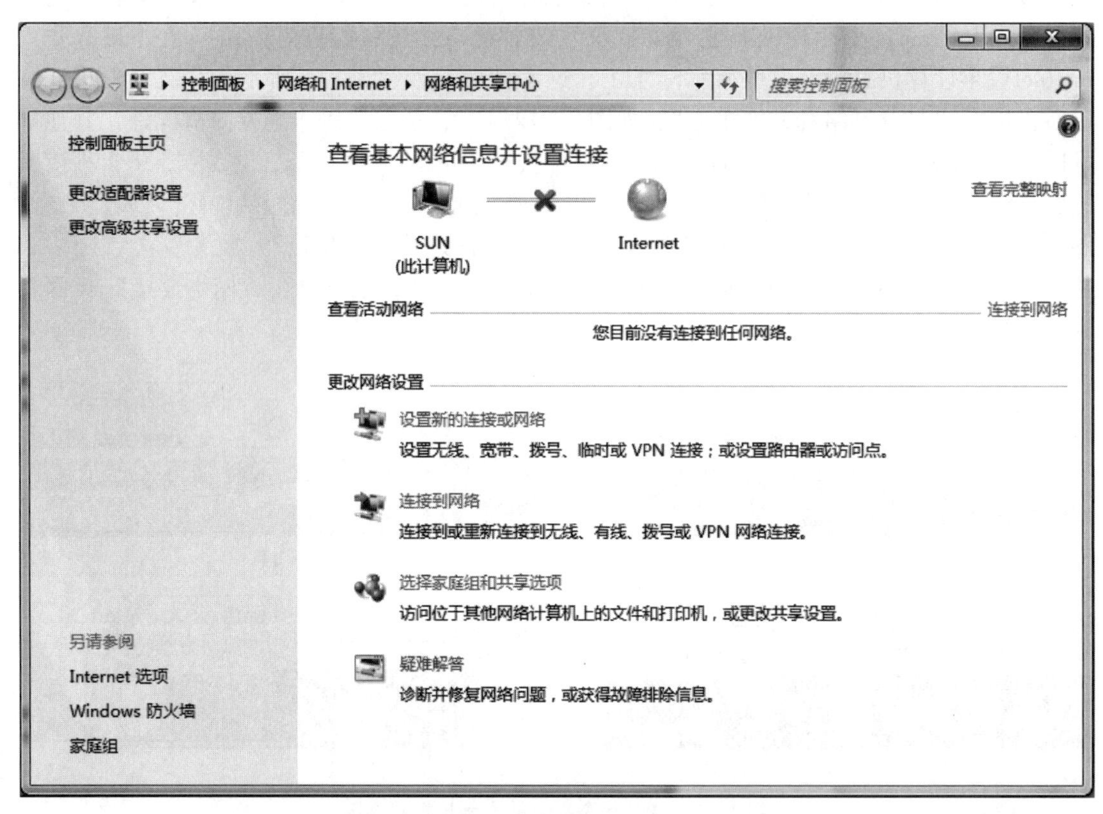

(a)

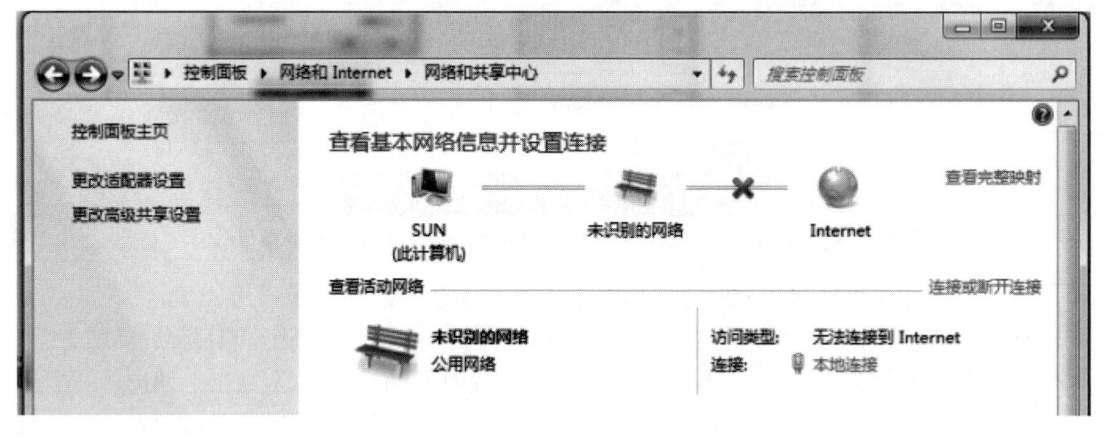

(b)

图 3－13　网络和共享中心的本地连接状态图

(a) 未连接；(b) 未识别的网络

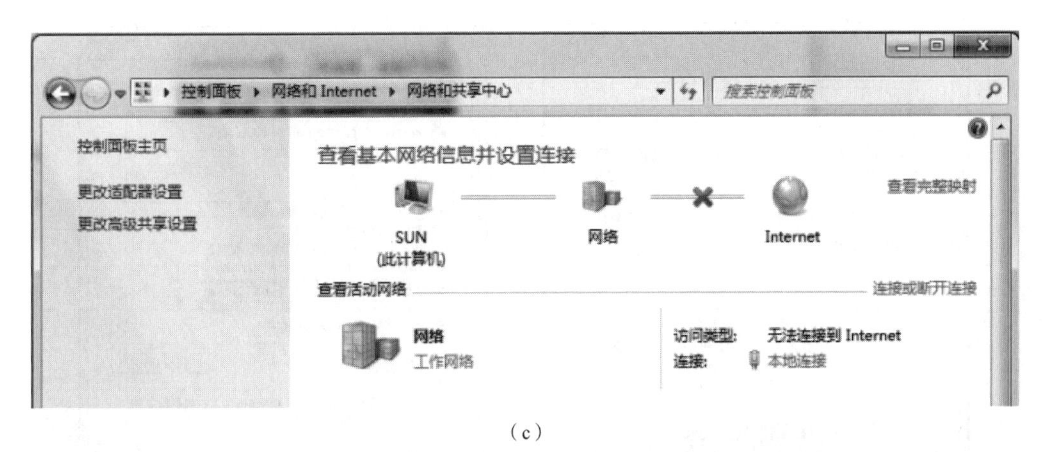

(c)

(d)

图3-13 网络和共享中心的本地连接状态图(续)

(c)配置好网络参数但无Internet访问;(d)配置好网络参数且联入Internet

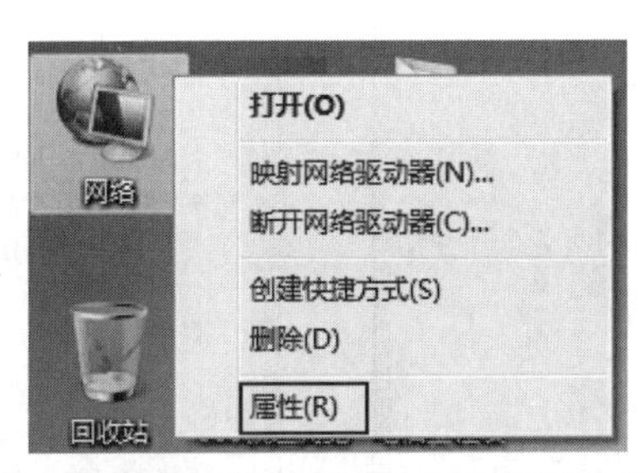

图3-14 从桌面网络右键菜单打开网络和共享中心

图3-15 网络连接

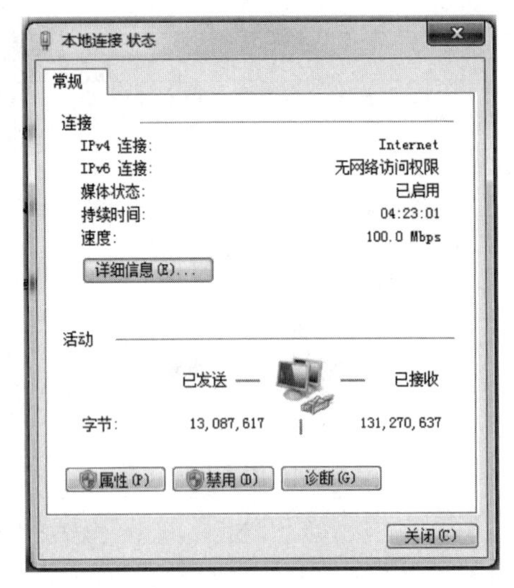

图 3-16 “本地连接 状态”对话框

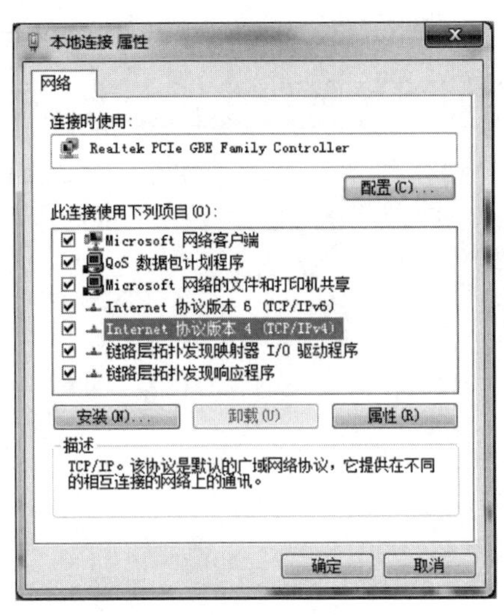

图 3-17 “本地连接 属性”对话框

（4）配置网卡的网络参数。

在“Internet 协议版本 4（TCP/IPv4）属性”对话框，按照表 3-2 中的网络参数规划数据，配置 IP 地址、子网掩码、默认网关和 DNS 服务器地址等网络参数。其中。“IP 地址”是唯一分配给该网卡的；“子网掩码”是用来与 IP 地址逐位进行异或逻辑运算共同确定计算机所在的网络号的；“默认网关”是事先指定的该计算机与外网通信时必须经过的网关设备的 IP 地址；DNS 服务器地址是在可达的网络上提供 DNS 解析服务的 DNS 服务器的 IP 地址，可设一主一备两个，至少要设一个，如图 3-19 所示。

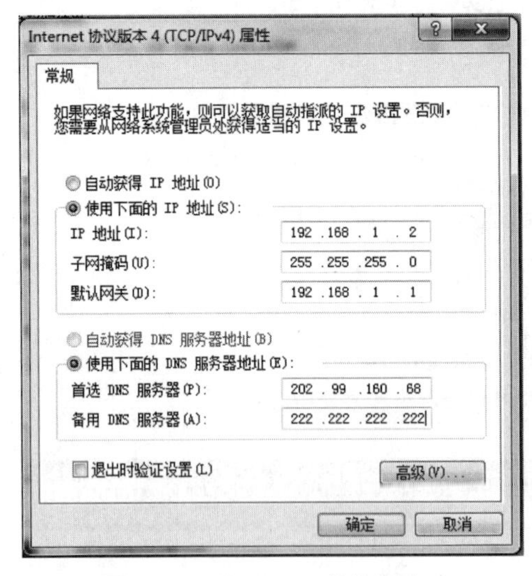

图 3-18 “Internet 协议版本 4（TCP/IPv4）属性”对话框

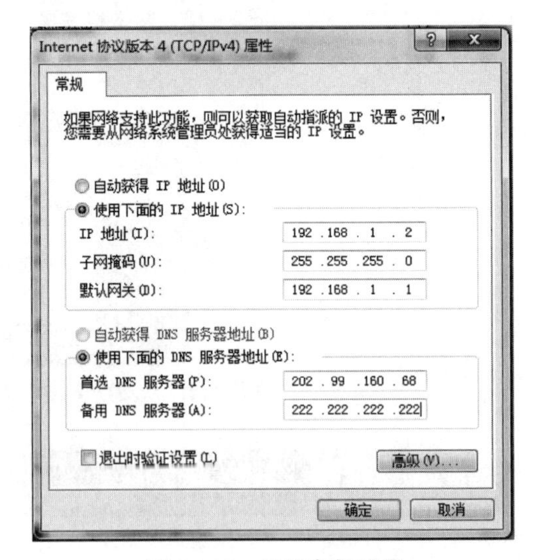

图 3-19 网络参数配置

（5）自动获得网络参数。

无论是“本地连接”还是“无线网络连接”，当网络中有 DHCP 服务器开启时，在“Internet 协议版本 4（TCP/IPv4）属性”对话框，都可选中“自动获得 IP 地址”单选按

钮；当网关设备设置了域名服务器时，都可选择“自动获得 DNS 服务器地址”单选按钮，如图 3－18 所示。

（6）当连接好网线，并配置好网卡的网络参数后，计算机就能上网了。这时既可以通过浏览器在网上冲浪，也可以使用 QQ 等一些网络程序。

2. 无线网卡的配置

以 Windows 7 系统为例，介绍在 PC 或笔记本电脑上配置无线网络参数的过程。

1）找到无线网络连接

安装好无线网卡后，在 PC 或笔记本电脑右下角的状态栏上就有代表“无线网络连接”的图标，就是手机常见的 5 根从短到长表示信号强弱的竖线，当无线连接没有建立时，“无线网络连接”的图标上会有个黄色警示球；当连接无线网络但无线网络参数没有正确配置时，“无线网络连接”的图标上会有个带叹号的黄色三角形；或当配置好无线网络参数但没有联入 Internet 时，“无线网络连接”的图标上也会有个带叹号的黄色三角形；当配置好无线网络参数且能够联入 Internet 时，“无线网络连接”的图标上就没有这些警示标志了，这几种情况如图 3－20 所示。在“无线网络连接”右键菜单中选择“打开网络和共享中心”命令，如图 3－21 所示。除第 1 种未连接的情况外，其他都可以在“网络和共享中心”页面看到“无线网络连接”，如图 3－22 所示，图 3－22 中 4 种情况分别与图 3－20 中的 4 种情况一一对应。或者在桌面的“网络”右键菜单中单击“属性”命令，也可以在“网络和共享中心”页面看到“无线网络连接”，如图 3－14 所示。或者单击“网络和共享中心”页面左侧的“更改适配器配置”查看网络连接，也可以在“网络连接”页面看到“无线网络连接”，如图 3－15 所示。

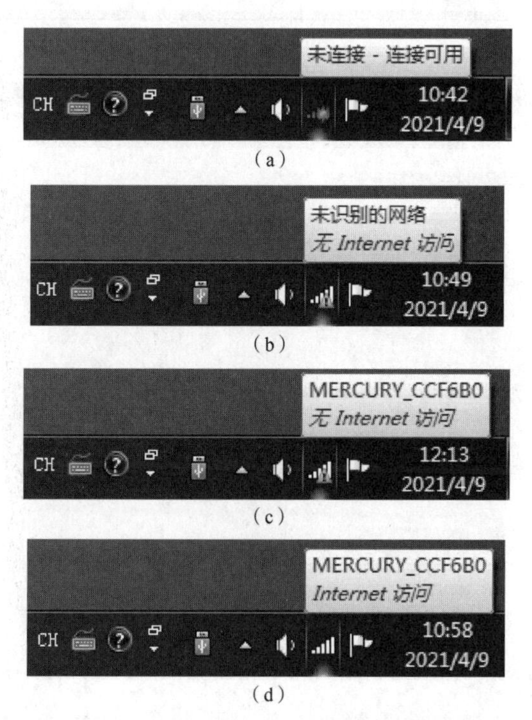

图 3－20　PC 状态栏上的无线网络连接状态图

（a）未连接；（b）未识别的网络；（c）配置好网络参数但无 Internet 访问；（d）配置好网络参数且联入 Internet

图 3-21 从状态栏上无线网络连接图标右键菜单选择“打开网络和共享中心”

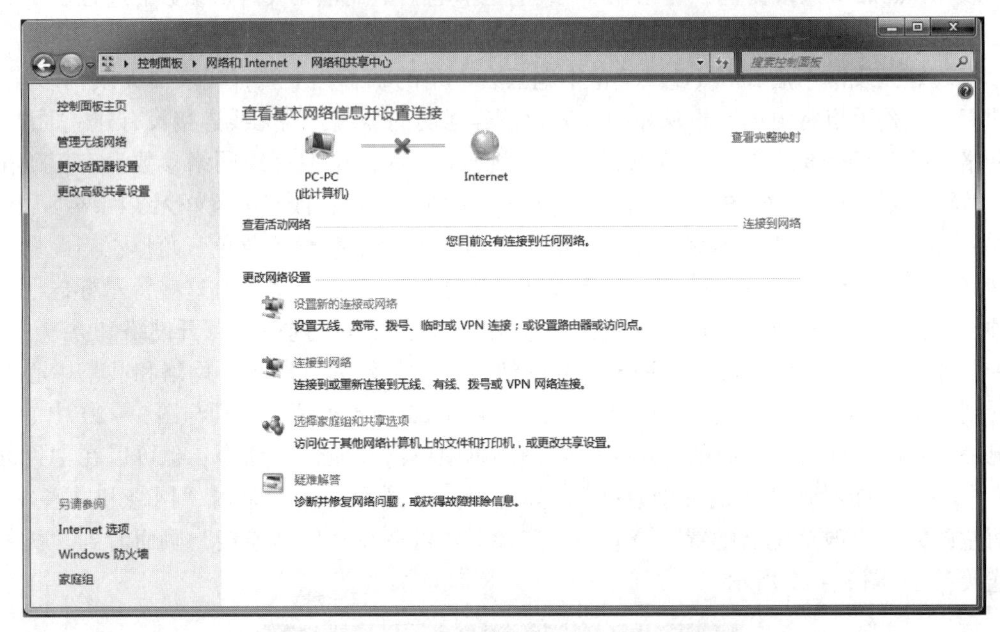

(a)

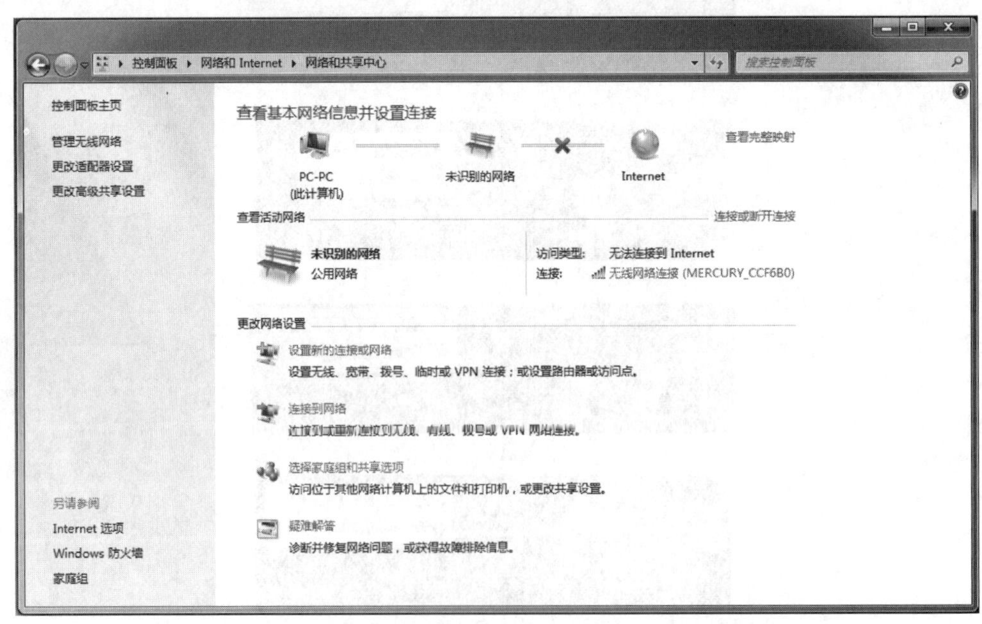

(b)

图 3-22 网络和共享中心的无线网络连接状态图

(a) 未连接；(b) 未识别的网络

（c）

（d）

图3-22　网络和共享中心的无线网络连接状态图（续）

（c）配置好网络参数但无 Internet 访问；（d）配置好网络参数且联入 Internet

2）连接到网络

无线网卡连接到网络，相当于有线网卡连好网线。无线网卡处于第1种情况未连接状态时，就像有线网卡没连好网线。

这时，在图3-22（a）所示的“网络和共享中心”对话框，单击“更改网络设置”下面的“连接到网络”选项，或者在图3-15所示的“网络连接”页面中的“无线网络连接”右键菜单中单击“连接”命令，然后在可搜索到的无线连接列表中选择可用的无线网络，单击“连接”按钮，如图3-23所示。然后，输入正确的网络“安全密钥”，单击“确定”按钮，如图3-24所示。开始连接到网络，如图3-25所示。稍后，无线网络连接状态就会分几种情况：一是如果没有正确配置无线网卡的网络参数，无线网络连接就从未连接状态变为未识别网络；二是如果无线网卡的参数配置都使用自动获取，如图3-18所示，无线网络连接就从未连接状态变为图3-22（c）或图3-22（d）所示的状态；三是如果按照表3-1正确配置无线网卡的网络参数，无线网络连接也会从未连接状态变为图3-22（c）或图3-22（d）所示的状态。

图3-23　无线网络列表

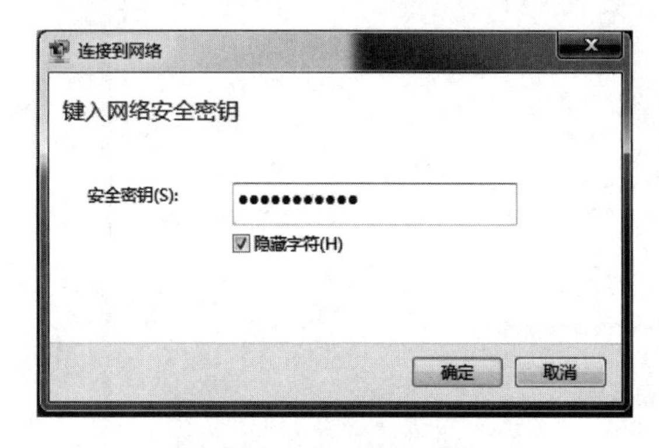

图3-24　输入网络安全密钥

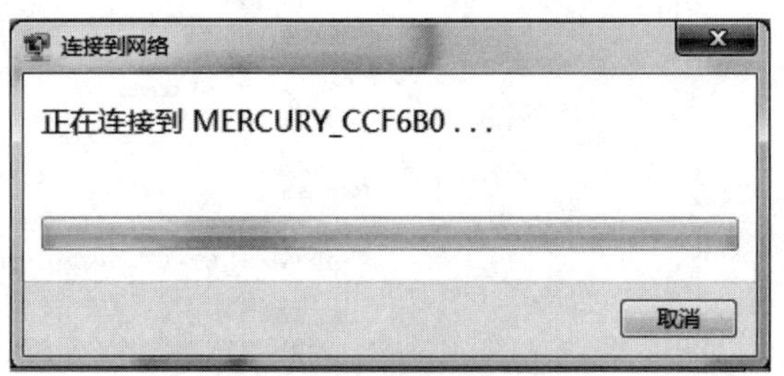

图3-25　连接到网络

3）找到“无线网络连接”的“属性”页面

无线网卡的参数配置与有线网卡的参数配置基本相同。单击“无线网络连接”就可以看到“无线网络连接 状态”对话框，如图3-26所示。在该对话框单击“属性”按钮就可以看到“无线网络连接 属性”对话框，如图3-27所示。

4）打开“Internet 协议版本4（TCP/IPv4）属性”对话框

在“无线网络连接 属性”对话框的“此连接使用下列项目”列表框里选择“Internet 协议版本4（TCP/IPv4）”，再单击该框下面的“属性”按钮，弹出图3-18所示对话框。

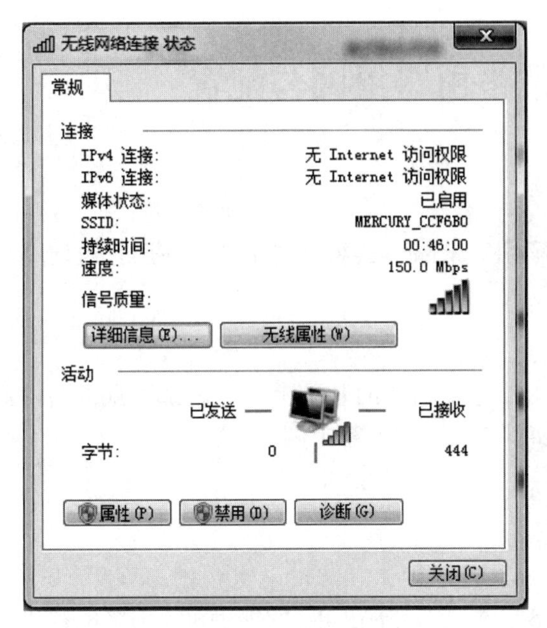

图 3-26　“无线网络连接 状态”对话框

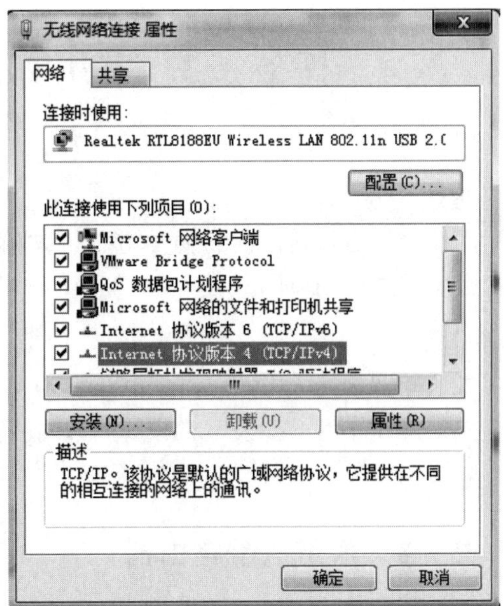

图 3-27　“无线网络连接 属性”对话框

5）配置无线网卡的网络参数

在“Internet 协议（TCP/IP）属性”对话框，和有线网卡的“本地连接”网络属性配置一样，配置 IP 地址、子网掩码、默认网关和 DNS 服务器地址等网络参数，如图 3-19 所示。

6）连接无线网络和配置好无线网卡的网络参数

这两个步骤顺序上可以互换。可以先配置好无线网卡的网络参数，然后在图 3-15 所示的“网络连接”页面中“无线网络连接”的右键菜单中单击“连接”命令，然后在无线网络列表中选择可使用的无线网络，单击“连接”，并输入正确的密钥，就可以上网了。使用过的无线网络会保存起来，在下次开机时，计算机会自动连接已保存的可用的无线网络。

任务总结

本任务通过对网卡的认知，了解网卡的作用和工作原理，并掌握有线网卡的网络参数配置，以及无线网卡的网络参数配置。

任务评价

任务自我评价见表 3-3。

表 3-3　自我评价表

知识和技能点	掌握程度
网卡	完全掌握　基本掌握　有些不懂　完全不懂
有线网卡参数配置	完全掌握　基本掌握　有些不懂　完全不懂
无线网卡参数配置	完全掌握　基本掌握　有些不懂　完全不懂
建立无线网络连接	完全掌握　基本掌握　有些不懂　完全不懂

任务3.3 家用宽带路由器组网与配置

任务描述

了解家用宽带路由器的主要功能，掌握家用宽带路由器组网与配置，并用它组建小型的办公室、家庭局域网。

任务分析

在认知宽带接入方式、了解家用宽带路由器主要功能的基础上，通过家用宽带路由器的配置，组建小型的办公室、家庭局域网，实现多台终端共享上网。

知识准备

3.3.1 家用宽带路由器

现在很多家庭有多台计算机（台式机或笔记本），另外iPad、智能手机、网络电视机顶盒等也有上网需求，与家庭这种网络需求和网络规模类似的场合还有多人共用的办公室等。在家庭或办公室需要联网的计算机或其他数据终端设备数量一般较少，因此，组建家庭或办公室网络使用家用宽带路由器，一般选4口或8口的就够用了。

1. 家用宽带路由器

宽带路由器是近年来新兴的一种网络产品，它伴随着宽带上网业务的普及应运而生。宽带路由器在一个紧凑的盒子中集成了路由器、防火墙、带宽控制和管理等功能，具备快速转发能力，宽带路由器具有灵活的网络管理和丰富的网络状态等特点。

多数宽带路由器针对中国宽带应用优化设计，可满足不同的网络流量环境，具备满足良好的电网适应性和网络兼容性。多数宽带路由器采用高度集成设计，集成10/100 Mb/s宽带以太网WAN接口，并内置多口10/100 Mb/s自适应交换机，方便多台机器连接内部网络与Internet。

无线宽带路由器则将有线宽带路由器跟无线接入点（AP）集成在一起，可以方便实现计算机或其他数据终端的无线接入。有线宽带路由器和无线宽带路由器如图3－28和图3－29所示。

图3－28 有线宽带路由器

图3－29 无线宽带路由器

家用宽带路由器一般是低价的宽带路由器，其性能已基本能满足像家庭、办公室、学校宿舍等应用环境的需求，成为家庭、办公室和学校宿舍用户的组网首选产品之一。

2. 家用宽带路由器的主要功能

家用宽带路由器常见的功能有以下几种。

（1）MAC 地址映射功能。

宽带运营商或单位网管将 MAC 地址和用户的 ID、IP 地址等捆绑在一起，以此进行用户上网认证。带有 MAC 地址功能的宽带路由器可将网卡上的 MAC 地址写入，让服务器通过接入时的 MAC 地址验证，以获取宽带接入认证。

（2）网络地址转换功能。

网络地址转换（Network Address Translation，NAT）功能将局域网内分配给每台 PC 的 IP 地址转换成合法注册的 Internet 实际 IP 地址，从而使内部网络的每台 PC 可直接与 Internet 上的其他主机进行通信。

（3）动态主机配置协议。

动态主机配置协议（Dynamic Host Configuration Protocol，DHCP）能自动将 IP 地址分配给登录到 TCP/IP 网络的客户工作站。它提供安全、可靠、简单的网络设置，避免地址冲突。这对于家庭用户来说非常重要。

（4）防火墙功能。

防火墙可以对流经它的网络数据进行扫描，从而过滤掉一些攻击信息。防火墙还可以关闭不使用的端口，从而防止黑客攻击。而且它还能禁止特定端口流出信息，禁止来自特殊站点的访问。

（5）虚拟专用网。

虚拟专用网（Virtual Private Network，VPN）能利用 Internet 公用网络建立一个拥有自主权的私有网络，一个安全的 VPN 包括隧道、加密、认证、访问控制和审核技术。对于企业用户来说，这一功能非常重要，不仅可以节约开支，而且能保证企业信息安全。

（6）DMZ 功能。

DMZ 是英文 demilitarized zone 的缩写，中文名称为“隔离区”，也称“非军事化区”。DMZ 的主要作用是减少为不信任客户提供服务而引发的危险。DMZ 能将公众主机和局域网络设施分离开来。大部分宽带路由器只可选择单台 PC 开启 DMZ 功能，也有一些功能较为齐全的宽带路由器可以设置多台 PC 提供 DMZ 功能。

（7）DDNS 功能。

DDNS 是动态域名服务，能将用户的动态 IP 地址映射到一个固定的域名解析服务器上，使 IP 地址与固定域名绑定，完成域名解析任务。DDNS 可以帮你构建虚拟主机，以自己的域名发布信息。

任务实施

3.3.2 登录家用宽带路由器

使用组网，需要先登录家用宽带路由器进行相应的配置。下面介绍登录家用宽带路由器的步骤。

（1）先看家用宽带路由器的背面标签上注明的家用宽带路由器的 LAN 口地址、用户名和密码，一般默认的 LAN 口地址为 192.168.1.1，默认的用户名和密码都是 admin。忘记密码时，可以按家用宽带路由器上的 reset 键恢复出厂设置。

（2）用网线将配置用的 PC 和家用宽带路由器的 LAN 口连接好。

（3）然后设置 PC 的网络属性参数，将其配置到以家用宽带路由器的 LAN 口为网关的网络中，比如 PC 的 IP 地址设为 192.168.1.2，子网掩码为 255.255.255.0，网关为 192.168.1.1。

（4）在浏览器的地址栏输入家用宽带路由器的 LAN 口地址，然后在弹出的登录框中输入默认的用户名和密码，如图 3－30 所示。

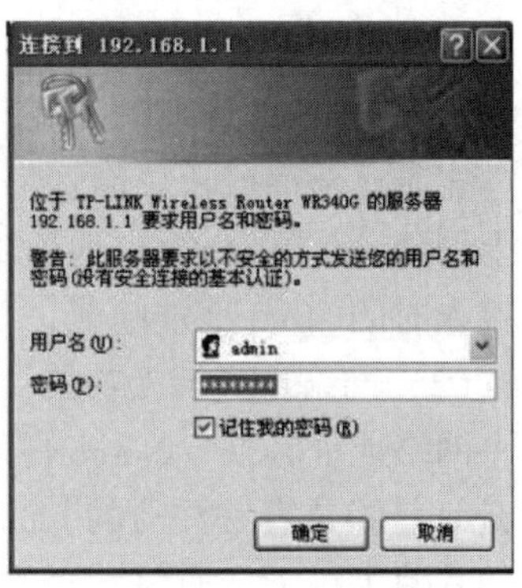

图 3－30　家用宽带路由器的登录界面

这样就可以登录到家用宽带路由器的 Web 管理界面，如图 3－31 所示。注意，不同产品型号的家用宽带路由器其 Web 管理界面也不尽相同。

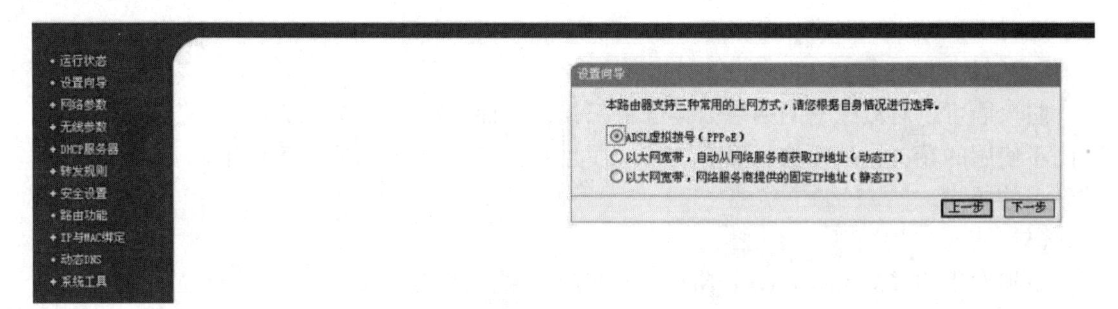

图 3－31　家用宽带路由器的 Web 管理界面

3.3.3　配置 PPPoE

当申请了 ADSL/FTTH 宽带业务，会得到一套 ADSL/FTTH 拨号接入的账号和口令。如果不使用家用宽带路由器，只有一台 PC 上网的话，通过在 PC 的网上邻居里按照新建连接向导建立宽带连接即可。但是如果有多台 PC（或 PAD、智能手机等）要共享 ADSL/FTTH 的时候，一般就要用到家用宽带路由器。需要在家用宽带路由器中进行设置，由它来自动完成 ADSL/FTTH 连接的建立（断线后还可以自动重新连接），并在各共享 ADSL/FTTH 上网的终端的网络属性设置中将其配置到以家用宽带路由器的 LAN 口为网关的网络中即可。

由于不同的产品界面存在差异，下面只将主要配置步骤介绍如下。

（1）在图 3－31 中选中“ADSL 虚拟拨号（PPPoE）”，单击“下一步”按钮。

（2）接下来按照设置向导填写 ADSL/FTTH 拨号接入的账号和口令，单击“下一步”按钮就可以一步步完成 ADSL/FTTH 共享配置。注意最后要单击“保存”按钮，如图 3－32 所示。

3.3.4　配置以太网共享

当使用 LAN 上网时分为两种情况：一是自动获取 IP 地址（动态）；二是分配固定的 IP

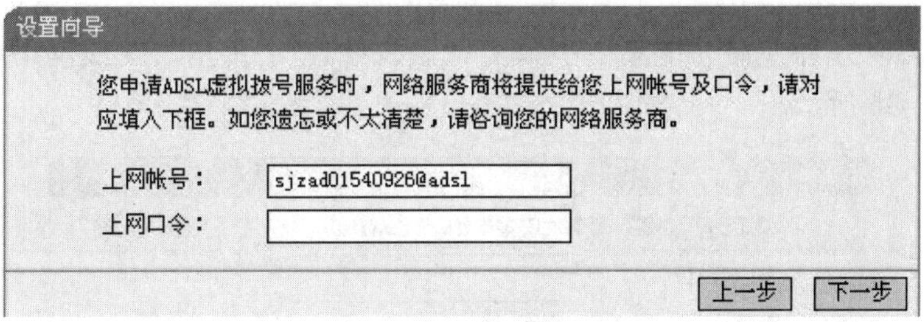

设置向导

您申请ADSL虚拟拨号服务时，网络服务商将提供给您上网帐号及口令，请对应填入下框。如您遗忘或不太清楚，请咨询您的网络服务商。

上网帐号：sjzad01540926@adsl

上网口令：

上一步　下一步

图3-32　PPPoE设置向导页面

地址（静态IP）。如果不使用家用宽带路由器，只有一台PC上网的话，根据动态或静态IP地址配置这台PC的网络属性参数即可。如果有多台PC（或PAD、智能手机等）要共享以太网时，一般也要用到家用宽带路由器。需要在家用宽带路由器中进行设置，实现与以太网的连接，并在各共享以太网的终端网络属性设置中将其配置到以家用宽带路由器的LAN口为网关的网络中即可。

主要配置步骤如下。

（1）动态IP地址。

在图3-31中选中“以太网宽带，自动从网络服务商获取IP地址（动态IP）”，单击“下一步”按钮就可以完成以太网共享配置。

（2）静态IP地址。

首先，在图3-31中选择“以太网宽带，网络服务商提供的固定IP地址（静态IP）”，单击“下一步”按钮。

接下来按照设置向导填写网络属性参数，如IP地址、子网掩码、默认网关和DNS服务器地址等，然后单击“下一步”按钮就可以完成以太网共享配置，如图3-33所示。

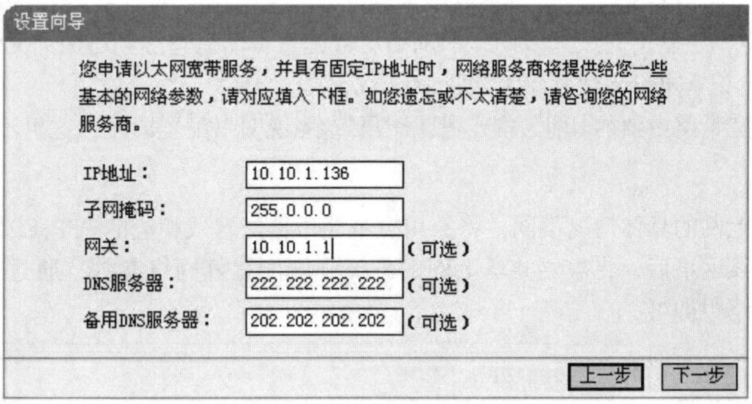

设置向导

您申请以太网宽带服务，并具有固定IP地址时，网络服务商将提供给您一些基本的网络参数，请对应填入下框。如您遗忘或不太清楚，请咨询您的网络服务商。

IP地址：10.10.1.136

子网掩码：255.0.0.0

网关：10.10.1.1（可选）

DNS服务器：222.222.222.222（可选）

备用DNS服务器：202.202.202.202（可选）

上一步　下一步

图3-33　静态IP以太网共享设置向导界面

3.3.5　配置WiFi

在有线家用宽带路由器配置好后，通过它的LAN口用网线连接上网的终端即可。如果要实现无线连接，需要在无线家用宽带路由器中建立无线网络，并在各共享WiFi上网的终端上搜索到该无线网络，然后建立连接即可。

无线家用宽带路由器中建立无线网络的主要配置步骤如下。

（1）在图3－31中左侧功能菜单中单击“无线参数”，弹出“无线网络基本设置”对话框，如图3－34所示。

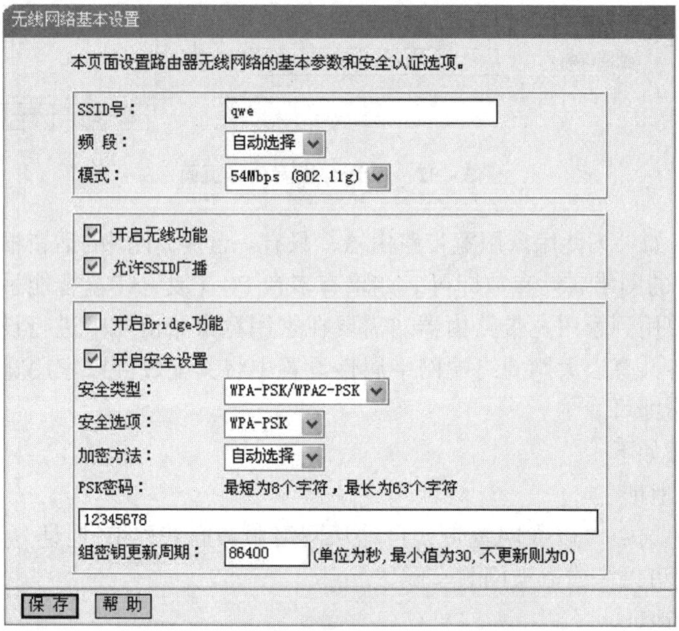

图3－34 “无线网络基本设置”对话框

（2）接下来在“无线网络基本设置”对话框输入无线网络的基本参数和安全认证选项，如SSID号、频段和模式等基本参数，以及安全类型、安全选项、加密方法和密码等安全认证选项。然后单击“保存”按钮就可以完成WiFi配置。

在家用宽带路由器配置好PPPoE或以太网共享，建立并开启无线网络后，按照前面讲的在PC或笔记本电脑上完成无线网卡的网络参数配置，然后连接到可用的无线网络，就可以实现PC或笔记本电脑无线共享上网了。

对于家用宽带路由器的其他功能，根据需要参照说明书配置即可，这里不多做介绍了。

任务总结

根据共享上网的具体情况不同，将家用宽带路由器配置成相应的PPPoE或以太网共享，建立并开启无线网络后，将需要共享上网的各类终端配置好网络参数，通过有线或无线的方式连接到网络中即可。

任务评价

任务自我评价见表3－4。

表3－4 自我评价表

知识和技能点	掌握程度
家用宽带路由器的功能	完全掌握　基本掌握　有些不懂　完全不懂
登录家用宽带路由器	完全掌握　基本掌握　有些不懂　完全不懂

续表

知识和技能点	掌握程度
FTTH 宽带共享设置	完全掌握　基本掌握　有些不懂　完全不懂
以太网共享设置	完全掌握　基本掌握　有些不懂　完全不懂
WiFi 设置	完全掌握　基本掌握　有些不懂　完全不懂

任务3.4　使用DOS命令行的命令进行网络维护管理

任务描述

了解DOS命令行，掌握常用的网络命令，如ipconfig/all、ping、tracert、netstat和arp -a等。

任务分析

通过了解DOS命令行，练习使用常用的网络命令查看网络信息及状态、检查网络故障。

知识准备

3.4.1　DOS命令行界面

在网络维护管理时，常常用到一些DOS命令行的命令，如ping、ipconfig/all、tracert、netstat和arp -a等。

通常使用的是Windows环境下的DOS命令行。

首先，单击“开始”菜单，选择“运行”。快捷键为“WIN徽标键+R”。然后输入CMD命令符并按回车键，就打开DOS命令行界面，如图3-35所示。

图3-35　DOS命令行界面

在命令行的提示符“>”后面输入网络命令即可。

3.4.2　常用的网络命令简介

1. ipconfig

ipconfig命令用来显示本机当前的TCP/IP配置信息。这些信息一般用来验证TCP/IP设置是否正确。如果计算机和所在的局域网使用了动态主机配置协议（DHCP），这个程序所显示的信息也许更加实用。这时，ipconfig 可以让我们了解自己的计算机是否成功地租用到一个 IP 地址，如果租用到则可以了解它目前分配到的是什么地址。了解计算机当前的 IP 地址、子网掩码和默认网关实际上是进行测试和故障分析的必要前提。

2. ping

1）ping 命令的功能

ping 是个使用频率极高的实用程序，用于确定本地主机是否能与另一台主机交换（发送与接收）数据报。根据返回的信息，就可以推断 TCP/IP 参数是否设置正确以及运行是否正常。需要注意的是，成功地与另一台主机进行一次或两次数据报交换并不表示 TCP/IP 配置就是正确的，必须执行大量的本地主机与远程主机的数据报交换，才能确信 TCP/IP 的正确性。

简单地说，ping 就是一个测试程序，如果 ping 运行正确，大体上就可以排除网络访问层、网卡、MODEM 的输入输出线路、电缆和路由器等存在的故障，从而减小问题的范围。但由于可以自定义所发数据报的大小及无休止的高速发送，ping 也被某些别有用心的人作为 DDOS（拒绝服务攻击）的工具，如许多大型网站就是被黑客利用数百台可以高速接入互联网的计算机连续发送大量 ping 数据报而瘫痪的。

按照默认设置，Windows 上运行的 ping 命令发送 4 个 ICMP（网间控制报文协议）回送请求，每个 32 B 数据，如果一切正常，应能得到 4 个回送应答。ping 能够以毫秒为单位显示发送回送请求到返回回送应答之间的时间量。如果应答时间短，表示数据报不必通过太多的路由器或网络连接速度比较快。ping 还能显示 TTL（Time To Live，存在时间）值，可以通过 TTL 值推算数据包已经通过了多少个路由器：源地点 TTL 起始值（就是比返回 TTL 略大的一个 2 的整数幂），返回时 TTL 值。例如，返回 TTL 值为 119，那么可以推算数据报离开源地址的 TTL 起始值为 128，而源地点到目标地点要通过 9 个路由器网段（128－119）；如果返回 TTL 值为 246，TTL 起始值就是 256，源地点到目标地点要通过 10 个路由器网段。

2）ping 命令检测网络故障的典型次序

正常情况下，使用 ping 命令来查找问题所在或检验网络运行情况时，需要使用许多 ping 命令，如果所有都运行正确，就可以相信基本的连通性和配置参数没有问题；如果某些 ping 命令出现运行故障，它也可以指明到何处去查找问题。下面就给出一个典型的检测次序及对应的可能故障。

（1）ping 127.0.0.1。

这个 ping 命令被送到本机的 IP 软件，该命令永不退出该计算机。如果没有做到这一点，就表示 TCP/IP 的安装或运行存在某些最基本的问题。

（2）ping localhost。

localhost 是个作系统的网络保留名，是 127.0.0.1 的别名，每台计算机都应该能够将该名字转换成对应地址。如果没有做到这一点，则表示主机文件（/Windows/host）中存在问题。

（3）ping 本机 IP。

这个命令被送到本机所配置的 IP 地址，本机始终都应该对该 ping 命令作出应答，如果没有，则表示本地配置或安装存在问题。出现此问题时，局域网用户应断开网络电缆，然

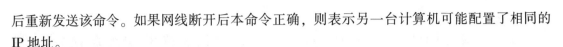

后重新发送该命令。如果网线断开后本命令正确，则表示另一台计算机可能配置了相同的 IP 地址。

（4）ping 局域网内其他 IP。

这个命令应该离开本机，经过网卡及网络电缆到达其他计算机，再返回。收到回送应答表明本地网络中的网卡和载体运行正确。但如果收到 0 个回送应答，则表示子网掩码（进行子网分割时，将 IP 地址的网络部分与主机部分分开的代码）不正确或网卡配置错误或电缆系统有问题。

（5）ping 网关 IP。

这个命令如果应答正确，表示局域网中的网关路由器正在运行并能够作出应答。

（6）ping 远程 IP。

如果收到 4 个应答，表示成功地使用了默认网关。对于拨号上网用户则表示能够成功地访问 Internet（但不排除 ISP 的 DNS 会有问题）。

（7）ping www. xxx. com（ping 远程域名）。

对这个域名执行 ping www. xxx. com，如 ping www. yesky. com。通常是通过 DNS 服务器，如果这里出现故障，则表示 DNS 服务器的 IP 地址配置不正确或 DNS 服务器有故障（对于拨号上网用户，某些 ISP 已经不需要设置 DNS 服务器了）。顺便说一句，利用该命令可以实现域名对 IP 地址的转换功能。

如果上面所列出的所有 ping 命令都能正常运行，那么对本机进行本地和远程通信的功能基本上就可以放心了。但是，这些命令的成功并不表示所有的网络配置都没有问题，如某些子网掩码错误就可能无法用这些方法检测到。

3. netstat

netstat 用于显示与 IP、TCP、UDP 和 ICMP 协议相关的统计数据，一般用于检验本机各端口的网络连接情况。

如果本机有时接收到的数据报会导致出错数据删除或故障，不必感到奇怪，TCP/IP 允许这些类型的错误，并能够自动重发数据报。但如果累计的出错情况数目占到所接收的 IP 数据报相当大的比例，或者它的数目正迅速增加，就应该使用 netstat 检查为什么会出现这些情况了。

4. arp

ARP 是一个重要的 TCP/IP 协议，并且用于确定对应 IP 地址的网卡物理地址。使用 arp 命令，能够查看本机或另一台计算机的 arp 高速缓存中的当前内容。此外，使用 arp 命令，也可以用人工方式输入静态的网卡物理/IP 地址对，如果使用这种方式为默认网关和本地服务器等常用主机进行这项操作，有助于减少网络上的信息量。

按照默认设置，arp 高速缓存中的项目是动态的，每当发送一个指定地点的数据报且高速缓存中不存在当前项目时，arp 便会自动添加该项目。一旦高速缓存的项目被输入，它们就已经开始走向失效状态。例如，在 Windows NT/2000 网络中，如果输入项目后不进一步使用，物理/IP 地址对就会在 2 ~ 10 min 内失效。因此，如果 arp 高速缓存中项目很少或根本没有时，也不要奇怪，通过另一台计算机或路由器的 ping 命令即可添加。所以，需要通过 arp 命令查看高速缓存中的内容时，最好先 ping 此台计算机（不能是本机发送 ping 命令）。

5. tracert

如果有网络连通性问题，可以使用 tracert 命令来检查到达的目标 IP 地址的路径并记录结果。tracert 命令显示用于将数据包从计算机传递到目标位置的一组 IP 路由器，以及每个跃点所需的时间。如果数据包不能传递到目标，tracert 命令将显示成功转发数据包的最后一个路由器。当数据包从本机经过多个网关传送到目的地时，tracert 命令可以用来跟踪数据包使用的路由（路径）。该实用程序跟踪的路径是源计算机到目的地的一条路径，不能保证或认为数据包总遵循这个路径。如果本机的配置使用 DNS，那么常常会从所产生的应答中得到城市、地址和常见通信公司的名字。tracert 是一个运行比较慢的命令（如果指定的目标地址比较远），每个路由器大约需要给它 15 s。

tracert 的使用很简单，只需要在 tracert 后面跟一个 IP 地址或 URL，tracert 会进行相应的域名转换。

总之，可以用 ipconfig 和 ping 命令来查看自己的网络配置并判断是否正确；可以用 netstat 命令查看别人与本机所建立的连接并找出 ICQ 使用者所隐藏的 IP 信息；可以用 arp 查看网卡的 MAC 地址；可以用 tracert 命令追踪本机到指定网址经过哪些路由器。

任务实施

3.4.3 使用 DOS 命令行的命令进行网络维护管理

1. ipconfig

使用 ipconfig 命令显示本机当前的 TCP/IP 配置信息。验证 TCP/IP 设置是否正确。

ipconfig 命令常用参数选项如下。

（1）ipconfig。

当使用 ipconfig 时不带任何参数选项，那么它为每个已经配置了的接口显示 IP 地址、子网掩码和默认网关值，如图 3－36 所示。

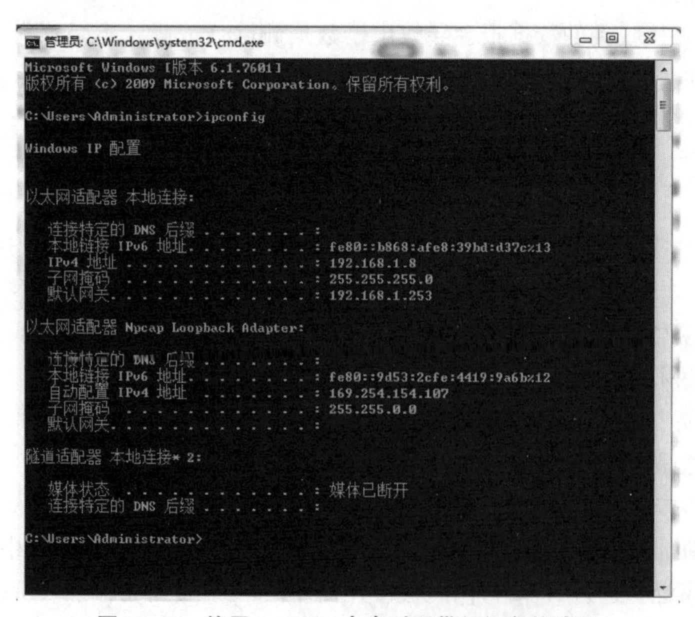

图 3－36 使用 ipconfig 命令时不带任何参数选项

（2）ipconfig/all。

当使用 all 选项时，ipconfig 能为 DNS 和 WINS 服务器显示它已配置且所要使用的附加信息（如 IP 地址等），并且显示内置于本地网卡中的物理地址（MAC）。如果 IP 地址是从 DHCP 服务器租用的，ipconfig 将显示 DHCP 服务器的 IP 地址和租用地址预计失效的日期，如图 3－37 所示。

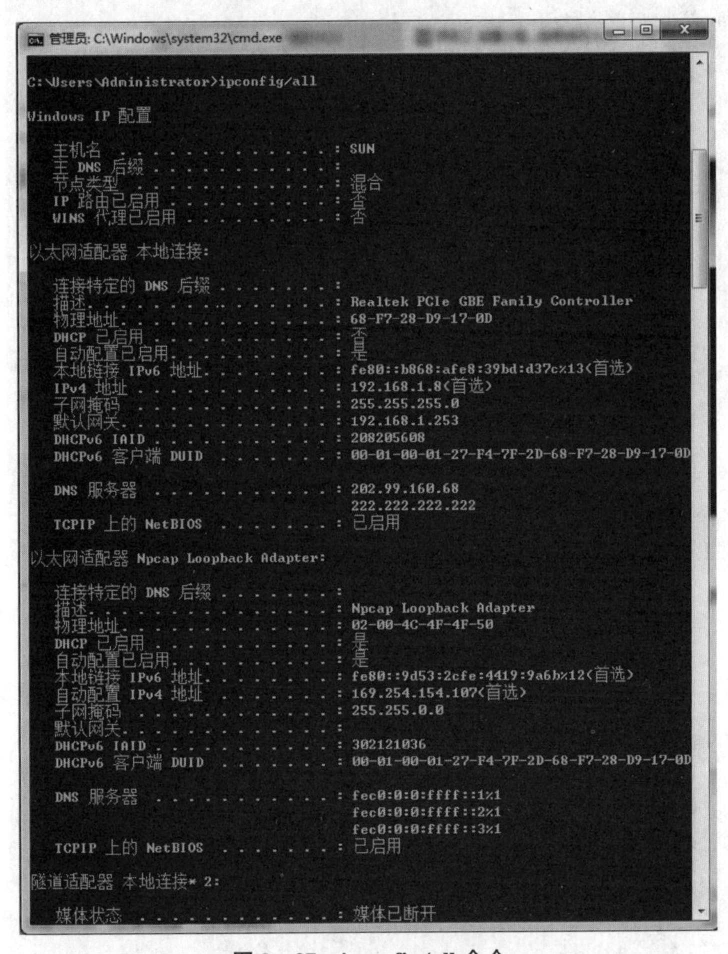

图 3－37　ipconfig/all 命令

（3）ipconfig/release 和 ipconfig/renew。

这是两个附加选项，只能在向 DHCP 服务器租用其 IP 地址的计算机上起作用。如果输入 ipconfig/release，那么所有接口的租用 IP 地址便重新交付给 DHCP 服务器（归还 IP 地址），如图 3－38 所示。如果输入 ipconfig /renew，那么本地计算机便设法与 DHCP 服务器取得联系，并租用一个 IP 地址。需注意，大多数情况下网卡将被重新赋予和以前所赋予的相同的 IP 地址，如图 3－39 所示。

2. ping

使用 ping 命令测试 TCP/IP 参数是否设置正确以及运行是否正常。如果有网络故障，按照由近及远的顺序用 ping 命令进行故障定位。

ping 命令的常用参数选项如下。

图 3－38　ipconfig/release 命令

```
管理员: C:\Windows\system32\cmd.exe
C:\Users\Administrator>ipconfig /renew

Windows IP 配置

续订接口 Npcap Loopback Adapter 时出错: 无法联系 DHCP 服务器。请求超时。
在释放接口 Loopback Pseudo-Interface 1 时出错: 系统找不到指定的文件。


以太网适配器 本地连接:

   连接特定的 DNS 后缀 . . . . . . . :
   本地链接 IPv6 地址. . . . . . . . : fe80::b868:afe8:39bd:d37c%13
   IPv4 地址 . . . . . . . . . . . . : 192.168.1.105
   子网掩码 . . . . . . . . . . . . : 255.255.255.0
   默认网关. . . . . . . . . . . . . : 192.168.1.253

以太网适配器 Npcap Loopback Adapter:

   连接特定的 DNS 后缀 . . . . . . . :
   本地链接 IPv6 地址. . . . . . . . : fe80::9d53:2cfe:4419:9a6b%12
   自动配置 IPv4 地址 . . . . . . . : 169.254.154.107
   子网掩码 . . . . . . . . . . . . : 255.255.0.0
   默认网关. . . . . . . . . . . . . :

隧道适配器 本地连接* 2:

   媒体状态 . . . . . . . . . . . . : 媒体已断开
   连接特定的 DNS 后缀 . . . . . . . :

C:\Users\Administrator>
```

图 3－39　ipconfig/renew 命令

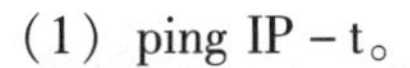

（1）ping IP -t。

连续对 IP 地址执行 ping 命令，直到被用户按 Ctrl + C 组合键中断，如图 3 -40 所示。

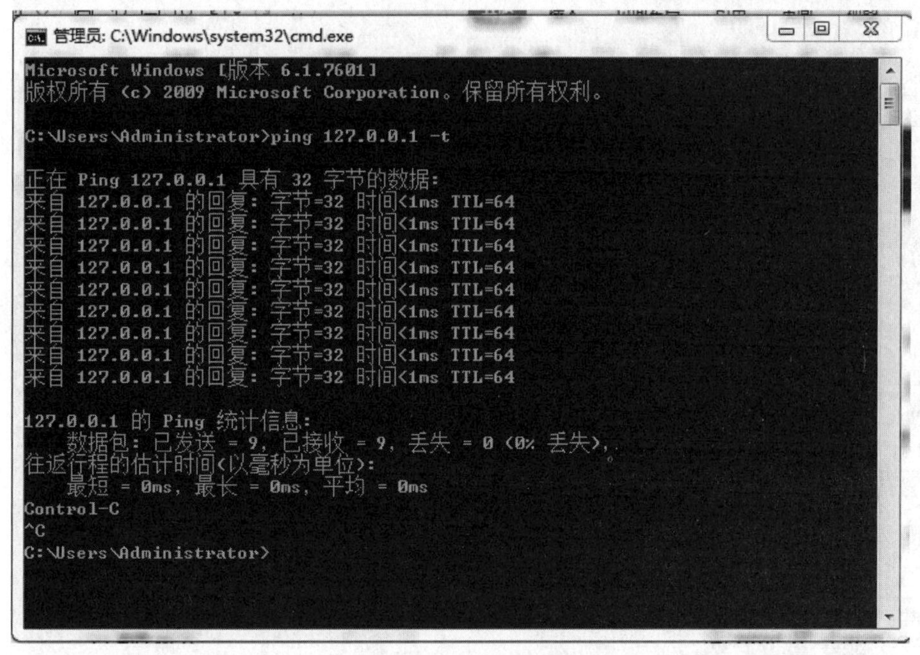

图 3 -40　ping 命令

（2）ping IP -l size。

指定 ping 命令中的数据长度，如果设 size 为 3 000 B，则 ping 命令中的默认长度为 3 000 B，而不是默认的 32 B。

（3）ping IP -n count。

执行特定次数的 ping 命令。

3. netstat

（1）使用 netstat 命令显示与 IP、TCP、UDP 和 ICMP 协议相关的统计数据，检验本机各端口的网络连接情况。

netstat 命令的常用参数选项如下。

①netstat。无参数，显示本机当前 TCP/IP 网络连接情况，如图 3 -41 所示。

②netstat -s。本选项能够按照各个协议分别显示其统计数据。如果应用程序（如 Web 浏览器）运行速度比较慢，或者不能显示 Web 页之类的数据，就可以用本选项来查看一下所显示的信息。需要仔细查看统计数据的各行，找到出错的关键字，进而确定问题所在。

③netstat -e。本选项用于显示关于以太网的统计数据。它列出的项目包括传送数据报的总字节数、错误数、删除数、数据报的数量和广播的数量。这些统计数据既有发送的数据报数量，也有接收的数据报数量。这个选项可以用来统计一些基本的网络流量。

④netstat -r。本选项可以显示关于路由表的信息，类似于使用 route print 命令时看到的信息。除了显示有效路由外，还显示当前有效的连接。

⑤netstat -a。本选项显示一个所有的有效连接信息列表，包括已建立的连接（ESTABLISHED），也包括监听连接请求（LISTENING）的那些连接。

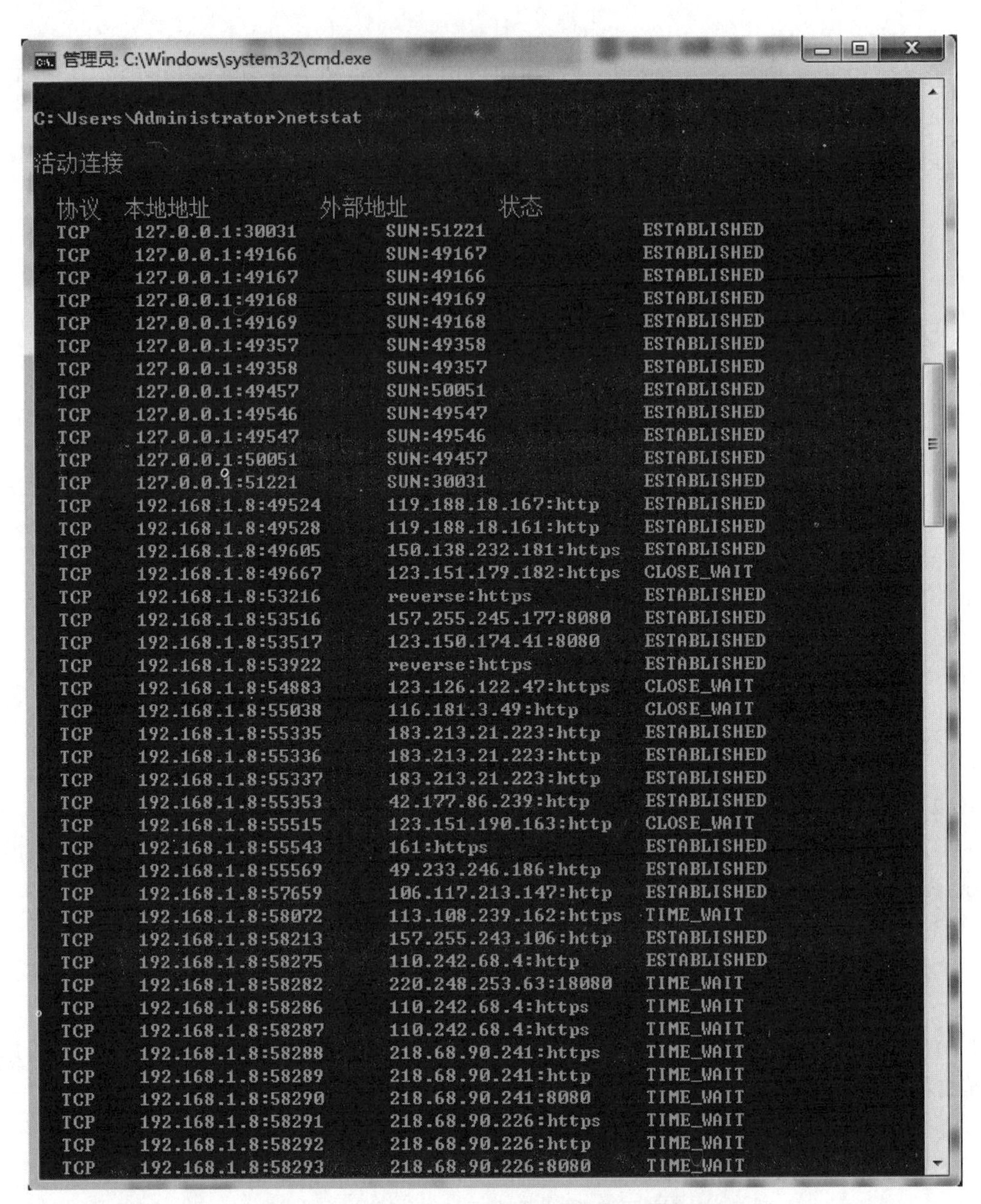

图 3-41　使用 netstat 命令时不带任何参数选项

⑥netstat -n。显示所有已建立的有效连接。

（2）使用 netstat 命令查看别人与本机所建立的连接并找出 ICQ 使用者所隐藏的 IP 信息。

经常上网的人一般都使用 QQ，不知道有没有被一些讨厌的人骚扰，想投诉却又不知从何下手？其实，只要知道对方的 IP，就可以向他所属的 ISP 投诉了。但怎样才能通过 QQ 知道对方的 IP 呢？如果对方在设置 QQ 时选择了不显示 IP 地址，是无法在信息栏中看到的。其实，只需要通过 netstat 就可以很方便地做到这一点：当他通过 QQ 或其他的工具与本机相连时（如本机给他发一条 QQ 信息或他给本机发一条信息），立刻在 DOS 命令提示符下输

入 netstat -n 或 netstat -a 就可以看到对方上网时所用的 IP 或 ISP 域名了，甚至连所用 Port 都完全暴露了。

4. arp

arp 常用命令选项如下。

（1）arp -a 或 arp -g。

用于查看高速缓存中的所有项目。-a 和 -g 参数的结果是一样的，多年来 -g 一直是 UNIX 平台上用来显示 arp 高速缓存中所有项目的选项，而 Windows 用的是 arp -a（-a 可被视为 all，即全部的意思），但它也可以接受比较传统的 -g 选项。运行 arp -a 命令的效果如图 3-42 所示。

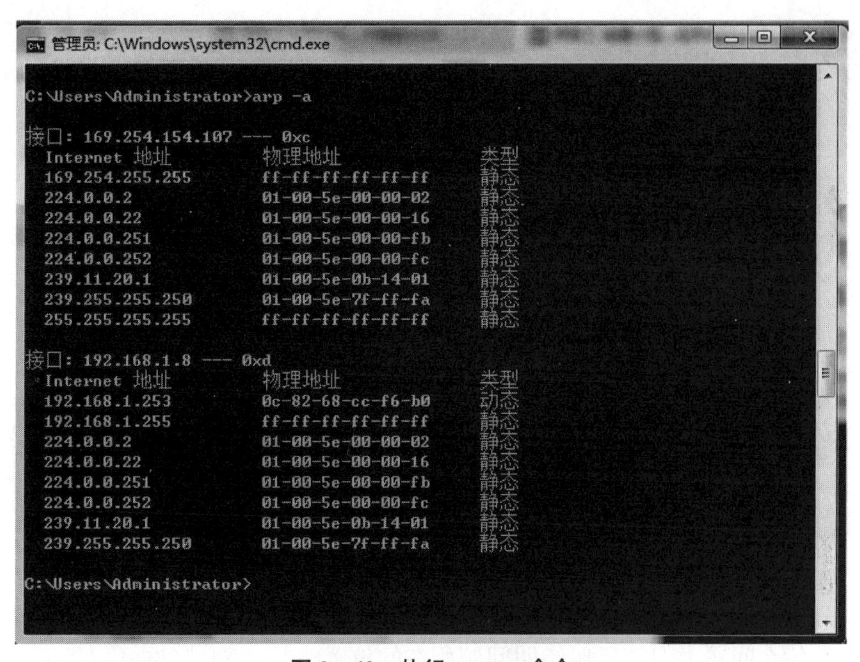

图 3-42　执行 arp -a 命令

（2）arp -a IP。

如果本机有多个网卡，那么使用 arp -a 加上接口的 IP 地址，就可以只显示与该接口相关的 arp 缓存项目。

（3）arp -s IP 。

可以向 arp 高速缓存中人工输入一个静态项目。该项目在计算机引导过程中将保持有效状态，或者在出现错误时，人工配置的物理地址将自动更新该项目。

（4）arp -d IP。

使用本命令能够人工删除一个静态项目。

例如，在命令提示符下，输入 arp -a；如果使用过 ping 命令测试并验证从这台计算机到 IP 地址为 10.0.0.99 的主机的连通性，则 arp 缓存显示以下项：

```
Interface:10.0.0.1 on interface 0x1
Internet Address          Physical Address         Type
10.0.0.99                 00 -e0 -98 -00 -7c        dcdynamic
```

在此例中，缓存项指出位于10.0.0.99的远程主机解析成00-e0-98-00-7c-dc的MAC地址，它是在远程计算机的网卡硬件中分配的。MAC地址是计算机用于确认网络上远程TCP/IP主机位置的物理地址。

5. tracert

使用tracert命令进行路由跟踪，追踪本机到指定网址经过哪些路由器。

tracert常用命令选项如下：

tracert [-d] IP，该命令返回到达IP地址所经过的路由器列表。通过使用-d选项，将更快地显示路由器路径，因为tracert不会尝试解析路径中路由器的名称。不使用-d选项的效果如图3-43所示，使用-d选项的效果如图3-44所示。

```
C:\Users\Administrator>tracert  8.8.8.8

通过最多 30 个跃点跟踪
到 dns.google [8.8.8.8] 的路由:

  1    <1 毫秒   <1 毫秒   <1 毫秒 192.168.1.253
  2     2 ms     1 ms     1 ms  202.207.124.129
  3     *        *        *     请求超时。
  4     *        *        *     请求超时。
  5     3 ms     3 ms     3 ms  222.223.188.33
  6     3 ms     3 ms     2 ms  27.129.5.193
  7    11 ms    10 ms    10 ms  27.129.1.37
  8    18 ms    19 ms    19 ms  202.97.80.125
  9     *        *        *     请求超时。
 10    26 ms    27 ms    27 ms  202.97.14.246
 11    45 ms    45 ms    45 ms  202.97.89.50
 12    59 ms    58 ms    60 ms  202.97.62.214
 13    45 ms    45 ms    46 ms  108.170.241.65
 14    49 ms    50 ms    50 ms  66.249.94.223
 15    53 ms    53 ms    54 ms  dns.google [8.8.8.8]

跟踪完成。

C:\Users\Administrator>
```

图3-43　执行tracert 8.8.8.8命令

tracert一般用来检测故障的位置，可以用tracert IP检查在哪个环节出了问题，虽然还是没有确定是什么问题，但它已经指明问题所在的位置。

```
C:\Users\Administrator>tracert -d 8.8.8.8

通过最多 30 个跃点跟踪到 8.8.8.8 的路由

  1    <1 毫秒   <1 毫秒   <1 毫秒 192.168.1.253
  2     1 ms     1 ms     1 ms  202.207.124.129
  3     *        *        *     请求超时。
  4     *        *        *     请求超时。
  5     3 ms     2 ms     2 ms  222.223.188.33
  6     4 ms     2 ms     1 ms  27.129.5.193
  7    10 ms    10 ms    12 ms  27.129.1.37
  8    19 ms    15 ms    15 ms  202.97.80.125
  9     *       17 ms    16 ms  202.97.34.158
 10    29 ms    27 ms    27 ms  202.97.14.246
 11    44 ms    44 ms    44 ms  202.97.89.50
 12    54 ms    51 ms    51 ms  202.97.62.214
 13    45 ms    45 ms    44 ms  108.170.241.65
 14    49 ms     *       49 ms  66.249.94.223
 15    55 ms    55 ms    55 ms  8.8.8.8

跟踪完成。

C:\Users\Administrator>
```

图3-44　执行tracert -d 8.8.8.8命令

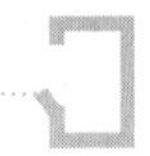

任务总结

通过认知 DOS 命令行，以及熟悉使用常用的网络命令，可以查看网络信息及状态、检查网络故障。

任务评价

任务自我评价见表 3 –5。

表 3 –5　自我评价表

知识和技能点	掌握程度
DOS 命令行	完全掌握　基本掌握　有些不懂　完全不懂
ipconfig	完全掌握　基本掌握　有些不懂　完全不懂
ping	完全掌握　基本掌握　有些不懂　完全不懂
netstat	完全掌握　基本掌握　有些不懂　完全不懂
arp	完全掌握　基本掌握　有些不懂　完全不懂
tracert	完全掌握　基本掌握　有些不懂　完全不懂

项目小结：

通过教师的指导、学生的体验以及学生的自主设计，完成了本项目 3 个层次的目标，即：“懂”网线、网卡和家用宽带路由器的基础知识；“会”制作网线；并能够根据需求组“建”小型网络，为下一个项目的顺利开展奠定了良好基础。通过本项目，培养了学生自主学习能力、动手操作能力和团队合作精神。希望学生能够学以致用，将所学内容与实际生活紧密结合起来，并能够做到活学活用、举一反三。

项目评价

项目自我评价见表 3 –6。

表 3 –6　自我评价表

任务	掌握程度
网线制作	完全掌握　基本掌握　有些不懂　完全不懂
网卡的安装与配置	完全掌握　基本掌握　有些不懂　完全不懂
家用带宽路由器组网与配置	完全掌握　基本掌握　有些不懂　完全不懂
常用的网络命令	完全掌握　基本掌握　有些不懂　完全不懂

练习与思考

1. 单项选择题

（1）局域网中网卡靠以下（　　）地址来识别主机。

A. URL 地址　　　B. 域名地址　　　C. IP 地址　　　D. MAC 地址

(2) https://map. baidu. com/中，域名是（　　）。

A. https://map. baidu. com　　B. map. baidu. com

C. baidu. com　　D. baidu

(3) 传统以太网中的主机按照什么协议共享传输介质（　　）。

A. TCP　　B. UDP　　C. CSMA/CD　　D. CSMA/CA

(4) CSMA/CD 协议的工作流程可以总结为（　　）。

A. 抢到即发，边收边发，冲突回退，候时重发

B. 抢到即发，边收边发，预测冲突，避免重发

C. 先听后发，边听边发，预测冲突，避免重发

D. 先听后发，边听边发，冲突回退，候时重发

(5) 与 RJ45 接口相连的网线是有（　　）芯的双绞线。

A. 2　　B. 4　　C. 6　　D. 8

(6) 家用路由器中的 NAT 功能是指（　　）。

A. 将 PC 的 MAC 地址写入路由器

B. 将局域网内 PC 的 IP 地址转换成合法的 Internet 地址

C. 利用 Internet 公用网一个私有网络

D. 将用户的动态 IP 地址映射到一个固定的域名上

(7) 家用宽带路由器的 DHCP 功能是指（　　）。

A. 路由器自动将 IP 分配给网络中的主机

B. 将 PC 的 MAC 地址写入路由器

C. 利用 Internet 公用网一个私有网络

D. 将用户的动态 IP 地址映射到一个固定的域名上

(8) 可以利用路由器的（　　）功能，以自己的域名发布信息。

A. 防火墙　　B. MAC 地址克隆　　C. DDNS　　D. VPN

(9) www. sjzpc. edu. cn 中，域名地址是（　　）部分。

A. www. sjzpc. edu. cn　　B. sjzpc. edu. cn

C. www. sjzpc. edu　　D. edu. cn

(10) 制作网线需要的制作工具是（　　）。

A. 网线　　B. RJ45 水晶头　　C. 网线钳　　D. 网线测线器

2. 判断题（下列句子正确的打“√”，错误的打“×”）

(1) 直通线可以用于 PC－交换机、交换机－路由器之间的通信。（　　）

(2) 交叉线可以用于交换机－交换机、交换机－路由器之间的通信。（　　）

(3) 制作网线时，线序的读法是将水晶头有卡子的一面向上，从左向右读。（　　）

(4) DMZ 是动态地址解析的意思。（　　）

(5) MAC 地址也叫物理地址。（　　）

(6) 最常用的网线是有屏蔽的五类线。（　　）

(7) ping 命令可以用来显示本机当前的 TCP/IP 配置信息。（　　）

(8) tracert 命令可以用来检查到达的目标 IP 地址的路径并记录结果。（　　）

3. 简答题

（1）网卡的作用有哪些？

（2）制作网线的工具和材料有哪些？

（3）写出网线制作标准 T568A 和 T568B 的线序。

（4）网线的制作步骤有哪些？

（5）家用宽带路由器的功能有哪些？

（6）如何在家用宽带路由器配置 PPPoE 宽带业务？

（7）如何在家用无线宽带路由器中配置 WiFi？

项目4

组建中小型企业网

项目描述：本项目学习目标是能够设计校园网、企业网等局域网并使用交换机组建局域网，实现中小型有线局域网、无线局域网的设计和组建。

项目分析：首先在对局域网概念、局域网标准认知基础上，进一步学习 2 层交换机的原理及配置，掌握 2 层交换机 VLAN 和 QinQ 配置；然后深入学习 3 层交换机的原理，使用 3 层交换机完成 VLAN 互通树配置；最后学习无线局域网设备 AC 和 AP，进而实现 WLAN 配置。

项目目标：

- 理解交换机的硬件结构及工作原理。
- 掌握交换机 VLAN、QinQ、STP 原理及配置。
- 掌握 3 层交换机实现 VLAN 互通数据配置的方法和步骤。
- 熟悉 WLAN 的原理及配置。

局域网是在 20 世纪 70 年代末逐步发展起来的，是小范围的计算机网络。目前局域网已经被广泛使用，一个学校或者企业大多拥有多个互联的局域网，这样的网络通常称为校园网或企业网。例如，校园中有多个机房，每个机房都是一个小型局域网，校园内不同的局域网互联组成了校园网。

局域网主要类型包括以太网（Ethernet）、令牌环（Token Ring）、令牌总线（Token Bus）和光纤分布式数据接口（Fiber Distributed Data Interface，FDDI）等，它们在拓扑结构、传输介质、传输速率、数据格式等多方面都有许多不同之处。经过多年的技术发展，以太网是当前应用最普遍的局域网技术，它很大程度上取代了其他局域网标准，也是目前发展最迅速、最经济的局域网。

以太网标准最早是指由 DEC、Intel 和 Xerox 三家公司组成的 DIX（DEC - Intel - Xerox）联盟开发，并于 1982 年发布的标准。经过长期的发展，以太网已成为应用最广泛的局域网，包括标准以太网（10 Mb/s）、快速以太网（100 Mb/s）、千兆以太网（1 000 Mb/s）和万兆以太网（10 Gb/s）等。

从以太网诞生到目前为止，成熟应用的以太网物理层标准主要有 10Base - T、10Base - F、100Base - T、1 000Base - F、10GBase - T、10GBase - F 等。在这些标准中，前面的 10、100、1 000、10 G 分别代表运行速率，中间的 Base 指传输的信号是基带方式，另一种传输方式是宽带传输 Broad（较少使用），最后的英文字符指传输介质，如 T 代表双绞线、F 代表光纤。

局域网一般指小规模的网络，包括 OSI 的物理层和数据链路层，组建局域网的设备主要是交换机。小型企业网络、中型企业网络由于规模不同，网络结构也有所不同，实际组网时，分别用到2层交换机和3层交换机。随着无线通信技术的发展，无线局域网WLAN也逐渐走向千家万户。下面分别介绍小型企业网（2层交换机组建）、中型企业网（3层交换机组建）和无线局域网的组建。

任务4.1　初识2层交换机

任务描述

2层交换机工作于OSI模型的数据链路层，组建小型企业网一般用到的设备是2层交换机。2层交换机实现局域网内部不同链路、不同端口设备的数据交换，就好比高校校园内的路口指示牌，可以指示校园内部不同道路数据流的转发，如果出了校园，这些指示牌将不再发挥作用。本任务介绍了2层交换机的接口、功能及工作原理，讲解了冲突域、广播域的概念及应用，实现了交换机模式切换、速率与双工模式、静态MAC地址表、管理IP和Telnet等交换机基本配置。

任务分析

本任务在认知2层交换机的硬件结构及工作原理的基础上，进一步介绍了交换机的端口类型、交换机的管理等内容，使用华为ENSP模拟器、华为交换机S5700，可实现交换机速率、双工模式、静态MAC地址表、管理IP和Telnet等交换机基本配置。

知识准备

4.1.1　2层接入交换机

2层交换机工作于OSI模型的数据链路层，故而称为2层交换机。2层交换机可以识别数据帧中的MAC地址信息，根据MAC地址进行转发，并将这些MAC地址与对应的端口记录在自己内部的一个地址表中。

2层网络交换机的功能结构

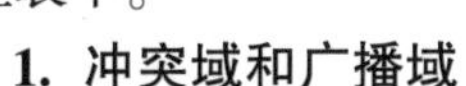

1. 冲突域和广播域

使用集线器组成的以太网物理上是星型网，逻辑上是总线网。集线器实物如图4-1所示，集线器所连接的各主机使用CSMA/CD协议共享逻辑上的总线，各主机位于同一个冲突域中。这种连接在同一传输介质上的所有节点的集合就是一个冲突域。冲突域内所有节点竞争同一带宽，一个节点发出的报文（无论是单播、多播还是广播）其余节点都可以收到。冲突域即共享总线各主机的集合，一个冲突域中某一时刻只能有一台主机占用总线发送数据。

图4-1　集线器实物

CSMA/CD即载波侦听多路访问/冲突检测，是广播型信道中采用一种随机访问技术的竞争型访问方法，具有多目标地址的特点。它处于一种总线型局域网结构，其物理拓扑结构正逐步向星型发展。CSMA/CD 采用分布式控制方法，所有节点之间不存在控制与被控制的关系。CSMA/CD 协议的工作原理可总结为“先听后发、边发边听、冲突停发、随机延迟后重发”。为便于理解 CSMA/CD 协议，将集线器看作一个联通多条双向车道的道路，只有一条车道有很短的窄桥。如果从各条道路来的汽车能从时间上错开，就能够双向共享这段“单行道”。

先听后发：为了不出事故，汽车司机在上桥前应该先看桥上有没有汽车，如果有，他就要等那辆车下了桥他才能上桥，如果没有他就可以上桥了。

边发边听：但是这时就一定安全了吗？这时可能还有其他司机也看到桥上没有汽车，而与他同时上桥，因此，仍然可能发生碰撞，所以上了桥也要加倍注意。

冲突停发：如果恰好出现两辆车要同时通过桥的情况，则判定为冲突，各自退回原路，停止过桥。

随机延迟后重发：退回原路的车辆继续观看桥上是否有车辆，等待一段随机时间，若桥上没有车辆，再重新开车上桥。

2 层网络交换机的组网应用

2 层交换机的每个端口就是一个冲突域，每个端口连接的信道都是专享信道，连接在不同端口的终端设备在发送数据时无须考虑其他端口是否占用信道，直接发送即可。2 层交换机实物如图 4－2 所示，使用交换机组成的以太网物理上是星型网，逻辑上也是星型网。默认情况下，2 层交换机的所有端口属于一个广播域。一个节点发送广播报文其余节点都能够收到的节点的集合，即接收同样广播消息的节点的集合就是一个广播域。

图 4－2　2 层交换机实物

在图 4－3 所示的冲突域和广播域示意图中可以看出，集线器的所有端口位于一个冲突域（当然也位于一个广播域），交换机的一个端口就是一个冲突域，交换机的所有端口位于一个广播域，路由器的一个端口就是一个广播域。

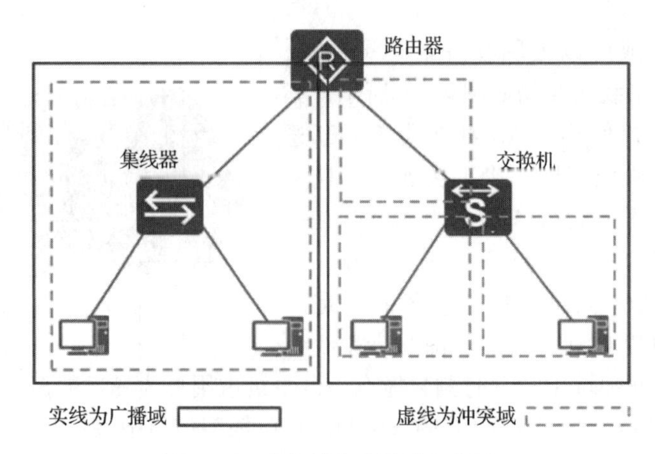

图 4－3　冲突域和广播域示意图

如果网络中过多使用广播报文，则会占用更多带宽并降低设备的处理效率，所以必须对广播报文加以限制。比如 ARP 协议使用广播报文从 IP 地址来解析 MAC 地址，在广播报文中目的 MAC 地址全“1”即“FFFF－FFFF－FFFF”为广播地址，网络中所有节点都会处理目的地址为广播地址的数据帧。例如，2 层交换机可以根据 MAC 表对单播报文进行转发，对于广播报文向所有的端口（接收端口除外）都转发。

2 层交换机的冲突域和广播域如图 4－4 所示，2 层交换机的每个端口属于一个单独的冲突域，所有端口属于一个广播域，交换机级联所连接的网络仍然属于一个广播域。

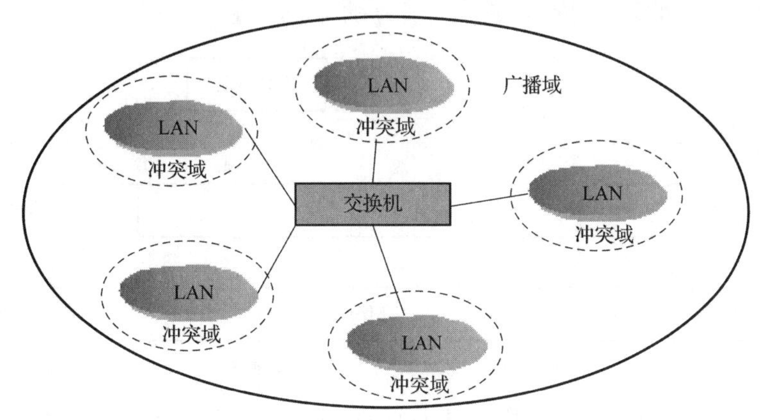

图 4－4　2 层交换机的冲突域和广播域

路由器或 3 层交换机的 3 层接口处于独立的广播域中，终端主机发出的广播帧在 3 层接口被终止。在图 4－5 中，3 层交换机的 3 个接口分别位于不同的广播域，所以共有 3 个广播域，同时，Hub 连接的网络又位于一个冲突域。

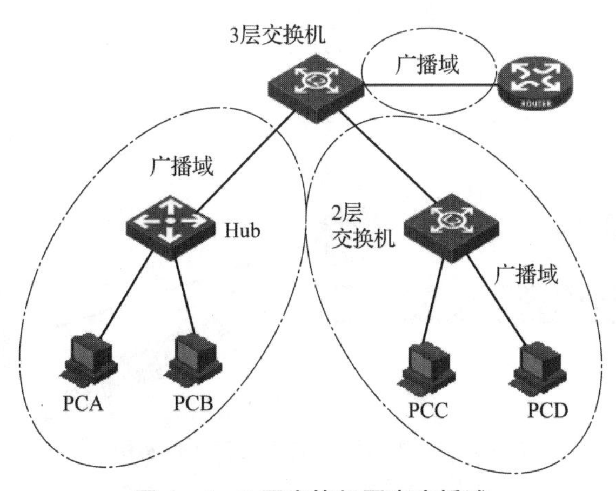

图 4－5　3 层交换机隔离广播域

2. 2　层交换机工作原理

2 层交换机转发数据的依据是以太网帧中的目的 MAC 地址。交换机接收到一个以太网帧后，然后根据该帧的目的 MAC，把报文从正确的端口转发出去。2 层交换机通常采用硬件来实现其转发过程，该器件一般称为 ASIC，俗称交换引擎。ASIC 维护一张 2 层转发表（MAC 地址表），转发表项的主要内容是 MAC 地址和交换机端口的对应关系。

2 层网络交换机的工作原理

以太网帧格式有很多种类型，包括以太网 V2（DIX Ethernet V2）标准、IEEE 802.3 标准、以太网 SNAP 标准及 Novell 以太网标准等。其中以太网 V2 标准的帧格式较为常见。

以太网 V2 帧格式包含 5 个字段，如图 4－6 所示，前两个字段分别是长度为 6 B 的目的地址和源地址。第 3 个字段是 2 B 的类型字段，用来标明上一层用的是哪一种协议，如该字段是 0×0800 时，就表示上层使用的是 IP 协议。第 4 个字段是数据字段，长度为 46～1 500 B，当数据字段实际长度小于 46 B 时，MAC 层会在数据字段后面加入一个整数字节的填充字段，以保证 MAC 帧的总长度不小于 64 B。最后一个字段是帧校验序列 FCS，长 4 B。可见，以太网帧的长度是可变的，范围为 64～1 518 B。

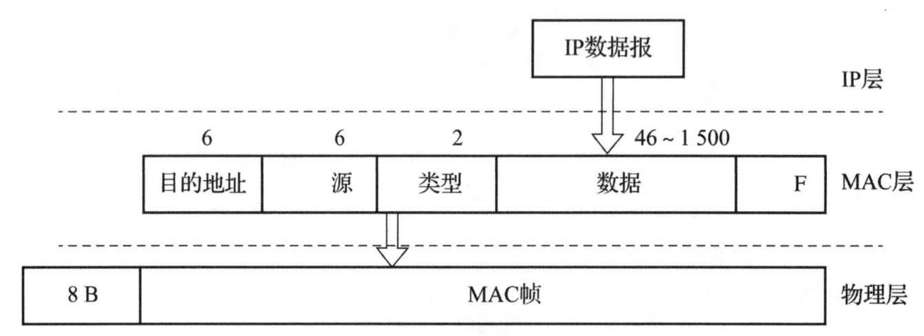

图 4－6　以太网 V2 MAC 帧格式

下面简要介绍以太网中 2 层交换的基本原理，图 4－7 是一个 2 层交换机工作的示例。2 层交换机通过解析和学习以太网帧的源 MAC 来维护 MAC 地址与端口的对应关系（保存 MAC 与端口对应关系的表称为 MAC 表），通过其目的 MAC 来查找 MAC 表决定向哪个端口转发，基本流程如下。

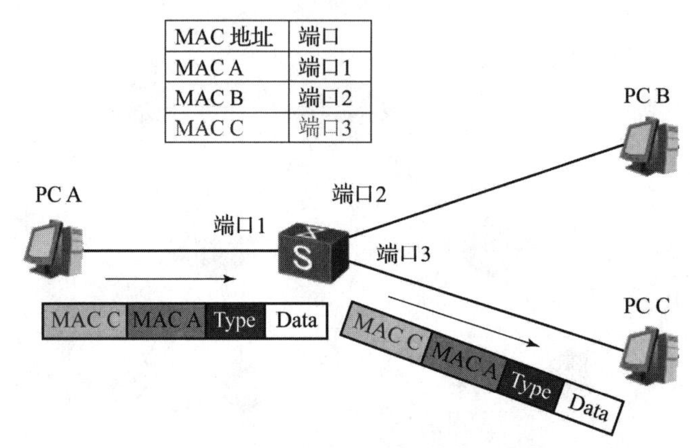

图 4－7　2 层网络交换机工作示例图

（1）2 层交换机收到以太网帧，将其源 MAC 与接收端口的对应关系写入 MAC 表，作为以后的 2 层转发依据。如果 MAC 表中已有相同表项，就刷新该表项的老化时间。MAC 表采取一定的老化更新机制，老化时间内未得到刷新的表项将被删除。

（2）如果目的 MAC 是单播地址，根据以太网帧的目的 MAC 去查找 MAC 表，如果没有找到匹配表项，那么向所有端口转发（接收端口除外），即广播；如果找到匹配表项，则向表项所示的对应端口转发。

（3）如果目的 MAC 是广播地址，那么向所有端口转发（接收端口除外），即广播。

下面以实例说明交换机地址表的建立过程。

①交换机刚启动时，MAC 地址表内无表项，如图 4 -8 所示。

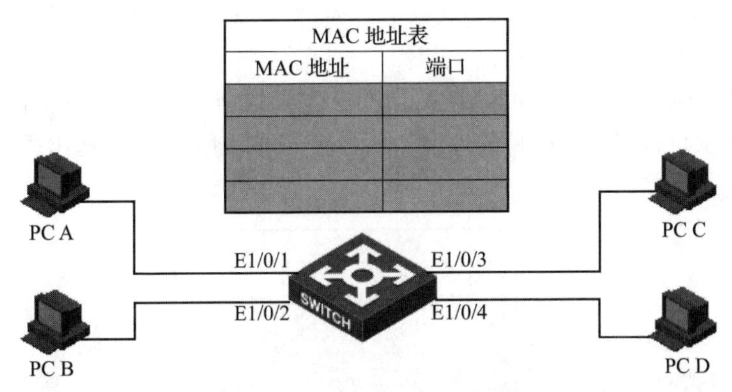

图 4 -8　交换机刚启动时 MAC 地址表为空

②PC A 发出数据帧，交换机把 PC A 帧中的源地址 MAC_A 与接收到此帧的端口 E1/0/1 关联起来，交换机把 PC A 的帧从所有其他端口发送出去（除了接收到帧的端口 E1/0/1），此时，交换机学习到了 PC A 的 MAC 地址 MAC_A，如图 4 -9 所示。

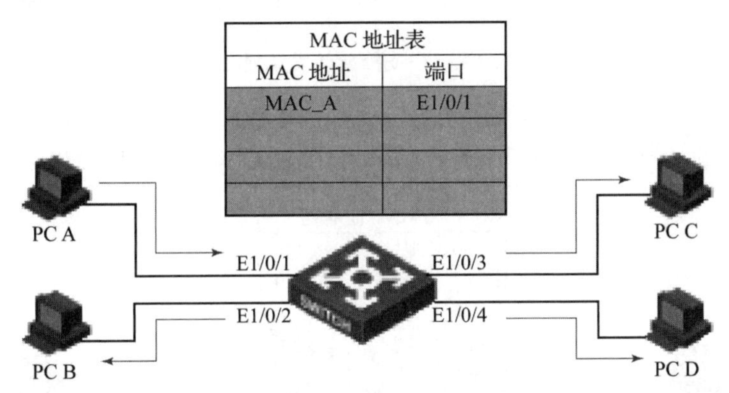

图 4 -9　交换机学习到 PC A 的 MAC_A 地址

③PC B、PC C、PC D 发出数据帧，交换机把接收到的帧中的源地址与相应的端口关联起来，并保存到 MAC 地址表中。此时，交换机的最终 MAC 地址表如图 4 -10 所示。

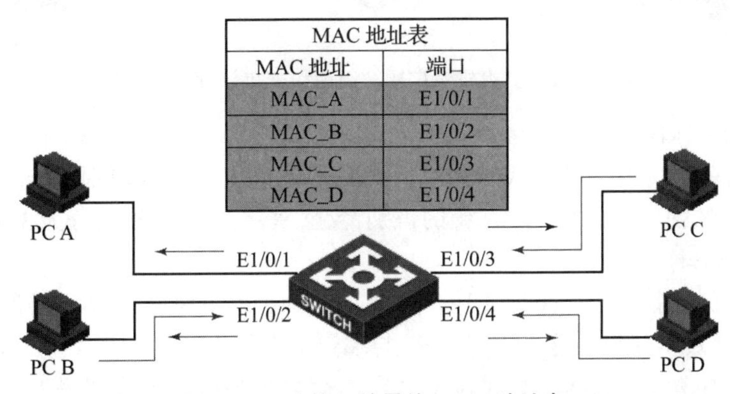

图 4 -10　交换机的最终 MAC 地址表

从上述流程可以看出，2 层交换通过维护 MAC 表以及根据目的 MAC 查表转发，有效地利用了网络带宽，改善了网络性能。

交换机对单播帧，根据 MAC 地址表转发；对广播、组播和未知单播帧，会向除了接收到该帧的端口外的所有其他端口转发。

交换机对单播帧的转发如图 4 – 11 所示。PC A 要与 PC D 通信，发出目地址为 PC D 的单播数据帧。交换机根据帧中的目的地址，从相应的端口 E1/0/4 发送出去，交换机不在其他端口上转发此单播数据帧。

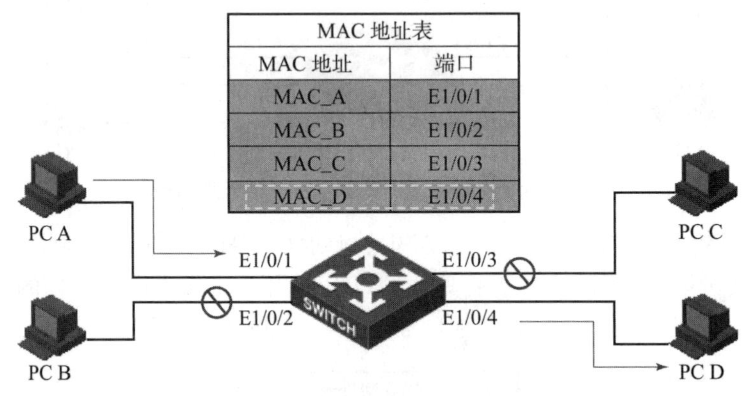

图 4 – 11　交换机转发单播帧

交换机对广播、组播和未知单播帧的转发如图 4 – 12 所示。PC A 发送广播帧到交换机，交换机把该帧从所有其他端口发送出去（除了接收到帧的端口），也称为泛洪。

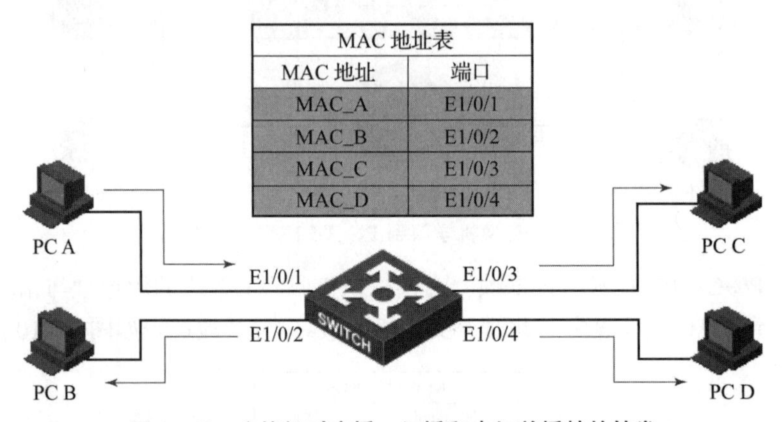

图 4 – 12　交换机对广播、组播和未知单播帧的转发

3. 交换机的端口类型

根据 IEEE 802. 1Q 中定义的 VLAN 帧，设备的有些端口可以识别 VLAN 帧，有些端口则不能识别 VLAN 帧。根据对 VLAN 帧的识别情况，将交换机的端口分为 3 类。

1）Access 端口

Access 端口是交换机上用来连接用户主机的端口，它只能连接接入链路，仅仅允许唯一的 VLAN ID 通过本端口，这个 VLAN ID 与端口的默认 VLAN ID（默认 VLAN ID 就是交换机出厂时默认配置的 VLAN，通常为 VLAN1，交换机各端口默认都属于 VLAN 1）相同，Access 端口发往对端设备的以太网帧永远是不带标签的帧。

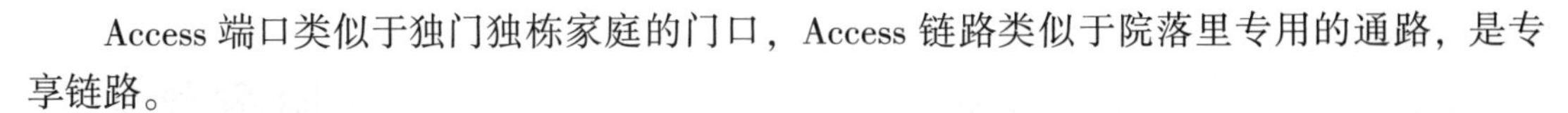

Access 端口类似于独门独栋家庭的门口，Access 链路类似于院落里专用的通路，是专享链路。

2）Trunk 端口

Trunk 端口是交换机上用来和其他交换机连接的端口，它只能连接干道链路，允许多个VLAN 的帧（带 Tag 标记）通过。

Trunk 端口类似于某个家庭或社区和公路的交口，Trunk 链路类似于城市公路、高速公路，是共享链路。

3）Hybrid 端口

Hybrid 端口是交换机上既可以连接用户主机，又可以连接其他交换机的端口。Hybrid 端口既可以连接接入链路又可以连接干道链路。Hybrid 端口允许多个 VLAN 的帧通过，并可以在出端口方向将某些 VLAN 帧的 Tag 剥掉。Hybrid 端口是华为系列交换机端口的默认工作模式。

Trunk 端口类似于城市多层、高层住宅的单元门，既可以连接住户，又可以连接社区道路。

4. 交换机的管理

交换机设备的管理方式可以分为带外管理（out - of - band）和带内管理（in - band）两种管理模式。带内管理是指网络的管理控制信息与用户网络的承载业务信息通过同一个逻辑信道传送，简而言之，就是占用业务带宽；而在带外管理模式中，网络的管理控制信息与用户网络的承载业务信息在不同的逻辑信道传送，也就是设备提供专门用于管理的带宽。

目前很多交换机都带有带外网管接口，使网络管理的带宽和业务带宽完全隔离，互不影响，构成单独的网管通道。通过 Console 口管理是最常用的带外管理方式，通常用户会在首次配置交换机或者无法进行带内管理时使用带外管理方式。

带外管理方式也是使用频率最高的管理方式。带外管理时可以采用 Windows 操作系统自带的超级终端程序来连接交换机，当然，用户也可以采用自己熟悉的终端程序。

交换机带外管理方式调试就是使用一根 Console 线，一头连接交换机上的 Console 口，如图 4 - 13 所示，另一头连接至 PC 机的串口（在计算机主机背面呈 D 形）。在保证设备通电的情况下通过计算机上的超级终端来登录交换机。拔插 Console 线时注意保护交换机的Console 口和 PC 的串口，不要带电拔插。

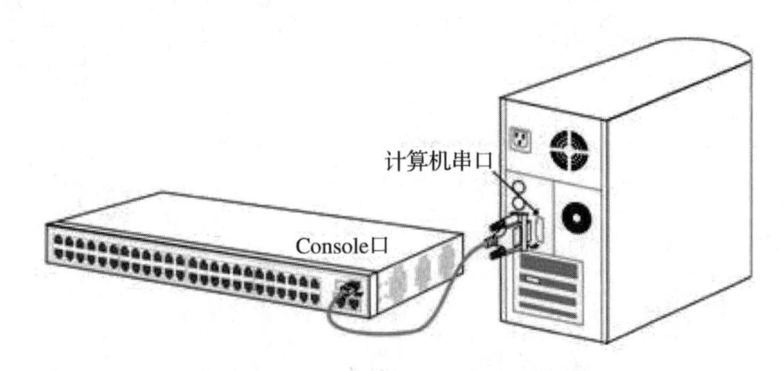

图 4 - 13 2 层网络交换机带外管理

任务实施

4.1.2 2层交换机基本配置

2层网络交换机的基本配置

按照交换机是否可以配置与管理，可以将交换机分为网管交换机和不可网管交换机。不可网管交换机不具有网络管理功能，没有配置接口。可网管交换机具有网络管理、网络监控、端口监控、VLAN划分等功能，它具有专门的配置接口——Console接口。

1. 进入或退出系统视图

当用户登录到设备后，会自动进入用户视图，此时屏幕显示的提示符是：<设备名>。要进入或退出系统视图，用户可以进行以下的操作。

①从用户视图进入系统视图：system - view；从系统视图返回到用户视图：quit。

②使用quit命令，可以从当前视图返回上一层视图。如果用户需要从任意的非用户视图返回到用户视图，可以执行return命令，也可以直接按组合键Ctrl + Z完成。

2. 速率与双工模式配置

交换机接口的速率指这个接口每秒能够转发的比特数，在接口配置模式下可通过speed命令配置接口速率。双工模式指接口传输数据的方向性，常见的有半双工和全双工，在接口配置模式下可通过duplex命令设置双工模式。

完成图4-14所示交换机速率、双工模式及地址表等配置。

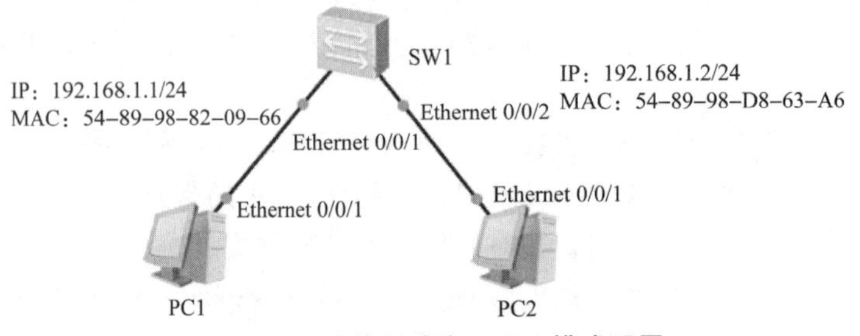

图4-14 交换机速率、双工模式配置

1）查看交换机端口当前的速率和双工模式

```
<Huawei>system            //进入系统视图
[Huawei]display interface Ethernet 0/0/1
                                    //查看Ethernet0/0/1接口信息
GigabitEthernet0/0/1 current state : UP
Line protocol current state : UP
Description:
Switch Port, Link-type : access(negotiated),
PVID :    1, TPID : 8100(Hex), The Maximum Frame Length is 1600
IP Sending Frames'Format is PKTFMT_ETHNT_2, Hardware address is
c81f-be46-2bd0
Current system time: 2060-01-14 15:29:53
Port Mode: COMMON COPPER
Speed : 1000,   Loopback: NONE            //速率1 000 Mb/s
Duplex: FULL,   Negotiation: ENABLE       //双工模式全双工
```

2）设置交换机端口的双工模式和速率

```
[Huawei]interface GigabitEthernet 0/0/1
[Huawei-GigabitEthernet0/0/1]undo negotiation auto
                                                    //关闭自动协商模式
[Huawei-GigabitEthernet0/0/1]speed 100      //设置速率为100 Mb/s
[Huawei-GigabitEthernet0/0/1]duplex half   //设置端口为半双工模式
```

3）验证交换机端口的速率和双工模式

```
[Huawei]display interface GigabitEthernet 0/0/1
GigabitEthernet0/0/1 current state : UP
Line protocol current state : UP
Description:
Switch Port, Link-type : access(negotiated),
PVID :    1, TPID : 8100(Hex), The Maximum Frame Length is 1600
IP Sending Frames'Format is PKTFMT_ETHNT_2, Hardware address is
c81f-be46-2bd0
Current system time: 2060-01-14 15:32:53
Port Mode: COMMON COPPER
Speed : 100,   Loopback: NONE                //速率100 Mb/s
Duplex: HALF,   Negotiation: ENABLE          //双工模式半双工
```

4）查看交换机的MAC地址表

```
[Huawei]display mac-address
[Huawei]                              //地址表为空
```

5）通过PC1 ping PC2手动发起PC1和PC2与交换机之间的通信

```
PC1>ping 192.168.1.2
Ping 192.168.1.2: 32 data bytes, Press Ctrl_C to break
From 192.168.1.2: bytes=32 seq=1 ttl=128 time=62 ms
From 192.168.1.2: bytes=32 seq=1 ttl=128 time=62 ms
From 192.168.1.2: bytes=32 seq=1 ttl=128 time=62 ms
```

6）通信后再次查看交换机的MAC地址表

```
[Huawei]display mac-address
MAC address table of slot 0:
-------------------------------------------------------------------------------
MAC Address    VLAN/   PEVLAN CEVLAN Port      Type     LSP/LSR-ID
VSI/SI                                         MAC-Tunnel
-------------------------------------------------------------------------------
5489-9882-0966  1      -      -      Eth0/0/2  dynamic  0/-
5489-98D8-63A61        -      -      Eth0/0/1  dynamic  0/-
-------------------------------------------------------------------------------
```

MAC 地址表中已存储 PC1、PC2 的 MAC 地址。

7）通过 mac－address static 命令在交换机中添加静态条目并显示 MAC 地址表信息

```
[Huawei]mac-address static 0011-2233-4455 Ethernet 0/0/3 vlan 1
[Huawei]display mac-address
MAC address table of slot 0:
---------------------------------------------------------------------------
MAC Address    VLAN/     PEVLAN CEVLAN Port      Type      LSP/LSR-ID
               VSI/SI                                      MAC-Tunnel
---------------------------------------------------------------------------
0011-2233-4455 1          -      -     Eth0/0/3           static     -
---------------------------------------------------------------------------
Total matching items on slot 0 displayed =1
```

8）修改 MAC 地址动态条目的老化时间

```
[Huawei]display mac-address aging-time
  Aging time: 300 seconds                         //老化时间为 300 s
[Huawei]mac-address aging-time 500                //修改老化时间为 500 s
[Huawei]display mac-address aging-time
  Aging time: 500 seconds
```

3. 静态 MAC 地址表配置

设备通过源 MAC 地址学习自动建立 MAC 地址表时，无法区分合法用户和非法用户的报文，带来了安全隐患。如果非法用户将攻击报文的源 MAC 地址伪装成合法用户的 MAC 地址，并从设备的其他接口进入，设备就会学习到错误的 MAC 地址表项，于是将本应转发给合法用户的报文转发给非法用户。为了提高安全性，网络管理员可手工在 MAC 地址表中加入特定 MAC 地址表项，将用户设备与接口绑定，从而防止非法用户骗取数据。

静态 MAC 地址表项有以下特性。

（1）静态 MAC 地址表项不会老化，保存后设备重启不会消失，只能手动删除。

（2）静态 MAC 地址表项中指定的 VLAN 必须已经创建并且已经加入绑定的端口。

（3）静态 MAC 地址表项中指定的 MAC 地址，必须是单播 MAC 地址，不能是组播和广播 MAC 地址。

（4）静态 MAC 地址表项的优先级高于动态 MAC 地址表项，对静态 MAC 地址进行漂移的报文会被丢弃。

在系统视图下，使用 mac－address static 命令配置端口的 MAC 地址，使用 display mac－address 命令查看交换机的地址表。

完成图 4－15 所示交换机 Ethernet0/0/1 和 Ethernet0/0/2 端口 MAC 地址的静态配置，其中 Ethernet0/0/1 端口的 MAC 地址配置为 1－1－1，Ethernet0/0/2 端口的 MAC 地址配置为 2－2－2。

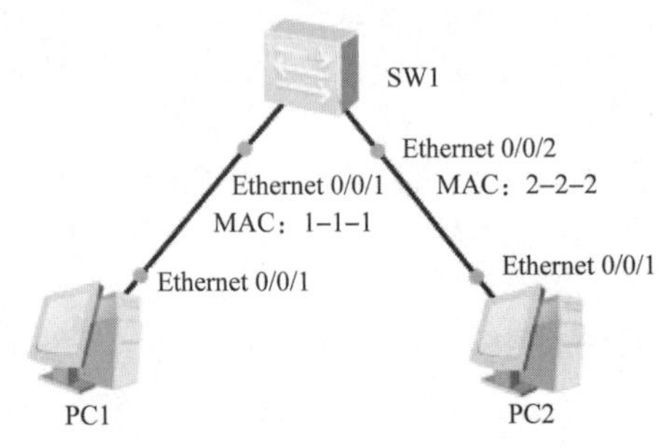

图 4－15　静态 MAC 地址配置

```
<Huawei>system
[Huawei]mac-address static 1-1-1 Ethernet 0/0/1 vlan 1
[Huawei]mac-address static 2-2-2 Ethernet 0/0/1 vlan 1
[Huawei]display mac-address static
-------------------------------------------------------------------------------
MAC Address    VLAN/     PEVLAN CEVLAN Port       Type     LSP/LSR-ID
               VSI/SI                                      MAC-Tunnel
-------------------------------------------------------------------------------
0001-0001-0001 1         -      -      Eth0/0/1   static   -
0002-0002-0002 1         -      -      Eth0/0/2   static   -
```

4. 管理 IP 和 Telnet 配置

配置设备管理 IP 地址后，可以通过管理 IP 远程登录设备，下面以交换机 CORE 为例说明配置管理 IP 和 Telnet 的方法。

（1）配置管理 IP 地址。

```
<HUAWEI> system-view
[HUAWEI] vlan 5 //创建交换机管理 VLAN 5
[HUAWEI-VLAN5] management-vlan
[HUAWEI-VLAN5] quit
[HUAWEI] interface vlanif 5
[HUAWEI-vlanif5] ip address 10.10.1.1 24
[HUAWEI-vlanif5] quit
```

（2）将管理接口加入管理 VLAN。

```
[HUAWEI] interface GigabitEthernet 0/0/8 //假设连接网管的接口为
//GigabitEthernet 0/0/8
[HUAWEI-GigabitEthernet0/0/8] port link-type trunk
[HUAWEI-GigabitEthernet0/0/8] port trunk allow-pass vlan 5
[HUAWEI-GigabitEthernet0/0/8] quit
```

（3）配置 Telnet。

```
[HUAWEI] telnet server enable //Telnet 出厂时是关闭的
[HUAWEI] user-interface vty 0 4 //Telnet 常用于设备管理员登录,推荐使
//用 AAA 认证
[HUAWEI-ui-vty0-4] protocol inbound telnet //V200R006 及之前
//版本默认支持 Telnet 协议,但是 V200R007 及之后版本默认支持的是 SSH 协议,因此
//使用 Telnet 登录之前,必须要先配置这条命令
[HUAWEI-ui-vty0-4] authentication-mode aaa
[HUAWEI-ui-vty0-4] idle-timeout 15
```

```
[HUAWEI-ui-vty0-4] quit
[HUAWEI] aaa
[HUAWEI-aaa] local-user admin password irreversible-cipher
Helloworld@6789 //配置管理员Telnet登录交换机的用户名和密码。用户名不区分
//大小写,密码区分大小写
[HUAWEI-aaa] local-user admin privilege level 15 //将管理员的账号
//权限设置为15(最高)
[HUAWEI-aaa] local-user admin service-type telnet
```

需要注意的是，使用Telnet协议存在安全风险，建议使用安全级别更高的STelnet V2登录设备。

在维护终端上Telnet到交换机，出现用户视图的命令行提示符表示登录成功。

```
C:\Documents and Settings\Administrator>telnet 10.10.1.1
//输入交换机管理IP,并按回车键
Login authentication
Username:admin //输入用户名和密码
Password:
Info: The max number of VTY users is 5, and the number
of current VTY users on line is 1.
The current login time is 2014-05-06 18:33:18+00:00.
```

任务总结

在学习冲突域、广播域概念及其划分的基础上，进一步学习2层交换机原理、端口类型及管理方式，并完成了交换机速率及双工模式配置、静态MAC地址配置、管理IP和Telnet配置等交换机基本配置。学生理解了冲突域、广播域的概念，学会了交换机的基本配置。通过本任务，培养了学生灵活运用所学解决实际问题的能力，锻炼了动手操作能力，实现了“教学做”一体化。

任务评价

任务自我评价见表4-1。

表4-1　自我评价表

知识和技能点	掌握程度
冲突域	完全掌握　基本掌握　有些不懂　完全不懂
广播域	完全掌握　基本掌握　有些不懂　完全不懂
交换机工作原理	完全掌握　基本掌握　有些不懂　完全不懂
交换机端口类型	完全掌握　基本掌握　有些不懂　完全不懂
交换机的管理	完全掌握　基本掌握　有些不懂　完全不懂

续表

知识和技能点	掌握程度
速率及双工模式配置	完全掌握　基本掌握　有些不懂　完全不懂
静态 MAC 地址配置	完全掌握　基本掌握　有些不懂　完全不懂
管理 IP 和 Telnet 配置	完全掌握　基本掌握　有些不懂　完全不懂

任务 4.2　2 层交换机 VLAN 配置

任务描述

虚拟局域网 VLAN 是将一个物理的局域网在逻辑上划分成多个广播域的技术。在局域网中，采用 VLAN 技术可以减小广播域、降低广播风暴的发生。本任务介绍了 VLAN 的概念、帧结构、原理和分类，VLAN 在局域网的应用，实现了单交换机和跨交换机 VLAN 的配置。

任务分析

本任务在认知 VLAN 的原理及分类的基础上，进一步介绍了 VLAN 的帧结构、帧类型、链路和接口类型，并使用 ENSP 模拟器、华为交换机 S5700，实现了单交换机和跨交换机 VLAN 的配置，完成基于端口划分的 VLAN 配置。

知识准备

4.2.1　VLAN 原理

VLAN 的概念及作用

2 层交换机虽然能够隔离冲突域，但是它并不能有效地划分广播域。因为从前面介绍的 2 层交换机转发流程可以看出，广播报文以及目的 MAC 查找失败的报文会向除接收端口外的其他所有端口转发，当网络中的主机数量增多时，这种情况会消耗大量的网络带宽，并且在安全性方面也带来一系列问题。当然，通过网络设备来隔离广播域是一个办法（如路由器），但是由于路由器的高成本以及转发性能低的特点使得这一方法应用有限。基于这些情况，2 层交换中出现了 VLAN 技术。

在 2 层网络中，设备发出的广播帧在广播域中传播，占用网络带宽，降低设备性能。在一个广播域中，由于网络拓扑的设计和连接问题，或其他原因导致广播在网段内大量复制，传播数据帧，当广播数据充斥网络无法处理时，会占用大量网络带宽，导致网络性能下降，使得正常业务不能运行，甚至彻底瘫痪，这就发生了“广播风暴”。广播风暴是 2 层网络不可避免的现象，是一种比较严重的网络故障。在实际应用中，以预防为主，采用 VLAN 技术减小广播域、降低广播风暴的发生。

虚拟局域网（Virtual Local Area Network，VLAN）是将一个物理的局域网在逻辑上划分成多个广播域的技术。通过在交换机上配置 VLAN，实现在同一个 VLAN 内的主机可以相互通信，而不同 VLAN 间的主机被相互隔离。通过划分 VLAN，可以隔离广播域，限制广播域的范围，减少广播流量。划分 VLAN 后，同一个 VLAN 内的主机共享同一个广播域，可以直接进行 2 层通信；VLAN 间的主机属于不同的广播域，无法实现 2 层通信。

在图 4－16 中，通过 VLAN 隔离了广播域，VLAN1 的广播帧被限制在 VLAN1 范围内，不再向 VLAN2 的设备发送广播消息，缩小了广播域，在一定程度上限制了广播风暴。可见，划分 VLAN 优势包括有效控制广播域范围、增强局域网的安全性、灵活构建虚拟工作组等。

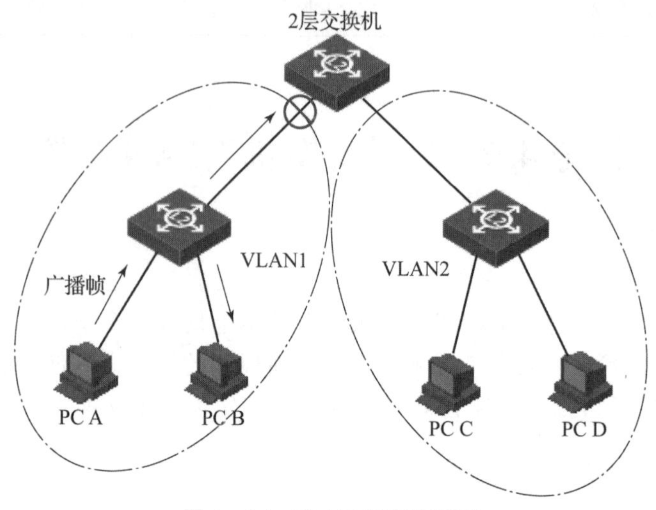

图 4－16　VLAN 隔离广播域

VLAN 分为传统的以太网数据帧（UNTAG）和 VLAN 数据帧（TAG）两种类型，如图 4－17 所示。TAG 是带有 VLAN 标记的以太网帧（Tagged Frame），UNTAG 是没有带 VLAN 标记的标准以太网帧（Untagged Frame）。TAG VLAN 的 VLANID 有 12 b，最多可以划分4 096 个 VLAN。交换机利用 VLAN 标签中的 VID 来识别数据帧所属的 VLAN，广播帧只在同一 VLAN 内转发，这就将广播域限制在一个 VLAN 内。

VLAN 的端口类型及工作原理

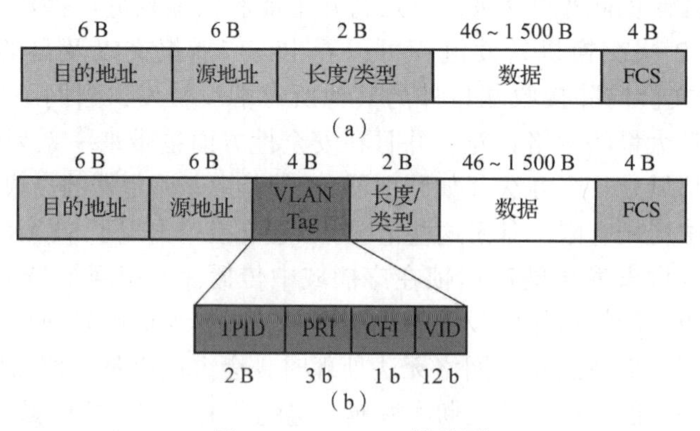

图 4－17　VLAN 帧类型

（a）传统的以太网数据帧；（b）VLAN 数据帧

常用设备收发数据帧的 VLAN 标签情况如下。

①用户主机、服务器、Hub、傻瓜交换机只能收发 Untagged 帧。

②交换机、路由器和 AC 既能收发 Tagged 帧，也能收发 Untagged 帧。

③语音终端、AP 等设备可以收发一个 VLAN 的 Tagged 帧或 Untagged 帧。

交换机内部处理的数据帧一律都带有 VLAN 标签，而现网中交换机连接的设备有些只会收发 Untagged 帧，要与这些设备交互，就需要接口能够识别 Untagged 帧并在收发时给帧添加、剥除 VLAN 标签。同时，现网中属于同一个 VLAN 的用户可能会被连接在不同的交换机上，且跨越交换机的 VLAN 可能不止一个，如果需要用户间的互通，就需要交换机间的接口能够同时识别和发送多个 VLAN 的数据帧。交换机链路类型和接口类型示意图如图 4－18 所示。

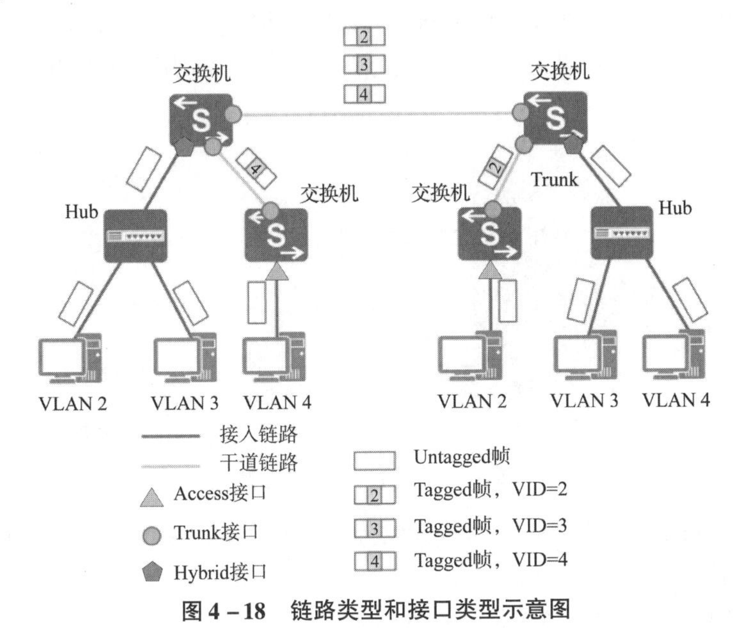

图 4－18　链路类型和接口类型示意图

（1）Access 接口。Access 接口一般用于和不能识别 Tag 的用户终端（如用户主机、服务器等）相连，或者不需要区分不同 VLAN 成员时使用。Access 接口大部分情况只能收发 Untagged 帧，且只能为 Untagged 帧添加唯一 VLAN 的 Tag。交换机内部只处理 Tagged 帧，所以 Access 接口需要给收到的数据帧添加 VLAN Tag，也就必须配置默认 VLAN。配置默认 VLAN 后，该 Access 接口也就加入了该 VLAN。当 Access 接口收到带有 Tag 的帧，并且帧中 VID 与 PVID 相同时，Access 接口也能接收并处理该帧。

为了防止用户私自更改接口用途，接入其他交换设备，可以配置接口丢弃入方向带 VLAN Tag 的报文。

（2）Trunk 接口。Trunk 接口一般用于连接交换机、路由器、AP 以及可同时收发 Tagged 帧和 Untagged 帧的语音终端。它可以允许多个 VLAN 的帧带 Tag 通过，但只允许一个 VLAN 的帧从该类接口上发出时不带 Tag（即剥除 Tag）。

（3）Hybrid 接口。Hybrid 接口既可以用于连接不能识别 Tag 的用户终端（如用户主机、服务器等）和网络设备（如 Hub、傻瓜交换机），也可以用于连接交换机、路由器以及可同时收发 Tagged 帧和 Untagged 帧的语音终端、AP。它可以允许多个 VLAN 的帧带 Tag 通过，且允许从该类接口发出的帧根据需要配置某些 VLAN 的帧带 Tag（即不剥除 Tag）、某些 VLAN 的帧不带 Tag（即剥除 Tag）。

Hybrid 接口和 Trunk 接口在很多应用场景下可以通用，但在某些应用场景下，必须使用 Hybrid 接口。比如在灵活 QinQ 中，服务提供商网络的多个 VLAN 的报文在进入用户网络前，需要剥离外层 VLAN Tag，此时 Trunk 接口不能实现该功能，因为 Trunk 接口只能使该接口默认 VLAN 的报文不带 VLAN Tag 通过。

例如，在企业办公楼的不同楼层分别放置两台交换机 SwitchA、SwitchB。每台交换机分别连接两台计算机，这些主机分别属于市场部和研发部。可以根据需求将市场部的主机划分到 VLAN2 中，将研发部的主机划分到 VLAN3 中，用以实现不同部门用户的互相隔离，如图 4－19 所示，PC A 和 PC B 虽然在同一楼层、同一交换机，由于分别属于不同的 VLAN，所以无法直接通信，但 PC A 和 PC C 在不同楼层、不同交换机，属于同一 VLAN，可以相互通信，实现了相同 VLAN 用户可以通信、不同 VLAN 用户不能直接通信的功能。

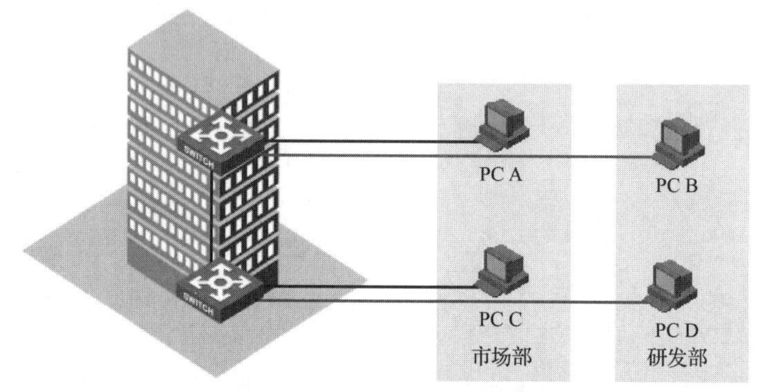

图 4－19　VLAN 应用案例

VLAN 在交换机上的划分方法，可以大致分为以下几类。

VLAN 的划分方式

（1）基于端口的 VLAN 划分。

基于端口的 VLAN 划分方法是根据以太网交换机的端口来划分 VLAN。某企业的交换机连接了很多用户，且相同业务用户通过不同的设备接入企业网络。为了通信的安全性，同时为了避免广播风暴，企业希望业务相同用户之间可以互相访问，业务不同用户不能直接访问。可以在交换机上配置基于端口划分 VLAN，把业务相同的用户连接的接口划分到同一 VLAN。这样属于不同 VLAN 的用户不能直接进行 2 层通信，同一 VLAN 内的用户可以直接互相通信。

在图 4－20 中，4 台 PC 分别属于两个不同的 VLAN，基于端口进行划分。从 VLAN 表可以看出，交换机的不同端口属于不同 VLAN。

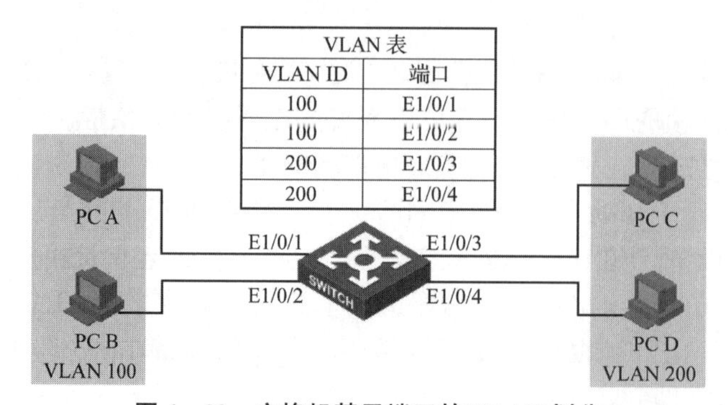

VLAN 表	
VLAN ID	端口
100	E1/0/1
100	E1/0/2
200	E1/0/3
200	E1/0/4

图 4－20　交换机基于端口的 VLAN 划分

这种划分方法的优点是定义 VLAN 成员时非常简单，只要将对应的端口指定一下就可以了。它的缺点是，如果某一 VLAN 中的用户离开了原来的端口，到了一个新的交换机的某个端口，需要重新定义。

（2）基于 MAC 地址的 VLAN 划分。

基于 MAC 地址的 VLAN 划分方法是根据每个主机的 MAC 地址来划分，即对每个 MAC 地址的主机都配置它属于哪个组。

某个公司的网络中，网络管理者将同一部门的员工划分到同一 VLAN。为了提高部门内的信息安全，要求只有本部门员工的 PC 才可以访问公司网络。如图 4－21 所示，PC A、PC B、PC C、PC D 这 4 台 PC 为本部门员工的 PC，这 4 台 PC 可以通过交换机访问公司网络，如换成其他 PC 则不能访问。可以配置基于 MAC 地址划分 VLAN，将本部门员工 PC 的 MAC 地址与 VLAN 绑定，从而实现该需求。

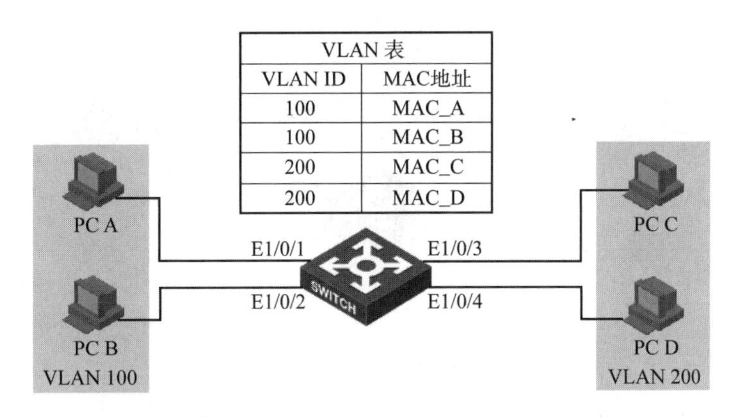

图 4－21　交换机基于 MAC 地址的 VLAN 划分

这种划分 VLAN 方式的最大优点是当用户物理位置移动时，即从一个交换机换到其他的交换机时，VLAN 不用重新配置，可以认为这种根据 MAC 地址的划分方法是基于用户的 VLAN。缺点是初始化时，所有的用户都必须进行配置，如果有几百个甚至上千个用户的话，配置任务是非常繁重的。而且这种划分方法也导致了交换机执行效率降低，因为在每一个交换机的端口都可能存在很多个 VLAN 组的成员，这样就无法限制广播包了。

（3）基于协议的 VLAN 划分。

基于协议的 VLAN 划分根据接口接收到的报文所属的协议（族）类型及封装格式来给报文分配不同的 VLAN。例如，在网络中 IPv4 和 IPv6 可能有各自独立的 VLAN，如图 4－22 所示，与交换机连接的网络有些运行 IPv4 协议，有些运行的 IPv6 协议，而 IPv4 协议广播帧只能被广播到属于 IPv4 VLAN 的所有端口。

（4）基于子网的 VLAN 划分。

这种划分 VLAN 的方法是根据每个主机的网络层地址划分的，不同网络地址属于不同 VLAN，如图 4－23 所示。

这种方法的优点是用户的物理位置改变了，不需要重新配置他所属的 VLAN，这对网络管理者来说很重要，还有这种方法不需要附加的帧标签来识别 VLAN，这样可以减少网络的通信量。

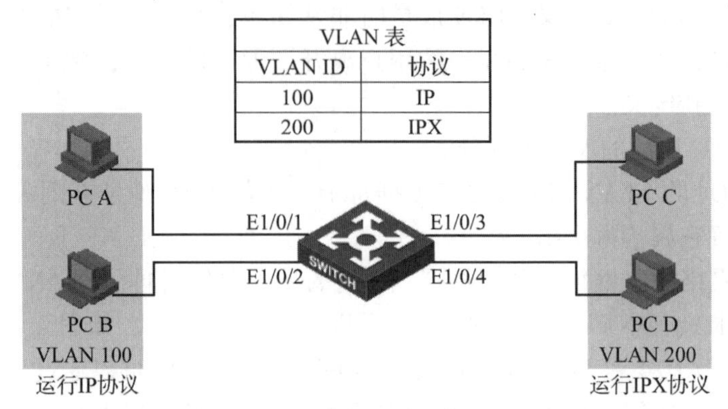

图 4-22　交换机基于协议的 VLAN 划分

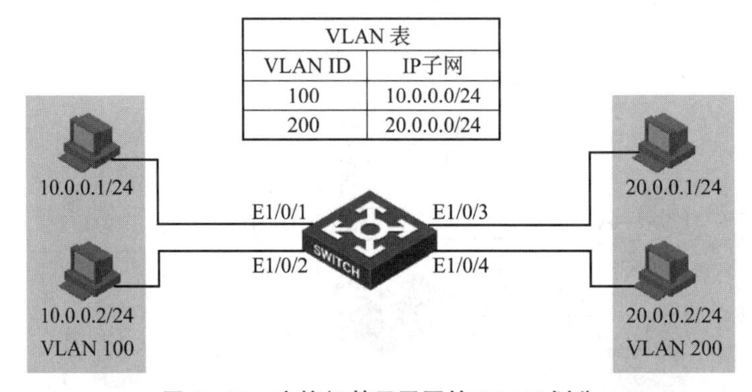

图 4-23　交换机基于子网的 VLAN 划分

这种方法的缺点是效率，因为检查每一个数据包的网络层地址是很费时的，一般的交换机芯片都可以自动检查网络上数据包的以太网帧头，但要让芯片能检查 IP 帧头，需要更高的技术，同时也更费时。

（5）基于策略的 VLAN 划分。

基于匹配策略划分 VLAN 是指在交换机上配置终端的 MAC 地址和 IP 地址，并与 VLAN 关联。只有符合条件的终端才能加入指定 VLAN。符合条件的终端加入指定 VLAN 后，严禁修改 IP 地址或 MAC 地址；否则会导致终端从指定 VLAN 中退出。

这种划分方法安全性非常高，当基于 MAC 地址和 IP 地址成功划分 VLAN 后，禁止用户改变 IP 地址或 MAC 地址。相较于其他 VLAN 划分方式，基于 MAC 地址和 IP 地址组合策略划分 VLAN 是优先级最高的 VLAN 划分方式。

划分 VLAN 的优势有以下几个方面。

①限制广播域：广播域被限制在一个 VLAN 内，节省了带宽，提高了网络处理能力。

②增强局域网的安全性：不同 VLAN 内的报文在传输时是相互隔离的，即一个 VLAN 内的用户不能和其他 VLAN 内的用户直接通信。

③提高了网络的健壮性：故障被限制在一个 VLAN 内，本 VLAN 内的故障不会影响其他 VLAN 的正常工作。

④灵活构建虚拟工作组：用 VLAN 可以划分不同的用户到不同的工作组，同一工作组的用户也不必局限于某一固定的物理范围，网络构建和维护更方便、灵活。

任务实施

4.2.2 VLAN 配置

VLAN 配置

接下来介绍基于端口划分 VLAN 的配置，包括 VLAN 的添加与删除、配置 Access 端口和 Trunk 端口等。

1. VLAN 配置命令

VLAN 配置步骤如下。

(1) VLAN 的添加与删除命令。

①创建 VLAN，执行【vlan <vlan-id>】命令。

②创建多个连续 VLAN，执行【vlan batch { vlan-id1 [to vlan-id2] }】命令。

③创建多个不连续 VLAN，也可以执行【vlan batch { vlan-id1 vlan-id2 }】命令。

(2) 配置 Access 端口和 Trunk 端口。

①配置 Access，执行【port link-type access 】命令。

②配置 Trunk，执行【port link-type trunk 】命令。

(3) 查看 VLAN 信息。

①创建 VLAN 后，可以执行【display vlan】命令验证配置结果。如果不指定任何参数，则该命令将显示所有 VLAN 的简要信息。

②执行【display vlan [vlan-id [verbose]]】命令，可以查看指定 VLAN 的详细信息，包括 VLAN ID、类型、描述、VLAN 的状态、VLAN 中的端口以及 VLAN 中端口的模式等。

③执行【display vlan vlan-id statistics】命令，可以查看指定 VLAN 中的流量统计信息。

④执行【display vlan summary】命令，可以查看系统中所有 VLAN 的汇总信息。

2. 单交换机 VLAN 配置

完成图 4-24 所示 VLAN 的配置。

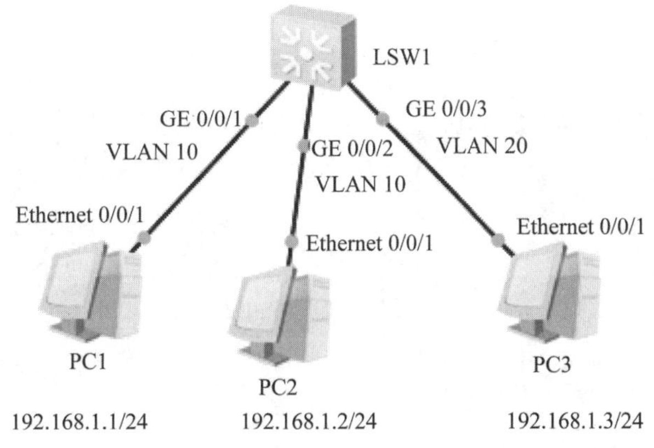

图 4-24 VLAN 配置

(1) 为交换机创建 VLAN 10、VLAN 20。

```
[LSW1]vlan 10
[LSW1]vlan 20
```

(2) 修改交换机的 GE 0/0/1、GE 0/0/2、GE 0/0/3 端口为 Access 模式，分别配置端

口的 PVID 为 VLAN10、VLAN10 和 VLAN20。

```
[LSW1]interface GigabitEthernet 0/0/1
[LSW1-GigabitEthernet0/0/1]port link-type access
                                        //端口模式改为 Aceess
[LSW1-GigabitEthernet0/0/1]port default vlan 10
                                        //端口 PVID 设为 VLAN 10
[LSW1-GigabitEthernet0/0/1]quit
[LSW1]interface GigabitEthernet 0/0/2
[LSW1-GigabitEthernet0/0/2]port link-type access
                                        //端口模式改为 Aceess
[LSW1-GigabitEthernet0/0/2]port default vlan 10
                                        //端口 PVID 设为 VLAN 10
[LSW1-GigabitEthernet0/0/2]quit
[LSW1]interface GigabitEthernet 0/0/3
[LSW1-GigabitEthernet0/0/3]port link-type access
                                        //端口模式改为 Aceess
[LSW1-GigabitEthernet0/0/3]port default vlan 20
                                        //端口 PVID 设为 VLAN 20
[LSW1-GigabitEthernet0/0/3]quit
```

（3）使用【display vlan】命令查看交换机已创建的 VLAN 信息。

```
[Huawei]display vlan
```

（4）互通验证：在 PC1 上 ping 192. 168. 1. 2、ping 192. 168. 1. 3。

PC1 与 PC2 属于相同 VLAN，可以 ping 通。

```
PC>ping 192.168.1.2
Ping 192.168.1.2: 32 data bytes, Press Ctrl_C to break
From 192.168.1.3: bytes=32 seq=1 ttl=128 time=78 ms
From 192.168.1.3: bytes=32 seq=2 ttl=128 time=63 ms
From 192.168.1.3: bytes=32 seq=3 ttl=128 time=78 ms
From 192.168.1.3: bytes=32 seq=4 ttl=128 time=63 ms
From 192.168.1.3: bytes=32 seq=5 ttl=128 time=62 ms
---192.168.1.3 ping statistics---
  5 packet(s) transmitted
  5 packet(s) received
  0.00% packet loss
  round-trip min/avg/max = 62/68/78 ms
```

PC1 与 PC3 属于不同 VLAN，不能 ping 通。

```
PC >ping 192.168.1.3
Ping 192.168.1.3: 32 data bytes, Press Ctrl_C to break
From 192.168.1.1: Destination host unreachable
From 192.168.1.1: Destination host unreachable
From 192.168.1.1: Destination host unreachable
From 192.168.1.1: Destination host unreachable
From 192.168.1.1: Destination host unreachable
---192.168.1.2 ping statistics---
  5 packet(s) transmitted
  0 packet(s) received
  100.00% packet loss
```

3. 跨交换机 VLAN 配置

完成图 4-25 所示跨交换机 VLAN 配置。

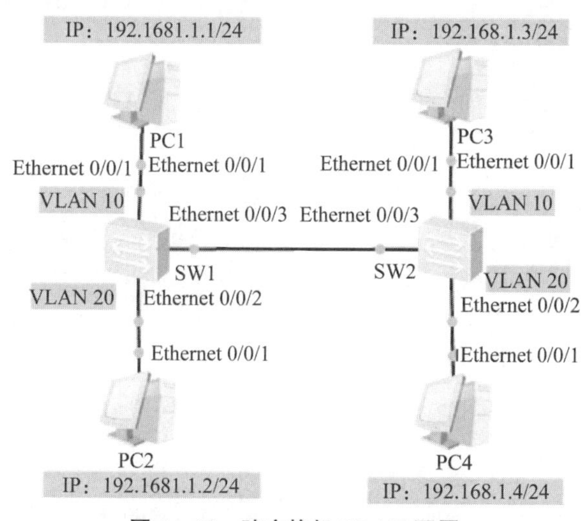

图 4-25　跨交换机 VLAN 配置

（1）分别为交换 SW1、SW2 机创建 VLAN 10、VLAN 20。

SW1 的配置：

```
[Huawei]sysname SW1
[SW1]vlan 10
[SW1]vlan 20
```

SW2 的配置：

```
[Huawei]sysname SW2
[SW2]vlan 10
[SW2]vlan 20
```

（2）修改交换机 SW1、SW2 的 Ethernet 0/0/1、Ethernet 0/0/2 端口为 Access 模式，并

配置端口的 PVID 为 VLAN 10，同时修改交换机的 Ethernet 0/0/3 端口为 Trunk 模式，配置允许 VLAN 10、VLAN 20 通过。

```
[SW1]interface Ethernet 0/0/1
[SW1 -Ethernet0/0/1]port link -type access  //端口模式改为 Aceess
[SW1 -Ethernet0/0/1]port default vlan 10     //端口 PVID 设为 VLAN 10
[SW1 -Ethernet0/0/1]quit
[SW1]interface Ethernet 0/0/2
[SW1 -Ethernet0/0/1]port link -type access  //端口模式改为 Aceess
[SW1 -Ethernet0/0/1]port default vlan 20     //端口 PVID 设为 VLAN 20
[SW1 -Ethernet0/0/1]quit
[SW1]interface Ethernet 0/0/3
[SW1 -Ethernet0/0/2]port link -type trunk   //端口模式改为 Trunk
[SW1 -Ethernet0/0/2]port trunk allow -pass vlan 10 20
                                        //允许 VLAN 10、VLAN 20 通过端口
```

SW2 的配置和 SW1 的配置一样。

（3）使用【display vlan】命令查看交换机已创建的 VLAN 信息。

```
VID  Type    Ports
--------------------------------------------------------------------------
1    common  UT:Eth0/0/3(U)     Eth0/0/4(D)     Eth0/0/5(D)
                Eth0/0/6(D)
                Eth0/0/7(D)     Eth0/0/8(D)     Eth0/0/9(D)
                Eth0/0/10(D)
                Eth0/0/11(D)    Eth0/0/12(D)    Eth0/0/13(D)
                Eth0/0/14(D)
                Eth0/0/15(D)    Eth0/0/16(D)    Eth0/0/17(D)
                Eth0/0/18(D)
                Eth0/0/19(D)    Eth0/0/20(D)    Eth0/0/21(D)
                Eth0/0/22(D)
                GE0/0/1(D)      GE0/0/2(D)
10   common  UT:Eth0/0/1(U)
TG:Eth0/0/3(U)
20   common  UT:Eth0/0/2(U)
TG:Eth0/0/3(U)
```

（4）验证。

PC1 与 PC2 属于不同的 VLAN，无法 ping 通。

PC1 与 PC3 属于相同的 VLAN，可以 ping 通。

任务总结

在学习 VLAN 原理、帧类型、划分方式的基础上，引出划分 VLAN 的优势，完成了单交换机 VLAN 配置和跨交换机 VLAN 配置。学生理解了 VLAN 的原理、划分方式等，学会了基于交换机的 VLAN 配置。通过本任务，培养了学生灵活运用所学知识解决实际问题的能力，锻炼了动手操作能力，实现了“教学做”一体化。

任务评价

任务自我评价见表 4－2。

表 4－2　自我评价表

知识和技能点	掌握程度
VLAN 原理	完全掌握　基本掌握　有些不懂　完全不懂
VLAN 帧类型	完全掌握　基本掌握　有些不懂　完全不懂
VLAN 的划分	完全掌握　基本掌握　有些不懂　完全不懂
VLAN 优势	完全掌握　基本掌握　有些不懂　完全不懂
VLAN 配置命令	完全掌握　基本掌握　有些不懂　完全不懂
单交换机 VLAN 配置	完全掌握　基本掌握　有些不懂　完全不懂
跨交换机 VLAN 配置	完全掌握　基本掌握　有些不懂　完全不懂

任务 4.3　2 层交换机 QinQ 配置

任务描述

QinQ 技术是一项扩展 VLAN 空间的技术，通过在 802.1Q 标签报文的基础上再增加一层 802.1Q 的 Tag 来达到扩展 VLAN 空间的功能，可以使私网 VLAN 透明传送公网。本任务介绍了 QinQ 的概念、帧结构、原理及分类等内容，介绍了 QinQ 在局域网的应用，实现了 QinQ 的配置。

任务分析

本任务在认知 QinQ 原理及分类的基础上，进一步介绍了 QinQ 的标签及类型，使用 ENSP 模拟器和华为交换机 S5700，实现了交换机的 QinQ 配置。

知识准备

4.3.1　QinQ 原理

随着以太网技术在网络中的大量部署，利用 802.1Q VLAN 对用户进行隔离和标识受到很大限制。因为 IEEE 802.1Q 中定义的 VLAN Tag 域只有 12 b，仅能表示 4 096 个 VLAN，无法满足以太网中标识大量用户的需求，于是 QinQ 技术应运而生。

QinQ（802.1Q－in－802.1Q）技术是一项扩展 VLAN 空间的技术，通过在 802.1Q 标

签报文的基础上再增加一层 802.1Q 的 Tag 来达到扩展 VLAN 空间的功能，可以使私网 VLAN 透明传送公网。由于在骨干网中传递的报文有两层 802.1Q Tag（一层公网 Tag，一层私网 Tag），即 802.1Q - in - 802.1Q，所以称之为 QinQ 协议。

QinQ 是通过在原有的 802.1Q 报文的基础上增加一层 802.1Q 标签来实现的，使得 VLAN 数量增加到 4 094 ×4 094，扩展了 VLAN 空间。

QinQ 是指在 802.1Q VLAN 的基础上增加一层 802.1Q VLAN 标签，从而拓展 VLAN 的使用空间。在公网的传输过程中，设备只根据外层 VLAN Tag 转发报文，并根据报文的外层 VLAN Tag 进行 MAC 地址学习，而用户的私网 VLAN Tag 将被当作报文的数据部分进行传输。

QinQ 典型组网应用如图 4 - 26 所示。用户网络 A 和 B 的私网 VLAN 分别为 VLAN 1 ~ 10 和 VLAN 1 ~20。运营商为用户网络 A、B 分配的公网 VLAN 分别为 VLAN 3 和 VLAN 4。当用户网络 A 和 B 中带 VLAN Tag 的报文进入运营商网络时，报文外面就会被分别封装上 VLAN 3 和 VLAN 4 的 VLAN Tag。这样，来自不同用户网络的报文在运营商网络中传输时被完全分开，即使这些用户网络各自的 VLAN 范围存在重叠，在运营商网络中传输时也不会产生冲突。当报文穿过运营商网络，到达运营商网络另一侧 PE 设备后，报文会被剥离运营商网络为其添加的公网 VLAN Tag，然后再传送给用户网络的 CE 设备。

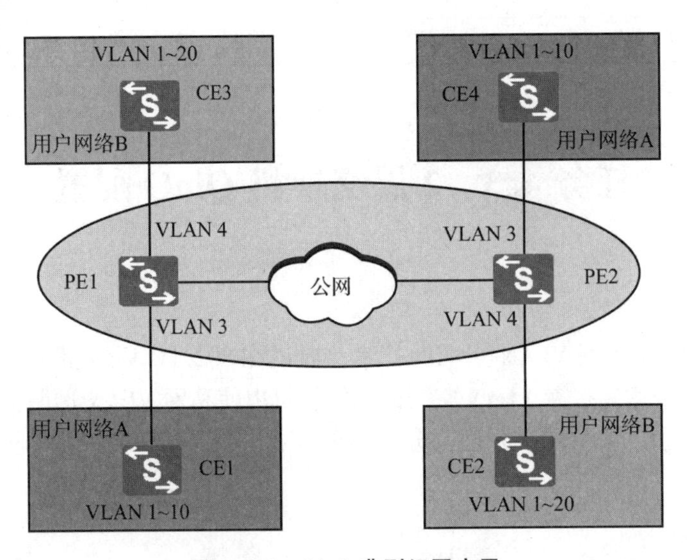

图 4 - 26　QinQ 典型组网应用

随着以太网的发展以及精细化运作的要求，QinQ 的双层标签又有了进一步的使用场景。它的内外层标签可以代表不同的信息，如内层标签代表用户，外层标签代表业务。另外，QinQ 报文带着两层 Tag 穿越公网时，内层 Tag 透明传送，也是一种简单、实用的 VPN 技术。因此它又可以作为核心 MPLS VPN 将以太网的 VPN 延伸，最终形成端到端的 VPN 技术。在公网的传输过程中，设备只根据外层 VLAN Tag 转发报文，并根据报文的外层 VLAN Tag 进行 MAC 地址学习，而用户的私网 VLAN Tag 被当作报文的数据部分进行传输。

QinQ 报文有固定的格式，就是在 802.1Q 的标签上再打一层 802.1Q 标签，如图 4 - 27 所示。QinQ 报文比 802.1Q 报文多 4 B。

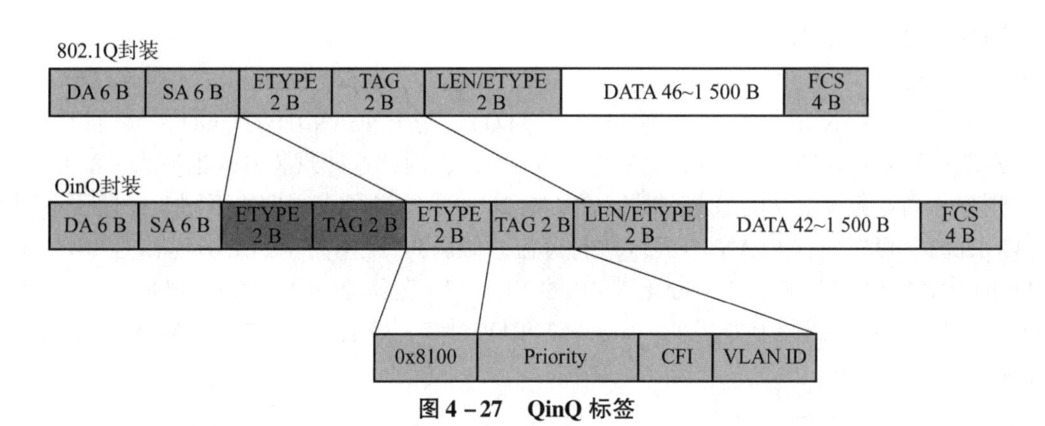

图 4－27　QinQ 标签

QinQ 报文各字段含义见表 4－3。

表 4－3　QinQ 报文各字段含义

字段	长度	含义
目的地址（DA）	6 B	目的 MAC 地址
源地址（SA）	6 B	源 MAC 地址
Type	2 B	长度为 2 B，表示帧类型。取值为 0x8100 时表示 802. 1Q Tag 帧。如果不支持 802. 1Q 的设备收到这样的帧，会将其丢弃。对于内层 VLAN tag，该值设置为 0x8100。对于外层 VLAN tag，有下列几种类型：0x8100：思科路由器使用；0x88A8：Extreme Networks switches 使用；0x9100：Juniper 路由器使用；0x9200：Several 路由器使用
PRI	3 b	Priority，长度为 3 b，表示帧的优先级，取值范围为 0 ~ 7，值越大优先级越高。用于当交换机阻塞时，优先发送优先级高的数据包
CFI	1 b	CFI（Canonical Format Indicator），长度为 1 b，表示 MAC 地址是否是经典格式。CFI 为 0 说明是经典格式，CFI 为 1 表示为非经典格式。用于区分以太网帧、FDDI（Fiber Distributed Digital Interface）帧和令牌环网帧。在以太网中，CFI 的值为 0
VID	12 b	VLAN ID，长度为 12 b，表示该帧所属的 VLAN。在 VRP 中，可配置的 VLAN ID 取值范围为 1 ~ 4 094
Length/Type	2 B	指后续数据的字节长度，但不包括 CRC 校验码
Data	46 ~ 1 500 B	负载（可能包含填充位）
CRC	4 B	用于帧内后续字节差错的循环冗余校验（也称为 FCS 或帧校验序列）

根据不同的封装数据，QinQ 可以分为几种不同类型，包括基本 QinQ 和灵活 QinQ 两大类。其中基本 QinQ 是指基于接口的 QinQ，灵活 QinQ 包括基于 VLAN ID 的 QinQ 和基于 802. 1p 优先级的 QinQ，具体如下。

（1）基于接口的 QinQ 封装。基于接口的封装是指进入一个接口的所有流量全部封装一个相同的外层 VLAN Tag，封装方式不够灵活，用户业务区分不够细致，这种封装方式也称为基本 QinQ。

（2）基于 VLAN ID 的 QinQ 封装（灵活 QinQ）。基于 VLAN ID 的 QinQ 封装可以对不同的数据流选择是否封装外层 Tag、封装何种外层 Tag，因此这种封装方式也称为灵活 QinQ。

用户不同业务 VLAN 的 QinQ 封装如图 4－28 所示，当同一用户的不同业务使用不同的 VLAN ID 时，可以根据 VLAN ID 区间进行分流。假设 PC 上网的 VLAN ID 范围是 101～200；IPTV 的 VLAN ID 范围是 201～300；VoIP 的 VLAN ID 范围是 301～400。根据 VLAN ID 范围，对 PC 上网业务封装上外层 Tag 100，对 IPTV 封装上外层 Tag 200，对 VoIP 封装上外层 Tag 300。

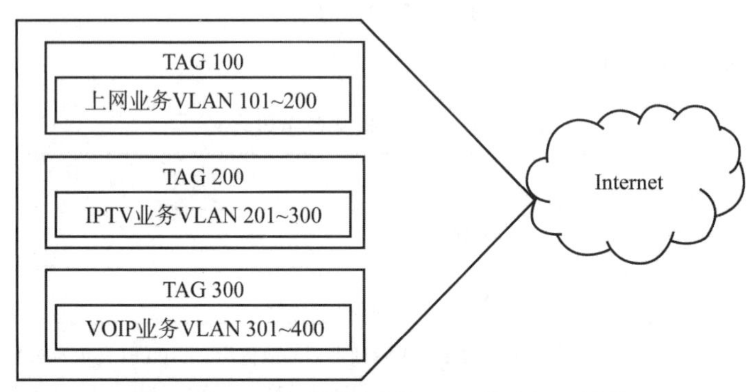

图 4－28　用户不同业务 VLAN 的 QinQ 封装

（3）基于 802.1p 优先级的 QinQ 封装（基于流的灵活 QinQ）。基于 802.1p 优先级的 QinQ 封装可以对不同优先级的数据流选择是否封装外层 Tag、封装何种外层 Tag，因此这种封装方式也称为灵活 QinQ。

例如，当同一用户的不同业务使用不同的优先级，如语音、视频、数据等，可以根据优先级为这些业务建立不同的数据传输通道，以方便对业务进行区分。

QinQ 的实现方式有基本 QinQ 和灵活 QinQ 两种。

基本 QinQ 是基于接口方式实现的。开启接口的基本 QinQ 功能后，当该接口接收到报文，设备会为该报文打上配置的外层 Tag。如果接口收到的是已经带有 VLAN Tag 的报文，则为其加上外层 VLAN Tag；如果接收到的是不带 VLAN Tag 的报文，则先为其加上内层 VLAN Tag，再加上外层 Tag。

基本 QinQ 对 Tag 的处理如下。

①如果收到的是带有 VLAN Tag 的报文，该报文就成为带双 Tag 的报文。

②如果收到的是不带 VLAN Tag 的报文，该报文就成为带有本端口默认 VLAN Tag 的报文。

灵活 QinQ 包括基于 VLAN ID 的灵活 QinQ 和基于 802.1p 优先级的灵活 QinQ 两种方式。基于 VLAN ID 的灵活 QinQ 为具有不同内层 VLAN ID 的报文添加不同的外层 VLAN Tag。基于 802.1p 优先级的灵活 QinQ 则根据报文的原有内层 VLAN 的 802.1p 优先级添加不同的外层 VLAN Tag。

灵活 QinQ 功能是对基本 QinQ 功能的扩展，它比基本 QinQ 的功能更灵活。二者之间的主要区别如下。

①基本 QinQ：对进入 2 层 QinQ 接口的所有帧都加上相同的外层 Tag。

②灵活 QinQ：对进入 2 层 QinQ 接口的帧，可以根据不同的内层 Tag 而加上不同的外层 Tag，对于用户 VLAN 的划分更加细致。

灵活 QinQ 对 Tag 的处理如下。

①为具有不同内层 VLAN ID 的报文添加不同的外层 VLAN Tag。

②根据报文内层 VLAN 的 802.1p 优先级标记外层 VLAN 的 802.1p 优先级和添加不同的外层 VLAN Tag。

通过使用灵活 QinQ 技术，在能够隔离运营商网络和用户网络的同时，又能够提供丰富的业务特性和更加灵活的组网能力。

任务实施

4.3.2　QinQ 配置

完成图 4－29 所示 QinQ 的配置。

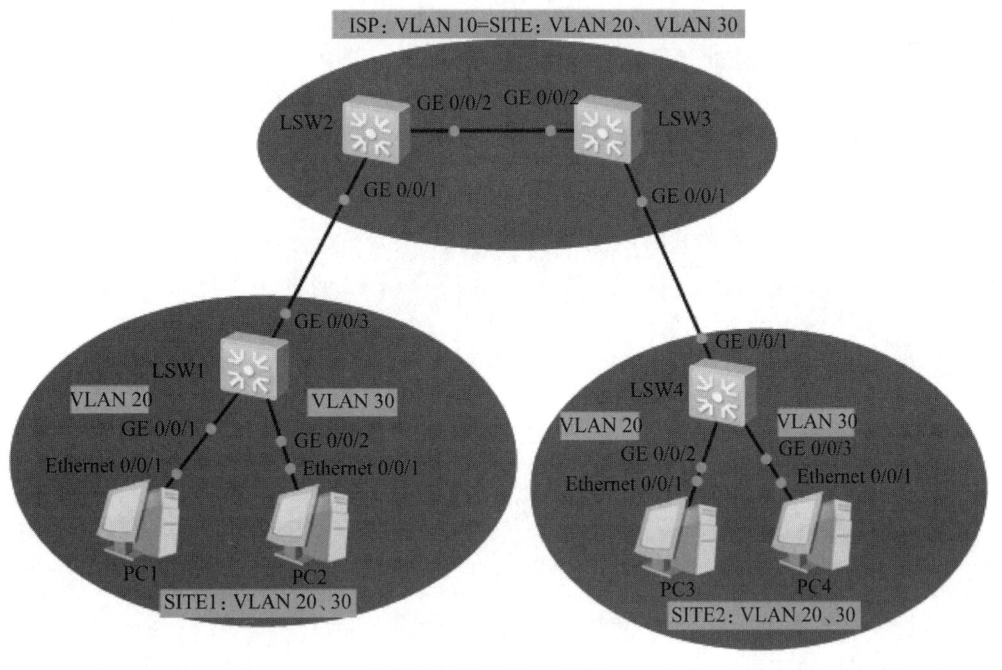

图 4－29　QinQ 配置

SITE1 和 SITE2 分别为同一个客户的两个站点，分别规划了 VLAN 20 和 VLAN 30，中间 LSW2 和 LSW3 模拟了 ISP 的网络，整个网络使用 2 层通信。现在因为 SITE1 和 SITE2 中使用的 VLAN 20 和 VLAN 30 在 ISP 内部并没有，正常情况下需要 ISP 在网络内部也创建 VLAN 20 和 VLAN 30，但是由于 ISP 的客户数量众多不可能创建那么多和客户网络一样的 VLAN，所以使用 QinQ 技术在同一个客户的数据帧上再打一层 ISP 内部的 VLAN－tag（ISP 使用 VLAN10 来封装客户多个 SITE 的帧），使用外层的 VLAN－tag 在 ISP 内部寻址，而到达客户对端站点的时候设备剥离 ISP 的外层 VLAN－tag，还原成客户站点本来的 VLAN－tag，从而使得同一个客户的多个站点之间可以相互通信。

（1）根据拓扑使用端口 QinQ 配置，使得 SITE1 与 SITE2 有相同的 VLAN 通信，即 PC1 与 PC3 通信、PC2 与 PC4 通信。

LSW2 与 LSW3 的配置相同，具体配置如下。

```
[SW2]vlan 10
[SW2]interface GigabitEthernet0/0/1
[SW2] port link-type trunk
[SW2] port trunk allow-pass vlan 2 to 4094
[SW2]interface GigabitEthernet0/0/2
[SW2] port link-type dot1q-tunnel       //启用端口 QinQ 模式,QinQ 通道
[SW2] port default vlan 10
                        //ISP 设备接口收到的帧全部在外侧打上 VLAN 10 的 tag
```

LSW1 与 LSW4 的配置相同，模拟同一个客户的两个 SITE。

```
[SW1] vlan batch 20 to 30
[SW1] interface GigabitEthernet0/0/1
[SW1] port link-type trunk
[SW1] port trunk allow-pass vlan 2 to 4094
[SW1] interface GigabitEthernet0/0/2
[SW1] port link-type access
[SW1] port default vlan 20
[SW1] interface GigabitEthernet0/0/3
[SW1]port link-type access
[SW1]port default vlan 30
```

测试，PC1 与 PC3 通信结果：

```
PC1 >ping 192.168.1.30
Ping 192.168.1.30: 32 data bytes, Press Ctrl_C to break
From 192.168.1.30: bytes=32 seq=1 ttl=128 time=94 ms
From 192.168.1.30: bytes=32 seq=2 ttl=128 time=94 ms
```

（2）根据拓扑使用灵活 QinQ 配置，使得 SITE1 与 SITE2 有相同的 VLAN 通信，即 PC1 与 PC3 通信、PC2 与 PC4 通信。

灵活的 QinQ 可以根据需求将客户网络的多个 VLAN 集合分别对应 ISP 内的多个 VLAN 集合，如上述拓扑中客户 SITE 中的 VLAN 2、VLAN 3 在进入 ISP 网络时分别在外层打上 VLAN 10、VLAN 20 的外层 tag 传递到对端的 SITE 中，具体配置如下。

LSW1 与 LSW4 的配置（相同）

```
[SW1]interface GigabitEthernet0/0/1
[SW1]port link-type trunk
[SW1]port trunk allow-pass vlan 2 to 4094
```

```
[SW1]interface GigabitEthernet0/0/2
[SW1]qinq vlan-translation enable
                                  //在 ISP 入接口开启 QinQ 的 VLAN 映射功能
[SW1]port hybrid untagged vlan 200 300
                 //允许 VLAN 10、20 通过该接口(出时剥离 VLAN 200、300 的标签)
[SW1]port vlan-stacking vlan 20 stack-vlan 200
                 //客户网络中的 VLAN 20 的外层打上 ISP 网络的 VLAN 200 的 tag
[SW1]port vlan-stacking vlan 30 stack-vlan 300
                 //客户网络中的 VLAN 30 的外层打上 ISP 网络的 VLAN 300 的 tag
```

LSW1 与 LSW4 的配置（相同）模拟同一个客户的两个 SITE：

```
[SW1]vlan batch 20 to 30
[SW1]interface GigabitEthernet0/0/1
[SW1] port link-type trunk
[SW1] port trunk allow-pass vlan 2 to 4094
[SW1]interface GigabitEthernet0/0/2
[SW1] port link-type access
[SW1] port default vlan 20
[SW1]interface GigabitEthernet0/0/3
[SW1] port link-type access
[SW1] port default vlan 30
```

测试 PC1 与 PC3、PC2 与 PC4 的连通性：

```
PC2>ping 192.168.1.40
Ping 192.168.1.40: 32 data bytes, Press Ctrl_C to break
From 192.168.1.40: bytes=32 seq=1 ttl=128 time=109 ms
From 192.168.1.40: bytes=32 seq=2 ttl=128 time=94 ms
```

任务总结

在学习 QinQ 原理、标签、分类的基础上，进一步学习 QinQ 对 Tag 的处理过程，完成了 QinQ 配置。学生理解了 QinQ 的原理、分类等相关内容，学会了基于 QinQ 的配置。通过本任务，培养了学生灵活运用所学知识解决实际问题的能力，锻炼了动手操作能力，实现了“教学做”一体化。

任务评价

任务自我评价见表 4-4。

表 4-4　自我评价表

知识和技能点	掌握程度
QinQ 原理	完全掌握　基本掌握　有些不懂　完全不懂
QinQ 标签	完全掌握　基本掌握　有些不懂　完全不懂

续表

知识和技能点	掌握程度
QinQ 分类	完全掌握 基本掌握 有些不懂 完全不懂
QinQ 配置	完全掌握 基本掌握 有些不懂 完全不懂

任务 4.4　2 层交换机 STP 配置

任务描述

STP 是一个用于局域网中消除环路的协议。运行该协议的设备通过彼此交互信息从而发现网络中的环路，并有选择地对某个端口进行阻塞，最终将环形网络结构修剪成无环路的树形网络结构，从而防止报文在环形网络中不断循环。本任务介绍了 STP 的概念、防环原理、端口角色及生成过程，介绍了 STP 在局域网的应用，实现了 STP 的配置。

任务分析

本任务在认知 STP 概念、原理及分类的基础上，进一步介绍了 STP 生成树的过程，使用 ENSP 模拟器和华为 S5700 交换机，实现了 STP 的配置。

知识准备

4.4.1　STP 原理

以太网交换网络中为了进行链路备份，提高网络可靠性，通常会使用冗余链路。但是使用冗余链路会在交换网络上产生环路，引发广播风暴以及 MAC 地址表不稳定等故障现象，从而导致用户通信质量较差甚至通信中断。

在局域网环境下，主要由 2 层交换机负责数据转发，由于 2 层交换机自身特点，可能会出现以下问题：①广播风暴，某个 PC 发送广播帧，从而使形成环路的交换机不停地泛洪(由于交换机是 2 层设备，没有网络层封装帧的 TTL 数，所以这种广播风暴更为严重)，直到网络堵塞；②帧的多重复制，由于多台交换机转发数据，可以使目标路由器接收到几个相同的帧，这在 3 层路由的一些协议中，会出现故障；③MAC 地址表不稳定。由于交换机的 MAC 表中一个端口可对应多个 MAC 地址，而一个 MAC 无法对应多个端口。然而在多个交换机同时作用环路时，难免会造成 MAC 表的重复学习，使 MAC 地址对应的端口不断被覆盖，造成 MAC 地址表不稳定。

为解决以太网交换网络中的以上问题，提出了生成树协议 STP。

STP 是一个用于局域网中消除环路的协议。运行该协议的设备通过彼此交互信息而发现网络中的环路，并有选择地对某个端口进行阻塞，最终将环形网络结构修剪成无环路的树形网络结构，从而防止报文在环形网络中不断循环，避免设备由于重复接收相同的报文造成处理能力下降。由于局域网规模的不断增长，STP 协议已经成为当前最重要的局域网协议之一。

简而言之，有环的物理拓扑提高了网络连接的可靠性，而无环的逻辑拓扑避免了广播风暴、MAC 地址表翻摆、多帧复制，这就是 STP 的精髓。

STP 的基本思想就是生成“一棵树”，树根是一个称为根桥的交换机。根据设置不同，不同的交换机会被选为根桥，但任意时刻只能有一个根桥。从根桥开始，逐级形成一棵树，根桥定时发送配置报文，非根桥接收配置报文并转发。如果某台交换机能够从两个以上的端口接收到配置报文，则说明从该交换机到根有不止一条路径，便构成了循环回路，此时交换机根据端口的配置选出一个端口并把其他的端口阻塞，以消除循环。STP 生成树示意图如图 4－30 所示。图中，通过阻断 S2 和物理网段 C、S3 和物理网段 E、S3 和物理网段 D 之间的冗余链路消除了桥接网络中存在的路径回环。当路径发生故障时，激活冗余备份链路，恢复网络连通性。当某个端口长时间不能接收到配置报文时，交换机认为端口的配置超时，网络拓扑可能已经改变，此时重新计算网络拓扑生成一棵树。

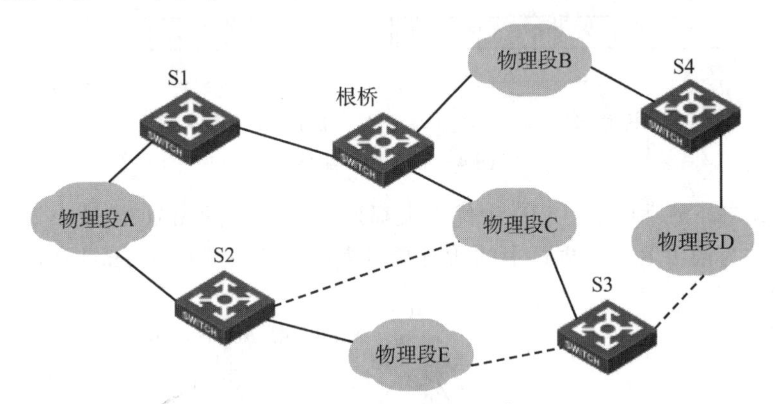

图 4－30　STP 生成树示意图

运行 STP 协议的设备通过彼此交互信息发现网络中的环路，STP 的基本原理如图 4－31 所示，通过在交换机之间传递桥协议数据单元（Bridge Protocol Data Unit，BPDU），来确定网络的拓扑结构，保证设备完成生成树的计算过程 。BPDU 有两种，即配置 CBPDU 和拓扑变化通知 TCNBPDU，前者是用于计算无环的生成树的，后者则是用于在 2 层网络拓扑发生变化时产生用来缩短 MAC 表项的刷新时间的（由默认的 300 s 缩短为 15 s）。配置 BPDU 中包含根桥 ID（Root ID）、根路径开销（Root Path Cost）、指定桥 ID（Designated Bridge ID）、指定端口 ID（ Designated Port ID ）等信息，完成生成树的计算。

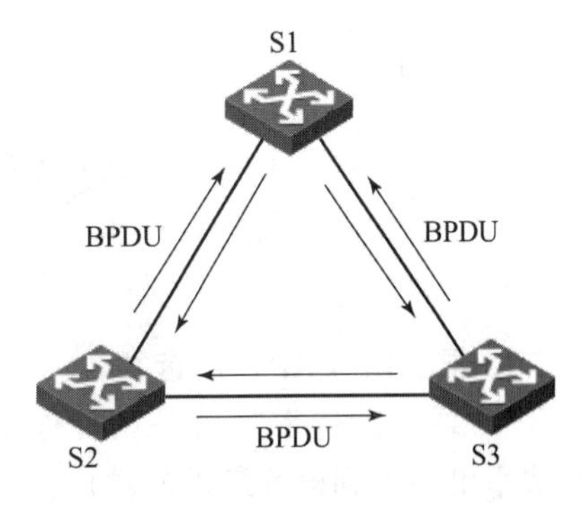

图 4－31　STP 的基本原理

BPDU 报文里有 Bridge ID，有优先级，有交换机的 MAC 地址（这个 MAC 地址，不是交换机接口上的 MAC 地址，而是交换机主板上的 MAC 地址）。先对比优先级，默认的优先级是 32 768，范围是 0～65 535，数字越小越优先，如果优先级相同，再对比主板上的 MAC 地址，MAC 地址越小越优先。根据优先级和 MAC 地址，选择出一个最优先的叫 Root，也叫根桥。

每个广播域独立运行 STP 协议，生成一棵树。STP 协议的生成步骤包括根桥的选举、根端口的选举、指定端口的选举、阻塞非指定端口等4个步骤，具体如下。

1. 根桥的选举

树的特点则是有根节点的，而这里的根桥就相当于树的根节点。以根桥为起始点发散出去。各台设备的各个端口在初始时生成以自己为根桥（Root Bridge）的配置消息，向外发送自己的配置消息。交换机每2 s发送一次BPDU，根据BPDU中的BID值选择根桥，BID值最小的就是根桥。

如图4-32所示，BID共8 B，由“桥优先级+桥MAC地址”组成。桥优先级的值可以手动设置，其默认值为0x8000（相当于十进制的32768）。优先级数值小的优先级高，当优先级相同时，比较MAC地址的大小，MAC地址小的被优先选择。

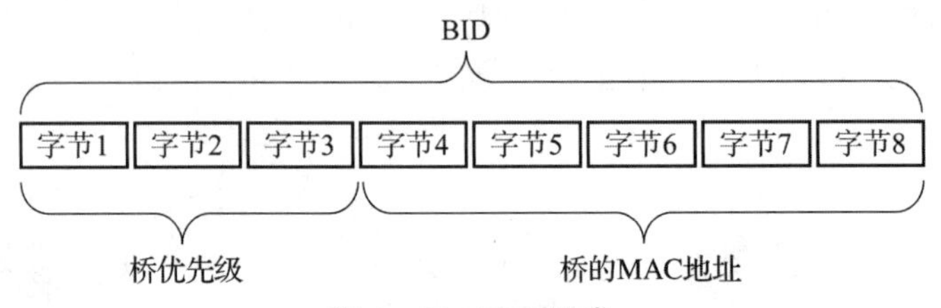

图4-32　BID组成

在图4-33中，S1和S2的BID中优先级都是0，而S1的MAC地址小于S2的MAC地址，所以被选举为根桥Root，根桥上的所有端口为指定端口（Designated Port，DP）。

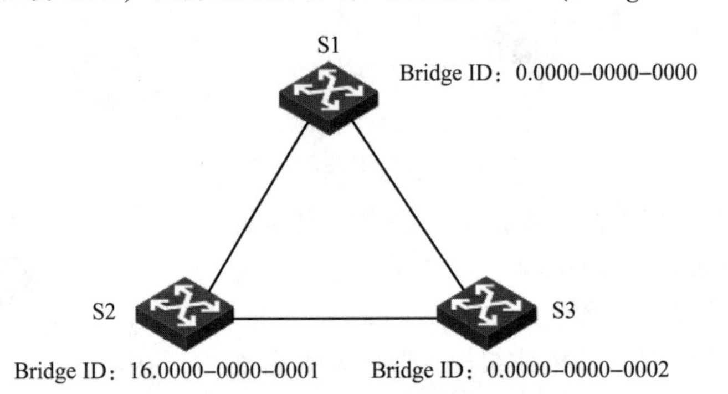

图4-33　根桥的选举

2. 根端口（RP）的选举

“根端口的选举”就是在所有非根桥上的不同端口之间选举出一个到根桥最近的端口，如图4-34所示。这个“最近”是根据端口到根桥的累计根路径开销最小来判定的。实质上是非根桥上接收到最优配置BPDU的那个端口即为根端口。每个非根桥设备都要选择一个根端口，根端口对于一个设备来说有且只有一个。

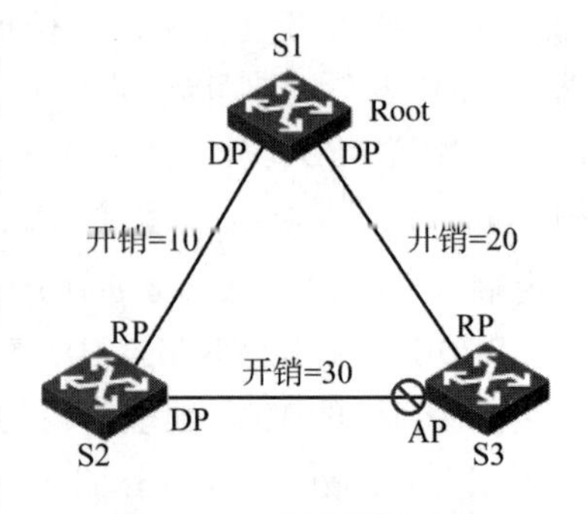

图4-34　根端口的选举

累计根路径开销的计算方法是累加从端口到达根桥所在路径的各端口（除根桥上的指定端口外）的各段链路的路径开销值（也称链路开销值）。这里需要特别注意的是，同一交换机上不同端口之间的路径开销值为0。如果同一桥上有两个以上的端口计算得到的累计根路径开销相同，那么选择收到发送者BID最小的那个端口为根端口。

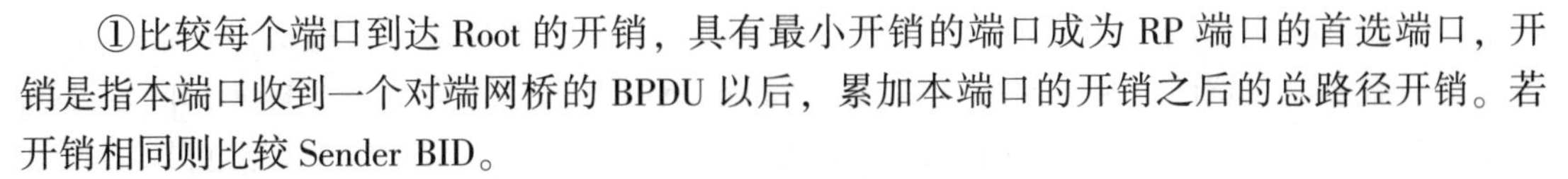

①比较每个端口到达 Root 的开销，具有最小开销的端口成为 RP 端口的首选端口，开销是指本端口收到一个对端网桥的 BPDU 以后，累加本端口的开销之后的总路径开销。若开销相同则比较 Sender BID。

②比较 Sender BID，收到 BPDU 中 Sender BID 最小的端口成为 RP，负责转发根网桥 BPDU 的交换机每次转发都将其中 BID 替换为自己的，若优先级相同则 MAC 越小越好，若 Sender BID 相同则比较 Port ID。

③比较 Port ID，收到 BPDU 中 Port ID 最小的端口成为 RP。Port ID 由 2 B 组成，包含一个数字有序对。第一个数字作为 Port Priority，第二个数字作为 Port Number。

3. 指定端口（DP）的选举

“指定端口的选举”是在每一个物理网段的不同端口之间选举出一个指定端口，所有链路上确定 DP。简单地理解为每条连接交换机的物理线路的两个端口中，有一个要被选为指定端口，每个网段选举指定端口后，就能保证每个网段的链路都能够到达根交换机。根端口的对端一定是指定端口（主要作用是转发来自根桥的 BPDU）。

DP 的选举过程如图 4－35 所示，依次根据以下两个条件来选举。

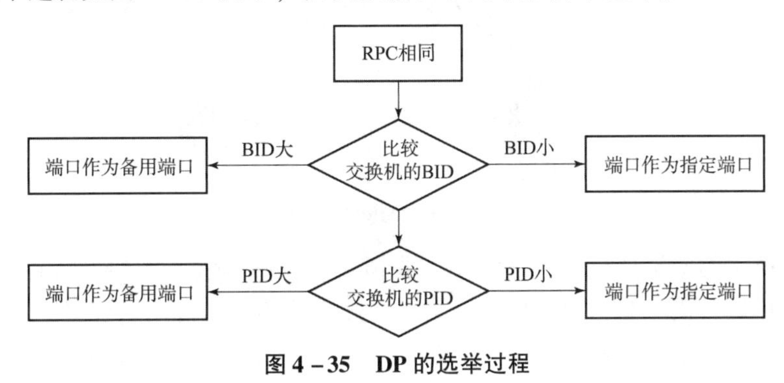

图 4－35　DP 的选举过程

（1）比较同一段链路上 2 个端口发送 BPDU 到根的开销，较小的一个端口称为 DP，如果相同再比较 Sender BID。

（2）比较同一段链路上的 2 个端口发送 BPDU 的 Sender BID（发送 SW 一般是这个端口所属的 SW），较小的一个端口称为 DP。

非根交换机与非根交换机之间连接线的两个端口中必定有一个端口为指定端口，此时比较两个非根交换机的根端口到达根桥的最低链路开销，以最低开销的非根交换机为准，其所在连接线（为上面非根交换机与非根交换机之间连接线）的端口为指定端口，如果链路开销一样，最后比较各自的桥 ID 即可。

4. 阻塞非指定端口

RP、DP 设置为转发状态，将其他剩余的端口设置为阻塞状态，只接收和监听 BPDU，但是不发送接收数据。

网络收敛后，根桥向外发送配置 BPDU，其他设备对该配置 BPDU 进行转发。

MSTP（Multiple Spanning Tree Algorithm and Protocol）是多生成树技术，允许在一个交换环境中运行多个生成树，每个生成树称为一个实例（instance）。实例时间的生成树彼此独立，如一个实例下的阻塞接口在另一个实例上可能是一个转发端口。MSTP 允许多个 VLAN 运行一个生成树实例，相比较 Cisco 的 PVST 技术，这是一个优势，因为在 Cisco 交换机中，运行 PVST 技术是一个实例一棵树，实例越多，生成树越多，交换机维护这些生成树，也是需要消耗硬件资源及网络开销的。大部分情况下，运行多个生成树实例的好处就在于链路的负载分担，但是当只有一条冗余链路时，运行两个生成树实例完全可以实现负载均衡，同时又能节约系统开销，MSTP 示例如图 4 - 36 所示。

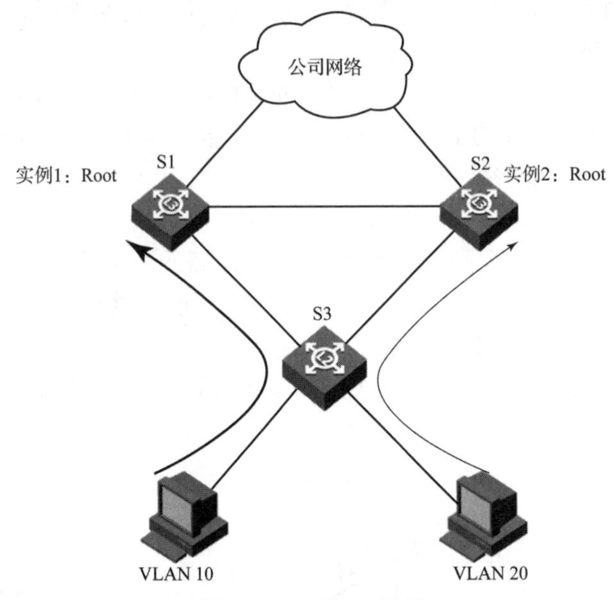

图 4 - 36　MSTP 示例

图 4 - 36 所示的网络环境中存在两个生成树实例，不同实例的根网桥在不同的物理交换机上，不但可以实现负载分担，而且不会因为过多的实例而占用系统资源。MSTP 将环路网络修剪成一个无环的树形网络，避免广播风暴的产生，同时还提供了数据转发的多个冗余路径，在数据转发过程中实现 VLAN 数据的负载均衡。

任务实施

4.4.2　STP 配置

根据图 4 - 37 所示网络拓扑，配置 STP 解决网络环路问题。

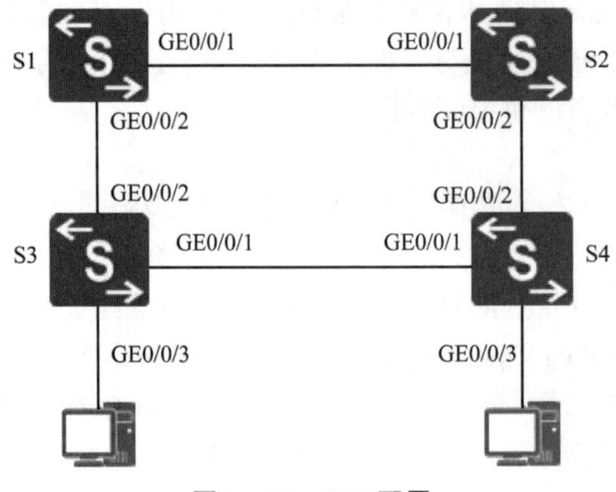

图 4 - 37　STP 配置

（1）配置STP模式。

配置交换机S1上生成树工作模式为STP：

```
<Huawei>system-view
[Huawei]sysname S1
[S1]stp mode stp
```

配置交换机S2上生成树工作模式为STP：

```
<Huawei>system-view
[Huawei]sysname S2
[S2]stp mode stp
```

配置交换机S3上生成树工作模式为STP：

```
<Huawei>system-view
[Huawei]sysname S3
[S3]stp mode stp
```

配置交换机S4上生成树工作模式为STP：

```
<Huawei>system-view
[Huawei]sysname S4
[S4]stp mode stp
```

说明：默认情况下，交换机是启用了STP功能的。如果STP处于关闭状态，需要首先在系统视图下使用“stp enable”命令来启用STP功能。

“stp mode {mstp|rstp|stp}”命令用来配置设备STP的工作模式。工作模式分别为MSTP、RSTP、STP，默认模式为MSTP。

（2）指定根桥。

配置S1为根桥：

```
[S1]stp root primary
```

（3）指定备份根桥。

配置S2为备份根桥：

```
[S2]stp root secondary
```

虽然STP会自动选举出根桥，但通常情况下，会事先指定性能较好、距离网络中心较近的汇聚或核心交换机作为根桥。本例中的网络结构非常简单，假设S1和S2是核心交换机，S3和S4是接入交换机，管理员将通过修改S1的桥优先级来保证S1被选举成为根桥。“stp priority priority”命令用来设置设备的桥优先级，“priority”的取值范围是0~65 535，默认值是32 768，该值要求设置为4 096的倍数，如4 096、8 192等。另外，还有一种便捷的方法来指定S1为根桥，即通过“stp root primary”命令直接指定S1为根桥。设备上配置了此命令后，设备的桥优先级的值会被自动设置为0，并且不能通过“stp priority priority”命令来更改该设备的桥优先级。

指定 S2 为备份根桥，可以在 S1 发生故障时接替 S1 成为新的根桥。在设备上执行“stp root secondary”命令后，设备的桥优先级的值会被自动设置为 4 096，并且不能通过“stp priority priority”命令来进行修改。

在 S1 上使用“display stp brief”命令，查看 STP 的简要信息：

```
[S1]display stp brief
MSTID   Port                     Role   STP State     Protection
  0       GigabitEthernet0/0/1   DESI   FORWARDING      NONE
  0       GigabitEthernet0/0/2   DESI   FORWARDING      NONE
```

在 S4 上使用“display stp brief”命令，查看 STP 的简要信息：

```
[S4]display stp brief
MSTID       Port                      Role   STP State    Protection
  0         GigabitEthernet0/0/1     ALTE   DISCARDING     NONE
  0         GigabitEthernet0/0/2     ROOT   FORWARDING     NONE
  0         GigabitEthernet0/0/3     DESI   FORWARDING    NONE
```

任务总结

在学习 STP 原理、生成树过程、端口角色、选举过程等内容的基础上，进一步学习 MSTP 生成树过程及特点，完成了 STP 配置。学生理解了 STP 的原理、选举过程等相关内容，学会了 STP 的配置。通过本任务，培养了学生灵活运用所学知识解决实际问题的能力，锻炼了动手操作能力，实现了“教学做”一体化。

任务评价

任务自我评价见表 4－5。

表 4－5　自我评价表

知识和技能点	掌握程度
STP 原理	完全掌握　基本掌握　有些不懂　完全不懂
生成树过程	完全掌握　基本掌握　有些不懂　完全不懂
端口角色	完全掌握　基本掌握　有些不懂　完全不懂
STP 配置	完全掌握　基本掌握　有些不懂　完全不懂

任务 4.5　2 层交换机链路聚合配置

任务描述

链路聚合 LACP 是指将多个物理端口汇聚在一起，形成一个逻辑端口，以实现出/入流量吞吐量在各成员端口的负荷分担。本任务介绍了链路聚合的概念、分类及原理，讲解了链路聚合在局域网的应用，实现了链路聚合的静态配置和动态配置。

任务分析

本任务在认知链路聚合的原理及分类的基础上，进一步介绍了静态链路聚合和动态链路聚合的原理，使用 ENSP 模拟器和华为交换机 S5700，实现了交换机手动链路聚合和 LACP 链路聚合的配置。

知识准备

4.5.1　链路聚合原理

链路聚合 LACP（Link Aggregation Control Protocol）是指将多个物理端口汇聚在一起，形成一个逻辑端口，以实现出/入流量吞吐量在各成员端口的负荷分担，交换机根据用户配置的端口负荷分担策略决定网络封包从哪个成员端口发送到对端的交换机。当交换机检测到其中一个成员端口的链路发生故障时，就停止在此端口上发送封包，并根据负荷分担策略在剩下的链路中重新计算报文的发送端口，故障端口恢复后再次担任收发端口。

链路聚合在增加链路带宽、实现链路传输弹性和工程冗余等方面是一项很重要的技术。链路聚合如图 4－38 所示，增加链路带宽可以将多个链路汇聚为一个大带宽链路，一般采用基于流的负载均衡模式。增加链路的可靠性指通过聚合组的多个链路，一条物理链路出问题，不影响整个逻辑聚合组链路。

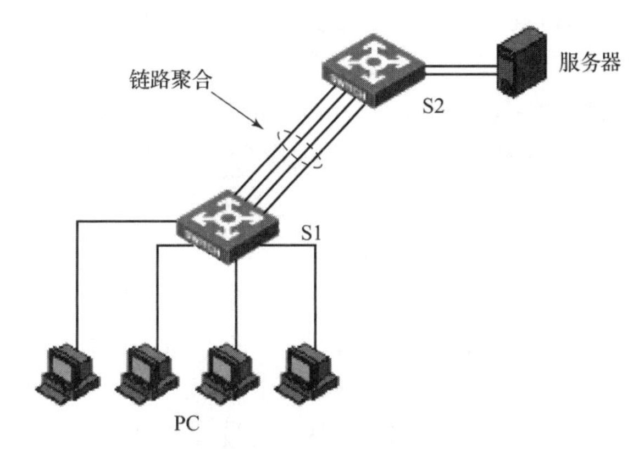

图 4－38　链路聚合

聚合链路负载分担原理如图 4－39 所示，链路聚合后链路基于流进行负载分担，不同数据流通过不同链路承载，实现了基于流的负载均衡。

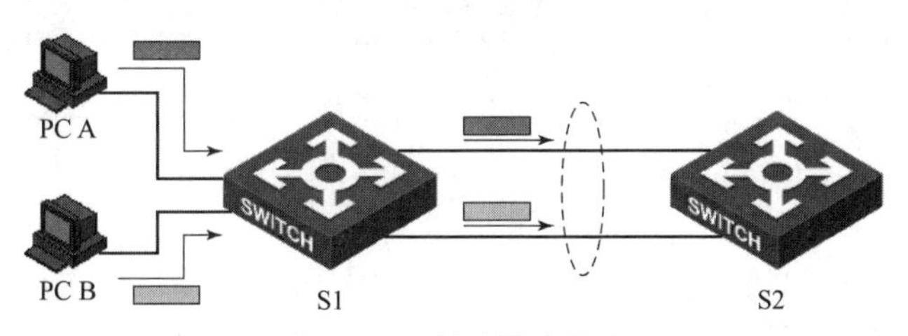

图 4－39　链路聚合原理

链路聚合按聚合方式不同，分为静态聚合和动态聚合。

静态聚合指双方系统间不使用聚合协议来协商链路信息，也称为手动配置。在此模式下，链路聚合的建立、成员接口的加入由手工配置。该模式下的所有活动链路都参与数据的转发，平均分担流量。如果某条活动链路出现故障，则自动在剩余的活动链路中平均分担流量。适用于两直连设备之间，既需要大量的带宽，也不支持 LACP 协议时。可以基于 MAC 地址与 IP 地址进行负载均衡。

采用链路聚合手动模式时，设备执行链路捆绑，采用负载均衡的方式通过捆绑的链路发送数据。某条线路出现故障后，链路聚合手动模式会使用其他链路发送数据，静态聚合如图 4－40 所示。

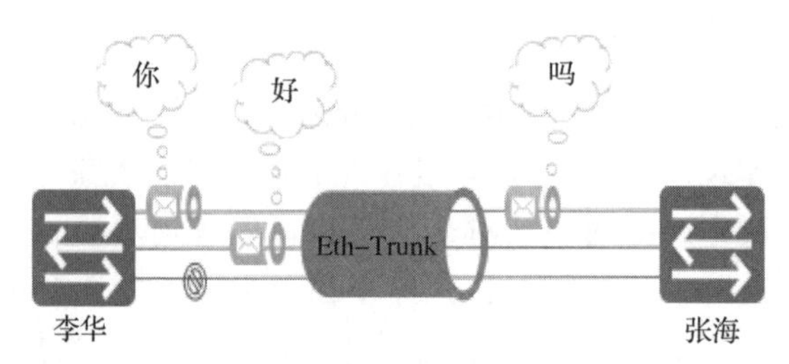

图 4－40　静态聚合

动态聚合指双方系统间使用聚合控制协议 LACP 来协商链路信息。LACP 链路聚合控制协议是一种基于 IEEE 802. 3ad 标准的、能够实现链路动态聚合的协议。在此模式下，链路聚合的建立、成员接口的加入由手工配置。链路两端的设备会相互发送 LACP 报文，协商聚合参数，从而选举出活动链路和非活动链路。活动成员链路（M）用于在负载均衡模式下的数据转发。非活动成员链路（N）用于冗余备份。如果一条活动成员链路出现故障，非活动成员链路中优先级最高的将代替出现故障的活动链路。状态由非活动链路变为活动链路。

LACP 模式的协商过程：①确定 LACP 主动端，系统优先级高的交换机将成为 LACP 主动端，如果系统优先级相同，则 MAC 地址较小的交换机会成为 LACP 主动端；②确定主用链路，端口优先级最高的 *N* 个端口会与对端建立链路聚合主用链路，其余端口为备用链路。

LACP 模式的协商示例如图 4－41 所示。假定交换机 SW1 的系统优先级高于交换机 SW2，因此，交换机 SW1 成为 LACP 主动端；假定将 SW1 主用链路的数量设置为了两条，而 SW1 的 1、3 端口优先级最高，因此链路聚合中的 1、3 两个端口所连接的链路为主用链路，端口 2 连接的链路则为备用链路；如果 SW1 的端口 1 或端口 3 无法通信，那么端口 2 所连接的链路就会被激活并且开始承担流量负载。

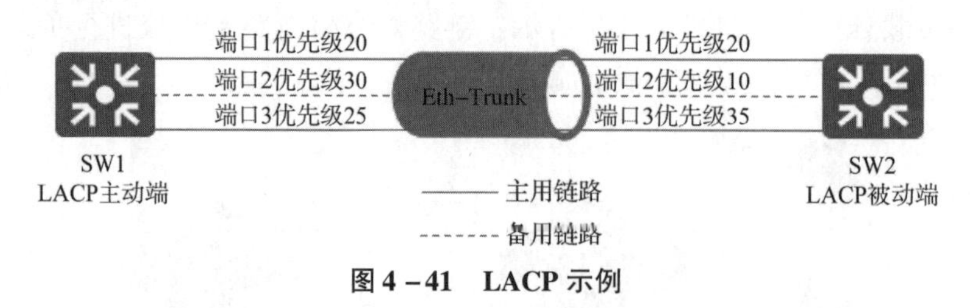

图 4－41　LACP 示例

如果在链路聚合的 LACP 主动端上，有一个比主用链路端口优先级值更优的端口被添加进来或者故障端口得到了恢复，那么这个端口所连接的链路是否会作为主用链路被添加到链路聚合中，取决于链路聚合是否配置了抢占模式。

在静态聚合模式下，所有的端口都处于数据转发状态；在动态聚合模式下，会有一些链路充当备份链路。

链路聚合端口的特点如下。

（1）只能删除不包含任何成员端口的链路聚合端口。

（2）2层的链路聚合端口的成员端口必须是2层的接口；3层的链路聚合端口的成员端口必须是3层的接口。

（3）一个链路聚合端口最多可以加入8个成员端口。

（4）加入链路聚合端口的接口类型必须是Hybrid接口（Access与Trunk类型的端口无法加入）。

（5）链路聚合端口不能作为其他链路聚合端口的成员端口。

（6）同一个以太网接口只能属于一个链路聚合端口。

（7）同一个链路聚合端口下的成员端口的类型必须一致。

（8）如果本端设备接口加入了链路聚合端口，与该接口直连的对端接口也必须加入链路聚合端口，两端才能正常通信。

（9）如果成员端口的速率不同，速率低的接口可能会发送拥塞，造成报文的丢失。

（10）接口加入链路聚合端口后，成员端口不再学习MAC地址，链路聚合端口进行MAC地址的学习。

任务实施

4.5.2　链路聚合配置

1. 链路聚合配置命令

链路聚合的配置命令如下：

```
[Switch] interface eth-trunk interface-number//创建聚合端口
[Switch-Eth-trunk interface-number]trunkport interface
                                          //将以太网端口加入聚合组
[Switch-Eth-Trunk1] mode ? //选择链路聚合的模式
[Switch-Eth-Trunk1]load-balance ? //选择负载均衡的判断条件
```

2. 手动配置

通过手动方式配置图4-42所示交换机SW1和SW2的GE0/0/1和GE0/0/2端口进行链路聚合。

图4-42　手动配置链路聚合

S1的配置如下：

```
[SW1]interface eth-trunk 1    //创建并进入链路聚合接口,编号为1
[SW1-Eth-Trunk1]trunkport GigabitEthernet0/0/1 to 0/0/2
                                   //向链路聚合接口中添加成员接口
[SW1-Eth-Trunk1]port link-type trunk
[SW1-Eth-Trunk1]port trunk allow-pass vlan all
```

S2 的配置如下：

```
[SW2]interface eth-trunk 1
[SW2-Eth-Trunk1]trunkport GigabitEthernet0/0/1 to 0/0/2
[SW2-Eth-Trunk1]port link-type trunk
[SW2-Eth-Trunk1]port trunk allow-pass vlan all
```

上述配置的命令注释如下。

（1）interface eth－trunk 1：系统视图命令，用来创建并进入链路聚合端口，可以指定链路聚合接口的编号，取值范围视设备类型不尽相同，一般为0～63，此处为1。

（2）trunkport GigabitEthernet 0/0/1 to 0/0/2：链路聚合端口视图命令，作用是向链路聚合端口中添加成员端口，管理员可以使用关键字“to”快速添加多个编号连续的端口。在一个链路聚合中必须指定相同类型的端口。此处是把端口 GE0/0/1 和 GE0/0/2 作为成员端口添加到链路聚合 1 中。

（3）port link－type trunk：端口视图命令，命令的功能是设置端口的链路类型为 Trunk，这与普通物理端口的命令相同。

（4）port trunk allow－pass vlan all：端口视图命令，命令的功能是允许这个 Trunk 链路能够发送 VLAN 流量，这与普通物理端口的命令相同。此处用“all”表示放行所有 VLAN 的流量，可以使用“display eth－trunk 1”命令来检查这个链路聚合以及成员端口的状态。

链路聚合查看：

```
<Huawei>display eth-trunk 1
Eth-Trunk1's state information is:
WorkingMode: NORMAL  Hash arithmetic: According to SIP-XOR-DIP
Least Active-linknumber: 1  Max Bandwidth-affected-linknumber: 8
Operate status: up          Number Of Up Port In Trunk: 3
-----------------------------------------------------------------------
PortName                     Status        Weight
GigaEthernet0/0/1              Up             1
GigaEthernet0/0/2              Up             1
```

mode lacp－static：链路聚合端口视图命令，用来启用 LACP 工作模式。默认情况下链路聚合的工作模式是手动模式，如果需要把当前为 LACP 工作模式的链路聚合端口更改为手动配置，需要在链路聚合端口视图中使用“mode manual”命令。两端设备的链路聚合工作模式必须相同，并且需要注意在把链路聚合端口更改为 LACP 工作模式时，链路聚合中可以包含成员端口，但反之把链路聚合端口更改为手动工作模式时，链路聚合端口中不能有任何成员端口。手动模式是默认的链路聚合模式。

3. LACP 配置链路聚合

通过 LACP 方式配置图 4－43 所示交换机 SW1 和 SW2 的 GE0/0/1 和 GE0/0/2 的端口进行链路聚合。

图 4－43　LACP 配置链路聚合

```
[SW1]interface Eth-Trunk 2
[SW1-Eth-Trunk2]mode lacp-static    //启用 LACP 工作模式
[SW1-Eth-Trunk2]trunkport GigabitEthernet0/0/1 to 0/0/2
[SW2]interface Eth-Trunk 2
[SW2-Eth-Trunk2]mode lacp-static
[SW2-Eth-Trunk2]trunkport GigabitEthernet0/0/1 to 0/0/2
```

使用“display Eth－trunk 2”命令来检查这个链路聚合以及成员接口的状态：

```
[SW1]display eth-trunk 2
```

查看到的动态模式的链路聚合以及成员接口的状态如图 4－44 所示。

```
Eth-Trunk 2's state information is:
… … … …
Operate status: up              Number of Up Port In Trunk: 2
--------------------------------------------------------------------------------
ActorPortName          Selected  PortType  PortPri  PortNo  PortKey  PortState  Weight
GigabitEthernet 0/0/1  Selected  1GE       32768    2       7729     10111100   1
GigabitEthernet 0/0/2  Selected  1GE       32768    2       7729     10111100   1
Partner:
--------------------------------------------------------------------------------
ActorPortName          SysPri  SystemID        PortPri  PortNo  PortKey  PortState
GigabitEthernet 0/0/1  32768   4clf-cc75-3550  32768    2       7729     10111100
GigabitEthernet 0/0/2  32768   4clf-cc75-3550  32768    3       7729     10111100
```

在动态模式下本地成员接口的状态

对端成员接口的状态

图 4－44　动态模式的链路聚合以及成员接口的状态

此处“display eth－trunk 2”命令的输出信息要比手动配置时的信息丰富很多，并且显示信息分为两个部分，前面为本地成员端口信息，后面加粗文本部分为对端成员端口信息。部分输出字段的含义如下。

（1）ActorPortName：本地成员端口或对端成员端口的名称。

（2）Status：本地成员端口的状态，在 LACP 模式下状态分为 Selected（表示端口被选中并成为主用端口）和 Unselect（表示端口未被选中并成为备用端口），在手动配置模式下状态分为 Up（表示端口状态正常）和 Down（表示端口出现物理故障）。

（3）PortType：本地成员端口的类型。

（4）PortPri：本地成员端口或对端成员端口的 LACP 端口优先级。

任务总结

在学习链路聚合概念、分类等内容的基础上，进一步学习链路聚合的特点及应用，完成了链路聚合的静态配置和动态配置。学生理解了链路聚合的原理、分类等相关内容，学会了链路聚合的配置。通过本任务，培养了学生灵活运用所学知识解决实际问题的能力，锻炼了动手操作能力，实现了“教学做”一体化。

任务评价

任务自我评价见表4-6。

表4-6 自我评价表

知识和技能点	掌握程度
链路聚合概念	完全掌握 基本掌握 有些不懂 完全不懂
链路聚合分类	完全掌握 基本掌握 有些不懂 完全不懂
链路聚合特点	完全掌握 基本掌握 有些不懂 完全不懂
链路聚合静态配置	完全掌握 基本掌握 有些不懂 完全不懂
链路聚合动态配置	完全掌握 基本掌握 有些不懂 完全不懂

任务4.6 初识3层交换机

任务描述

组建中型企业网一般用到的设备是2层交换机和3层交换机。3层交换机同时具有3层路由和2层交换的功能，实现不同广播域间的数据交换，就好比高校校园不同校区的指示牌，可以指示不同校区数据流的转发。本任务介绍了3层交换机的概念、转发原理，使用3层交换机实现了VLAN间的互通。

任务分析

本任务在认知3层交换机的硬件结构及转发原理的基础上，进一步介绍了3层交换机"一次路由、多次交换"的转发流程，使用ENSP模拟器和华为交换机S5700，实现了不同VLAN间数据互通配置。

知识准备

4.6.1 3层汇聚交换机

早期的网络中一般使用2层交换机来搭建局域网，而不同局域网之间的网络互通由路由器来完成。那时的网络流量，局域网内部的流量占了绝大部分，而网络间的通信访问量比较少，使用少量路由器已经足够应付了。

但是随着网络范围的不断扩大、网络业务的不断丰富，网络间互访的需求越来越大，而路由器由于自身成本高、转发性能低、端口数量少等特点无法很好地满足网络发展的需求。因此出现了3层交换机这样一种能实现高速3层转发的设备。

路由器的3层转发主要依靠CPU进行，而3层交换机的3层转发依靠硬件完成，大大提高了转发性能。当然，3层交换机并不能完全替代路由器，路由器所具备的丰富的接口类型、良好的流量服务等级控制、强大的路由能力等仍然是3层交换机的薄弱环节。

目前的3层交换机一般是通过VLAN来划分2层网络并实现2层交换，同时能够实现不

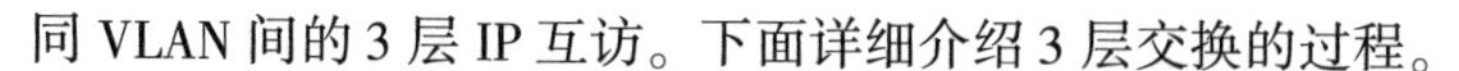

同VLAN间的3层IP互访。下面详细介绍3层交换的过程。

如图4-45所示，通信的源、目的主机连接在同一台3层交换机上，但它们位于不同VLAN（不同网段）。对于3层交换机来说，这两台主机都位于它的直连网段内，它们的IP对应的路由都是直连路由。

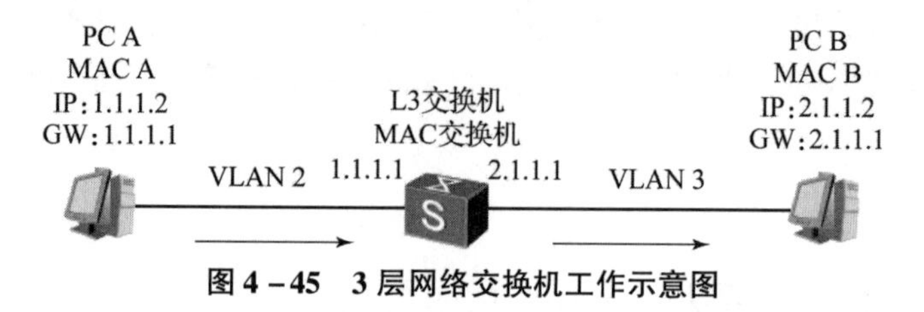

图4-45 3层网络交换机工作示意图

图4-45中标明了两台主机的MAC、IP地址、网关以及3层交换机的MAC、不同VLAN配置的3层接口IP。当PC A向PC B发起ping时，流程如下（假设3层交换机上还未建立任何硬件转发表项）。

（1）根据前面的描述，PC A首先检查出目的IP地址2.1.1.2（PC B）与自己不在同一网段，因此它发出请求网关地址1.1.1.1对应MAC的ARP请求。

（2）L3交换机收到PC A的ARP请求后，检查请求报文发现被请求IP是自己的3层接口IP，因此发送ARP应答并将自己的3层接口MAC（MAC交换机）包含在其中。同时它还会把PC A的IP地址与MAC地址相对应（1.1.1.2与MAC A）关系记录到自己的ARP表项中去（因为ARP请求报文中包含了发送者的IP和MAC）。

（3）PC A得到网关（L3交换机）的ARP应答后，组装ICMP请求报文并发送，报文的目的MAC=MAC交换机、源MAC=MAC A、源IP=1.1.1.2、目的IP=2.1.1.2。

（4）L3交换机收到报文后，首先根据报文的源MAC+VLANID更新MAC表。然后，根据报文的目的MAC+VLANID查找MAC地址表，发现匹配了自己3层接口MAC的表项，说明需要作3层转发，于是继续查找交换芯片的3层表项。

（5）交换芯片根据报文的目的IP去查找其3层表项，由于之前未建立任何表项，因此查找失败，于是将报文送到CPU去进行软件处理。

（6）CPU根据报文的目的IP去查找其软件路由表，发现匹配了一个直连网段（PC B对应的网段），于是继续查找其软件ARP表，仍然查找失败。然后L3交换机会在目的网段对应的VLAN 3的所有端口发送请求地址2.1.1.2对应MAC的ARP请求。

（7）PC B收到L3交换机发送的ARP请求后，检查发现被请求IP是自己的IP，因此发送ARP应答并将自己的MAC（MAC B）包含在其中。同时，将L3交换机的IP与MAC的对应关系（2.1.1.1与MAC交换机）记录到自己的ARP表中去。

（8）L3交换机收到PC B的ARP应答后，将其IP和MAC对应关系（2.1.1.2与MAC B）记录到自己的ARP表中去，并将PC A的ICMP请求报文发送给PC B，报文的目的MAC修改为PC B的MAC（MAC B），源MAC修改为自己的MAC（MAC交换机）。同时在交换芯片的3层表项中根据刚得到的3层转发信息添加表项（内容包括IP、MAC、出口VLAN、出端口），这样后续的PC A发往PC B的报文就可以通过该硬件3层表项直接转发了。

（9）PC B收到L3交换机转发过来的ICMP请求报文以后，回应ICMP应答给PC A。ICMP应答报文的转发过程与前面类似，只是由于L3交换机在之前已经得到PC A的IP和

MAC 对应关系了，也同时在交换芯片中添加了相关 3 层表项，因此这个报文直接由交换芯片硬件转发给 PC A。

（10）后续的往返报文都经过查 MAC 表到查 3 层转发表的过程由交换芯片直接进行硬件转发了。

从上述流程可以看出，3 层交换机正是充分利用了“一次路由（首包 CPU 转发并建立 3 层硬件表项）、多次交换（后续包芯片硬件转发）”的原理实现了转发性能与 3 层交换的统一。

任务实施

4.6.2 3 层交换机实现 VLAN 互通配置

如图 4-46 所示，使用 2 台主机和 1 台 3 层交换机进行组网并实现 VLAN 间路由，其中包括配置交换机的名称、配置交换机 VLAN 及 VLAN 的 IP 地址等。

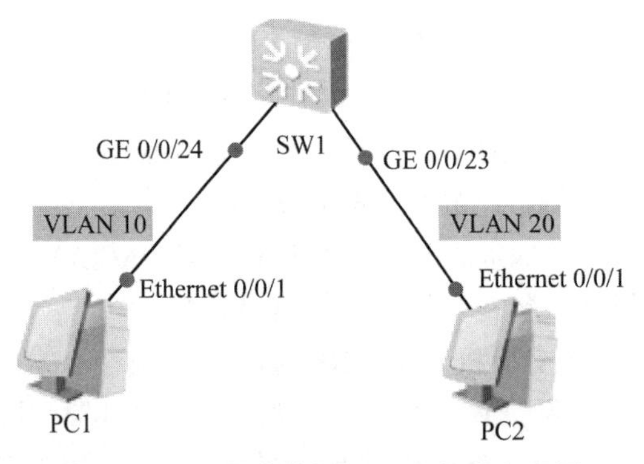

图 4-46 3 层交换机 VLAN 间路由配置

实验选用 1 台 3 层交换机，其中交换机的 Gethernet 0/0/24 端口连接至 PC1，Gethernet 0/0/23 端口连接至 PC2。路由器各端口地址规划见表 4-7。

表 4-7 3 层交换机 VLAN 的划分及 VLAN 间路由 IP 地址规划

交换机		PC1	PC2
Gethernet 0/0/24	VALN 10 192. 168. 10. 1/24	主机 IP：192. 168. 10. 200	主机 IP：192. 168. 20. 200
Gethernet 0/0/23	VLAN 20 192. 168. 20. 1/24	子网掩码：255. 255. 255. 0	子网掩码：255. 255. 255. 0
	VLAN 1 192. 168. 1. 1/24	网关：192. 168. 10. 1	网关：192. 168. 20. 1

SW1 配置命令：

```
[SW1]vlan 10
[SW1]vlan 20
[SW1]interface Ethernet 0/0/24
```

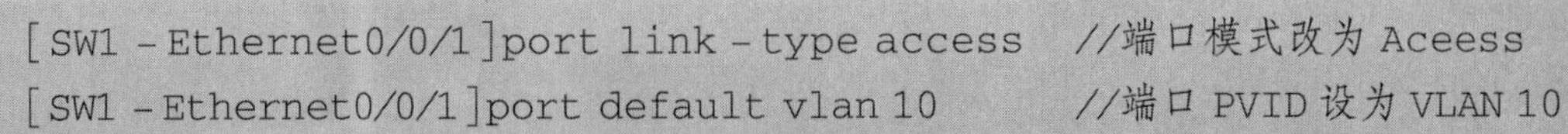

```
[SW1 -Ethernet0/0/1]port link -type access   //端口模式改为 Aceess
[SW1 -Ethernet0/0/1]port default vlan 10      //端口 PVID 设为 VLAN 10
[SW1 -Ethernet0/0/1]quit
[SW1]interface Ethernet 0/0/23
[SW1 -Ethernet0/0/1]port link -type access   //端口模式改为 Aceess
[SW1 -Ethernet0/0/1]port default vlan 20      //端口 PVID 设为 VLAN 20
[SW1 -Ethernet0/0/1]quit
[SW1]interface Vlanif 10   //进入 vlanif 10 端口
[SW1 -Vlanif10]ip address 192.168.10.1 255.255.255.0
                                            //配置 vlanif 10 端口的 IP
[SW1]interface Vlanif 20   //进入 vlanif 10 端口
[SW1 -Vlanif20]ip address 192.168.20.1 255.255.255.0
                                            //配置 vlanif 10 端口的 IP
```

在 PC1 上再次使用 ping 命令查看是否能与 PC2 互通，此时 PC1 可以 ping 通 PC2，说明 192.168.10.0/24 网段与 192.168.20.0/24 网段可以互通，配置完成。

任务总结

介绍了 3 层汇聚交换机的工作原理。在学习交换机原理的基础上，进一步完成了 3 层交换机实现 VLAN 间路由的相关配置。

任务评价

任务自我评价见表 4 -8。

表 4 -8　自我评价表

知识和技能点	掌握程度
3 层交换机转发原理	完全掌握　基本掌握　有些不懂　完全不懂
3 层交换机功能	完全掌握　基本掌握　有些不懂　完全不懂
VLAN 间互通配置	完全掌握　基本掌握　有些不懂　完全不懂

任务 4.7　组建 WLAN

任务描述

无线局域网 WLAN 是计算机网络与无线通信技术相结合的产物。WLAN 用射频技术取代旧式的双绞线构成局域网络。本任务介绍了组建 WLAN 的设备交换机、AC、AP 等，对比了 IEEE 802.11 协议簇，实现了 WLAN 的配置。

任务分析

本任务在介绍 WLAN 概念及设备的基础上，进一步阐述了 802.11 系列协议、CSMA/

CA 协议，讲解了 AC、AP 的功能及应用，使用 ENSP 模拟器和华为交换机、AC、AP 等设备，设计并组建了 WALN，实现了 WLAN 的组网配置。

知识准备

4.7.1　WLAN 原理及设备

组建 WLAN 一般会用到交换机、AC 和 AP 等设备。AC 是 WALN 网络的管理和控制节点，实现对 AP 的配置管理、无线用户的认证、管理及宽带访问、安全等控制功能。

无线网络是采用无线通信技术实现的网络。无线网络既包括允许用户建立远距离无线连接的全球语音和数据网络，也包括对近距离无线连接进行优化的红外线技术及射频技术。无线网络与有线网络的用途十分类似，最大的不同在于传输介质不同，它利用无线电技术取代网线。

1. WLAN 原理

无线局域网（Wireless LAN，WLAN）是计算机网络与无线通信技术相结合的产物。用射频（RF）技术取代旧式的双绞线构成局域网络，提供传统有线局域网的所有功能。具有部署简单、移动方便、使用便捷等优点。我们国家将加快构建高速、移动、安全、泛在的新一代信息基础设施，推进信息网络技术广泛运用，形成万物互联、人机交互、天地一体的网络空间，在城镇热点公共区域推广免费高速 WLAN 接入。

目前，WLAN 在机场、地铁、客运站等公共交通领域、医疗机构、教育园区、产业园区、商城等公共区域实现了重点城市的全覆盖，下一阶段将实现城镇级别的公共区域全覆盖，无线网络规模将持续增长。

WLAN 是指以无线信道作传输介质的计算机局域网。计算机无线联网方式是有线联网方式的一种补充，它是在有线网的基础上发展起来的，使网上的计算机具有可移动性，能快速、方便地解决以有线方式不易实现的网络信道的连通问题。

IEEE 802.11 协议簇是由电气和电子工程师协会（Institute of Electrical and Electros Engineers，IEEE）定义的无线网络通信标准，WLAN 基于 IEEE 802.11 协议工作，802.11 系列协议比较见表 4－9。目前使用最广泛的两种无线标准分别为 802.11n（第 4 代）和 802.11ac（第 5 代），特点是都可工作在 2.4 GHz 和 5 GHz 频段，传输速率理论上可达 600 Mb/s。现很多支持 2.4 GHz、5 GHz 双频的路由器其实只使用 802.lln 第 4 代标准。严格来说，只有支持 802.llac 标准才是真正的 5G。

表 4－9　802.11 系列协议参数对比表

比较项目	802.11	802.11b	802.11a	802.11g
标准发布时间/年．月．	1997.7.	1999.9	1999.9.	2003.6.
合法频宽/MHz	83.5	83.5	325	83.5
频率范围/GHz	2.400～2.483	2.400～2.483	5.150～5.350 5.725～5.850	2.400～2.483
非重叠信道	3	3	12	3

续表

调制技术	FHSS/DSSS	CCK/ DSSS	OFDM	CCK/OFDM
物理发送速率	1, 2	1, 2, 5.5, 11	6, 9, 12, 18, 24, 36, 48, 54	6, 9, 12, 18, 24, 36, 48, 54
无线覆盖范围/M	N/A	100	50	<100
理论上的最大 UDP 吞吐量 (1 500 B)/(Mb/s)	1.7	7.1	30.9	30.9
理论上的 TCP/IP 吞吐量 (1 500 B)/(Mb/s)	1.6	5.9	24.4	24.4
兼容性	N/A	与11g产品可互通	与11b/g不能互通	与11b产品可互通

IEEE 802.11 MAC层负责客户端与AP之间的通信，包括扫描、认证、接入、加密、漫游等；针对帧的不同功能，可将IEEE 802.11中的MAC帧细分为控制帧、管理帧和数据帧3类。

802.11的MAC协议与IEEE 802.3相似，考虑到无线局域网中，无线电波传输距离受限，不是所有的节点都能监听到信号，且无线网卡工作在半双工模式，一旦发生碰撞，重新发送数据会降低吞吐量。因此，IEEE 802.11对CSMA/CD进行了一些修改，采用了CS-MA/CA（载波监听多路访问/冲突退避机制）来避免冲突的发生。

CSMA/CA工作原理如下。

（1）首先检测信道是否有STA在使用，如果信道空闲，则等待DIFS时间后，就发送数据。

（2）如果检测到信道正在使用，根据CSMA/CA退避算法，STA将冻结退避计时器。经过DIFS时间后，继续监听，只要信道空闲，退避计时器就进行倒计时，当退避计时器减少到零时（这条信道可能是空闲的），STA就发送帧并等待确认。

（3）目标STA如果正确收到该帧，则经过SIFS时间后，向源STA发送ACK确认帧；如果源STA收到ACK帧，确定数据正确传输，在经过DIFS时间间隔后，会出现一段空闲时间，叫做争用窗口，各STA进入争用信道情况，然后重复（1）。

（4）如果源STA没有收到ACK，则需要重新发送原数据帧，直到收到确认为止或经过若干次重传失败后放弃发送。

2.4 GHz频段频率分配如图4-47所示，当AP工作在2.4 GHz频段时，AP工作的频率范围是2.4~2.4835.8 GHz。在此频率范围内又划分出14个信道。每个信道的中心频率相隔5 MHz，每个信道可供占用的带宽为22 MHz。

5.8 GHz频段频率分配如图4-48所示，当AP工作在5.8GHz频段时，中国WLAN工作的频率范围是5.725.8~5.850 GHz。在此频率范围内又划分出5个信道，每个信道的中心频率相隔20 MHz。

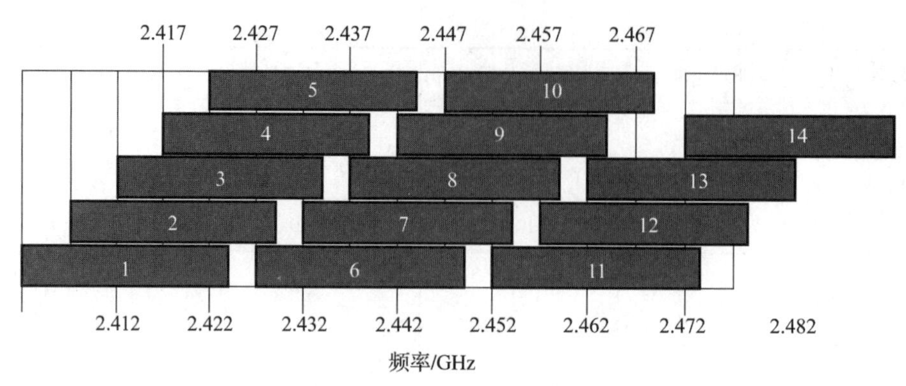

图 4－47　2. 4 GHz 频段频率分配

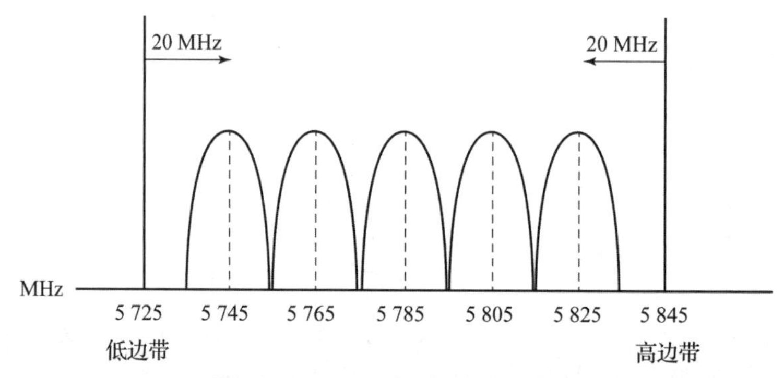

图 4－48　5. 8 GHz 频段频率分配

频点的复用如图 4－49 所示。无线覆盖采用蜂窝式覆盖原则，任意相邻区域使用无频率交叉的频道，如 1、6、11 频道，适当调整发射功率，可避免跨区域同频干扰，蜂窝式无线覆盖实现无交叉频率重复使用

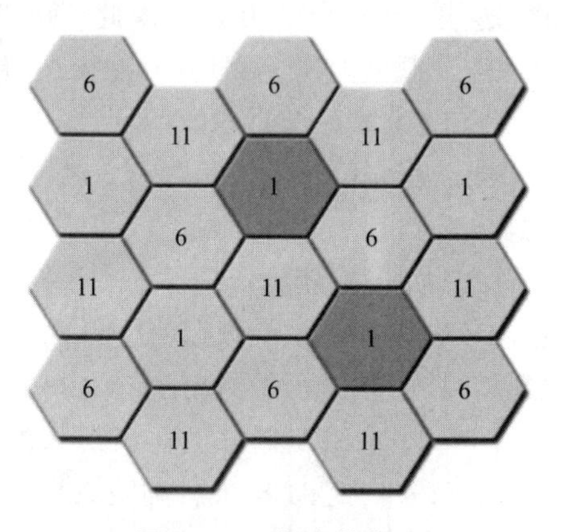

图 4－49　频点的复用

2. WLAN 设备

WLAN 组网如图 4－50 所示，用到的无线网络设备有无线控制器（Access Controller，AC）和无线接入点（Access Point，AP），AP 又分为室内 AP、室外 AP、场景化产品系列 AP 等。

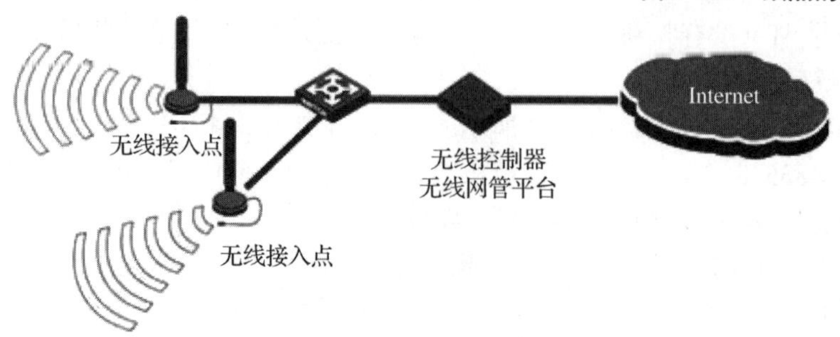

图 4－50　WLAN 组网

AC 是无线局域网接入控制设备，其外观如图 4 - 51 所示，负责把来自不同 AP 的数据进行汇聚并接入 Internet，同时完成 AP 设备的配置管理、无线用户的认证、管理及宽带访问、安全等控制功能。提供丰富灵活的用户策略管理及权限控制能力。设备可通过 eSight 网管、Web 网管、命令行（CLI）进行维护。

图 4 - 51 AC 外观

无线接入点 AP 从功能上可分为“胖” AP 和“瘦” AP，AP 外观如图 4 - 52 所示。其中，“胖” AP 拥有独立的操作系统，可以进行单独配置和管理，而“瘦” AP 则无法单独进行配置和管理操作，需要借助无线网络控制器进行统一的管理和配置。

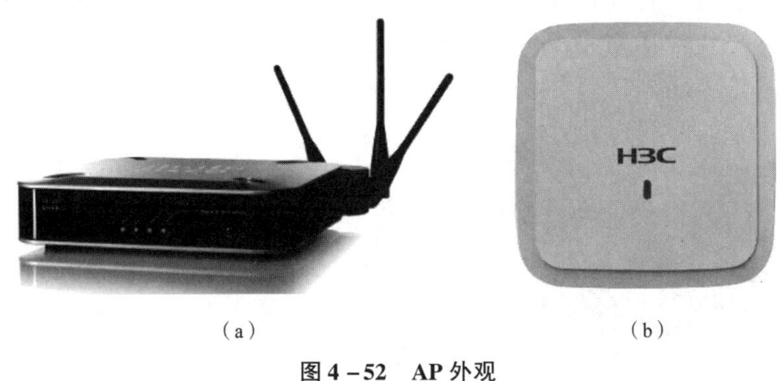

(a) (b)

图 4 - 52 AP 外观

(a) 胖 AP；(b) 瘦 AP

“胖” AP 可以自主完成包括无线接入、安全加密、设备配置等在内的多项任务，不需要其他设备的协助，适合用于构建中、小型规模无线局域网。“瘦” AP 又称为轻型无线 AP，必须借助无线网络控制器进行配置和管理。

某宾馆 WLAN 热点覆盖如图 4 - 53 所示，采用 AC + AP 的方式，对会议厅、餐厅、茶座、大厅、服务台等场所进行无缝覆盖。

任务实施

4.7.2 WLAN 配置

通过有线方式接入 Internet，通过无线方式连接终端。某公司为了保证工作人员可以随时随地的访问公司网络，需要通过部署 WLAN 基本业务实现移动办公。

提供名为“wlan”的无线网络。SW 作为 DHCP 服务器和网关，为工作人员分配 IP 地址，AP 仅做 DHCP 报文的 2 层透明传送。

服务集标识符（Service Set Identifier，SSID）表示无线网络的标识，用来区分不同的无线网络。例如，当在笔记本电脑上搜索可接入无线网络时，显示出来的网络名称就是 SSID。

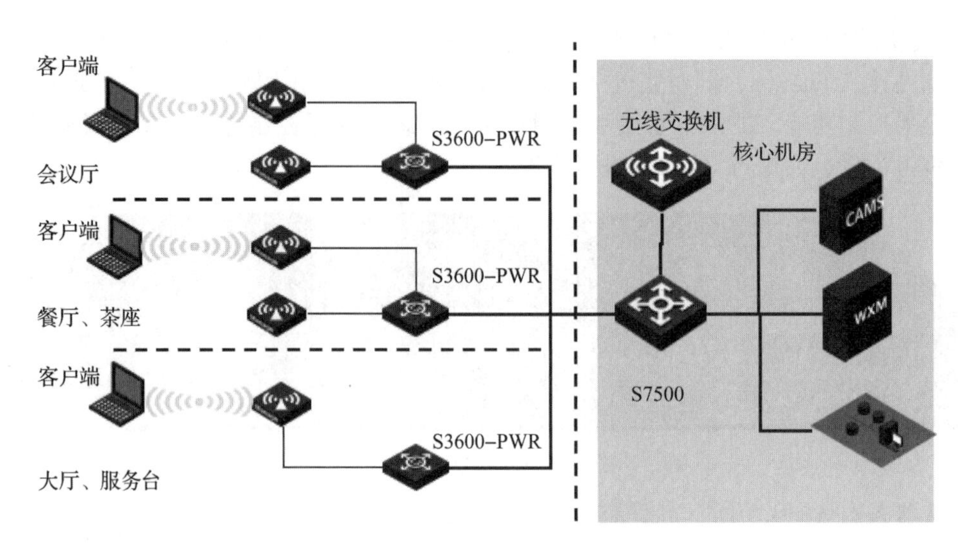

图 4-53　WLAN 热点覆盖

下面完成图 4-54 所示的 WLAN 配置。利用 ENSP 模拟器实现 WLAN 组建时，LSW1 选择交换机 S5700，AC 选择 AC6605、AP 选择 AP2050。

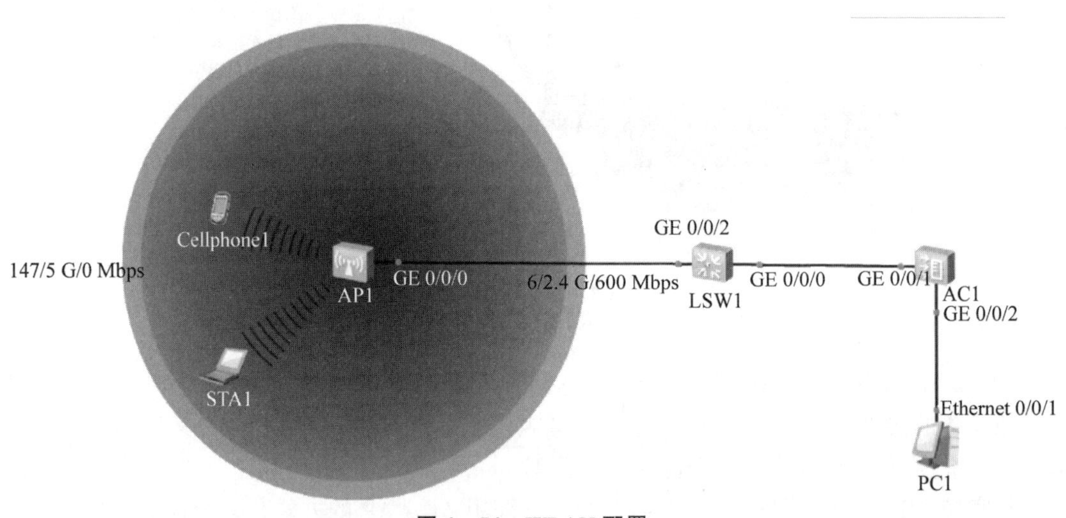

图 4-54　WLAN 配置

LSW1 的配置如下：

```
[LSW1]interface GigabitEthernet 0/0/1
[LSW1-GigabitEthernet0/0/1]port link-type trunk
[LSW1-GigabitEthernet0/0/1]port trunk allow-pass vlan all
[LSW1-GigabitEthernet0/0/1]int g 0/0/2
[LSW1-GigabitEthernet0/0/2]port link-type trunk
[LSW1-GigabitEthernet0/0/2]port trunk pvid vlan 10
[LSW1-GigabitEthernet0/0/2]port trunk allow-pass vlan 10
```

AC1 的配置如下：

```
[AC6605]vlan 10
[AC6605]interface GigabitEthernet 0/0/1
[AC6605-GigabitEthernet0/0/1]port link-type trunk
[AC6605-GigabitEthernet0/0/1]port trunk allow-pass vlan all
[AC6605-GigabitEthernet0/0/1]int g0/0/2
[AC6605-GigabitEthernet0/0/2]port link-type access
[AC6605-GigabitEthernet0/0/2]port default vlan 10
[AC6605-GigabitEthernet0/0/2]quit
[AC6605]dhcp enable                    //开启 DHCP 功能
[AC6605]interface Vlanif 10
[AC6605-Vlanif10]ip address 192.168.1.254 24
[AC6605-Vlanif10]dhcp select interface
[AC6605-Vlanif10]quit
[AC6605]wlan                             //在 AC 上配置 AP 上线
[AC6605-wlan-view]ap-group name ap   //创建 AP 组,用于将相同配置的
//AP 加入到同一 AP 组
[AC6605-wlan-ap-group-ap]regulatory-domain-profile default
[AC6605-wlan-ap-group-ap]quit
[AC6605-wlan-view]regulatory-domain-profile name defult
//创建域管理模板,在域管理模板配置 AC 的国家码并在 AP 组下引用管理模块
[AC6605-wlan-regulate-domain-defult]country-code cn
[AC6605-wlan-regulate-domain-defult]quit
[AC6605-wlan-view]quit
[AC6605]capwap source int Vlanif 10   //配置 AC 源接口
[AC6605]wlan
[AC6605-wlan-view]ap auth-mode mac-auth
[AC6605-wlan-view]ap-id 0 ap-mac 00e0-fc98-65f0   //查看 AP2
//的 MAC 地址,并记录下来;ap-mac [AP1 的 mac 地址]
[AC6605-wlan-ap-0]ap-name ybd
[AC6605-wlan-ap-0]ap-group ap
[AC6605-wlan-ap-0]quit
[AC6605]wlan
[AC6605-wlan-view]security-profile name wlan
[AC6605-wlan-sec-prof-wlan]security wpa-wpa2 psk pass-
phrase 87654321 aes   //配置 WLAN 业务参数,配置 WPA-WPA2+PSK+AES
[AC6605-wlan-sec-prof-wlan]quit
[AC6605-wlan-view]ssid-profile name wlan   //创建名为"wlan"
//的 SSID
```

```
[AC6605 -wlan -ssid -prof -wlan]ssid wlan   //配置 SSID 名称为
//“wlan”
[AC6605 -wlan -ssid -prof -wlan]quit
[AC6605 -wlan -view]vap -profile name wlan //创建名为“wlan”的 VAP
//模板,配置业务数据转发模式,业务 VLAN,并且引用安全模板和 SSID
[AC6605 -wlan -vap -prof -wlan]forward -mode direct -forward
//配置直接转发
[AC6605 -wlan -vap -prof -wlan]security -profile wlan
[AC6605 -wlan -vap -prof -wlan]ssid -profile wlan
[AC6605 -wlan -vap -prof -wlan]quit
[AC6605 -wlan -view]ap -group name ap   //配置 AP 组引用 VAP 模板,AP
//上射频 1 和射频 1 都使用 VAP 模板“wlan”的配置
[AC6605 -wlan -ap -group -ap]vap -profile wlan wlan 1 radio 0
[AC6605 -wlan -ap -group -ap]vap -profile wlan wlan 1 radio 1
[AC6605 -wlan -ap -group -ap]quit
[AC6605 -wlan -view]rrm -profile name default
[AC6605 -wlan -rrm -prof -default]calibrate auto -channel -se-
lect disable
//配置 AP 射频的信道和功率,关闭射频的信道和功率自动调优功能。射频的信道和
//功率自动调优功能默认开启,如果不关闭此功能则会导致手动配置不生效
[AC6605 -wlan -rrm -prof -default]calibrate auto -txpower -se-
lect disable
[AC6605 -wlan -rrm -prof -default]quit
[AC6605 -wlan -view]ap -id 0   //配置射频 0 的信道和功率
[AC6605 -wlan -ap -0]radio 0
[AC6605 -wlan -radio -0/0]channel 20mhz 6
[AC6605 -wlan -radio -0/0]eirp 127
[AC6605 -wlan -radio -0/0]quit
[AC6605 -wlan -ap -0]radio 1   //配置射频 1 的信道和功率
[AC6605 -wlan -radio -0/1]channel 20mhz 149
[AC6605 -wlan -radio -0/1]eirp 127
```

PC 端加入 WLAN 的过程如图 4 - 55 所示，先选择要加入的 WLAN，单击“连接”按钮，输入密码，单击“确定”按钮，如果密码正确，即可加入所选择的 WLAN。

连接到 WLAN 后，如图 4 - 56 所示，说明已经成功连接到相应 WLAN，可以使用该 WLAN 畅享网络了。

在 PC 端 ping 192.168.1.254，可以实现全网互通。

任务总结

介绍了 WLAN 的概念，学习了频率资源的分配、802.11 系列协议、CSMA/CA 协议等内容，熟悉了 AC、AP 的功能及 WLAN 的组网。在了解 WLAN 原理的基础上，进一步完成了 WLAN 的配置。

STA1
Vap 列表
命令行
UDP发包工具
MAC 地址：
54-89-98-15-6E-73
IPv4 配置
静态
IP 地址：
网关：
账户
请输入"wlan"的密码
密码：
3
4 确定
取消
Vap 列表
1
SSID
加密方式
状态
VAP MAC
信道
射频类型
wlan
NULL
未连接
00-E0-FC-98-65-F0
6
802.11bgn
wlan
NULL
未连接
00-E0-FC-98-65-00
149
2 连接
断开
更新
应用
https://blog.csdn.net/HYD696

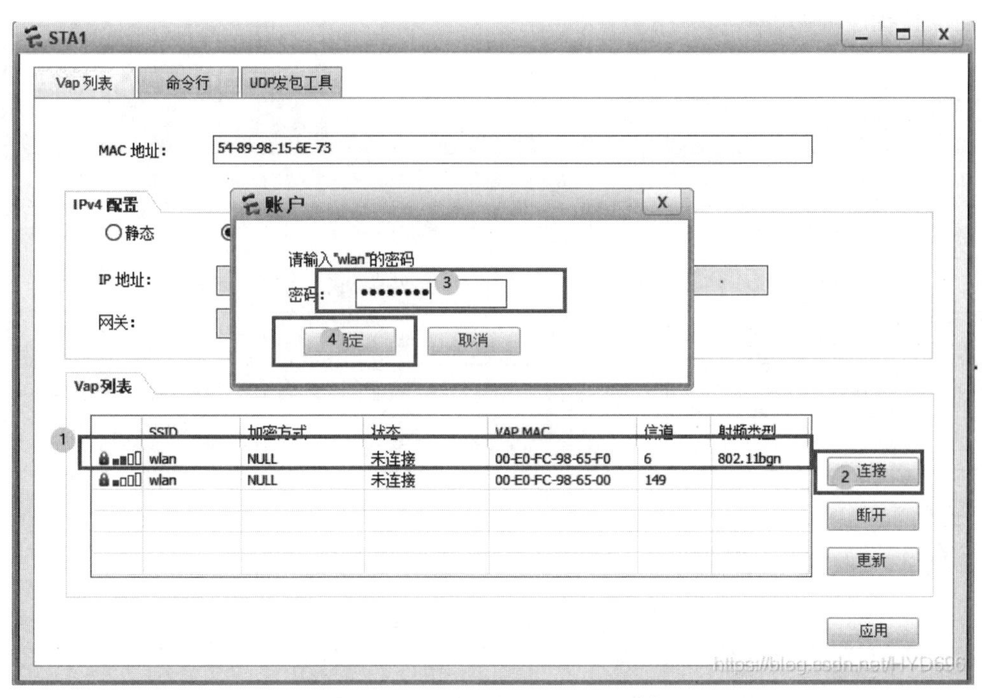

图 4－55　PC 端加入 WLAN 过程

STA1
Vap 列表
命令行
UDP发包工具
MAC 地址：
54-89-98-15-6E-73
IPv4 配置
静态
DHCP
IP 地址：
子网掩码：
网关：
Vap 列表
SSID
加密方式
状态
VAP MAC
信道
射频类型
wlan
NULL
已连接
00-E0-FC-98-65-F0
6
802.11bgn
wlan
NULL
未连接
00-E0-FC-98-65-00
149
连接
断开
更新
应用
https://blog.csdn.net/HYD696

图 4－56　成功连接 WLAN

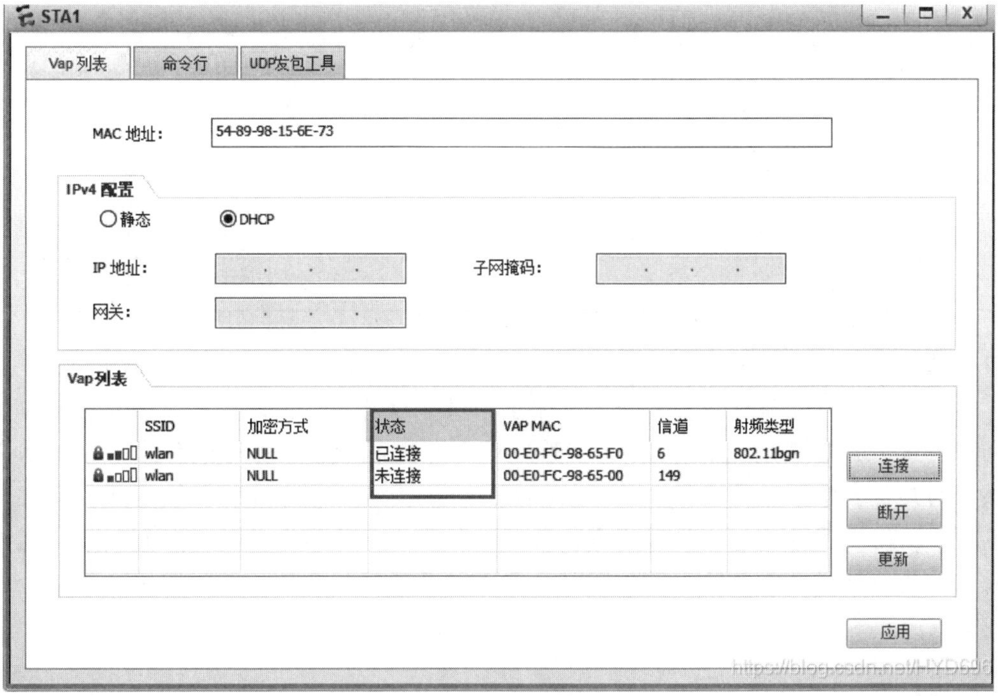

任务评价

任务自我评价见表 4－10。

表 4－10 自我评价表

知识和技能点	掌握程度
WLAN 原理	完全掌握 基本掌握 有些不懂 完全不懂
802.11 协议簇	完全掌握 基本掌握 有些不懂 完全不懂
频率分配	完全掌握 基本掌握 有些不懂 完全不懂
AC	完全掌握 基本掌握 有些不懂 完全不懂
AP	完全掌握 基本掌握 有些不懂 完全不懂
WLAN 配置	完全掌握 基本掌握 有些不懂 完全不懂

项目评价

项目自我评价见表 4－11。

表 4－11 自我评价表

任务	掌握程度
初识 2 层交换机	完全掌握 基本掌握 有些不懂 完全不懂
2 层交换机 VLAN 配置	完全掌握 基本掌握 有些不懂 完全不懂
2 层交换机 QinQ 配置	完全掌握 基本掌握 有些不懂 完全不懂
2 层交换机 STP 配置	完全掌握 基本掌握 有些不懂 完全不懂
2 层交换机链路聚合配置	完全掌握 基本掌握 有些不懂 完全不懂
初识 3 层交换机	完全掌握 基本掌握 有些不懂 完全不懂
组建 WLAN	完全掌握 基本掌握 有些不懂 完全不懂

项目小结：

通过教师的理论讲授、实验指导、学生的操作以及自主设计，完成了本项目组建小型企业网（2 层交换机组网）、组建中型企业网（3 层交换机组网）和组建 WLAN 等 3 个层次的目标，掌握了局域网环境下 VLAN、QINQ、STP、链路聚合等项目的配置。通过本项目，培养了学生自主学习能力、动手操作能力和团队合作精神。希望学生能够学以致用，将所学内容与实际生活紧密联系起来，并能够做到活学活用、举一反三。

练习与思考

1. 选择题

(1) 使用集线器组成的以太网物理上是（　　）。

A. 星型网　　B. 总线网　　C. 环形网　　D. 蜂窝网

（2）使用集线器组成的以太网逻辑上是（　　）。

A. 星型网　　B. 总线网　　C. 环形网　　D. 蜂窝网

（3）2 层交换机转发数据的依据是目的（　　）。

A. MAC 地址　　B. IP 地址　　C. 端口号地址　　D. 域名地址

（4）WLAN 基于（　　）协议。

A. IEEE 802.3　　B. IEEE 802.7　　C. IEEE 802.9　　D. IEEE 802.11

（5）STP 通过在交换机之间传递（　　）信息确定网络的拓扑结构。

A. BPDU　　B. BBU　　C. UDP　　D. TCP

2. 判断题（对的打“√”，错的打“×”）

（1）通过在交换机上配置 VLAN，实现在同一个 VLAN 内的主机可以相互通信，而不同 VLAN 间的主机被相互隔离。（　　）

（2）VLAN 可以缩小冲突域。（　　）

（3）有环的物理拓扑提高了网络连接的可靠性，而无环的逻辑拓扑避免了广播风暴、MAC 地址表翻摆、多帧复制，这就是 STP 的精髓。（　　）

（4）QinQ 可以使私网 VLAN 透传公网。（　　）

（5）链路聚合不可以增加链路带宽，不能实现链路传输弹性和工程冗余。（　　）

（6）3 层交换机充分利用“一次路由、多次交换”的原理实现了转发性能与 3 层交换的统一。（　　）

（7）AP 是无线局域网接入控制设备。（　　）

3. 简答题

（1）什么是冲突域？什么是广播域？集线器、交换机、路由器对于冲突域和广播域是如何对应的？

（2）什么是 VLAN？VLAN 的划分方式有哪些？

（3）交换机端口有哪些类型？它们有何区别？

（4）交换机 3 种类型端口是如何接收和发送数据的？

（5）什么是 QinQ？请举例说明 QinQ 内外两层标签的应用。

（6）2 层交换网络可能出现哪些问题？如何解决？

（7）STP 的基本思想是什么？

（8）STP 的原理是什么？

（9）STP 协议生成树有哪些步骤？

（10）什么是链路聚合？链路聚合有什么作用？

（11）链路聚合有哪两种方式？

（12）3 层交换机的原理是什么？

项目5

组建大型企业网

项目描述：本项目学习目标是能够使用企业级接入路由器组建大型企业网，完成静态路由、RIP路由、OSPF路由配置实现网络互联。

项目分析：首先在对企业级接入路由器认知基础上，学会路由器的基本配置，掌握IPv4及IPv6地址原理与使用；然后使用企业级接入路由器组建大型企业网络，实现使用静态路由、RIP路由、OSPF路由配置网络互联。

项目目标：

- 熟悉企业级接入路由器硬件、主要参数及功能。
- 掌握IPv4地址分类、子网掩码及子网划分。
- 掌握企业级接入路由器基本配置方法。
- 掌握企业级接入路由器静态路由配置方法。
- 掌握企业级接入路由器RIP路由配置方法。
- 掌握企业级接入路由器OSPF路由配置方法。

任务5.1　初识接入路由器

任务描述

了解路由器的作用与接入路由器的功能结构，通过实验室中的企业级接入路由器与eNSP仿真软件初识路由器的硬件、主要参数及功能。

任务分析

初识接入路由器的硬件、主要参数及功能，学会使用eNSP仿真软件，添加路由器各类型模块，并在仿真软件中使用各类型线缆连接不同类型的路由器端口。

知识准备

5.1.1　路由器的作用

如今网络正不断改变人们的生活、工作和娱乐方式。计算机网络以及范围更广的Internet让人们能够以前所未有的方式进行通信、合作及交互。可以通过各种形式使用网络，其中包括Web应用程序、网络电话、视频会议、互动游戏、电子商务、网络教育以及其他形式。

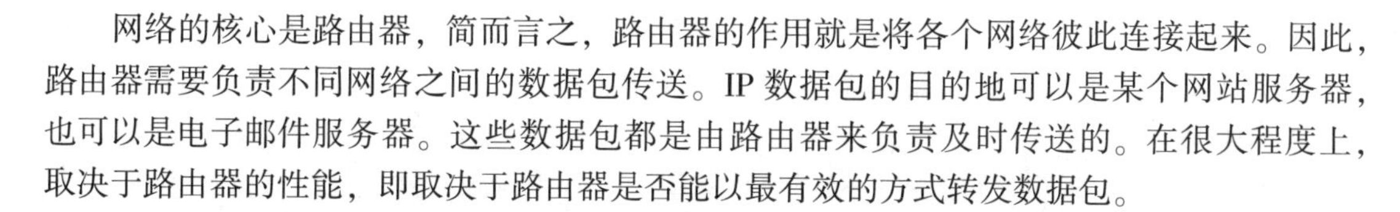

网络的核心是路由器，简而言之，路由器的作用就是将各个网络彼此连接起来。因此，路由器需要负责不同网络之间的数据包传送。IP 数据包的目的地可以是某个网站服务器，也可以是电子邮件服务器。这些数据包都是由路由器来负责及时传送的。在很大程度上，取决于路由器的性能，即取决于路由器是否能以最有效的方式转发数据包。

5.1.2 接入路由器的功能结构

Internet 服务均围绕路由器构建，路由器主要负责将数据包从一个网络转发到另一个网络。正是由于路由器能够在网络间路由数据包，不同网络中的设备才能实现通信。它包括主要硬件和软件组件以及路由过程本身。

路由器可连接多个网络，这意味着它具有多个接口。每个接口属于不同的网络。当路由器从某个接口收到数据包时，它会确定使用哪个接口将该数据包转发到目的地。路由器用于转发数据包的接口可以位于数据包的最终目的网络（即具有该数据包目的 IP 地址的网络），也可以位于连接到其他路由器的网络（用于送达目的网络）。

路由器连接的每个网络通常需要单独的接口。这些接口用于连接局域网和广域网。LAN 通常为以太网，其中包含各种设备，如 PC、打印机和服务器。WAN 用于连接分布在广阔地域中的网络，如 WAN 连接通常用于将 LAN 连接到 ISP 网络。

路由器其实也是计算机，它的组成结构类似于任何其他计算机。第一台路由器是一台接口信息处理机，出现在美国国防部高级研究计划局网络中。

图 5－1 显示了华为 AR6140－16G4XG 系列路由器的面板，本书以这款设备为例介绍路由器的使用。路由器中含有许多其他计算机中常见的硬件和软件组件，包括 CPU、内存、闪存、NVRAM、ROM 和操作系统。

图 5－1　华为 AR6140－16G4XG 系列路由器

1. CPU

CPU 执行操作系统指令，如系统初始化、路由功能和网络接口控制。

2. 内存

与计算机类似，内存存储 CPU 所需执行的指令和数据。内存用于存储以下组件。

（1）操作系统：启动时，操作系统会将互联网操作系统复制到内存中。

（2）运行配置文件：这是存储路由器当前所用的配置命令的配置文件。路由器上配置的所有命令均存储于运行配置文件。

（3）路由表：此文件存储着直接与网络以及远程网络相连的相关信息，用于确定转发数据包的最佳路径。

（4）ARP 缓存：此缓存包含 IP 地址到 MAC 的映射。

（5）数据包缓冲区：数据包到达路由器之后以及从其转发之前，都会暂时存储在缓冲区中。

RAM 是易失性存储器，如果路由器断电或重新启动，内存中的内容就会丢失。但是路由器也具有永久性存储区域，如 ROM、闪存和 NVRAM。

3. ROM

ROM 是一种永久性存储器，一般用来存储指令、基本诊断软件和精简版操作系统。

ROM 使用的是固件，即内嵌于集成电路中的软件。固件包含一般不需要修改或升级的软件，如启动指令。如果路由器断电或重新启动，ROM 中的内容不会丢失。

4. 闪存

闪存是非易失性计算机存储器，可以电子的方式存储和擦除。闪存用作操作系统的永久性存储器。在大多数路由器型号中，操作系统是永久性存储在闪存中的，在启动过程中才复制到内存，然后再由 CPU 执行。如果路由器断电或重新启动，闪存中的内容不会丢失。

5. NVRAM

NVRAM（非易失性 RAM）在电源关闭后不会丢失信息。这与大多数普通内存不同，后者需要持续的电源才能保持信息。NVRAM 用作存储启动配置文件的永久性存储器。所有配置更改都存储于内存的 running - config 文件中，并由操作系统立即执行。要保存这些更改以防路由器重新启动或断电，必须将 running - config 复制到 NVRAM，并存储为 startup - config 文件。即使路由器重新启动或断电，NVRAM 也不会丢失其内容。

任务实施

5.1.3 使用 eNSP 仿真软件初识接入路由器

（1）通过校园实验室机房初识接入路由器硬件结构，认知各厂家不同型号的企业级接入路由器，观察路由器的硬件结构、接口类型及数量，以及路由器与其他设备的线缆连接，比较各类型路由器的主要设备参数，对比其性能差异。

（2）使用 eNSP 仿真软件初识华为企业级接入路由器。

①打开 eNSP 软件，选择路由器设备，在仿真界面中添加各种类型的路由器设备，如图 5 - 2 所示。

图 5 - 2　eNSP 软件设备库界面

②单击路由器打开仿真界面，认知各型号路由器硬件结构，主要包括端口类型、端口数量、模块类型等，比较各型号路由器硬件的异同点，如图5-3所示。

图5-3　华为AR1220路由器

③在仿真界面中关闭路由器电源，为路由器添加不同类型的模块，使其具备不同类型的接口，并使用仿真软件中不同的线缆类型连接路由器各种端口，如图5-4和图5-5所示。

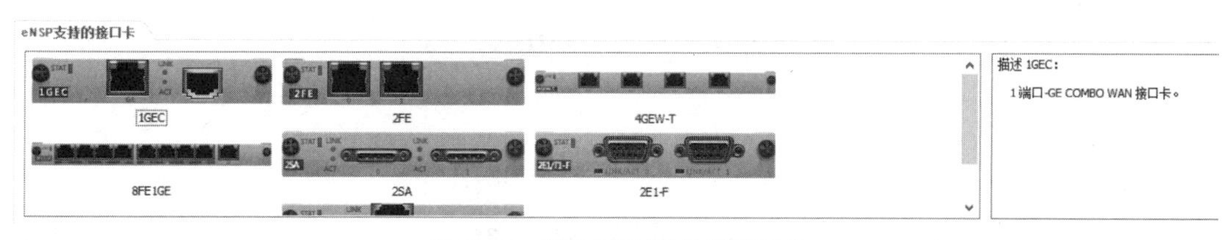

图5-4　华为路由器各类接口卡

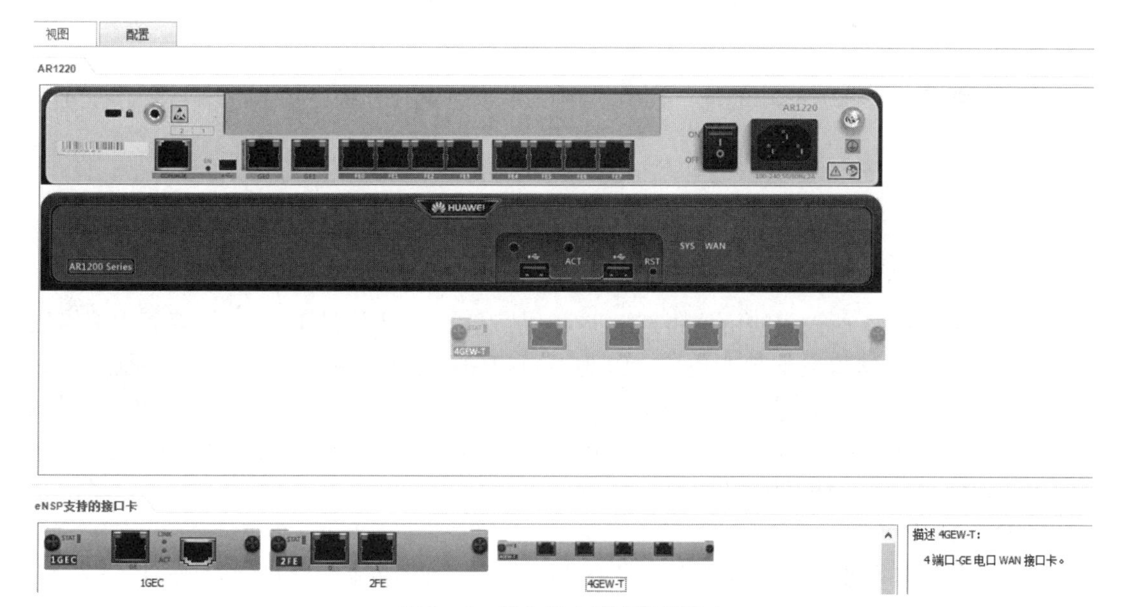

图5-5　华为路由器安装接口卡

④查询华为路由器硬件设备手册，比较各类型路由器的主要设备参数，对比其性能差异。

任务总结

通过教师引导和讲授，让学生掌握路由器的作用和功能结构，通过探索实验室和仿真软件中的路由器，初步掌握了各型号路由器硬件结构，主要包括端口类型、端口数量、模块类型等，比较了各型号路由器硬件的异同点，锻炼了学生自主探究的能力。

任务评价

任务自我评价见表5-1。

表5-1　自我评价表

知识和技能点	掌握程度
路由器的作用	完全掌握　基本掌握　有些不懂　完全不懂
接入路由器功能结构	完全掌握　基本掌握　有些不懂　完全不懂
eNSP路由器模拟仿真	完全掌握　基本掌握　有些不懂　完全不懂

任务5.2　子网划分

任务描述

掌握IPv4地址和IPv6地址的表示方式，掌握分类的IPv4地址、IPv4地址子网划分、无分类IPv4地址及子网掩码的基本知识，掌握子网划分方法。

任务分析

熟练识别各类IPv4、IPv6地址，熟练掌握IPv4子网划分方法，根据情境要求合理划分子网。

知识准备

5.2.1　IP地址

目前全球Internet所采用的协议簇是TCP/IP协议簇。IP协议是TCP/IP协议簇中网络层的协议，是TCP/IP协议簇的核心协议。IP地址可以使我们在Internet上方便地寻址，因此Internet上的每台主机的每个接口（包括路由器）都需要分配一个全球范围内唯一的IP地址。目前IP协议的版本号是4（简称为IPv4），未来IPv6将取代IPv4成为数据通信的核心协议。

IPv4地址的编址方法经历了下面3个历史阶段。

1. 分类的IP地址

这是最基本的编址方法，这种方法将IP地址定义为二级地址，并分为A、B、C、D、E五类。

2. 子网划分

这是对最基本编址方法的改进，引入了子网掩码，将A、B、C类IP地址进一步划分为三级地址。

3. 无分类编址

这是比较新的无分类编址方法，取消了传统的 A、B、C 类地址以及划分子网的概念，又回到了二级编址方式（无分类的二级编址）。

5.2.2　分类的 IPv4 地址

1. IP 地址及表示方式

IPv4 地址

目前 Internet 使用的地址是 IPv4 地址，共 32 b 二进制，为了方便记忆，通常用点分十进制数表示，如 192. 168. 1. 1。每一类地址都由两个固定长度的字段组成：一个用于标识所属网络的网络号（net - id）；另一个用于给定网络上的某个特定主机的主机号（host - id）。为了给不同规模的网络提供必要的灵活性，IP 的设计者将 IP 地址空间划分为几个不同的地址类别，地址类别的划分就针对不同规模的网络。

从图 5 - 6 中可以看出以下几点。

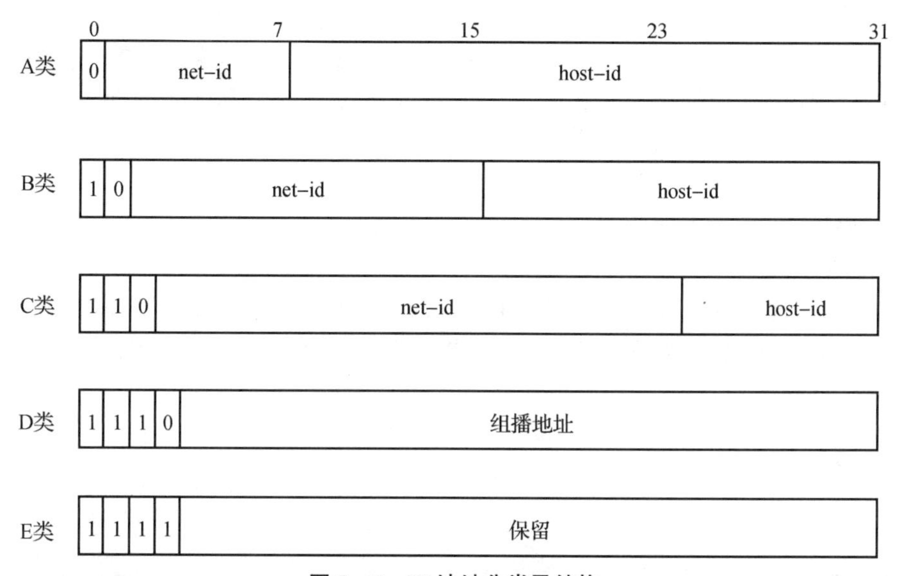

图 5 - 6　IP 地址分类及结构

A 类地址：网络号为 1 B，定义最高比特为 0，余下 7 b 为网络号，主机号则有 24 b 编址，用于超大型的网络，每个网络有 16 777 214 台主机（主机号全“0”和全“1”的主机有特殊含义）。全世界共有 126 个 A 类地址。

B 类地址：网络号为 2 B，定义前 2 b 为 10，余下 14 b 为网络号，主机号则可有 16 b 编址。B 类地址用于中型规模的网络，共有 16383 个网络，每个网络有 65534 台主机。

C 类地址：网络号为 3 B，定义前 3 b 为 110，余下 21 b 为网络号，主机号仅有 8 b 编址，适用于较小规模的网络，每个网络有 256 台主机。

D 类地址：不分网络号和主机号，定义前 4 b 为 1 110，表示一个组播地址，即一对多通信，可用来识别一组主机。

E 类地址：定义前 4 b 为 1 111，保留为以后用。

如何识别一个 IP 地址的类别呢？只需从点分法的最左一个十进制数就可以判断其归属。例如，1 ~ 126 属 A 类地址，128 ~ 191 属 B 类地址，192 ~ 223 属 C 类地址，224 ~ 239 属

D 类地址。除了以上 4 类地址外，还有 E 类地址，但暂未使用，见表 5－2。

表 5－2　IP 地址指派范围

网络类别	最大可指派的网络数	第一个可指派的网络号	最后一个可指派的网络号	每个网络中的最大主机数
A	126（2^7-2）	1	126	16 777 214
B	16 383（$2^{14}-1$）	128.1	191.255	65 534
C	2 097 151（$2^{21}-1$）	192.0.1	223.255.255	254

2. 特殊的 IP 地址

对于 Internet IP 地址中有特定的专用地址不作分配。

（1）主机号全为“0”。

不论哪一类网络，主机号全为“0”表示指向本网，常用在路由表中。

（2）主机号全为“1”。

主机号全为“1”表示广播地址，向特定的网络中的所有主机发送数据包。例如，一个 IP 数据包的目的 IP 地址是 128.1.255.255（B 类地址），那么它所表示的含义是此数据包将向 128.1.0.0 网络上所有的主机进行广播。

（3）32 b 全为“1”。

若 IP 地址 4 B 共 32 b 全为“1”，表示仅在本网内进行广播发送，各路由器均不转发。

（4）网络号 127。

TCP/IP 协议规定网络号 127 不可用于任何网络。其中有一个特别地址 127.0.0.1 称为回环地址（Loopback），它将信息通过自身的接口发送后返回，可用来测试端口状态。

3. 私有 IP 地址

在 IP 地址范围内，互联网编址委员会（Internet Assigned Numbers Authority，IANA）将一部分地址保留作为私人 IP 地址空间，专门用于内部局域网使用，这些地址如表 5－3 所示。

表 5－3　私有 IP 地址

类别	IP 地址范围	网络数
A	10.0.0.0～10.255.255.255	1
B	172.16.0.0～172.31.255.255	16
C	192.168.0.0～192.168.255.255	256

私有 IP 地址是不会被 Internet 分配的，因此它们在 Internet 上也从来不会被路由，虽然它们不能直接和 Internet 网连接，但仍旧可以用来和 Internet 通信，可以根据需要选用适当的地址类，在内部局域网中根据需求将这些地址当作公用 IP 地址使用。

5.2.3　IPv4 子网划分

子网划分

1. 二级 IP 地址编址缺点

（1）IP 地址有效利用率低。

当企业申请了一个 B 类 IP 地址，众所周知一个 B 类地址具有 6 万多

个IP地址，但是企业中所连接的主机数并不多，这样会浪费大量的IP地址，而其他企业无法使用这些被浪费的IP地址，这种浪费使得IP地址资源过早地被用完。

（2）二级IP地址不够灵活。

假设有紧急情况，企业需要在一个新地点开设一个新网络。但是在申请到新的IP地址之前，这个网络是不能连接到Internet上工作的。因此，希望有一种方法让企业可以灵活增加新的网络，而不必事先申请新的网络号。原先的二级IP地址编址显然无法满足这种要求。

2. 子网划分

为了解决上述问题，在IP地址编址中新增加了“子网号”（subnet－id），并从原主机号（host－id）借用若干位作为子网号，使二级IP地址变为三级IP地址，这种方法叫做子网划分。

下面用例子说明子网划分的概念。图5－7表示某企业拥有一个B类IP地址，网络地址为128.13.0.0，现将其划分子网。假设子网号为8位，那么主机号也只有8位，所划分的两个子网分别是128.13.1.0和128.13.10.0。当企业划分完子网之后，整个企业网络对外仍表现为一个网络，其网络地址为128.13.0.0。但是当企业出口路由器收到互联网发送来的数据包后，会根据数据包中的目的地址把它转发至部门A或部门B的子网中去。

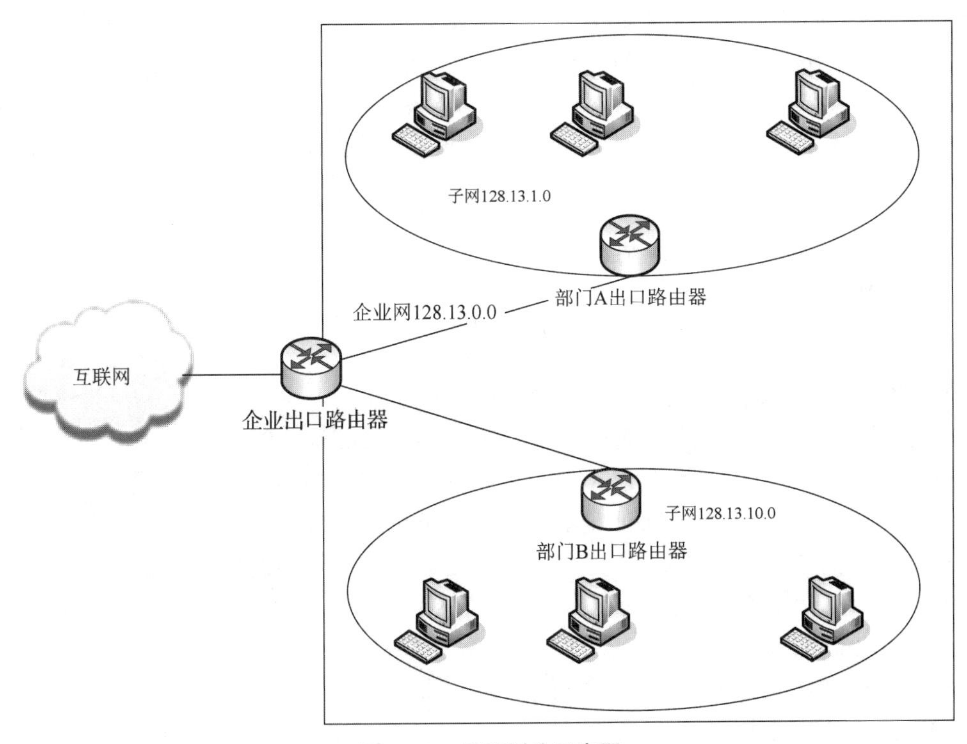

图5－7　子网划分示意图

总之，划分子网之后只是把原来的主机号部分进行再划分（划分为子网号和主机号），而不改变IP地址原来的网络号。

3. 子网掩码

IP地址在没有相关子网掩码的情况下存在是没有意义的。而子网掩码也不能单独存在，它必须结合 IP 地址一起使用。子网掩码的作用就是将某个 IP 地址划分成网络地址和主机地址两部分。子网掩码的设定必须遵循一定的规则。与 IP 地址相同，子网掩码的长度也是 32 位，左边是网络位，用二进制数字“1”表示；右边是主机位，用二进制数字“0”表示，如一个 IP 地址为“192.168.1.1”和子网掩码为“255.255.255.0”的二进制对照。其中，子网掩码前 24 位为“1”，代表与此相对应的 IP 地址左边 24 位是网络号；“0”有 8 个，代表与此相对应的 IP 地址右边 8 位是主机号。这样子网掩码就确定了一个 IP 地址的 32 位二进制数中哪些是网络号、哪些是主机号。这对于采用 TCP/IP 协议的网络来说非常重要，只有通过子网掩码，才能表明一台主机所在的子网与其他子网的关系，使网络正常工作。

如果 IP 地址和子网掩码都已经知道，那么网络地址就是 IP 地址的二进制和子网掩码的二进制进行“与”的计算结果。“与”的计算方法是 1&1 = 1、1&0 = 0、0&0 = 0。

例如，一个 B 类 IP 地址 192.168.1.135，子网掩码为 255.255.255.240。

那么 IP 地址和子网掩码的与计算为：

11000000，10101000，00000001，10000111

&11111111，11111111，11111111，11110000

11000000，10101000，00000001，10000000

最后得到的 192.168.1.128 就是网络地址。

划分子网其实就是将原来地址中的主机号借位作为子网号来使用，目前规定借位必须从左向右连续借位，即子网掩码中的 1 和 0 必须是连续的。子网掩码的网络号和子网号全都是 1，主机号全都是 0。默认状态下，如果没有进行子网划分，A 类网络的子网掩码为 255.0.0.0，B 类网络的子网掩码为 255.255.0.0，C 类网络的子网掩码为 255.255.255.0。

5.2.4 无分类 IPv4 编址

划分子网虽然在一定程度上减缓了 Internet 在发展中遇到的问题，但是仍然存在以下问题。

（1）Internet 主干网上的路由表中项目数急剧增长。

（2）整个 IPv4 的地址空间最终将全部耗尽。

因此，是一种类别域间路由选择（Classless Inter - Domain Routing，CIDR）编址方法，也就是构成超网。CIDR 是在允许子网划分时采用不同子网掩码的变长子网掩码（Variable Length Subnet Mask，VLSM）基础上研究出的无分类编址方法。其主要特点有以下两个。

（1）CIDR 消除了传统的 A 类、B 类和 C 类地址和划分子网的概念，可以更有效地分配 IPv4 的地址空间，用网络前缀（简称前缀）替代网络号和子网号，使用无分类的两级 IP 地址。于是 IP 地址可以记为：

IP 地址::= {<网络前缀>，<主机号>}

CIDR 还使用“斜线记法”（slash notation），也称为 CIDR 记法，即在 IP 地址后面加上斜线“/”，然后写上网络前缀所占的位数（与子网掩码中 1 的个数对应相等）。例如，使用 CIDR 记法的地址为 130.15.120.254/18，表示这个 IP 地址的前 18 位是网络前缀，后面 14 位是主机号。需要将点分十进制写成二进制，才能看出网络前缀和主机号。例如，上述地址的网络前缀是地址的前 18 位，即 10000010 00001111 01，而后 14 位是主机号，即 111000 11111110。用十进制表示网络前缀时需注意，不能把上述网络前缀写成 130.15.1/

18，因为网络前缀可看成是将地址中的主机位取零后得到的，这样在最后的字节中01后面还有000000，合起来是01000000，对应的十进制为64，因此，上述网络前缀应该写成130.15.64/18才对。

(2) CIDR把网络前缀都相同的连续的IP地址组成“CIDR地址块”。例如，130.15.64/18表示的地址块共有214个地址，该地址块的最小地址和最大地址分别如下。

最小地址　　130.15.64.0　　　10000010 00001111 01000000 00000000

最大地址　　130.15.127.255　　10000010 00001111 01111111 11111111

当然，这两个主机号为全0和全1的地址一般并不使用。在只论及地址块的大小而不需要指出地址块中的起始地址时才用，也可以简称这样的地址块为“/18地址块”。

由于一个CIDR地址块可以表示很多地址，所以在路由表中就利用CIDR地址块来查找目的网络。这种地址的聚合常称为路由聚合（route aggregation），它使得路由表中的一个项目可以表示传统分类地址的很多个路由，从而减少了路由表的项目数（路由器的等级越高越有效）。路由聚合也称为构成超网。路由聚合有利于减少路由器之间路由选择信息的交换，从而提高整个Internet的性能。

为了方便进行路由选择，CIDR编址方法使用32位的地址掩码（address mask），地址掩码由连续的1和后面连续的0组成，而1的个数就是网络前缀的长度。其功能与子网掩码相同，目前仍有一些网络还使用子网划分和子网掩码，因此可将地址掩码继续称为子网掩码。对于/18地址块，其掩码地址是11111111 11111111 11000000 00000000（前面18个连续的1）。显然，斜线记法中最后面的数字就是地址掩码中1的个数。

注意，在使用CIDR编址方法时，如果有一些主机本来使用分类的IP地址，它们可能不允许把网络前缀设置成比原来分类地址的子网掩码1的长度更短。例如，将一些连续的C类地址块聚合成比其掩码长度24更短的CIDR地址块时，就可能配置不成功。只有在主机的软件支持CIDR时，网络前缀才能比原来的子网掩码长度短。

在使用CIDR的路由表中，每个项目由“网络前缀”和“下一跳地址”组成。但是在查找路由表时有可能会得到不止一个匹配结果，这时应当从匹配结果中选择具有最长网络前缀的路由。这叫做最长前缀匹配（longest - prefix matching），这是因为网络前缀越长，其地址块越小，因而路由就越具体。

5.2.5　IPv6地址

IPv6地址

1. IPv6地址的表示

在IPv6中，每个IP地址占128 b，地址空间大于3.4×10^{38}。巨大的地址范围虽然不存在地址枯竭的问题，但是也要使使用者易于阅读和操纵这些地址。与IPv4的点分十进制不同，IPv6使用冒号十六进制记法（colon hexadecimal notation，简写为colon hex），它把每个16位的二进制数值用4个十六进制数值表示，各值之间用冒号分隔。例如：

```
68E6:8C64:FFFF:FFFF:0:1180:960A:FFFF
```

在十六进制记法中允许省去两个冒号之间的4位十六进制数的前面的连续的0，如000F可缩写为F。

冒号十六进制记法还包括两项技术十分有用。

①冒号十六进制记法可以允许零压缩（zero compression），即冒号分隔的一连串连续的0值可以只用一对冒号所取代，如 FF05：0：0：0：0：0：0:BE 可以写成 FF05::BE。

为了保证零压缩不出现歧义，规定在一个地址中只能使用一次零压缩。

②冒号十六进制记法可结合有点分十进制记法的后缀。这种结合在 IPv4 向 IPv6 过渡时特别有用。例如，下面的串是一个合法的冒号十六进制记法：

```
0:0:0:0:0:0:0:128.10.2.2
```

其中冒号分隔的是 16 位的值，且用十六进制表示，但每个点分隔的是 8 位的值，且用十进制表示。上述地址进一步使用零压缩可以得到：

```
::128.10.2.2
```

另外，要在一个 URL 中使用文本 IPv6 地址，文本地址应该用符号“[”和“]”来封闭。例如，将文本 IPv6 地址 FEDC：BA98：7654：3210：FEDC：BA98：7654：3210 写在 URL 中的示例为：

```
http://[FEDC:BA98:7654:3210:FEDC:BA98:7654:3210]:80/index.html
```

2. IPv6 地址的编址方法

IPv6 扩展了地址的分级概念，使用以下 3 个等级。

第一级（顶级），指明全球都知道的公共拓扑。

第二级（地点级），指明单个的地点。

第三级，指明单个的网络接口。

IPv6 的地址体系采用多级体系，是充分考虑到怎样使路由器可以更快地查找路由。

一个 IPv6 数据报的目的地址可以是以下 3 种基本类型地址之一。

（1）单播地址（unicast address）。

单播就是点对点的通信。IPv6 将实现 IPv6 的主机和路由器均称为节点，并将 IPv6 地址分配给节点上面的接口。一个接口可以有多个单播地址。一个节点接口的单播地址可用来唯一地标识该节点。单播地址包括基于全局提供者的单播地址、基于地理位置的单播地址、NSAP 地址、IPX 地址、节点本地地址、链路本地地址和兼容 IPv4 的主机地址等。

（2）多播地址（multicast address）。

多播是一点对多点的通信，数据报从一个源点交付到一组计算机中的每一个。采用多播可以减少对网络资源的占用。IPv6 将广播看作多播的一个特例。多播地址用于表示一组节点。一个节点可能会属于几个多播地址。

（3）任播地址（anycast address）。

这是 IPv6 增加的一种类型。任播的目的站是一组计算机（如都属于同一个公司），但来自用户的数据报在交付时只交付给这组计算机中的任何一个，通常是（按照路由协议度量）距离最近的一个。例如，用户向公司请求服务，公司的这组计算机中的任何一个收到后都可以进行回答。任播地址也是一个标识符对应多个接口的情况，它可以使用表示单点传送地址的任何形式。从语法上来看，任播地址与单播地址间是没有差别的。当一个单播地址被指向多于一个接口时，该地址就成为任播地址。IPv6 任播地址存在下列限制：任播

地址不能用作源地址，而只能作为目的地址；任播地址不能指定给 IPv6 主机，只能指定给 IPv6 路由器。

任务实施

5.2.6　等长子网划分

假设某公司有一段 IP 地址 192.168.5.0（C 类，子网掩码为 255.255.255.0），公司有 8 个办公室，每个办公室各 30 台主机。现在应如何规划公司 IP?

思路：根据需求分析需将 192.168.5.0（C 类）划成 3 个子网，设子网位为 n 位、子网划分后剩余主机位为 m 位，当 $2^n \geq 8$ 时，求得 $n=3$，此时剩余主机位 $m=5$（$2^m-2=30$），满足规划需求。因此，需要从原主机位借用 3 位作为子网位。

解决步骤如下。

（1）根据子网数量和主机数量，确定子网位数量。

设子网位为 n 位，当 $2^n \geq 8$ 时，求得 $n=3$。

（2）确定 8 个子网的网络号和新的子网掩码。

将 192.168.5.0（C 类）用二进制表示如下。

网络地址：11000000.10101000.00000101.00000000。

子网掩码：11111111. 11111111. 11111111. 00000000。

新划分的 8 个子网，其网络号如下。

①11000000.10101000.00000101.00000000（子网 192.168.5.0，27 位子网掩码）。

②11000000.10101000.00000101.00100000（子网 192.168.5.32，27 位子网掩码）。

③11000000.10101000.00000101.01000000（子网 192.168.5.64，27 位子网掩码）。

④11000000.10101000.00000101.01100000（子网 192.168.5.96，27 位子网掩码）。

⑤11000000.10101000.00000101.10000000（子网 192.168.5.128，27 位子网掩码）。

⑥11000000.10101000.00000101.10100000（子网 192.168.5.160，27 位子网掩码）。

⑦11000000.10101000.00000101.11000000（子网 192.168.5.192，27 位子网掩码）。

⑧11000000.10101000.00000101.11100000（子网 192.168.5.224，27 位子网掩码）。

新的子网掩码为：11111111.11111111.11111111.11100000。

转换为十进制为 255.255.255.224。

（3）确定 8 个子网的可用 IP 地址范围和广播地址。

新划分 8 个子网可用 IP 范围主机位全“1”时为该子网的广播地址。

①11000000.10101000.00000101.00000001 ~ 11000000.10101000.00000101.00011110 转换为十进制为 192.168.5.1 ~ 192.168.5.30。

广播地址 11000000.10101000.00000101.00011111 转换为十进制为 192.168.5.31。

②11000000.10101000.00000101.00100001 ~ 11000000.10101000.00100101.00011110 转换为十进制为 192.168.5.33 ~ 192.168.5.62。

广播地址 11000000.10101000.00000101.00111111 转换为十进制为 192.168.5.63。

③11000000.10101000.00000101.01000001 ~ 11000000.10101000.00000101.01011110

转换为十进制为 192.168.5.65 ~ 192.168.5.94。

广播地址 11000000. 10101000. 00000101. 01011111 转换为十进制为 192. 168. 5. 95。

④11000000. 10101000. 00000101. 01100001 ~ 11000000. 10101000. 00000101. 01111110 转换为十进制为 192. 168. 5. 97 ~ 192. 168. 5. 126。

广播地址 11000000. 10101000. 00000101. 01111111 转换为十进制为 192. 168. 5. 127。

⑤11000000. 10101000. 00000101. 10000001 ~ 11000000. 10101000. 00000101. 10011110 转换为十进制为 192. 168. 5. 129 ~ 192. 168. 5. 158。

广播地址 11000000. 10101000. 00000101. 10011111 转换为十进制为 192. 168. 5. 159。

⑥11000000. 10101000. 00000101. 10100001 ~ 11000000. 10101000. 00000101. 10111110 转换为十进制为 192. 168. 5. 161 ~ 192. 168. 5. 190。

广播地址 11000000. 10101000. 00000101. 10111111 转换为十进制为 192. 168. 5. 191。

⑦11000000. 10101000. 00000101. 11000001 ~ 11000000. 10101000. 00000101. 11011110 转换为十进制为 192. 168. 5. 193 ~ 192. 168. 5. 222。

广播地址 11000000. 10101000. 00000101. 11011111 转换为十进制为 192. 168. 5. 223。

（8） 11000000. 10101000. 00000101. 11100001 ~ 11000000. 10101000. 00000101. 11111110 转换为十进制为 192. 168. 5. 225 ~ 192. 168. 5. 254。

广播地址 11000000. 10101000. 00000101. 11111111 转换为十进制为 192. 168. 5. 255。

5. 2. 7 变长子网划分

假设某公司有一段 IP 地址 192. 168. 5. 0（C 类，子网掩码为 255. 255. 255. 0），公司有两层办公楼（1 楼和 2 楼），统一使用 1 楼的路由器上公网。1 楼有 100 台计算机联网，2 楼有 53 台计算机联网。现在应如何规划公司 IP?

思路：根据网络拓扑分析需将 192. 168. 5. 0（C 类）划成 3 个子网，1 楼一个网段，至少拥有 101 个可用 IP 地址；2 楼一个网段，至少拥有 54 个可用 IP 地址；1 楼和 2 楼的路由器互联用一个网段，需要两个 IP 地址，如图 5 – 8 所示。

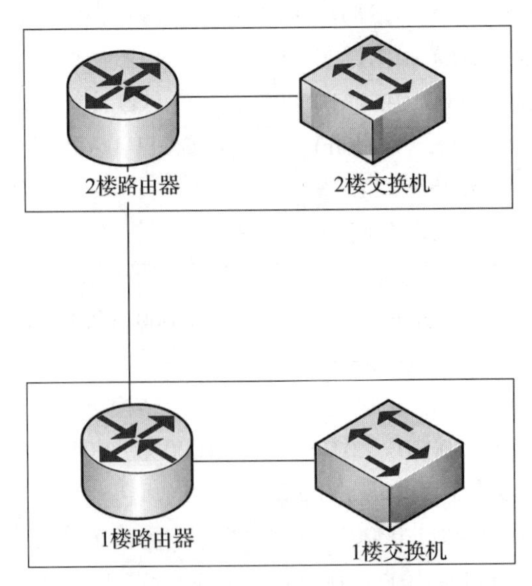

图 5 – 8 子网划分案例示意图

在划分子网时应优先考虑最大主机数来划分。1 楼需要 101 个可用 IP 地址，就要保证至少 7 位的主机号可用（$2^m-2\geqslant101$，m 的最小值为 7）。如果保留 7 位主机位，就只能划出两个子网，剩下的一个子网就划不出来了。但是路由器互联的子网只需要两个 IP 地址并且 2 楼的子网只需要 54 个可用 IP，因此可以从第一次划出的两个子网中选择一个子网来继续划分 2 楼的网段和路由器互联使用的网段。

解决步骤如下。

（1）先根据大的主机数需求划分子网。

因为要保证 1 楼子网至少有 101 个可用 IP 地址，所以主机号要保留至少 7 位。

（2）再划分 2 楼的子网。

2 楼的子网从 192.168.5.128（25 位子网掩码）这个子网段中再次划分子网获得。因为 2 楼至少要有 54 个可用 IP 地址，所以主机号至少要保留 6 位（$2^m-2\geqslant54$，m 的最小值为 6）。

（3）最后划分路由器互联使用的子网。

路由器互联使用的子网从 192.168.5.192（26 位子网掩码）这个子网段中再次划分子网获得。因为只需要两个可用 IP 地址，所以主机号只要保留两位即可（$2^m-2\geqslant2$，m 的最小值为 2）。

任务总结

通过教师引导和讲授，让学生掌握 IPv4 地址、子网掩码、子网划分、IPv6 地址基本知识，通过分析子网划分案例，让学生初步掌握 IP 地址分配、子网划分方法及应用，根据不同组网应用场景，引导学生分析需求并合理完成网络地址规划，培养学生解决实际问题的能力。

任务评价

任务自我评价见表 5-4。

表 5-4　自我评价表

知识和技能点	掌握程度
IPv4 地址表示	完全掌握　基本掌握　有些不懂　完全不懂
子网掩码作用	完全掌握　基本掌握　有些不懂　完全不懂
IPv6 地址表示	完全掌握　基本掌握　有些不懂　完全不懂
分类的 IPv4 地址	完全掌握　基本掌握　有些不懂　完全不懂
IPv4 子网划分	完全掌握　基本掌握　有些不懂　完全不懂
无分类 IPv4 地址	完全掌握　基本掌握　有些不懂　完全不懂

任务 5.3　路由器接口基本配置

任务描述

掌握路由器管理端口、各类物理端口和回环端口基本知识，在 eNSP 仿真软件中添加路由器和计算机，连接组网后并为各设备配置相应的接口 IP 地址。

任务分析

识别路由器各类型端口，学会使用命令行为路由器各端口配置 IP 地址，使用图形界面为计算机配置 IP 地址，并检查网络连接是否正常通信。

知识准备

5.3.1 路由器的管理端口

图 5－9 显示了华为 AR6140－16G4XG 路由器的设备面板。路由器包含用于管理路由器的物理端口，这些端口也称为管理端口。与以太网端口和串行端口不同，管理端口不用于转发数据包。最常见的管理端口是控制台端口（Console 端口）。Console 端口为标准 RJ45 插头，并使用专用监控线缆（不同厂商设备的专用监控线缆线序可能不同）将该端口接至 PC 机串行口，并用终端仿真软件（如 Windows 的超级终端）即可对路由器进行配置、监控等操作。终端串行口通信参数可设置如下：速率 9 600 b/s、8 位数据位、1 位停止位、无奇偶校验位、无流控。

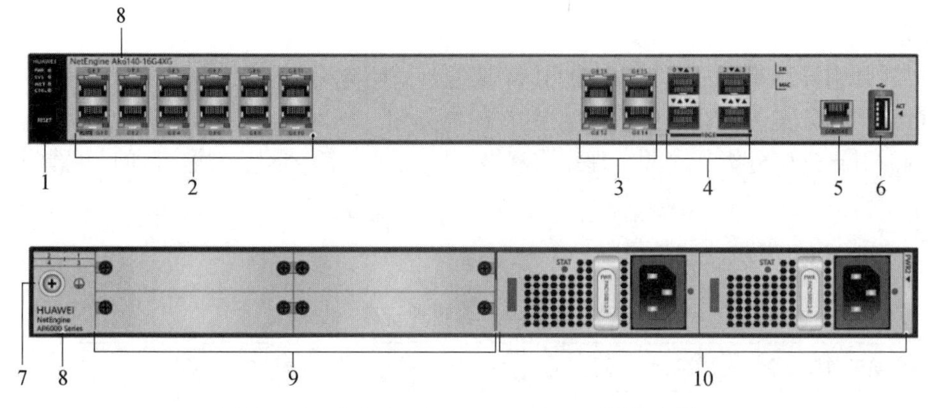

图 5－9 华为 AR6140－16G4XG 系列路由器

1—RST 按钮；2—LAN 侧接口：12 个 GE 电接口；3—WAN 侧接口：4 个 GE 电接口；
4—WAN 侧接口：4 个 10GE 光接口；5—Console 接口；6—USB2.0 接口（Host）；
7—接地点；8—产品型号丝印；9—4 个 SIC 槽位；10— 2 个电源模块槽位

5.3.2 路由器的物理端口

路由器接口表示负责接收和转发数据包的路由器物理端口。路由器有多个端口，用于连接多个网络。通常，这些接口连接到多种类型的网络，也就是说，需要各种不同类型的介质和端口。路由器一般需要具备不同类型的端口。例如，路由器一般具有以太网端口，用于连接不同的 LAN；还具有各种类型的 WAN 端口，用于连接多种串行链路。图 5－9 显示了路由器上的 GE、10GE 以太网端口和 4 个 SIC（Smart Interface Card）智能接口卡槽位（可安装高速串行接口卡）。

1. 以太网端口

华为 AR6140－16G4XG 路由器有 3 种以太网端口，第 1 种是 12 个 LAN 侧吉比特以太

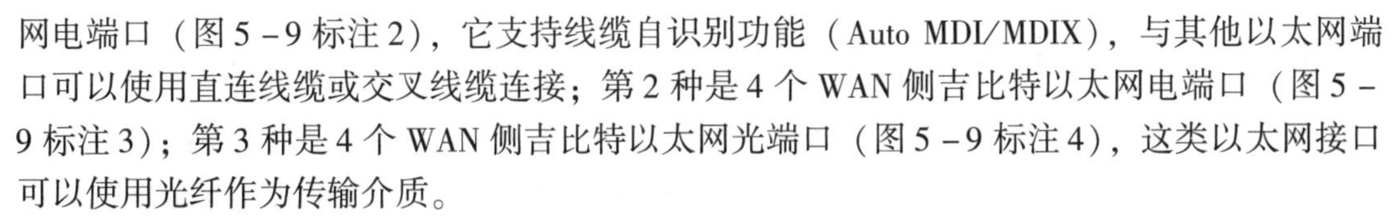

网电端口（图5－9标注2），它支持线缆自识别功能（Auto MDI/MDIX），与其他以太网端口可以使用直连线缆或交叉线缆连接；第2种是4个WAN侧吉比特以太网电端口（图5－9标注3）；第3种是4个WAN侧吉比特以太网光端口（图5－9标注4），这类以太网接口可以使用光纤作为传输介质。

2. 同/异步串行端口

在华为路由器上可安装同/异步串口接口卡，单板外观如图5－10所示，单板安装在设备的SIC槽位上，这种单板是增强型高速同/异步串口（SA端口）模块，可以工作在同步方式或异步方式下，最常用的工作方式是同步方式，完成广域网接入。

通过同步串口接入广域网。同步串口可作为DCE或者DTE，支持多种物理层协议：V.24/V.35/X.21等协议，目前不支持X.21 DCE。V.24的最大速率为64 kb/s，V.35的最大速率为2.048 Mb/s。支持的链路层协议包括PPP、帧中继和HDLC。支持IP网络层协议。

图5－10　华为路由器2端口同/异步串口接口卡

SA端口工作在同步方式下，主要用于企业分支机构和总部间通过PPP链路实现园区网间的互联；工作在异步方式下主要用于重定向登录其他设备。其连接器类型为DB28接口，用户可以选配相应的接口电缆与特定的设备连接，通常情况下选用V.35电缆连接高速串行接口，如图5－11所示，V.35同/异步串口既可以作为DTE使用又可以作为DCE使用。

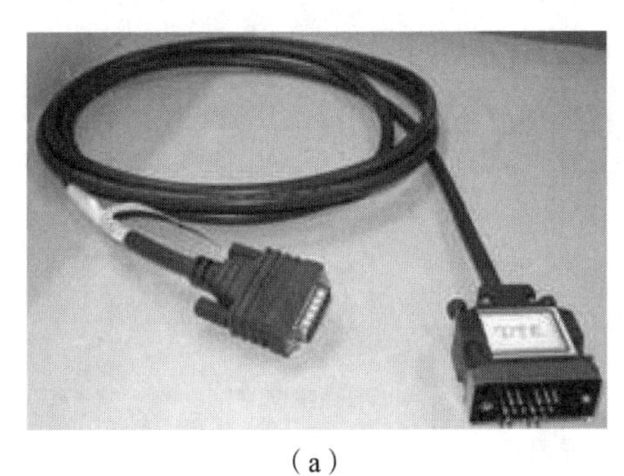

（a）

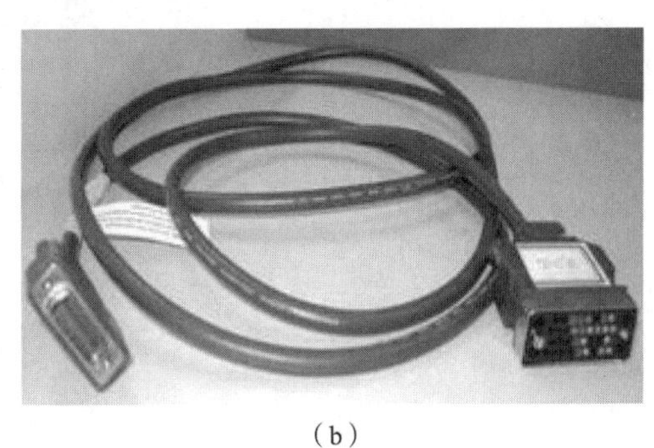

（b）

图5－11　V.35电缆

（a）V.35电缆DTE端；（b）V.35电缆DCE端

串口在任何速率下都有其相应的通信距离限制，一般是通信速率越低，通信距离越远。所有串口信号都有距离限制，超过规定的距离，信号衰减较快甚至丢失。

5.3.3 路由器的回环端口

回环（Loopback）接口是一个逻辑接口，即虚拟的软件接口，它并不是路由器的物理接口，大多数平台都支持使用这种接口来模拟真正的物理接口。这样做的好处是虚拟接口不会像物理接口那样，因为各种因素的影响而导致接口被关闭。Loopback 接口和其他物理接口相比较，具有以下优点。

①Loopback 接口状态永远是 Up 的，即使没有配置地址。这是它的一个非常重要的特性。

②Loopback 接口可以配置 IP 地址，而且通常配置全 1 的子网掩码，这样做可以节省宝贵的 IP 地址空间。

③Loopback 接口不能封装任何数据链路层协议。

因此 Loopback 接口可以广泛应用在各个方面。其中最主要的应用就是：动态路由协议在运行过程中需要为该协议指定一个路由器的唯一标识（Router ID），并要求在整个自治系统内唯一。由于 Router ID 是一个 32 b 的无符号整数，这一点与 IP 地址十分相像，而且 IP 地址是不会出现重复现象的，所以通常将路由器的 Router ID 指定为与该设备上的某个接口的地址相同，所以 Loopback 接口的 IP 地址也就成了 Router ID 的最佳选择。

任务实施

5.3.4 IPv4 地址配置

路由器基本配置

（1）打开 eNSP 仿真软件，单击界面左上角“新建”按钮。

（2）在设备库中选择 AR1220 路由器一台、终端 PC 两台添加到仿真界面中，选择“设备连线”中的“Copper”线缆，将路由器 GE0/0/0 接口与 PC1 以太网接口相连，同理，路由器 GE0/0/1 接口与 PC2 以太网接口相连，连接组网如图 5－12 所示。

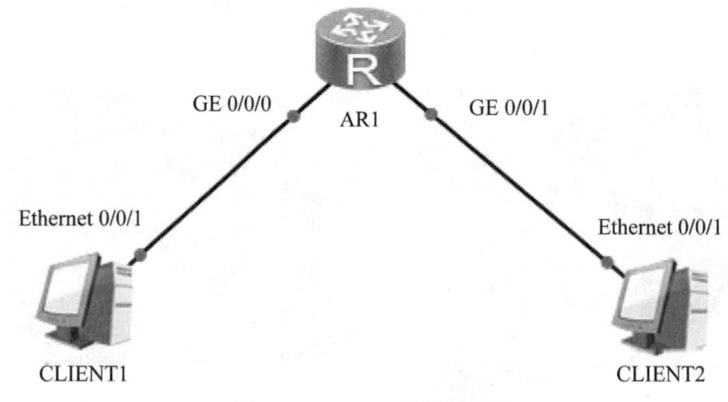

图 5－12 IPv4 配置组网

（3）为配置路由器 AR1 的 GE0/0/0 和 GE0/0/1 配置 IPv4 地址：

```
<Huawei> system-view
[Huawei] interface gigabitethernet 0/0/0
[Huawei-GigabitEthernet0/0/0] ip address 192.168.1.1 24
```

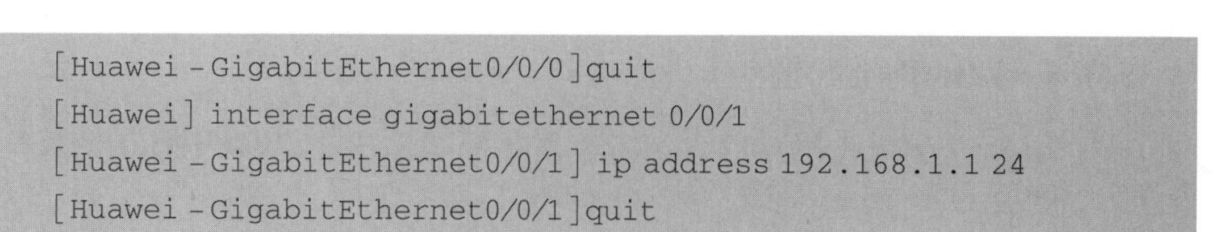

```
[Huawei-GigabitEthernet0/0/0]quit
[Huawei] interface gigabitethernet 0/0/1
[Huawei-GigabitEthernet0/0/1] ip address 192.168.1.1 24
[Huawei-GigabitEthernet0/0/1]quit
```

（4）为终端 PC1 配置 IP 地址 192.168.1.2、子网掩码 255.255.255.0、网关 192.168.1.1，终端 PC2 配置 IP 地址 192.168.100.2、子网掩码 255.255.255.0、网关 192.168.100.1，如图 5-13 所示。

图 5-13　主机配置 IPv4 地址

（5）在终端 PC1 命令行中 ping 192.168.100.2 显示网络连接正常，如图 5-14 所示。

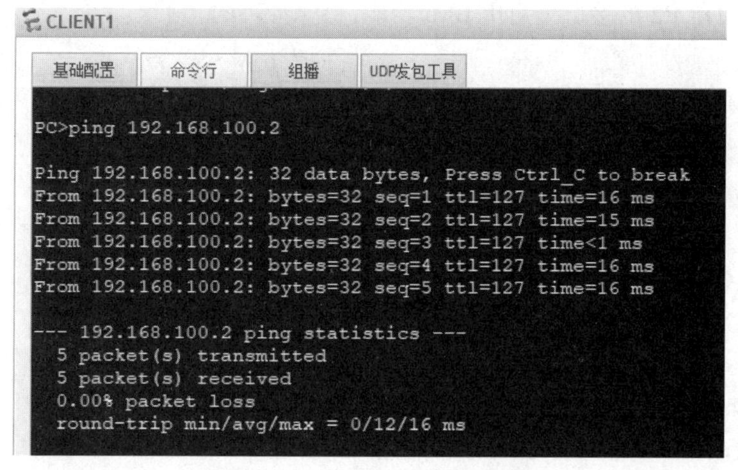

```
PC>ping 192.168.100.2

Ping 192.168.100.2: 32 data bytes, Press Ctrl_C to break
From 192.168.100.2: bytes=32 seq=1 ttl=127 time=16 ms
From 192.168.100.2: bytes=32 seq=2 ttl=127 time=15 ms
From 192.168.100.2: bytes=32 seq=3 ttl=127 time<1 ms
From 192.168.100.2: bytes=32 seq=4 ttl=127 time=16 ms
From 192.168.100.2: bytes=32 seq=5 ttl=127 time=16 ms

--- 192.168.100.2 ping statistics ---
  5 packet(s) transmitted
  5 packet(s) received
  0.00% packet loss
  round-trip min/avg/max = 0/12/16 ms
```

图 5-14　执行 ping 命令结果

5.3.5 IPv6 地址配置

（1）在 eNSP 仿真软件中添加 2 台 AR2220 路由器和 2 台主机，按照网络拓扑连接各设备接口，如图 5-15 所示。注意接口编号不要用错。

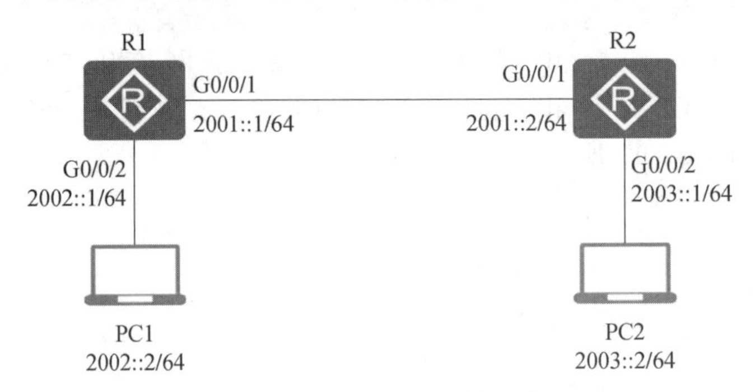

图 5-15　IPv6 配置组网

（2）在路由器 R1 的接口上启用 IPv6 功能，并配置 IPv6 地址：

```
<Huawei>system-view
[Huawei]sysname R1
[R1]ipv6
[R1]interface GigabitEthernet 0/0/1
[R1-GigabitEthernet0/0/1]ipv6 enable
[R1-GigabitEthernet0/0/1]ipv6 address 2001::1/64
[R1-GigabitEthernet0/0/1]quit
[R1]interface GigabitEthernet 0/0/2
[R1-GigabitEthernet0/0/2]ipv6 enable
[R1-GigabitEthernet0/0/2]ipv6 address 2002::1/64
[R1-GigabitEthernet0/0/2]quit
```

（3）在路由器 R2 的接口上启用 IPv6 功能，并配置 IPv6 地址：

```
<Huawei>system-view
[Huawei]sysname R2
[R2]ipv6
[R2]interface GigabitEthernet 0/0/1
[R2-GigabitEthernet0/0/1]ipv6 enable
[R2-GigabitEthernet0/0/1]ipv6 address 2001::2/64
[R2-GigabitEthernet0/0/1]quit
[R2]interface GigabitEthernet 0/0/2
[R2-GigabitEthernet0/0/2]ipv6 enable
[R2-GigabitEthernet0/0/2]ipv6 address 2003::1/64
[R2-GigabitEthernet0/0/2]quit
```

（4）在路由器 R1 上通过 ping 命令测试两台路由器 IPv6 地址的连通性。显示到 2001::2 地址的丢包率为 0% 则配置成功：

```
[R1]ping ipv6 2001::2
  PING 2001::2 : 56  data bytes, press CTRL_C to break
    Reply from 2001::2
    bytes =56 Sequence =1 hop limit =64  time = 90 ms
    Reply from 2001::2
    bytes =56 Sequence =2 hop limit =64  time = 30 ms

  ---2001::2 ping statistics ---
    5 packet(s) transmitted
    5 packet(s) received
    0.00% packet loss
    round-trip min/avg/max =10/34/90 ms
```

任务总结

通过教师引导和讲授，让学生掌握路由器各类接口，如管理端口、以太网端口、同/异步串行端口和回环端口，在仿真软件中进行配置，让学生掌握为物理端口、回环端口配置 IP 地址的方法及命令，提升学生实践操作的能力。

任务评价

任务自我评价见表 5-5。

表 5-5　自我评价表

知识和技能点	掌握程度
路由器管理端口	完全掌握　基本掌握　有些不懂　完全不懂
路由器物理端口	完全掌握　基本掌握　有些不懂　完全不懂
路由器 IPv4 地址配置	完全掌握　基本掌握　有些不懂　完全不懂
路由器 IPv6 地址配置	完全掌握　基本掌握　有些不懂　完全不懂
路由器回环端口	完全掌握　基本掌握　有些不懂　完全不懂

任务 5.4　静态路由配置

任务描述

掌握路由的概念与分类，掌握直连路由、静态路由和默认路由的概念，掌握静态路由的主要参数。在 IP 网络中，实现属于不同网段的主机通过 3 台路由器相连，要求不配置动态路由协议，实现不同网段的任意两台主机之间能够互通。

任务分析

在掌握静态路由基础知识的前提下，根据组网要求在仿真软件中选择合适的路由器及线缆，完成网络拓扑搭建，并为各路由器及主机配置合适的 IP 地址，然后在路由器上完成静态路由配置，通过 ping 命令测试网络连通性或通过查看路由表验证静态路由配置。

知识准备

5.4.1 静态路由原理

路由的概念及分类

1. 路由的概念

路由器提供了异构网络之间的互联机制，实现将数据包从一个网络转发到另一个网络，路由就是指导 IP 数据包发送的路径信息。

在 Internet 中进行路由选择时需要使用路由器，路由器只是根据 IP 数据包中的目的地址选择一个合适的路径，将数据包转发到下一个路由器，路径中最后一个路由器负责将数据包送达目的主机。

2. 路由分类

路由器不仅支持静态路由，同时也支持 RIP（Routing Information Protocol）、OSPF（Open Shortest Path First）、IS－IS（Intermedia System－Intermedia System）和 BGP（Border Gateway Protocol）等动态路由协议。

静态路由与动态路由的区别，路由协议是路由器之间维护路由表的规则，用于发现路由，生成路由表，并指导报文转发。依据来源的不同，路由可以分为 3 类。

①通过链路层协议发现的路由称为直连路由。

②通过网络管理员手动配置的路由称为静态路由。

③通过动态路由协议发现的路由称为动态路由。

静态路由配置方便，对系统要求低，适用于拓扑结构简单并且稳定的小型网络。缺点是不能自动适应网络拓扑的变化，需要人工干预。

动态路由协议有自己的路由算法，能够自动适应网络拓扑的变化，适用于具有一定数量 3 层设备的网络。缺点是配置对用户要求比较高，对系统的要求高于静态路由，并将占用一定的网络资源和系统资源。

3. 直连路由

路由器接口上配置的网段地址会自动出现在路由表中并与接口关联，这样的路由叫直连路由。直连路由是由链路层发现的。其优点是自动发现，开销小；缺点是只能发现本接口所属的网段。

如图 5－16 所示，可以使用“display ip routing－table”命令查看路由器已经学习到的路由表，Router－A 的 GigaEthernet0/3、GigaEthernet0/4、GigaEthernet0/5 端口相连的网段均为其直连路由。

4. 静态路由

路由器根据路由表转发数据包，路由表可通过手动配置和使用动态路由算法计算产生，

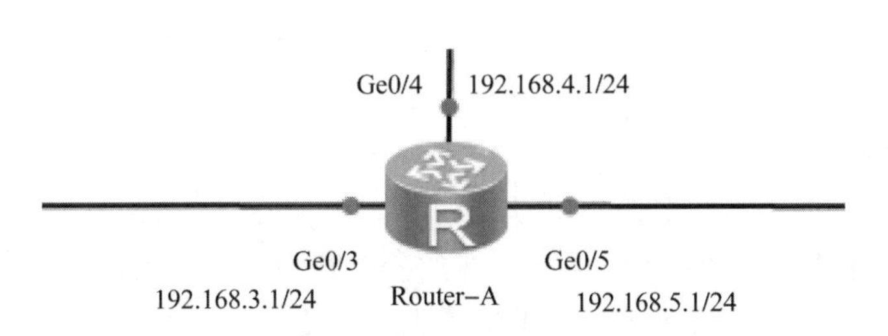

图5-16　直连路由示例

其中网络管理员手动配置产生的路由称为静态路由（static routing）。

静态路由的优点是静态路由比动态路由使用更少的带宽，并且不需要占用CPU资源来计算和分析路由更新；其缺点是当网络发生故障或者拓扑发生变化后，静态路由不会自动更新，必须手动重新配置。

①静态路由是一种需要管理员手工配置的特殊路由。

②静态路由在不同网络环境中有不同的目的：当网络结构比较简单时，只需配置静态路由就可以使网络正常工作；在复杂网络环境中，配置静态路由可以改进网络的性能，并可为重要的应用保证带宽。

5. 静态路由的主要参数

静态路由有5个主要的参数，即目的地址和掩码、出接口和下一跳、优先级。

路由表

1）目的地址和掩码

IPv4的目的地址为点分十进制格式，掩码可以用点分十进制表示，也可用掩码长度（即二进制掩码中连续“1”的位数）表示。

2）出接口和下一跳地址

根据不同的出接口类型，在配置静态路由时，可指定出接口，也可指定下一跳地址，还可以同时指定出接口和下一跳地址。

对于点到点类型的接口，只需指定出接口。因为指定发送接口即隐含指定了下一跳地址，这时认为与该接口相连的对端接口地址就是路由的下一跳地址。例如，10GE封装PPP（Point-to-Point Protocol）协议，通过PPP协商获取对端的IP地址，这时可以不指定下一跳地址。

对于广播类型的接口（如以太网接口），必须指定通过该接口发送时对应的下一跳地址。因为以太网接口是广播类型的接口，会导致出现多个下一跳，无法唯一确定下一跳。

3）静态路由优先级

对于不同的静态路由，可以为它们配置不同的优先级，优先级数字越小优先级越高。配置到达相同目的地的多条静态路由，如果指定相同优先级，则可实现负载分担；如果指定不同优先级，则可实现路由备份。

6. 默认路由

默认路由是目的地址全零和子网掩码地址全零的特殊路由，可以由路由协议（如OSPF路由协议）自动生成，也可以由手动配置。通过手动配置默认路由，可以简化网络的配置，称为静态默认路由。如果路由器配置了默认路由，报文目的地址无法匹配路由表中的任何一项，路由器将选择默认路由来转发报文；若路由器没有配置默认路由且报文目的地址无法匹配路由表中的任何一项，那么路由器将丢弃这个报文，同时返回给源地址一个 ICMP 报文指出目的地址或网络不可达。

在图 5－17 中，如果不配置静态默认路由，则需要在路由器 A 上配置到网络 3、4、5 的静态路由，在路由器 B 上配置到网络 1、5 的静态路由，在路由器 C 上配置到网络 1、2、3 的静态路由才能实现网络的互通。如果配置默认静态路由，因为路由器 A 发往 3、4、5 网络的报文下一跳都是路由器 B，所以在路由器 A 上只需配置一条默认路由，即可代替上个例子中通往3、4、5 网络的3 条静态路由。同理，路由器C 也只需要配置一条到路由器 B 的默认路由，即可代替上个例子中通往 1、2、3 网络的 3 条静态路由。

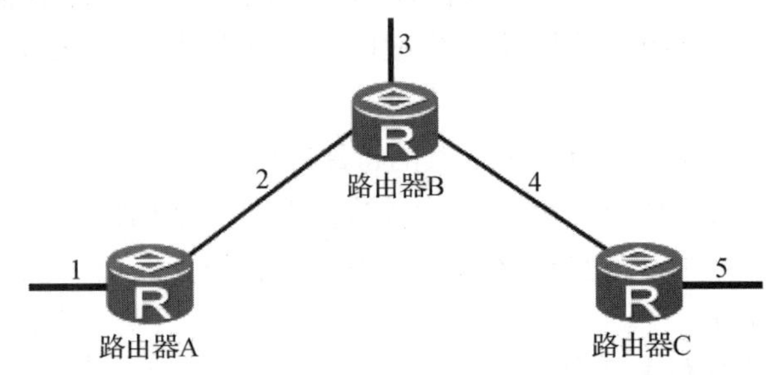

图 5－17　静态默认路由示例

任务实施

5.4.2　IPv4 静态路由配置

静态路由及配置

静态缺省路由及配置

1. 根据拓扑进行组网

在 eNSP 仿真软件中添加 3 台 AR2220 路由器和 3 台主机，给路由器 A、路由器 B 的槽位 1 和槽位 2 添加 1GEC 接口卡，给路由器 C 槽位 1、2、3 添加 1GEC 接口卡，按照网络拓扑连接各设备接口，如图 5－18 所示。注意接口编号不要用错。

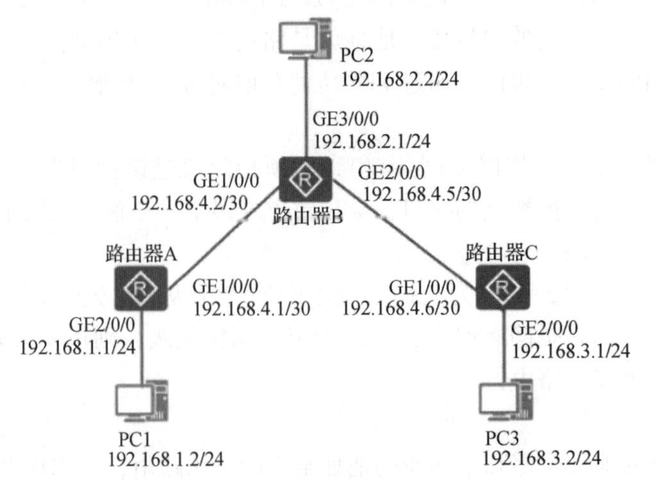

图 5－18　IPv4 静态路由组网

2. 在路由器 A 的接口上配置 IPv4 地址

```
<Huawei> system-view
[Huawei] sysname RouterA
[RouterA] interface gigabitethernet 1/0/0
[RouterA-GigabitEthernet1/0/0] ip address 192.168.4.1 30
[RouterA-GigabitEthernet1/0/0] quit
[RouterA] interface gigabitethernet 2/0/0
[RouterA-GigabitEthernet2/0/0] ip address 192.168.1.1 24
[RouterA-GigabitEthernet2/0/0] quit
```

3. 在路由器 B 的接口上配置 IPv4 地址

```
<Huawei> system-view
[Huawei] sysname RouterB
[RouterB] interface gigabitethernet 1/0/0
[RouterB-GigabitEthernet1/0/0] ip address 192.168.4.2 30
[RouterB-GigabitEthernet1/0/0] quit
[RouterB] interface gigabitethernet 2/0/0
[RouterB-GigabitEthernet2/0/0] ip address 192.168.4.530
[RouterB-GigabitEthernet2/0/0] quit
[RouterB] interface gigabitethernet 3/0/0
[RouterB-GigabitEthernet3/0/0] ip address 192.168.2.124
[RouterB-GigabitEthernet3/0/0] quit
```

4. 在路由器 C 的接口上配置 IPv4 地址

```
<Huawei> system-view
[Huawei] sysname RouterC
[RouterC] interface gigabitethernet 1/0/0
[RouterC-GigabitEthernet1/0/0] ip address 192.168.4.6 30
[RouterC-GigabitEthernet1/0/0] quit
[RouterC] interface gigabitethernet 2/0/0
[RouterC-GigabitEthernet2/0/0] ip address 192.168.3.124
[RouterC-GigabitEthernet2/0/0] quit
```

5. 在路由器 A 上配置 IPv4 默认路由

```
[RouterA] ip route-static 0.0.0.0 0.0.0.0 192.168.4.2
```

6. 在路由器 B 上配置两条 IPv4 静态路由

```
[RouterB] ip route-static 192.168.1.0 255.255.255.0 192.168.4.1
[RouterB] ip route-static 192.168.3.0 255.255.255.0 192.168.4.6
```

7. 在路由器 C 上配置 IPv4 默认路由

```
[RouterC] ip route-static 0.0.0.0 0.0.0.0 192.168.4.5
```

8. 配置各主机 IP

PC1 的 IPv4 地址为 192.168.1.2，子网掩码为 255.255.255.0，默认网关为 192.168.1.1；主机 PC2 的 IPv4 地址为 192.168.2.2，子网掩码为 255.255.255.0，默认网关为 192.168.2.1；主机 PC3 的 IPv4 地址为 192.168.3.2，子网掩码为 255.255.255.0，默认网关为 192.168.3.1。

9. 验证配置结果

显示路由器 A 的 IP 路由表，可以看到路由器 A 路由表中生成一条静态默认路由，同理在路由器 B、路由器 C 中也可查看其路由表。

```
[RouterA] display ip routing-table
Route Flags: R - relay, D - download to fib, T - to vpn-instance
------------------------------------------------------------------------------
Routing Tables: Public
            Destinations : 11        Routes : 11
Destination/Mask    Proto   Pre Cos  Flags  NextHop   Interface
0.0.0.0/0       Static60   0    RD    192.168.4.2 GigabitEthernet1/0/0
192.168.1.0/24   Direct 0      0      D  192.168.1.1 GigabitEthernet2/0/0
192.168.1.1/32   Direct 0    0    D    127.0.0.1   GigabitEthernet2/0/0
192.168.1.255/32 Direct 0    0    D     127.0.0.1   GigabitEthernet2/0/0
192.168.4.1/30   Direct 0    0    D  192.168.4.1    GigabitEthernet1/0/0
192.168.4.1/32   Direct 0    0    D    127.0.0.1    GigabitEthernet1/0/0
192.168.4.255/32   Direct 0    0    D    127.0.0.1   GigabitEthernet1/0/0
127.0.0.0/8   Direct 0    0        D  127.0.0.1     InLoopBack0
127.0.0.1/32   Direct 0   0        D  127.0.0.1     InLoopBack0
127.255.255.255/32  Direct 0  0    D    127.0.0.1     InLoopBack0
255.255.255.255/32  Direct 0  0    D    127.0.0.1     InLoopBack0
```

使用 ping 命令验证连通性：

```
[RouterA] ping 192.168.3.1
  PING 192.168.3.1: 56  data bytes, press CTRL_C to break
    Reply from 192.168.3.1: bytes=56 Sequence=1 ttl=254 time=62 ms
    Reply from 192.168.3.1: bytes=56 Sequence=2 ttl=254 time=63 ms
    Reply from 192.168.3.1: bytes=56 Sequence=3 ttl=254 time=63 ms
    Reply from 192.168.3.1: bytes=56 Sequence=4 ttl=254 time=62 ms
    Reply from 192.168.3.1: bytes=56 Sequence=5 ttl=254 time=62 ms
  ---192.168.3.1 ping statistics---
    5 packet(s) transmitted
    5 packet(s) received
    0.00% packet loss
    round-trip min/avg/max=62/62/63 ms
```

5.4.3 IPv6 静态路由配置

根据组网要求在仿真软件中选择合适的路由器及线缆，完成网络拓扑搭建，如图 5－19 所示，并为各路由器及主机配置合适的 IPv6 地址，然后在路由器上完成静态路由配置，通过 ping 命令测试网络连通性或通过查看路由表验证静态路由配置。

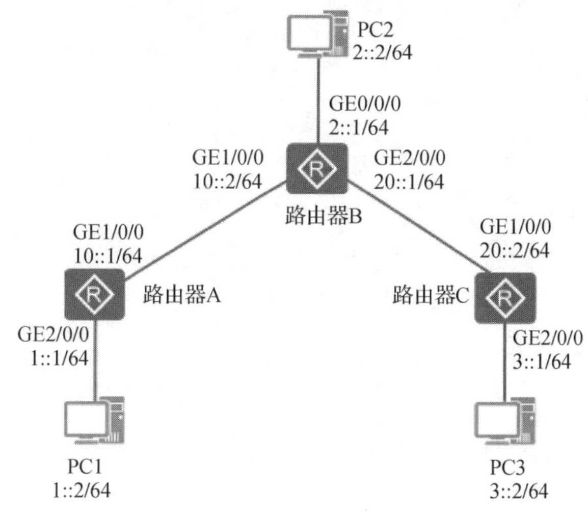

图 5－19 IPv6 静态路由组网

1. 根据拓扑进行组网

在 eNSP 仿真软件中添加 3 台 AR2220 路由器和 3 台主机，给路由器 A、路由器 B、路由器 C 的槽位 1 和槽位 2 添加 1GEC 接口卡，按照网络拓扑连接各设备接口。注意接口编号不要用错。

2. 在路由器 A 上配置 IPv6 地址

```
<Huawei> system-view
[Huawei] sysname RouterA
[RouterA] ipv6
[RouterA] interface gigabitethernet 1/0/0
[RouterA-GigabitEthernet1/0/0] ipv6 enable
[RouterA-GigabitEthernet1/0/0] ipv6 address 10::1/64
[RouterA-GigabitEthernet1/0/0] quit
[RouterA] interface gigabitethernet 2/0/0
[RouterA-GigabitEthernet2/0/0] ipv6 enable
[RouterA-GigabitEthernet2/0/0] ipv6 address 1::1/64
[RouterA-GigabitEthernet2/0/0] quit
```

3. 在路由器 B 上配置 IPv6 地址

```
<Huawei> system-view
[Huawei] sysname RouterB
```

```
[RouterB] ipv6
[RouterB] interface gigabitethernet0/0/0
[RouterB-GigabitEthernet0/0/0] ipv6 enable
[RouterB-GigabitEthernet0/0/0] ipv6 address 2::1/64
[RouterB-GigabitEthernet0/0/0] quit
[RouterB] interface gigabitethernet 1/0/0
[RouterB-GigabitEthernet1/0/0] ipv6 enable
[RouterB-GigabitEthernet1/0/0] ipv6 address 10::2/64
[RouterB-GigabitEthernet1/0/0] quit
[RouterB] interface gigabitethernet 2/0/0
[RouterB-GigabitEthernet2/0/0] ipv6 enable
[RouterB-GigabitEthernet2/0/0] ipv6 address20::1/64
[RouterB-GigabitEthernet2/0/0] quit
```

4. 在路由器 C 上配置 IPv6 地址

```
<Huawei> system-view
[Huawei] sysname RouterC
[RouterC] ipv6
[RouterC] interface gigabitethernet 1/0/0
[RouterC-GigabitEthernet1/0/0] ipv6 enable
[RouterC-GigabitEthernet1/0/0] ipv6 address20::2/64
[RouterC-GigabitEthernet1/0/0] quit
[RouterC] interface gigabitethernet 2/0/0
[RouterC-GigabitEthernet2/0/0] ipv6 enable
[RouterC-GigabitEthernet2/0/0] ipv6 address3::1/64
[RouterC-GigabitEthernet2/0/0] quit
```

5. 在路由器 C 上配置 IPv6 默认路由

```
[RouterC] ipv6 route-static :: 0 gigabitethernet 1/0/0 10::2
```

6. 在路由器 B 上配置两条 IPv6 静态路由

```
[RouterB] ipv6 route-static 1:: 64 gigabitethernet 1/0/0 10::1
[RouterB] ipv6 route-static 3:: 64 gigabitethernet 2/0/0 20::2
```

7. 在路由器 C 上配置 IPv6 默认路由

```
[RouterC] ipv6 route-static :: 0 gigabitethernet 1/0/0 20::1
```

8. 配置主机地址和网关

根据组网图配置好各主机的 IPv6 地址，并将 PC1 的默认网关配置为 1::1，PC2 的默认网关配置为 2::1，主机 3 的默认网关配置为 3::1。

9. 验证配置结果

使用“display ipv6 routing-table”命令查看路由器 C 的 IPv6 路由表；或者使用 ping

ipv6 3::2、ping ipv6 2::2、ping ipv6 1::2 命令测试主机 PC1、PC2 和 PC3 的连通性，若 3 台主机之间可以互通，则说明配置完成。

任务总结

通过教师引导和讲授，让学生掌握以下基础知识，包括路由的概念、分类、直连路由、静态路由、默认路由及静态路由主要参数，在仿真软件中根据场景完成 IPv4 静态路由和默认路由配置，完成 IPv6 静态路由和默认路由配置，让学生掌握其方法及命令，提升学生实践操作的能力。

任务评价

任务自我评价见表 5-6。

表 5-6　自我评价表

知识和技能点	掌握程度
路由的概念	完全掌握　基本掌握　有些不懂　完全不懂
路由分类	完全掌握　基本掌握　有些不懂　完全不懂
直连路由	完全掌握　基本掌握　有些不懂　完全不懂
静态路由	完全掌握　基本掌握　有些不懂　完全不懂
静态路由主要参数	完全掌握　基本掌握　有些不懂　完全不懂
默认路由	完全掌握　基本掌握　有些不懂　完全不懂
IPv4 静态路由和默认路由配置	完全掌握　基本掌握　有些不懂　完全不懂
IPv6 静态路由和默认路由配置	完全掌握　基本掌握　有些不懂　完全不懂

任务 5.5　RIP 路由配置

任务描述

掌握动态路由的分类，掌握 RIP、RIPng 路由协议的概念和基本原理，掌握 RIPv1 与 RIPv2 的不同点、RIP 与 RIPng 的差异。在 IP 网络中由于要在小型网络中实现设备的网络互联，要求配置 RIPv2、RIPng 路由协议，实现路由器各网络互联。

任务分析

在掌握 RIP、RIPng 路由基础知识的前提下，根据组网要求在仿真软件中选择合适的路由器及线缆，完成网络拓扑搭建，并为各路由器及主机配置合适的 IP 地址，然后在路由器上完成 RIP、RIPng 路由配置，通过 ping 命令测试网络连通性或通过查看路由表验证 RIP 与 RIPng 路由配置。

知识准备

5.5.1 RIP 路由原理

RIP 基本原理

1. 动态路由的分类

对动态路由协议的分类可以采用以下不同标准。

1）根据作用范围不同分类

路由协议可分为以下两种。

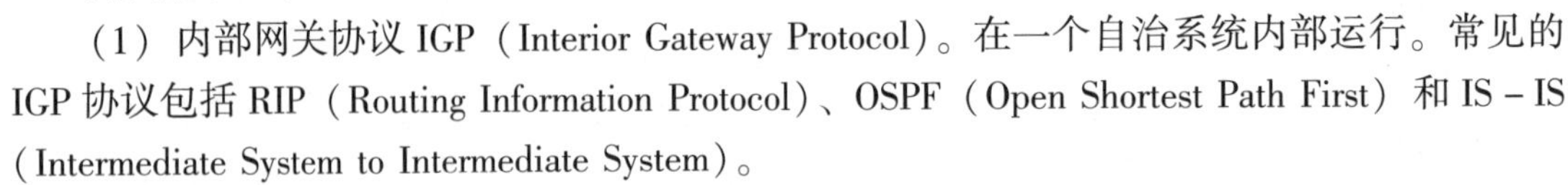

（1）内部网关协议 IGP（Interior Gateway Protocol）。在一个自治系统内部运行。常见的 IGP 协议包括 RIP（Routing Information Protocol）、OSPF（Open Shortest Path First）和 IS－IS（Intermediate System to Intermediate System）。

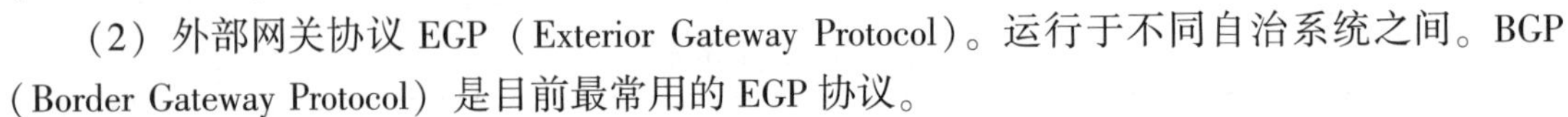

（2）外部网关协议 EGP（Exterior Gateway Protocol）。运行于不同自治系统之间。BGP（Border Gateway Protocol）是目前最常用的 EGP 协议。

2）根据使用算法不同分类

路由协议可分为以下两种。

（1）距离矢量协议（Distance－Vector Protocol）：包括 RIP 和 BGP。其中，BGP 也被称为路径矢量协议（Path－Vector Protocol）。

（2）链路状态协议（Link－State Protocol）：包括 OSPF 和 IS－IS。

以上两种算法的主要区别在于发现路由和计算路由的方法不同。

2. RIP 路由协议概念

RIP 是路由信息协议的简称，它是一种较为简单的内部网关协议。RIP 是一种基于距离矢量（Distance－Vector）算法的协议，它使用跳数（hop count）作为度量来衡量到达目的网络的距离。RIP 通过 UDP 报文进行路由信息的交换，使用的端口号为 520。RIP 协议目前常见版本包括 RIP Version 1 和 RIP Version 2 两个版本，RIP－2 对 RIP－1 进行了扩充，使其更具有优势。

3. RIP 路由协议基本原理

RIP 使用跳数作为度量值来衡量到达目的地址的距离。在 RIP 网络中，默认情况下设备到与它直接相连网络的跳数为 0，通过一个设备可达的网络跳数为 1，其余依此类推。也就是说，度量值等于从本网络到达目的网络所通过的设备数量，即跳数。为限制收敛时间，RIP 规定度量值取 0～15 之间的整数，不小于 16 的跳数被定义为无穷大路由，即目的网络或主机不可达。由于这个限制，使得 RIP 不可能在大型网络中得到应用。

1）RIP 路由表的建立

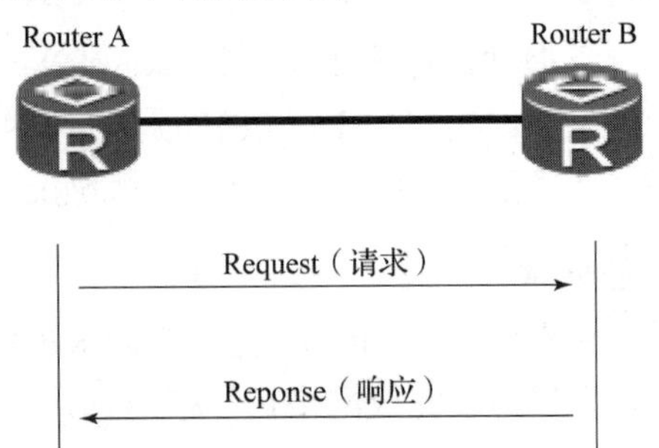

图 5－20　RIP 路由表建立过程

当路由器启动 RIP 协议时初始路由表仅包含本设备的一些直连接口路由。路由器通过与相邻设备互相学习路由表项，才能实现各网段路由互通。下面通过图 5－20 所示的示例了解一下路由器 Router A 是如何建立 RIP 路由表的。

（1）RIP 协议启动之后，Router A 会向相邻的路由器广播一个 Request 报文。

（2）当 Router B 从接口接收到 Router A 发送

的 Request 报文后，把自己的 RIP 路由表封装在 Respone 报文内，然后向该接口对应的网络广播。

（3）Router A 根据 Router B 发送的 Response 报文，形成自己的路由表。

2）RIP 路由表的更新与维护

RIP 协议在更新和维护路由信息时主要使用 4 个定时器。

（1）更新定时器（update timer）。当此定时器超时时，立即发送更新报文。

（2）老化定时器（age timer）。RIP 设备如果在老化时间内没有收到邻居发来的路由更新报文，则认为该路由不可达。

（3）垃圾收集定时器（garbage - collect timer）。如果在垃圾收集时间内不可达路由没有收到来自同一邻居的更新，则该路由将被从 RIP 路由表中彻底删除。

（4）抑制定时器（suppress timer）。当 RIP 设备收到对端的路由更新，其开销为 16，对应路由进入抑制状态，并启动抑制定时器。为了防止路由振荡，在抑制定时器超时之前，即使再收到对端路由开销小于 16 的更新，也不接受。当抑制定时器超时后，就重新允许接收对端发送的路由更新报文。

RIP 的更新信息发布是由更新定时器控制的，默认为每 30 s 发送一次。

每一条路由表项对应两个定时器，即老化定时器和垃圾收集定时器。当学到一条路由并添加到 RIP 路由表中时，老化定时器启动。如果老化定时器超时，设备仍没有收到邻居发来的更新报文，则把该路由的度量值置为 16（表示路由不可达），并启动垃圾收集定时器。如果垃圾收集定时器超时，设备仍然没有收到更新报文，则在 RIP 路由表中删除该路由。

4. RIPng 路由协议的概念

随着 IPv6 网络的建设，同样需要动态路由协议为 IPv6 报文的转发提供准确有效的路由信息。因此，IETF 在保留 RIP 优点的基础上针对 IPv6 网络修改形成了 RIPng（RIP next generation，下一代 RIP 协议）。RIPng 主要用于在 IPv6 网络中提供路由功能，是 IPv6 网络中路由技术的一个重要组成协议。RIPng 是一种较为简单的内部网关协议，主要用于规模较小的网络中，如校园网以及结构较简单的地区性网络。由于 RIPng 的实现较为简单，在配置和维护管理方面也远比 OSPFv3 和 IS - IS for IPv6 容易，因此在实际组网中仍有广泛的应用。

5. RIPng 与 RIP 的差异

为了实现在 IPv6 网络中应用，RIPng 对原有的 RIP 协议进行了修改。

（1）RIPng 使用 UDP 的 521 端口（RIP 使用 520 端口）发送和接收路由信息。

（2）RIPng 的目的地址使用 128 b 的前缀长度（掩码长度）。

（3）RIPng 使用 128 b 的 IPv6 地址作为下一跳地址。

（4）RIPng 使用链路本地地址 FE80::/10 作为源地址发送 RIPng 路由信息更新报文。

（5）RIPng 使用组播方式周期性地发送路由信息，并使用 FF02::9 作为链路本地范围内的路由器组播地址。

（6）RIPng 报文由头部（Header）和多个路由表项 RTEs（Route Table Entry）组成。在同一个 RIPng 报文中，RTE 的最大数目根据接口的 MTU 值来确定。

任务实施

5.5.2 RIP 路由配置

RIP 路由配置

1. 根据拓扑进行组网

在 eNSP 仿真软件中添加4 台 AR2220 路由器，给路由器 A 的槽位1 添加1GEC 接口卡、给路由器 B 的槽位 1、槽位 2、槽位 3 添加1GEC 接口卡、给路由器 C 的槽位2 添加1GEC 接口卡、给路由器 D 的槽位3 添加1GEC 接口卡，按照网络拓扑连接各设备接口，注意接口编号不要用错。

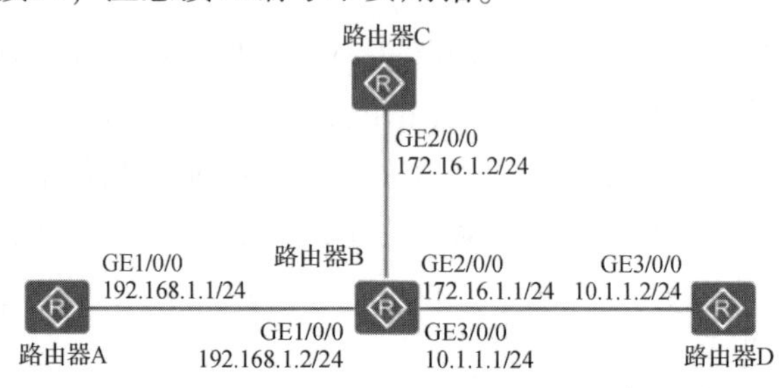

图 5 – 21　RIP 配置组网

2. 配置路由器 A 接口的 IP 地址

```
<Huawei> system-view
[Huawei] sysname RouterA
[RouterA] interface gigabitethernet 1/0/0
[RouterA-GigabitEthernet1/0/0] ip address 192.168.1.1 24
[RouterA-GigabitEthernet1/0/0]quit
```

3. 配置路由器 B 接口的 IP 地址

```
<Huawei> system-view
[Huawei] sysnameRouterB
[RouterB] interface gigabitethernet 1/0/0
[RouterB-GigabitEthernet1/0/0] ip address 192.168.1.2 24
[RouterB-GigabitEthernet1/0/0]quit
[RouterB] interface gigabitethernet 2/0/0
[RouterB-GigabitEthernet2/0/0] ip address 172.16.1.1 24
[RouterB-GigabitEthernet2/0/0]quit
[RouterB] interface gigabitethernet 3/0/0
[RouterB-GigabitEthernet3/0/0] ip address 10.1.1.1 24
[RouterB-GigabitEthernet3/0/0]quit
```

4. 配置路由器 C 接口的 IP 地址

```
<Huawei> system-view
[Huawei] sysnameRouterC
[RouterC] interface gigabitethernet 2/0/0
[RouterC-GigabitEthernet2/0/0] ip address 172.16.1.2 24
[RouterC-GigabitEthernet2/0/0]quit
```

5. 配置路由器D接口的IP地址

```
<Huawei> system-view
[Huawei] sysnameRouterD
[RouterD] interface gigabitethernet 3/0/0
[RouterD-GigabitEthernet3/0/0] ip address 10.1.1.2 24
[RouterD-GigabitEthernet3/0/0]quit
```

6. 配置路由器A的RIP基本功能和版本

```
[RouterA] rip
[RouterA-rip-1] version 2
[RouterA-rip-1] network 192.168.1.0
[RouterA-rip-1] quit
```

7. 配置路由器B的RIP基本功能和版本

```
[RouterB] rip
[RouterB-rip-1] version 2
[RouterB-rip-1] network 192.168.1.0
[RouterB-rip-1] network 172.16.0.0
[RouterB-rip-1] network 10.0.0.0
[RouterB-rip-1] quit
```

8. 配置路由器C的RIP基本功能和版本

```
[RouterC] rip
[RouterC-rip-1] version 2
[RouterC-rip-1] network 172.16.0.0
[RouterC-rip-1] quit
```

9. 配置路由器D的RIP基本功能和版本

```
[RouterD] rip
[RouterD-rip-1] version 2
[RouterD-rip-1] network 10.0.0.0
[RouterD-rip-1] quit
```

10. 验证配置结果

查看路由器A的RIP路由表。

```
[RouterA] display rip 1 route
 Route Flags: R - RIP
A - Aging, S - Suppressed, G - Garbage-collect
-------------------------------------------------------------------------
Peer 192.168.1.2  on GigabitEthernet1/0/0
     Destination/Mask     Nexthop     Cost    Tag    Flags    Sec
10.1.1.0/24        192.168.1.2     1    0      RA      32
      172.16.1.0/24      192.168.1.2      1    0      RA      32
```

从路由表中可以看出，RIPv2 发布的路由中带有更为精确的子网掩码信息。

5.5.3 RIPng 路由配置

1. 根据拓扑进行组网

在 eNSP 仿真软件中添加 4 台 AR2220 路由器，给路由器 A 的槽位 1 添加 1GEC 接口卡、给路由器 B 的槽位 1、槽位 2、槽位 3 添加 1GEC 接口卡、给路由器 C 的槽位 2 添加 1GEC 接口卡、给路由器 D 的槽位 3 添加 1GEC 接口卡，按照网络拓扑连接各设备接口。注意接口编号不要用错。

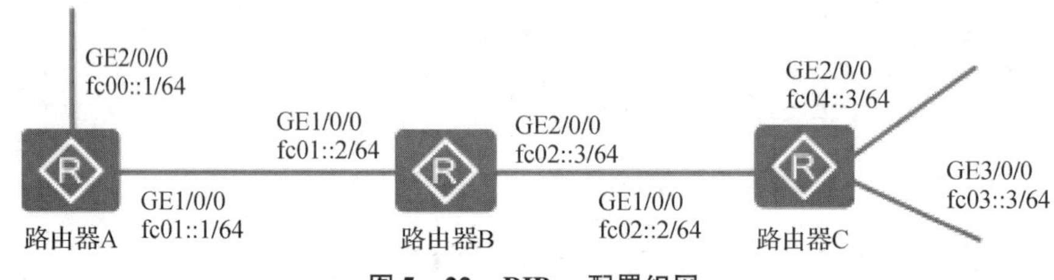

图 5－22　RIPng 配置组网

2. 在路由器 A 上配置 IPv6 地址

```
<Huawei> system-view
[Huawei] sysname RouterA
[RouterA] ipv6
[RouterA] interface gigabitethernet 1/0/0
[RouterA-GigabitEthernet1/0/0] ipv6 enable
[RouterA-GigabitEthernet1/0/0] ipv6 address FC01::1/64
[RouterA-GigabitEthernet1/0/0] quit
[RouterA] interface gigabitethernet 2/0/0
[RouterA-GigabitEthernet2/0/0] ipv6 enable
[RouterA-GigabitEthernet2/0/0] ipv6 address FC02::3/64
```

3. 在路由器 B 上配置 IPv6 地址

```
<Huawei> system-view
[Huawei] sysnameRouterB
[RouterB] ipv6
[RouterB] interface gigabitethernet 1/0/0
[RouterB-GigabitEthernet1/0/0] ipv6 enable
[RouterB-GigabitEthernet1/0/0] ipv6 address FC01::2/64
[RouterB-GigabitEthernet1/0/0] quit
[RouterB] interface gigabitethernet 2/0/0
[RouterB-GigabitEthernet2/0/0] ipv6 enable
[RouterB-GigabitEthernet2/0/0] ipv6 address FC00::1/64
```

4. 在路由器C上配置IPv6地址

```
<Huawei> system-view
[Huawei] sysnameRouterC
[RouterC] ipv6
[RouterC] interface gigabitethernet 1/0/0
[RouterC-GigabitEthernet1/0/0] ipv6 enable
[RouterC-GigabitEthernet1/0/0] ipv6 address FC02::2/64
[RouterC-GigabitEthernet1/0/0] quit
[RouterC] interface gigabitethernet 2/0/0
[RouterC-GigabitEthernet2/0/0] ipv6 enable
[RouterC-GigabitEthernet2/0/0] ipv6 address FC04::3/64
[RouterC-GigabitEthernet2/0/0] quit
[RouterC] interface gigabitethernet 3/0/0
[RouterC-GigabitEthernet3/0/0] ipv6 enable
[RouterC-GigabitEthernet3/0/0] ipv6 address FC03::3/64
```

5. 配置路由器A的RIPng基本功能

```
[RouterA] ripng 1
[RouterA-ripng-1] quit
[RouterA] interface GigabitEthernet 2/0/0
[RouterA-GigabitEthernet2/0/0] ripng 1 enable
[RouterA-GigabitEthernet2/0/0] quit
[RouterA] interface GigabitEthernet 1/0/0
[RouterA-GigabitEthernet1/0/0] ripng 1 enable
[RouterA-GigabitEthernet1/0/0] quit
```

6. 配置路由器B的RIPng基本功能

```
[RouterB] ripng 1
[RouterB-ripng-1] quit
[RouterB] interface GigabitEthernet 1/0/0
[RouterB-GigabitEthernet1/0/0] ripng 1 enable
[RouterB-GigabitEthernet1/0/0] quit
[RouterB] interface GigabitEthernet 2/0/0
[RouterB-GigabitEthernet2/0/0] ripng 1 enable
[RouterB-GigabitEthernet2/0/0] quit
```

7. 配置路由器C的RIPng基本功能

```
[RouterC] ripng 1
[RouterC-ripng-1] quit
[RouterC] interface GigabitEthernet 1/0/0
```

```
[RouterC-GigabitEthernet1/0/0] ripng 1 enable
[RouterC-GigabitEthernet1/0/0] quit
[RouterC] interface GigabitEthernet 2/0/0
[RouterC-GigabitEthernet2/0/0] ripng 1 enable
[RouterC-GigabitEthernet2/0/0] quit
[RouterC] interface GigabitEthernet 3/0/0
[RouterC-GigabitEthernet3/0/0] ripng 1 enable
[RouterC-GigabitEthernet3/0/0] quit
```

8. 验证配置结果

查看路由器 B 的 RIPng 路由表，显示路由器 B 共学习到 3 条 RIPng 路由。

```
[RouterB] display ripng 1 route
    Route Flags: R - RIPng,A - Aging, G - Garbage-collect
-----------------------------------------------------------------
Peer FE80::F54C:0:9FDB:1  on GigabitEthernet2/0/0
Dest FC04::/64,
     via FE80::F54C:0:9FDB:1, cost  1, tag 0, A, 3 Sec
Dest FC03::/64,
     via FE80::F54C:0:9FDB:1, cost  1, tag 0, A, 3 Sec
Peer FE80::D472:0:3C23:1  on GigabitEthernet1/0/0
Dest FC00::/64,
     via FE80::D472:0:3C23:1, cost  1, tag 0, A, 4 Sec
```

任务总结

通过教师引导和讲授，让学生掌握动态路由的分类、RIP 路由协议概念、RIP 路由基本原理、RIPng 路由协议概念、RIPng 路由与 RIP 路由差异等基础知识，在仿真软件中根据场景完成 RIPv2 路由和 RIPng 路由配置，让学生掌握其方法及命令，提升学生实践操作的能力。

任务评价

本任务自我评价见表 5-7。

表 5-7 自我评价表

知识和技能点	掌握程度
动态路由分类	完全掌握 基本掌握 有些不懂 完全不懂
RIP 路由协议概念	完全掌握 基本掌握 有些不懂 完全不懂
RIP 路由协议基本原理	完全掌握 基本掌握 有些不懂 完全不懂
RIP 路由协议配置	完全掌握 基本掌握 有些不懂 完全不懂
RIPng 路由协议概念	完全掌握 基本掌握 有些不懂 完全不懂
RIPng 与 RIP 的差异	完全掌握 基本掌握 有些不懂 完全不懂
RIPng 路由协议配置	完全掌握 基本掌握 有些不懂 完全不懂

任务5.6 OSPF路由配置

任务描述

掌握动态路由的分类，掌握OSPF路由协议的概念、路由器ID、邻居与邻接关系、DR、BDR、OSPF协议报文、OSPF区域划分等基本原理，掌握OSPFv2与OSPFv3的异同点。在大型、中型IP网络中实现路由器网络互联，要求配置OSPFv2、OSPFv3路由协议，实现路由器各网络互联。

任务分析

在掌握OSPFv2、OSPFv3路由基础知识的前提下，根据组网要求在仿真软件中选择合适的路由器及线缆，完成网络拓扑搭建，并为各路由器及主机配置合适的IP地址，然后在路由器上完成OSPFv2、OSPFv3路由配置，通过ping命令测试网络连通性或通过查看路由表验证OSPFv2与OSPFv3路由配置。

知识准备

OSPF基本原理

5.6.1 OSPF路由原理

1. OSPF的基本概念

开放式最短路径优先（Open Shortest Path First，OSPF）是IETF组织开发的一个基于链路状态的内部网关协议（Interior Gateway Protocol，IGP）。目前针对IPv4协议使用的是OSPF Version 2（RFC2328）。

在OSPF出现前，网络上广泛使用RIP作为内部网关协议。由于RIP是基于距离矢量算法的路由协议，存在着收敛慢、路由环路、可扩展性差等问题，所以逐渐被OSPF取代。OSPF作为基于链路状态的协议，能够解决RIP所面临的诸多问题。

OSPF最显著的特点是使用链路状态算法，区别于早先的路由协议使用的距离矢量算法，因此，本节首先介绍链路状态算法的路由计算基本过程。OSPF协议路由的计算过程可简单描述如下。

（1）每台OSPF路由器根据自己周围的网络拓扑结构生成链路状态通告（Link State Advertisement，LSA），并通过更新报文将LSA发送给网络中的其他OSPF路由器。

（2）每台OSPF路由器都会收集其他路由器发来的LSA，所有的LSA放在一起便组成了链路状态数据库（Link State DataBase，LSDB）。LSA是对路由器周围网络拓扑结构的描述，LSDB则是对整个自治系统的网络拓扑结构的描述。

（3）OSPF路由器将LSDB转换成一张有向图，这张图便是对整个网络拓扑结构的真实反映。各个路由器得到的有向图是完全相同的。

（4）每台路由器根据有向图，计算一个以自己为根，以网络中其他节点为叶的最短路径树。每台路由器计算的最短路径树给出了到网络中其他节点的路由表。

2. OSPF路由器类型和ID

OSPF协议中常用到的路由器类型如图5-23所示。

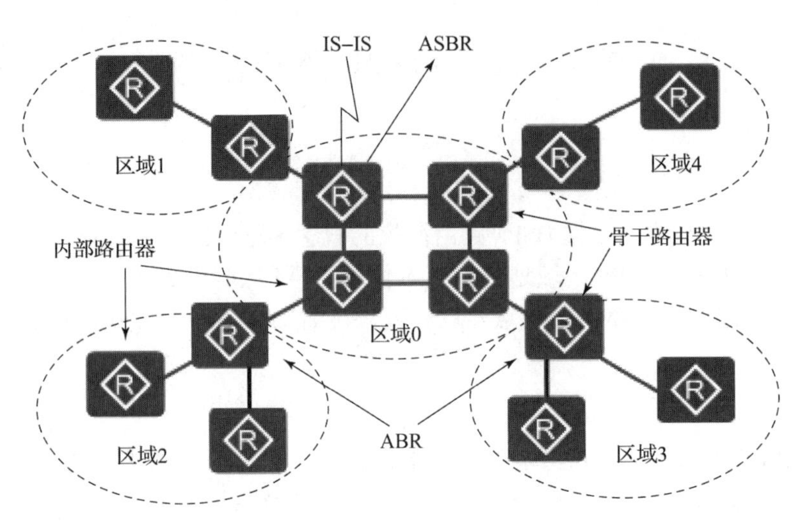

图 5-23　OSPF 路由器类型

（1）区域内路由器。

该类设备的所有接口都属于同一个 OSPF 区域。

（2）区域边界路由器（Area Border Router，ABR）。

该类设备可以同时属于两个以上的区域，但其中一个必须是骨干区域。

ABR 用来连接骨干区域和非骨干区域，它与骨干区域之间既可以是物理连接，也可以是逻辑上的连接。

（3）骨干路由器。

该类设备至少有一个接口属于骨干区域。

所有的 ABR 和位于区域 0 的内部设备都是骨干路由器。

（4）自治系统边界路由器（AS Boundary Router，ASBR）。

与其他 AS 交换路由信息的设备称为 ASBR。

ASBR 并不一定位于 AS 的边界，它可能是区域内设备，也可能是 ABR。只要一台 OSPF 设备引入了外部路由的信息，它就成为 ASBR。

一台路由器如果要运行 OSPF 协议，必须存在路由器 ID。路由器 ID 是一个 32 b 无符号整数，是一台路由器在自治系统中的唯一标识。

路由器 ID 可以手工配置，如果没有通过命令指定 ID 号，系统会从当前接口的 IP 地址中自动选取一个作为路由器 ID。其选择顺序是：优先从 Loopback 地址中选择最大的 IP 地址作为路由器的 ID 号，如果没有配置 Loopback 接口，则选取接口中最大的 IP 地址作为路由器的 ID。

3. 邻居与邻接关系

OSPF 作为一个路由协议，运行 OSPF 的路由器之间需要交换链路状态信息和路由信息，在交换这些信息之前首先需要建立邻接关系。

如果两个路由器有端口连接到同一个网段，那么它们就是邻居路由器。图 5-24 中路由器 RTA 有 3 个邻居。

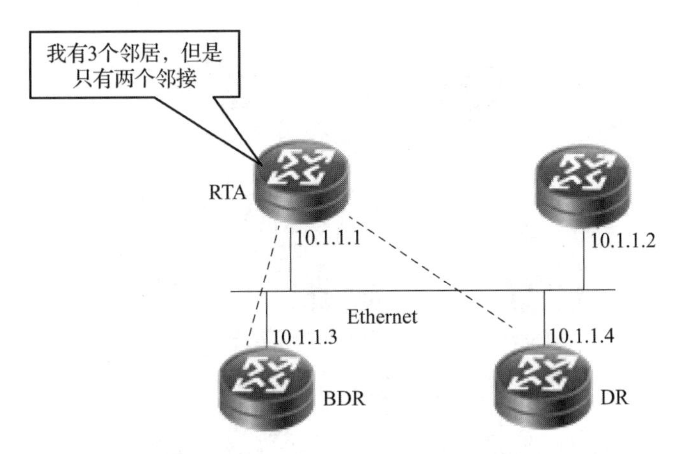

图5-24　OSPF 中的邻居与邻接

邻接是从邻居关系中选出的为了交换路由信息而形成的关系。并非所有的邻居关系都可以成为邻接关系，不同的网络类型，是否建立邻接关系的规则也不同。在图5-24中，路由器RTA有3个邻居，但是只形成两个邻接关系，它分别与DR路由器、BDR路由器建立邻接关系。

4. DR和BDR

在广播网络中，任意两台路由器之间都要传递路由信息。如果网络中有 n 台路由器，则需要建立 $n(n-1)/2$ 个邻接关系。这使得任何一台路由器的路由变化都会导致多次传递，浪费了带宽资源。为解决这一问题，OSPF协议定义了指定路由器（Designated Router，DR），所有路由器都只将信息发送给DR，由DR将网络链路状态广播出去。

如果DR由于某种故障而失效，则网络中的路由器必须重新选举DR，并与新的DR同步。这需要较长的时间，在这段时间内，路由的计算是不正确的。为了缩短这个过程，OSPF提出了BDR（Backup Designated Router）的概念。

BDR实际上是对DR的一个备份，在选举DR的同时也选举出BDR，BDR也和本网段内的所有路由器建立邻接关系并交换路由信息。当DR失效后，BDR会立即成为DR。由于不需要重新选举，并且邻接关系事先已建立，所以这个过程是非常短暂的。当然这时还需要再重新选举出一个新的BDR，虽然一样需要较长的时间，但并不会影响路由的计算。

除DR和BDR之外的路由器（称为DR Other）之间将不再建立邻接关系，也不再交换任何路由信息，这样就减少了广播网络上各路由器之间邻接关系的数量。

在图5-25中，用实线代表以太网物理连接，虚线代表建立的邻接关系。可以看到，采用DR/BDR机制后，5台路由器之间只需要建立7个邻接关系就可以了。

5. OSPF协议报文与路由计算

OSPF有5种类型的协议报文。

①问候（Hello）报文：周期性发送，用来发现和维持OSPF邻居关系。

②数据库描述（Database Description）报文：描述了本地LSDB的摘要信息，用于两台路由器进行数据库同步。

③链路状态请求（Line State Request）报文：向对方请求所需的LSA。

④链路状态更新（Line State Update）报文：向对方发送其所需要的LSA。

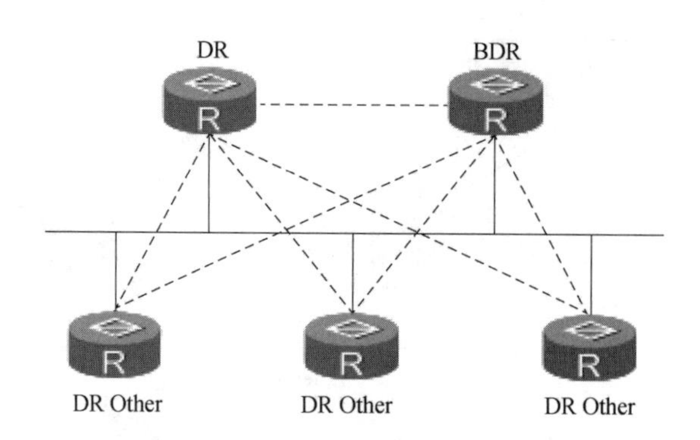

图 5-25　OSPF 中的 DR 与 BDR

⑤链路状态确认（Line State Acknowledgment，LSA）报文：用来对收到的 LSA 进行确认。

OSPF 采用 SPF（Shortest Path First）算法计算路由，可以达到路由快速收敛的目的。

OSPF 协议使用链路状态通告 LSA 描述网络拓扑，即有向图。Router LSA 描述路由器之间的链接和链路的属性。路由器将 LSDB 转换成一张带权的有向图，这张图便是对整个网络拓扑结构的真实反映。各个路由器得到的有向图是完全相同的，如图 5-26 所示。

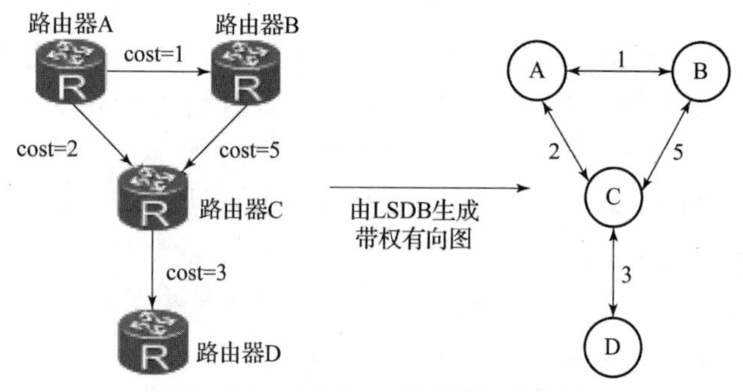

图 5-26　由 LSDB 生成带权有向图

每台路由器根据有向图，使用 SPF 算法计算出一棵以自己为根的最短路径树，这棵树给出了到自治系统中各节点的路由，如图 5-27 所示。当 OSPF 的链路状态数据库 LSDB 发生改变时，需要重新计算最短路径，如果每次改变都立即计算最短路径，将占用大量资源，并会影响路由器的效率，通过调节 SPF 的计算间隔时间，可以抑制由于网络频繁变化带来的占用过多资源。默认情况下，SPF 时间间隔为 5 s。

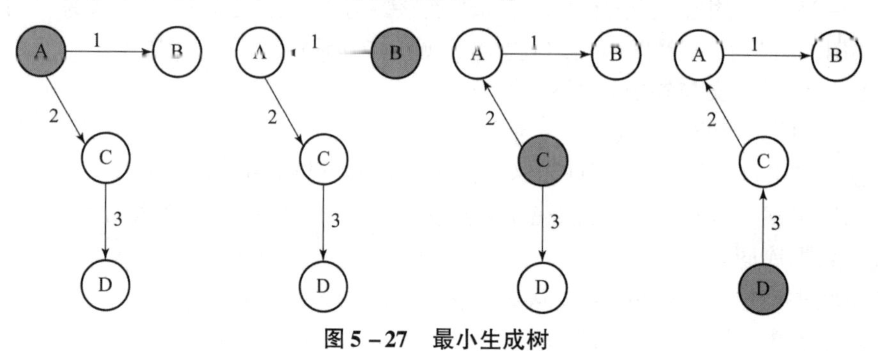

图 5-27　最小生成树

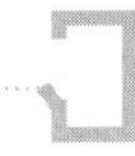

6. OSPF 区域划分

随着网络规模日益扩大，当一个大型网络中的路由器都运行 OSPF 路由协议时，路由器数量的增多会导致 LSDB 非常庞大，占用大量的存储空间，并使得运行算法的复杂度增加，导致路由器 CPU 负担很重。

在网络规模增大之后，拓扑结构发生变化的概率也增大，网络会经常处于“动荡”之中，造成网络中会有大量的 OSPF 协议报文在传递，降低了网络的带宽利用率。更为严重的是，每一次变化都会导致网络中所有的路由器重新进行路由计算。

OSPF 协议通过将自治系统划分成不同的区域来解决上述问题。区域是从逻辑上将路由器划分为不同的组，每个组用区域号（区域 ID）来标识。区域的边界是路由器，而不是链路。一个网段（链路）只能属于一个区域，或者说每个运行 OSPF 的接口必须指明属于哪一个区域，如图 5－28 所示，区域 0 区域为骨干区域，而区域 1～4 为非骨干区域。需要注意的是，通常情况下每个区域都必须连接到骨干区域。

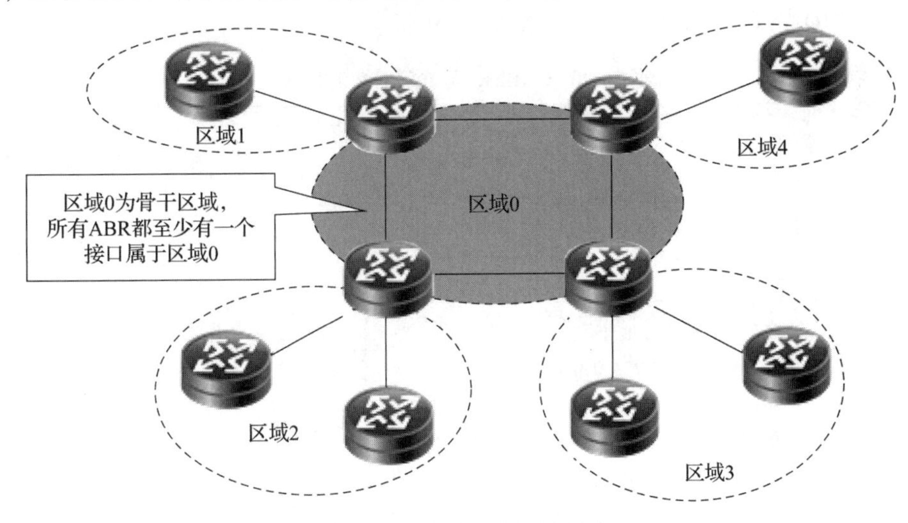

图 5－28　OSPF 的区域划分

通过划分区域后，可以在区域边界路由器上进行路由聚合，减少通告到其他区域的 LSA 数量。另外，还可以降低网络拓扑变化带来的影响。

7. OSPFv3 的基本概念

OSPFv3 是 OSPF Version 3 的简称。这是一种运行于 IPv6 的 OSPF 路由协议（RFC5340，同 RFC2740），它在 OSPFv2 基础上进行了修改，是一个独立的路由协议。OSPFv3 的主要目的是开发一种独立于任何具体网络层的路由协议，为实现这一目的，OSPFv3 的内部路由器信息被重新进行了设计。

8. OSPFv3 与 OSPFv2 的相同点

OSPFv3 在协议设计思路和工作机制上与 OSPFv2 基本一致。

①报文类型相同。包含 Hello、DD、LSR、LSU、LSAck 这 5 种类型的报文。

②区域划分相同。

③LSA 泛洪和同步机制相同。为了保证 LSDB 内容的正确性，需要保证 LSA 的可靠泛洪和同步。

④路由计算方法相同：采用最短路径优先算法计算路由。

⑤网络类型相同。支持广播、NBMA、P2MP 和 P2P 这 4 种网络类型。

⑥邻居发现和邻接关系形成机制相同。OSPF 路由器启动后，便会通过 OSPF 接口向外发送 Hello 报文，收到 Hello 报文的 OSPF 路由器会检查报文中所定义的参数，如果双方一致就会形成邻居关系。形成邻居关系的双方不一定都能形成邻接关系，这要根据网络类型而定，只有当双方成功交换 DD 报文，交换 LSA 并达到 LSDB 的同步之后，才形成真正意义上的邻接关系。

⑦DR 选举机制相同。在 NBMA 和广播网络中需要选举 DR 和 BDR。

9. OSPFv3 与 OSPFv2 的不同点

为了支持在 IPv6 环境中运行，指导 IPv6 报文的转发，OSPFv3 对 OSPFv2 做出了一些必要的改进，使得 OSPFv3 可以独立于网络层协议，而且只要稍加扩展，就可以适应各种协议，为未来可能的扩展预留了充分的可能。

OSPFv3 与 OSPFv2 不同点的对比如表 5-8 所示。

表 5-8　OSPFv3 与 OSPFv2 对比表

比较项	OSPFv2	OSPFv3
通告	IPv4 网络	IPv6 前缀
运行	基于网络	基于链路
源地址	接口 IPv4 地址	接口 IPv6 链路本地地址
目的地址	邻居接口单播 IPv4 地址 组播 224.0.0.5 或 224.0.0.6 地址	邻居 IPv6 链路本地地址 组播 FF02::5 或 FF02::6 地址
通告网络	路由视图下使用 network 命令或接口视图下使用 ospf enable　process-id　area area-id 命令	接口视图下使用 ospfv3 process-id area area-id instance instance-id 命令
IP 单播路由	IPv4 单播路由，路由器默认启用	IPv6 单播路由，使用“ipv6”命令启用
多个实例	不支持	支持，通过 Instance ID 字段来实现
验证	简单口令或 MD5 等	使用 IPv6 提供的安全机制来保证自身报文的安全性
包头	版本为 2，包头长度 24 B，含有验证字段	版本为 3，包头长度 16 B，去掉验证字段，增加 Instance ID 字段
LSA	有 Options 字段	取消 Options 字段，新增链路 LSA（类型 8）和区域内前缀 LSA（类型 9）

任务实施

5.6.2　单区域 OSPF 路由配置

OSPF 路由配置

1. 根据拓扑进行组网

在 eNSP 仿真软件中添加两台 AR2220 路由器，给路由器 A 和路由器 B

的槽位1、槽位2添加1GEC接口卡，按照网络拓扑连接各设备接口，如图5－29所示。注意接口编号不要用错。

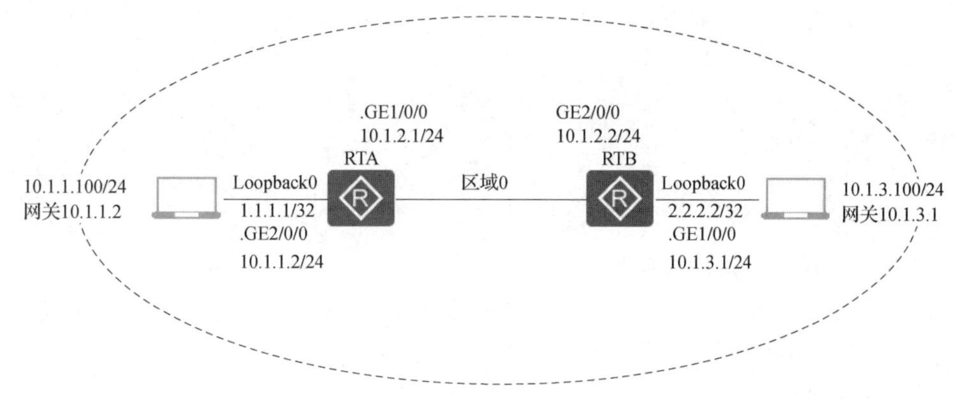

图5－29　单区域OSPF配置组网

2. 在路由器A上配置IPv4地址

```
<Huawei > system -view
[Huawei] sysname RouterA
[RouterA] interface gigabitethernet 1/0/0
[RouterA -GigabitEthernet1/0/0] ip address 10.1.2.1 24
[RouterA -GigabitEthernet1/0/0]quit
[RouterA -GigabitEthernet1/0/0]quit
[RouterA] interface gigabitethernet 2/0/0
[RouterA -GigabitEthernet2/0/0] ip address 10.1.1.2 24
```

3. 在路由器B上配置IPv4地址

```
<Huawei > system -view
[Huawei] sysnameRouterB
[RouterB] interface gigabitethernet 1/0/0
[RouterB -GigabitEthernet1/0/0] ip address 10.1.3.1 24
[RouterB -GigabitEthernet1/0/0]quit
[RouterB] interface gigabitethernet 2/0/0
[RouterB -GigabitEthernet2/0/0] ip address 10.1.2.2 24
```

4. 在路由器A上配置OSPF基本功能

```
[RouterA]router id 1.1.1.1
[RouterA]ospf
[RouterA -ospf -1]area 0
[RouterA -ospf -1 -area -0.0.0.0]network 1.1.1.1 0.0.0.0
[RouterA -ospf -1 -area -0.0.0.0]network 10.1.1.0 0.0.0.255
[RouterA -ospf -1 -area -0.0.0.0]network 10.1.2.0 0.0.0.255
[RouterA -ospf -1 -area -0.0.0.0]quit
```

5. 在路由器 B 上配置 OSPF 基本功能

```
[RouterB]router id 2.2.2.2
[RouterB]ospf
[RouterB -ospf -1]area 0
[RouterB -ospf -1 -area -0.0.0.0]network 2.2.2.2 0.0.0.0
[RouterB -ospf -1 -area -0.0.0.0]network 10.1.2.0 0.0.0.255
[RouterB -ospf -1 -area -0.0.0.0]network 10.1.3.0 0.0.0.255
[RouterB -ospf -1 -area -0.0.0.0]quit
```

6. 配置主机 IP、子网掩码和网关

为 PC1 配置 IP 地址 10. 1. 1. 100、子网掩码 255. 255. 255. 0、网关 10. 1. 1. 2；为 PC2 配置 IP 地址 10. 1. 3. 100、子网掩码 255. 255. 255. 0、网关 10. 1. 3. 1。

7. 验证配置结果

在 PC1 上运行 ping 10. 1. 3. 100，查看 PC1 和 PC2 是否可以正常通信，若能正常通信则表示配置成功。

5. 6. 3　多区域 OSPF 路由配置

1. 根据拓扑进行组网

在 eNSP 仿真软件中添加 4 台 AR2220 路由器，给路由器 A 的槽位 1 添加 1GEC 接口卡、给路由器 B 和路由器 C 的槽位 1、槽位 2 添加 1GEC 接口卡、给路由器 D 的槽位 2 添加 1GEC 接口卡，按照网络拓扑连接各设备接口，如图 5 – 30 所示。注意接口编号不要用错。

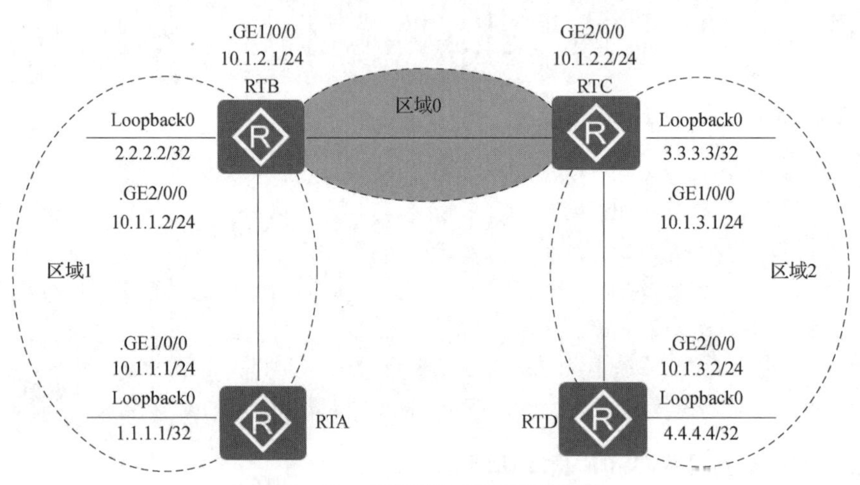

图 5 – 30　多区域 OSPF 配置组网

2. 在路由器 A 上配置 IPv4 地址

```
<Huawei> system -view
[Huawei] sysname RouterA
[RouterA] interface gigabitethernet 1/0/0
[RouterA -GigabitEthernet1/0/0] ip address 10.1.1.1 24
[RouterA -GigabitEthernet1/0/0]quit
```

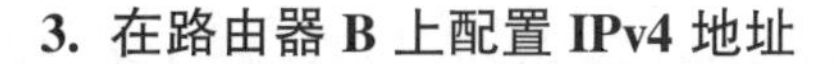

3. 在路由器 B 上配置 IPv4 地址

```
<Huawei > system -view
[Huawei] sysnameRouterB
[RouterB] interface gigabitethernet 1/0/0
[RouterB -GigabitEthernet1/0/0] ip address 10.1.2.1 24
[RouterB -GigabitEthernet1/0/0]quit
[RouterB] interface gigabitethernet 2/0/0
[RouterB -GigabitEthernet2/0/0] ip address 10.1.1.2 24
```

4. 在路由器 C 上配置 IPv4 地址

```
<Huawei > system -view
[Huawei] sysnameRouterC
[RouterC] interface gigabitethernet 1/0/0
[RouterC -GigabitEthernet1/0/0] ip address 10.1.3.1 24
[RouterC -GigabitEthernet1/0/0]quit
[RouterC] interface gigabitethernet 2/0/0
[RouterC -GigabitEthernet2/0/0] ip address 10.1.2.2 24
```

5. 在路由器 D 上配置 IPv4 地址

```
<Huawei > system -view
[Huawei] sysnameRouterD
[RouterD] interface gigabitethernet 2/0/0
[RouterD -GigabitEthernet2/0/0] ip address 10.1.3.2 24
[RouterD -GigabitEthernet2/0/0]quit
```

6. 在路由器 A 上配置 OSPF 基本功能

```
[RouterA]router id 1.1.1.1
[RouterA]ospf
[RouterA -ospf -1]area 1
[RouterA -ospf -1 -area -0.0.0.1]network 1.1.1.1 0.0.0.0
[RouterA -ospf -1 -area -0.0.0.1]network 10.1.1.0 0.0.0.255
[RouterA -ospf -1 -area -0.0.0.1]quit
```

7. 在路由器 B 上配置 OSPF 基本功能

```
[RouterB]router id 2.2.2.2
[RouterB]ospf
[RouterB -ospf -1]area 1
[RouterB -ospf -1 -area -0.0.0.1]network 2.2.2.2 0.0.0.0
[RouterB -ospf -1 -area -0.0.0.1]network 10.1.1.0 0.0.0.255
```

```
[RouterB -ospf -1 -area -0.0.0.1]quit
[RouterB -ospf -1]area 0
[RouterB -ospf -1 -area -0.0.0.0]network 10.1.2.0 0.0.0.255
[RouterB -ospf -1 -area -0.0.0.0]quit
```

8. 在路由器 C 上配置 OSPF 基本功能

```
[RouterC]router id 3.3.3.3
[RouterC]ospf
[RouterC -ospf -1]area 0
[RouterC -ospf -1 -area -0.0.0.0]network 10.1.2.0 0.0.0.255
[RouterC -ospf -1 -area -0.0.0.0]quit
[RouterC -ospf -1]area 2
[RouterC -ospf -1 -area -0.0.0.2]network 3.3.3.3 0.0.0.0
[RouterC -ospf -1 -area -0.0.0.2]network 10.1.3.0 0.0.0.255
[RouterC -ospf -1 -area -0.0.0.2]quit
```

9. 在路由器 D 上配置 OSPF 基本功能

```
[RouterD]router id 4.4.4.4
[RouterD]ospf
[RouterD -ospf -1]area 2
[RouterD -ospf -1 -area -0.0.0.2]network 4.4.4.4 0.0.0.0
[RouterD -ospf -1 -area -0.0.0.2]network 10.1.3.0 0.0.0.255
[RouterD -ospf -1 -area -0.0.0.2]quit
```

10. 验证配置结果

在路由器中执行命令 display ospf routing，查看是否能学习到全部网段的 OSPF 路由。

5.6.4 OSPFv3 路由配置

1. 根据拓扑进行组网

在 eNSP 仿真软件中添加 4 台 AR2220 路由器，给路由器 A 的槽位 2 添加 1GEC 接口卡、给路由器 B 和路由器 C 的槽位 1、槽位 2 添加 1GEC 接口卡、给路由器 D 的槽位 1 添加 1GEC 接口卡，按照网络拓扑连接各设备接口，如图 5 - 31 所示。注意接口编号不要用错。

2. 在路由器 A 上配置 IPv6 地址

```
<Huawei > system -view
[Huawei] sysnameRouterA
[RouterA] ipv6
[RouterA] interface gigabitethernet 2/0/0
[RouterA -GigabitEthernet2/0/0] ipv6 enable
[RouterA -GigabitEthernet2/0/0] ipv6 address 1001::2/64
```

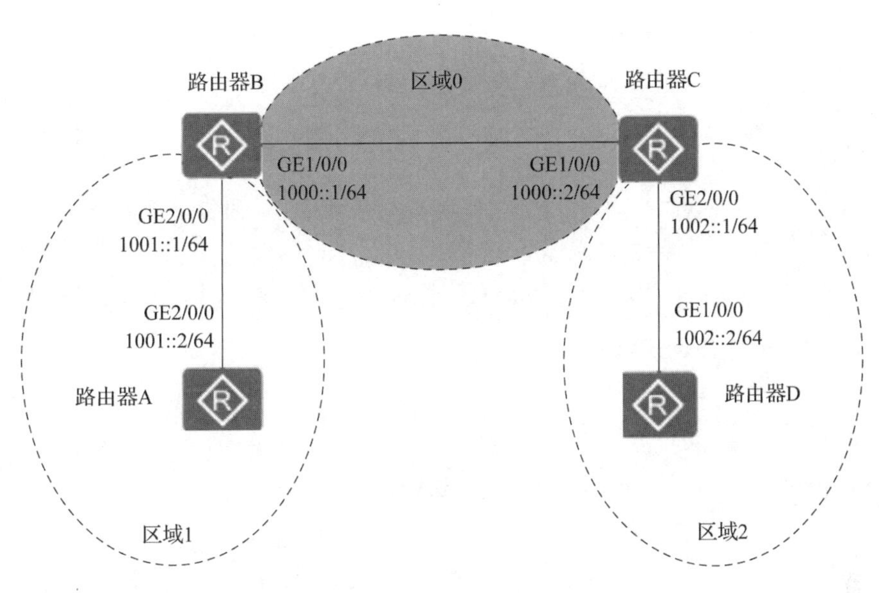

图5-31 单区域 OSPF 组网

3. 在路由器 B 上配置 IPv6 地址

```
<Huawei> system-view
[Huawei] sysnameRouterB
[RouterB] ipv6
[RouterB] interface gigabitethernet 1/0/0
[RouterB-GigabitEthernet1/0/0] ipv6 enable
[RouterB-GigabitEthernet1/0/0] ipv6 address 1000::1/64
[RouterB-GigabitEthernet1/0/0] quit
[RouterB] interface gigabitethernet 2/0/0
[RouterB-GigabitEthernet2/0/0] ipv6 enable
[RouterB-GigabitEthernet2/0/0] ipv6 address 1001::1/64
```

4. 在路由器 C 上配置 IPv6 地址

```
<Huawei> system-view
[Huawei] sysname RouterC
[RouterC] ipv6
[RouterC] interface gigabitethernet 1/0/0
[RouterC-GigabitEthernet1/0/0] ipv6 enable
[RouterC-GigabitEthernet1/0/0] ipv6 address1000::2/64
[RouterC-GigabitEthernet1/0/0] quit
[RouterC] interface gigabitethernet 2/0/0
[RouterC-GigabitEthernet2/0/0] ipv6 enable
[RouterC-GigabitEthernet2/0/0] ipv6 address 1002::1/64
```

5. 在路由器 D 上配置 IPv6 地址

```
<Huawei> system-view
[Huawei] sysnameRouterD
[RouterD] ipv6
[RouterD] interface gigabitethernet 1/0/0
[RouterD-GigabitEthernet1/0/0] ipv6 enable
[RouterD-GigabitEthernet1/0/0] ipv6 address 1002::2/64
```

6. 配置路由器 A 的 OSPFv3 基本功能

```
[RouterA] ipv6
[RouterA] ospfv3
[RouterA-ospfv3-1] router-id 1.1.1.1
[RouterA-ospfv3-1] quit
[RouterA] interface gigabitethernet 2/0/0
[RouterA-GigabitEthernet2/0/0] ospfv3 1 area 1
[RouterA-GigabitEthernet2/0/0] quit
```

7. 配置路由器 B 的 OSPFv3 基本功能

```
[RouterB] ipv6
[RouterB] ospfv3
[RouterB-ospfv3-1] router-id 2.2.2.2
[RouterB-ospfv3-1] quit
[RouterB] interface gigabitethernet 1/0/0
[RouterB-GigabitEthernet1/0/0] ospfv3 1 area 0
[RouterB-GigabitEthernet1/0/0] quit
[RouterB] interface gigabitethernet 2/0/0
[RouterB-GigabitEthernet2/0/0] ospfv3 1 area 1
[RouterB-GigabitEthernet2/0/0] quit
```

8. 配置路由器 C 的 OSPFv3 基本功能

```
[RouterC] ipv6
[RouterC] ospfv3
[RouterC-ospfv3-1] router-id 3.3.3.3
[RouterC-ospfv3-1] quit
[RouterC] interface gigabitethernet 1/0/0
[RouterC-GigabitEthernet1/0/0] ospfv3 1 area 0
[RouterC-GigabitEthernet1/0/0] quit
[RouterC] interface gigabitethernet 2/0/0
[RouterC-GigabitEthernet2/0/0] ospfv3 1 area 2
[RouterC-GigabitEthernet2/0/0] quit
```

9. 配置路由器D的OSPFv3基本功能

```
[RouterD] ipv6
[RouterD] ospfv3
[RouterD-ospfv3-1] router-id 4.4.4.4
[RouterD-ospfv3-1] quit
[RouterD] interface gigabitethernet 1/0/0
[RouterD-GigabitEthernet1/0/0] ospfv3 1 area 2
[RouterD-GigabitEthernet1/0/0] quit
```

10. 验证配置结果

查看路由器B的OSPFv3邻居状态：

```
[RouterB] display ospfv3 peer
OSPFv3 Process (1)
OSPFv3 Area (0.0.0.1)
Neighbor ID     Pri   State        Dead Time Interface      Instance ID
1.1.1.1           1   Full/-       00:00:34   GE2/0/0             0
OSPFv3 Area (0.0.0.0)
Neighbor ID     Pri   State        Dead Time Interface      Instance ID
3.3.3.3           1   Full/-       00:00:32   GE1/0/0             0
```

查看路由器C的OSPFv3邻居状态：

```
[RouterC] display ospfv3 peer
OSPFv3 Process (1)
OSPFv3 Area (0.0.0.0)
Neighbor ID      Pri   State      Dead Time   Interface      Instance ID
2.2.2.2       1  Full/-       00:00:37   GE1/0/0            0
OSPFv3 Area (0.0.0.2)
Neighbor ID      Pri   State      Dead Time   Interface      Instance ID
4.4.4.4       1  Full/-       00:00:33   GE2/0/0            0
```

任务总结

通过教师引导和讲授，让学生掌握OSPF路由协议概念、路由器ID、邻居与邻接、DR、BDR、OSPF协办报文、OSPF区域划分、OSPFv3基本概念、OSPFv3与OSPFv2异同点等基础知识，在仿真软件中根据场景完成单区域OSPF路由配置、多区域OSPF路由配置、OSPFv3路由配置，让学生掌握其方法及命令，提升学生实践操作的能力。

任务评价

项目自我评价见表5-9。

表 5-9 自我评价表

知识和技能点	掌握程度
OSPF 路由协议概念	完全掌握 基本掌握 有些不懂 完全不懂
路由器 ID	完全掌握 基本掌握 有些不懂 完全不懂
邻居与邻接关系	完全掌握 基本掌握 有些不懂 完全不懂
DR、BDR	完全掌握 基本掌握 有些不懂 完全不懂
OSPF 协议报文与路由计算	完全掌握 基本掌握 有些不懂 完全不懂
OSPF 区域划分	完全掌握 基本掌握 有些不懂 完全不懂
单区域 OSPF 路由协议配置	完全掌握 基本掌握 有些不懂 完全不懂
多区域 OSPF 路由协议配置	完全掌握 基本掌握 有些不懂 完全不懂
OSPFv3 基本概念	完全掌握 基本掌握 有些不懂 完全不懂
OSPFv2 和 v3 相同点	完全掌握 基本掌握 有些不懂 完全不懂
OSPFv2 和 v3 不同点	完全掌握 基本掌握 有些不懂 完全不懂
OSPFv3 路由协议配置	完全掌握 基本掌握 有些不懂 完全不懂

项目小结：

通过教师的理论讲授、实验指导、学生的操作以及自主设计，完成了本项目初识路由器、路由器配置和组建大型企业网 3 个层次的目标，掌握了子网划分、路由器基本配置、静态路由配置、RIP 路由配置、OSPF 路由配置等知识。通过本项目，培养了学生自主学习能力、动手操作能力和团队合作精神。希望学生能够学以致用，将所学内容与实际生活紧密结合起来，并能够做到活学活用、举一反三。

练习与思考

1. 选择题

(1) IP 地址为 224.0.0.11 属于（　　）。

A. D 类地址　　B. C 类地址　　C. B 类地址　　D. A 类地址

(2) 某网络使用 B 类 IP 地址，子网掩码是 255.255.224.0，通常可以设定（　　）个子网。

A. 14　　B. 10　　C. 9　　D. 8

(3) 用户需要在一个 C 类地址中划分子网，其中一个子网的最大主机数为 16，如要得到最多的子网数量，子网掩码应为（　　）。

A. 255.255.255.192　　B. 255.255.255.24

C. 255.255.255.224　　D. 255.255.255.240

(4) 某主机使用的 IP 地址是 165.247.52.119，子网掩码是 255.255.248.0，则该主机在（　　）子网上。

A. 165.247.52.0　　B. 165.247.32.0

C. 165. 247. 56. 0　　D. 165. 247. 48. 0

（5）某单位搭建了一个有6个子网、C类IP地址的网络，要正确配置该网络应该使用的子网掩码是（　　）。

A. 255. 255. 255. 248　　B. 255. 255. 255. 224

C. 255. 255. 255. 192　　D. 255. 255. 255. 240

（6）网络主机202. 34. 19. 40有27位子网掩码，该主机属于（　　）。

A. 子网202. 34. 19. 128　　B. 子网202. 34. 19. 32

C. 子网202. 34. 19. 64　　D. 子网202. 34. 19. 0

（7）网络200. 105. 140. 0/20中可分配的主机地址数是（　　）。

A. 1022　　B. 2046　　C. 4094　　D. 8192

（8）下列不是私有IP地址的是（　　）。

A. 10. 25. 35. 45　　B. 172. 10. 20. 30

C. 172. 30. 40. 50　　D. 192. 168. 10. 20

（9）255. 255. 255. 224可能代表的是（　　）。

A. 一个B类网络号　　B. 一个C类网络中的广播

C. 一个具有子网的网络掩码　　D. 以上都不是

（10）IP地址为140. 111. 0. 0的B类网络，若要切割为9个子网，而且都要连上Internet，请问子网掩码应设为（　　）。

A. 255. 0. 0. 0　　B. 255. 255. 0. 0

C. 255. 255. 128. 0　　D. 255. 255. 240. 0

2. 判断题（对的打“√”，错的打“×”）

（1）路由器能控制广播风暴。（　　）

（2）静态路由的优先级高于动态路由。（　　）

（3）当一台主机从一个网络移到另一个网络时，必须改变它的IP地址和MAC地址。（　　）

（4）两台主机相连用直连线，主机和路由器相连用交叉线。（　　）

（5）每个路由器的端口都可以配置一个唯一的逻辑地址。（　　）

（6）如果没有指定默认网关，则通信仅局限于本地网络。（　　）

（7）子网划分在IP地址编址中新增加“子网号”，“子网号”从原网络号借用若干位，使二级IP地址变为三级IP地址。（　　）

（8）与IP地址相同，子网掩码的长度也是32位，左边是网络位，用二进制数字“1”表示；右边是主机位，用二进制数字“0”表示。（　　）

（9）CIDR使用“斜线记法”，即在IP地址后面加上斜线“/”，然后写上网络前缀所占的位数，前缀位数与子网掩码中“0”的个数对应相等。（　　）

3. 简答题

（1）请写出静态路由、RIP路由、OSPF路由的配置命令。

（2）简述子网掩码的作用。

（3）简述路由的分类情况。

（4）某主机的IP地址是172. 16. 136. 12，子网掩码是255. 255. 224. 0，请写出其所属网

络的网络地址、广播地址和主机可用地址范围。

（5）在 Internet 中，某计算机的 IP 地址为 11001001. 10010101. 01011001. 00101101。请回答以下问题：

①用十进制表示上述 IP 地址。

②该 IP 地址属于 A 类、B 类还是 C 类？

③写出该 IP 地址的默认子网掩码。

④写出该计算机的主机号。

⑤将该 IP 地址划分为 6 个子网，写出子网掩码。

（6）IP 地址为 192. 72. 20. 111，属 A、B、C 哪类地址？子网掩码选为 255. 255. 255. 224，是否有效？有效的 IP 地址范围是什么？

（7）一个公司申请到一个 C 类网络地址 192. 168. 20. 0。假定该公司由 6 个部门组成，每个部门的子网中有不超过 30 台机器，试规划 IP 地址分配方案。

项目 6

组建运营商城域网、骨干网

项目描述：本项目学习目标是能够使用城域网、骨干网路由器模拟组建运营商城域网、骨干网，完成 IS – IS 路由、BGP 路由、路由策略配置，实现网络互联。

项目分析：首先在对城域网、骨干网路由器认知基础上，掌握 IS – IS、BGP、路由策略基本原理；然后使用仿真软件模拟组建城域网、骨干网，实现使用 IS – IS 路由、BGP 路由、路由策略配置网络互联。

项目目标：

- 了解 IP 城域网和骨干网网络架构。
- 熟悉汇聚路由器硬件、主要参数及功能。
- 熟悉核心路由器硬件、主要参数及功能。
- 掌握 IS – ISIPv4 和 IS – ISIPv6 路由配置方法。
- 掌握 IS – ISIPv4 和 IS – ISIPv6 路由配置方法。
- 掌握 BGP 路由基本原理。
- 掌握 BGP 和 BGP4 + 路由配置方法。

任务 6.1　初识城域网与骨干网路由器

任务描述

了解城域网、骨干网路由器的功能结构，通过实验室中的城域网、骨干网路由器与相关设备手册初识大型路由器硬件结构，比较各型号路由器硬件的异同点。

任务分析

认知城域网、骨干网路由器的机框结构、槽位分布、单板功能、单板类型，比较各型号路由器硬件的异同点。学会查看设备手册，并使用设备手册查询城域网、骨干网路由器相关参数。

知识准备

6.1.1　城域网路由器

1. 城域网路由器简介

城域网路由器为面向运营商数据通信网络的高端路由器产品，覆盖城域网的核心位置，帮助运营商应对网络带宽快速增长的压力。支持 RIP、OSPF、BGP（Border Gateway Protocol）、IS－IS（Intermediate System to Intermediate System）等单播路由协议以及 IGMP（Internet Group Management Protocol）、PIM（Protocol Independent Multicast）、MBGP（Multiprotocol BGP）、MSDP（Multicast Source Discovery Protocol）等多播路由协议，支持路由策略及策略路由。

华为 NetEngine 8000 X 系列是华为公司推出的面向 5G 和云时代的全场景智能城域路由器，具备超大容量，强大的业务处理能力，可以灵活部署 SRv6（Segment Routing IPv6）、FlexE（FlexEthernet）、iFIT（in－situ Flow Information Telemetry）、L2VPN（Layer 2 Virtual Private Network）、L3VPN（Layer 3 Virtual Private Network）、组播、组播 VPN、MPLS TE（Multi－Protocol Label Switching Traffic Engineering）、EVPN（Ethernet Virtual Private Network）、QoS（Quality of Service）等功能，实现多业务的综合承载。

华为 NetEngine 8000 X 系列包含 NetEngine 8000 X4、NetEngine 8000 X8，可以满足不同规模的网络组网需求，如图 6－1 所示。

图 6－1　华为 NetEngine 8000 X 系列路由器

2. 城域网路由器功能特点

1）大容量、高紧凑

支持大容量线卡，实现大容量业务承载，且支持设备向更大容量平滑演进。整机采用高密度端口、紧凑型设计，可以有效节省空间。

2）强大的业务支持能力

可以提供丰富的特性支持，具有强大的业务处理能力。

（1）强大的路由能力。支持超大路由表，提供 RIP、OSPF、IS－IS、BGP4 和多播路由等丰富的路由协议，支持明/密文认证，具备快速收敛功能，保证在复杂路由环境下安全稳定。

（2）强大的业务承载能力。根据组网需求可以部署 IP、MPLS、SRv6 组网，支持 L2VPN、L3VPN、MVPN、EVPN 业务，支持 TE 部署，支持灵活 QinQ，适应传统的接入需求和新兴的业务需求，满足多业务融合丰富的承载需求。

（3）强大的可扩展组播能力。支持丰富的 IPv4/IPv6 组播协议。

3）基于 SRv6 的智能连接

SRv6 是面向未来的新一代极简协议，天然支持 IPv6，满足海量地址空间接入；SRv6＋

NCE 可实现云调度网，业务一跳入云、分钟级自动开通；SRv6 可以标识应用和租户，实现时延、带宽等智能选路，保障 SLA；同时 SRv6 实现了统一协议，简化了配置。

4）完善的网络分片

提供完善的网络分片功能，可以满足不同业务、不同客户的不同 SLA 要求。

高品质的 QoS 能力，先进的队列调度算法、拥塞控制算法，支持面向网络侧的 MPLS H－QoS 功能，支持在网侧部署 QoS 功能，实现对数据流的多级精确调度，从而满足不同用户、不同业务等级的 SLA 质量要求。

具有良好的网络资源分配能力，提供面向整个网络的业务质量解决方案，满足客户不同优先级的业务 SLA 需求。

5）面向未来兼容 IPv6

支持 IPv6 路由协议，包括静态路由、OSPFv3、IS－ISv6、BGP4＋等协议，支持 IPv6 访问控制列表和基于 IPv6 的策略路由，未来可实现向 IPv6 的平滑演进，支持 IPv4 和 IPv6 双协议栈，增强网络可扩展性。

6）全方位的可靠性

从多个层面提供可靠性保护，包括设备级、网络级、业务级可靠性，形成了面向整个网络的解决方案，能完全满足企业对各种业务的可靠性需求。

6.1.2 骨干网路由器

1. 骨干网路由器简介

骨干网路由器是按照电信级可靠性要求而设计的大容量、高性能路由器。操作系统采用功能强大的通用路由平台（Versatile Routing Platform，VRP），具有交换能力强、端口密度大和可靠性高的特点。主要定位于运营商骨干网络的超级核心节点、城域网核心节点、大型 IDC（Internet Data Center）出口节点和大型企业网络的核心。

华为 NetEngine 5000E 集群路由器是华为面向运营商骨干网、城域网核心节点、数据中心互联节点和国际网关等推出的核心路由器产品，具有大容量、高可靠、绿色、智能等特点，支持单框、背靠背和多框集群模式，实现按需扩展，帮助运营商轻松应对互联网流量快速增长和未来业务发展，如图 6－2 所示。

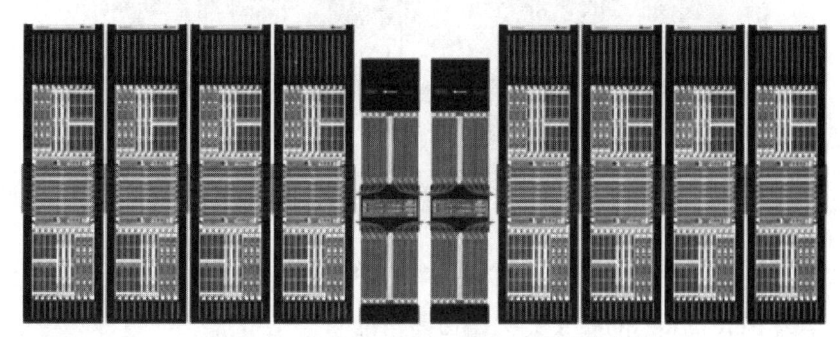

图 6－2 华为 NetEngine 5000E 集群路由器

2. 骨干网路由器功能特点

（1）强大的转发能力。

骨干网路由器采用硬件转发引擎，可实现所有接口的全双工线速转发（包括 IPv4、

IPv6、MPLS)，支持基于 ACL 的线速转发。实现组播线速转发，硬件完成两级复制，即交换网板复制到接口板和转发引擎复制到接口。接口板可以支持报文缓存，在出现瞬时突发流量时不丢包。

（2）完善的 QoS 机制。

骨干网路由器对不同的业务保证不同的延迟、抖动、带宽和丢包率，保证 VoIP（Voice over IP）、IPTV 等电信级业务的开展，适应多业务承载 IP 网的发展要求。

（3）周密的安全设计。

骨干网路由器提供多种安全措施，可以为服务提供商以及网络的最终用户提供数据保护。这包括一系列的安全特性，可以防止拒绝服务攻击、非法接入以及控制平面的过载。具备分布式设计的骨干网路由器，确保了数据平面和控制平面之间的自然分离。

（4）灵活的 VS 功能。

VS（Virtual System）作为新一代 IP 承载设备的重要特性，对业务的统一运营、降低运营成本有积极作用。使用 VS 技术，能够将大型的物理路由器 PS（Physical System）分割成多个单独的小型 VS，改进资产分配。

6.1.3 探索城域网路由器硬件结构

1. 探索华为 NetEngine 8000 X 系列路由器外观

探索华为 NetEngine 8000 X 城域网路由器，观察路由器的硬件结构、接口类型和数量以及路由器与其他设备的线缆连接，比较各类型路由器的主要设备参数，对比其性能差异。该路由器外观如图 6－3 所示，其硬件结构如图 6－4 所示。

图 6－3 NetEngine 8000 X8 外观

2. 探索华为 NetEngine 8000 X 系列路由器槽位

探索华为 NetEngine 8000 X 城域网路由器，观察路由器的槽位分布以及各槽位需要安装的设备单板。该路由器槽位分配如图 6－5 所示，各槽位所安装的单板类型如表 6－1 所示。

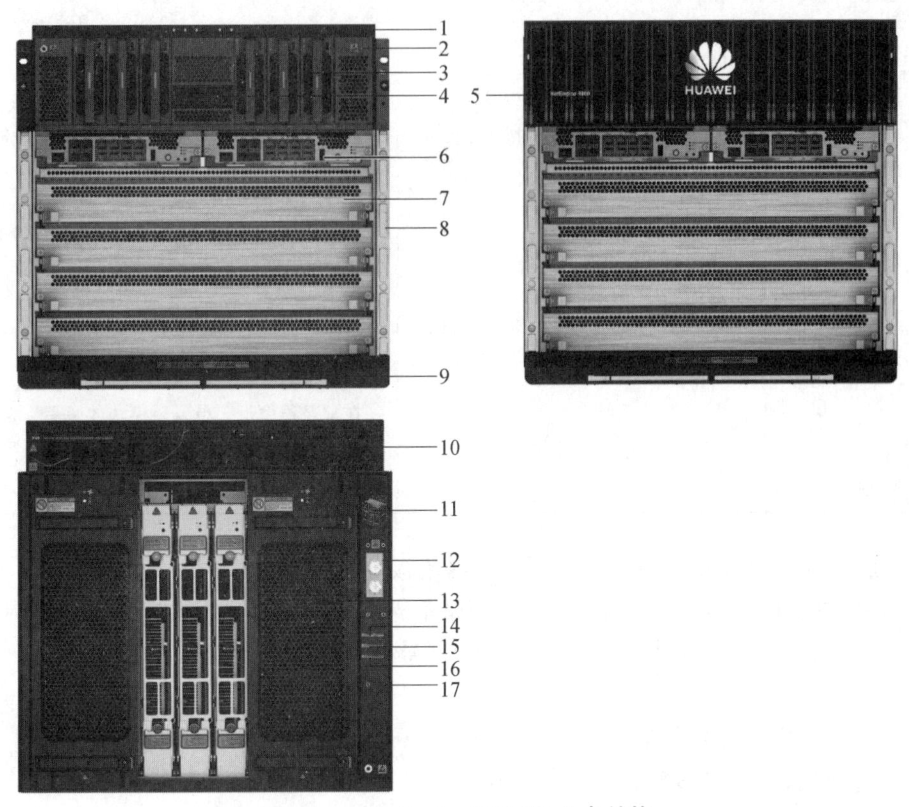

图6－4　NetEngine 8000 X8 设备结构

1—机箱眉头；2—正面的ESD插孔；3—电源模块；4—电源开关；5—电源模块盖板；6—主控板MPU；
7—接口板LPU槽位；8—走线齿；9—托盘；10—PEM模块；11—风扇模块与SFU位置示意图；
12—双OT端子接地点（有黄色的接地标签）；13—风扇模块；14—总装机箱条码；
15—序列号标签；16—MAC地址标签；17—背面的ESD插孔

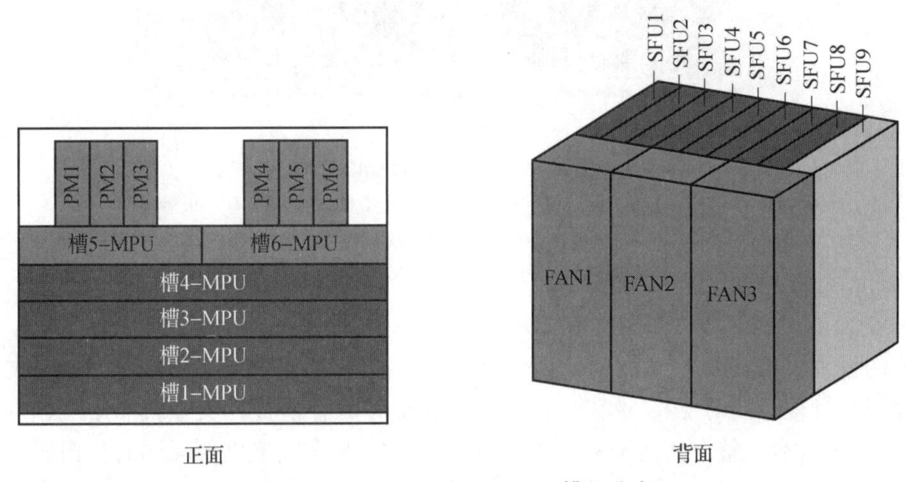

图6－5　NetEngine 8000 X4 槽位分布

表 6-1　NetEngine 8000 X4 槽位分布说明

槽位类型	槽位编号	插槽方向	备注
接口板（LPU）槽位	1~4	单板顶部向上	同一机箱允许安装不同类型的接口板
主控板（MPU）槽位	5、6	单板顶部向上	包括主备两个槽位，1∶1 热备份。默认情况下，低槽位号的为主用主控板，高槽位号的为备用主控板
交换网板（SFU）槽位	1~8	单板右侧朝上	可插接 SFU 板。当前配置使用的交换网板槽位是 1~8，SFU9 槽位不能使用，SFU9 面板不可拆除
电源模块（PM）槽位	1~6	指示灯端朝上	电源模块即插即用
风扇模块（FAN）槽位	1~3	指示灯端朝上	在常温条件下，单风扇模块故障后，系统支持短期内正常工作，但建议立即更换有故障的风扇模块

3. 探索华为 NetEngine 8000 X 系列路由器单板

按照功能的不同，NetEngine 8000 X 系列设备支持的单板可分为主控板、交换网板、接口板 3 类，由于该设备可安装多种类型、不同型号的单板，因此选取各类型单板中一种型号进行介绍。

（1）主控板 MPU（Main Processing Unit）。

主控板主要负责系统的控制和管理工作，包括路由计算、设备管理和维护、设备监控等；同时作为系统同步单元，提供高精度、高可靠性的同步时钟、时间信号，以主控板 MPUA2A 为例该单板接口如图 6-6 所示。

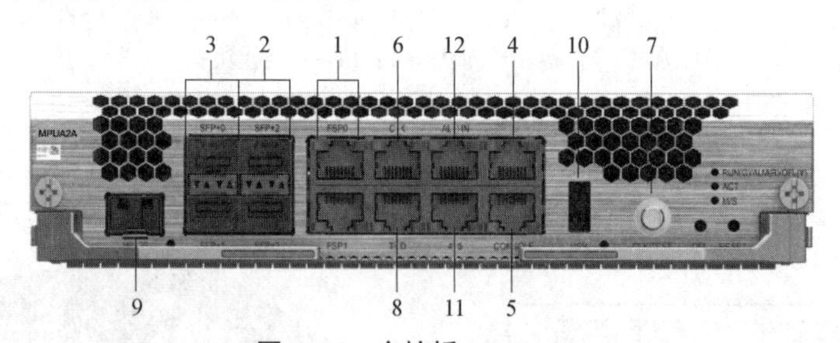

图 6-6　主控板 MPUA2A

1—FSP0~1 接口；2—SFP+2~3 光接口；3—SFP+0~1 光接口；4—Eth 管理网口；
5—Console 接口；6—外同步接口 CLK；7—测试接口 CLK；8—外同步接口 TOD；
9—时钟 SFP 接口；10—USB 接口；11—485 接口；12—ALM IN 接口

（2）交换网板 SFU（Switch Fabric Unit）。

交换网板主要负责 LPU 之间的信元交换，与主控板之间进行以太网通信，接收主控板的集中控制和管理，同时支持对单板上温度、电压等信息监控。交换网板 SFUIA-4T-A 结构如图 6-7 所示。整个交换网采用 7+1 备份方式。8 个交换网单元同时分担业务数据的处理工作，当有 1 个交换网单元损坏或更换时，另外 7 个交换网单元将自动分担其业务，保证业务数据不会中断，提高了系统可靠性。

图6－7　交换网板 SFUIA－4T－A

（3）接口板 LPU（Line Processing Unit）。

接口板负责系统数据包处理和流量管理。接口板 LPUI－1TA－CM 结构如图6－8所示，该单板线路侧提供72个10GE SFP＋接口，每个 SFP＋接口的速率为10 Gb/s 或1 Gb/s，10G LAN/WAN 或者 GE 光信号输入输出接口。

图6－8　集成线路处理板 LPUI－1TA－CM

NetEngine 8000 X 系列设备接口板采用“槽位号/子卡号/接口序号”定义接口。

槽位号：表示接口板所在的槽位号。

子卡号：V800R012C00 版本 NetEngine 8000 X 系列设备的接口板都为固定板，因此子卡号统一取值为0。

接口序号：表示接口板上各接口的编排顺序号。

NetEngine 8000 X 系列设备单板面板上有3排接口，左上第一个接口从0起始编号，其他接口从上到下，再从左到右依次递增编号，如图6－9所示。

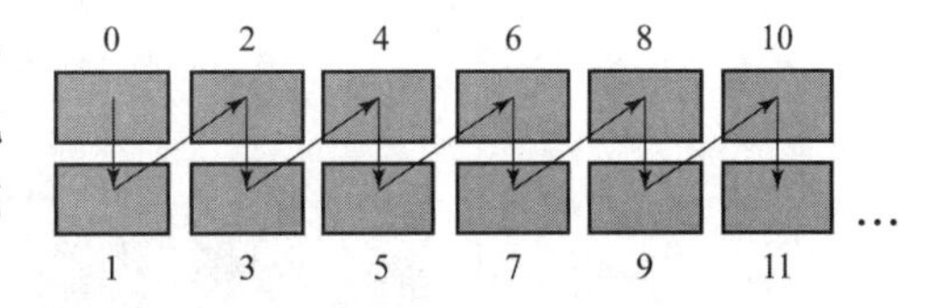

图6－9　接口序号

6.1.4　探索骨干网路由器硬件结构

1. 探索华为 NetEngine 5000E 系列路由器外观

华为 NetEngine 5000E 集群系统包括两部分，即集群中央交换框（Cluster Central Chassis，CCC）和集群线卡框（Cluster Line－card Chassis，CLC），如图6－10所示。CLC 应用于业务的高速接入，可工作在单框模式和多框集群模式；CCC 在多框集群系统中，连接 CLC 的控制和数据平面，实现系统的统一管理和数据交换。由于中央交换框和线卡框有多种型号，本节仅选取 CCC－A 中央交换框和 X16 线卡框进行介绍。

CCC－A 中央交换框的主要组成部件如 MPU 及 SFU 都具有冗余备份机制，保证设备的可靠性，其组成结构如图6－11所示。

图 6－10　华为 NetEngine 5000E 中央交换框（左）和线卡框（右）

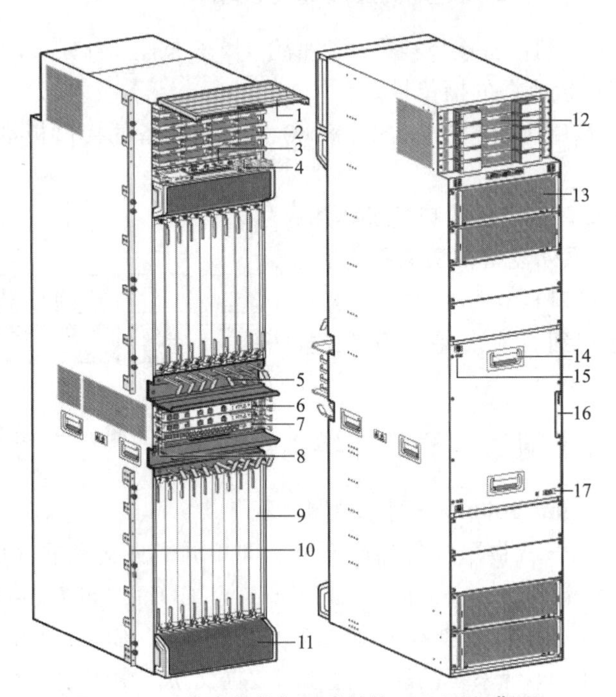

图 6－11　中央交换框组成结构（正面和背面）

1—电源区盖板；2—电源模块（PM）槽位；3—开关模块槽位；4—电源监控模块（PMU）槽位；
5—竖插板走线槽；6—主控板（MPU）槽位；7—内部通信板（ICU）槽位；8—横插板走线架；
9—交换网板（SFU）槽位；10—挂耳；11—进风框；12—配电模块（PEM）；13—风扇模块（FAN）槽位；
14—承重把手；15—ESD 插孔；16—侧面防尘网；17—机箱接地端子

MPU 板采用 1：1 冗余备份工作方式。一旦主用 MPU 板出现故障，备用 MPU 板自动倒换到主用状态。

ICU 板（内部通信板）可以实现中央交换框和中央交换框之间、中央交换框和线卡框之间可靠的控制信息传输，NE5000E CCC－A 配有两块 ICU 板。

NE5000E CCC－A 中央交换框有 18 块交换网板 SFU、16 块 SFU 板同时工作，分担业务数据。

光子卡 OFC 插在 SFU 板上。每块 SFU 板可以插入 2 块 OFC，OFC 子卡实现中央交换框与线卡框数据通道的连接，支持热插拔。

2. 探索华为 NetEngine 5000E 系列路由器槽位与单板

华为 NetEngine 5000E 路由器中央交换框与线卡框槽位分配如图 6－12 所示。需要注意，在中央交换框中无法安装 LPU 单板，且中央交换框第 19、21 槽位需要安装 ICU 单板；线卡框中可以安装 MPU、SFU、LPU 单板。

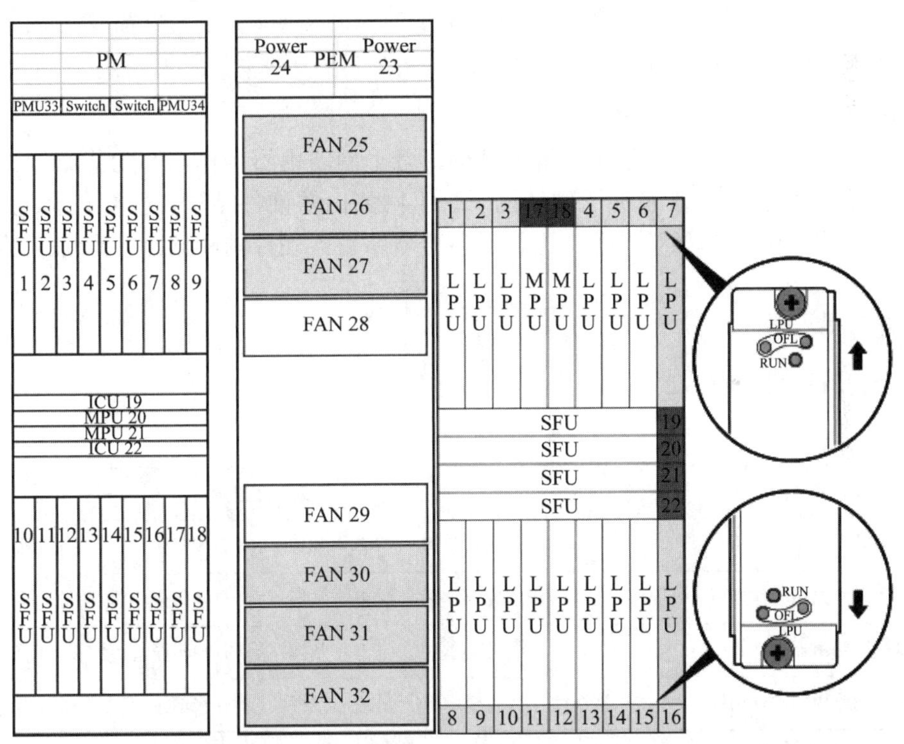

图 6－12 华为 NetEngine 5000E 中央交换框（左）和线卡框（右）槽位分配

3. 探索华为 NetEngine 5000E 路由器集群

华为 NetEngine 5000E 路由器可根据中央交换框和线卡框搭配组成不同类型的集群。

（1）CCC－0 集群。

CCC－0 系统也称为背靠背系统，CCC－0 系统基于单框的硬件架构，由两台线卡框组成。

根据集中管理的原则，CCC－0 系统的线卡框分为主框和从框。

①框 ID 为 1 的线卡框为主框，即 CLC1，主框集中管理系统的所有设备。主框的主用主控板为 CCC－0 系统的主用主控板，主框和从框的所有部件（包括单板、电源、风扇和

LCD）都向主用主控板（Master MPU）注册。

②框 ID 为 2 的线卡框为从框，即 CLC2。从框的 MPU 板功能尽量简化，除作为管理通道外，只支持必要的调试诊断功能，不支持路由协议、MPLS、QoS、组播等功能。

CCC－0 系统的主用主控板和备用主控板均在主框上，主框和从框可通过命令行或事件触发主备倒换。主框和从框功能的划分，提高了整个系统的可靠性和可管理性。

（2）CCC－2 集群。

CCC－2 系统由两个中央交换框和最多 8 个线卡框组成。线卡框包括 NE5000E－16 和 NE5000E－X16/X16A，在 CCC－2 系统中 NE5000E－16 和 NE5000E－X16/X16A 可以混用。CCC－2 系统采用了交换网 1、2、3 级交换功能，线卡框提供接口板和 1、3 级交换网，中央交换框提供 2 级交换网。

CCC－2 系统使用高密度光缆连接线卡框的 SFE（NE5000E－16）或 SFU（NE5000E－X16/X16A）和中央交换框的 ECU，形成 3 级交换网。使用外部超 5 类网线将中央交换框的 ICU 与线卡框的 MPU 级联网口互联，形成了集中的控制平面。3 级时钟需要各线卡框借助外部 BITS 实现整个集群设备的统一 3 级时钟源。

任务总结

通过教师引导和讲授，让学生了解城域网、骨干网路由器的作用和功能结构，通过探索实验室中的路由器，初步掌握了城域网、骨干网路由器硬件结构，主要包括机框结构、槽位分布、单板功能、单板类型等，比较了各型号路由器硬件的异同点，锻炼了学生自主探究的能力。

任务评价

任务自我评价见表 6－2。

表 6－2　自我评价表

知识和技能点	掌握程度
城域网路由器作用	完全掌握　基本掌握　有些不懂　完全不懂
骨干网路由器作用	完全掌握　基本掌握　有些不懂　完全不懂
城域网路由器硬件结构	完全掌握　基本掌握　有些不懂　完全不懂
骨干网路由器硬件结构	完全掌握　基本掌握　有些不懂　完全不懂

任务 6.2　IS－IS 路由配置

任务描述

掌握 IS－IS 路由协议的概念、主要特征、整体拓扑、IS－IS 路由器分类、网络服务访问点、DIS、伪节点、IS－IS 邻居关系、IS－IS 多拓扑等基本原理。在大型 IP 网络中实现路由器网络互联，要求配置 IS－ISIPv4、IS－ISIPv6 路由协议，实现路由器各网络互联。

任务分析

在掌握 IS - ISIPv4、IS - ISIPv6 路由基础知识的前提下，根据组网要求在仿真软件中选择合适的路由器及线缆，完成网络拓扑搭建，并为各路由器及主机配置合适的 IP 地址，然后在路由器上完成 IS - ISIPv4、IS - ISIPv6 路由配置，通过 ping 命令测试网络连通性或通过查看路由表验证 IS - ISIPv4、IS - ISIPv6 路由配置。

知识准备

6.2.1　IS - IS 路由原理

1. IS - IS 路由协议的概念

中间系统到中间系统（Intermediate System to Intermediate System，IS - IS）属于内部网关协议（Interior Gateway Protocol，IGP），用于自治系统内部。IS - IS 也是一种链路状态协议，使用最短路径优先（Shortest Path First，SPF）算法进行路由计算。

IS - IS 是国际标准化组织 ISO（the International Organization for Standardization）为它的无连接网络协议（ConnectionLess Network Protocol，CLNP）设计的一种动态路由协议。

随着 TCP/IP 协议的流行，为了提供对 IP 路由的支持，IETF（Internet Engineering Task Force）在 RFC1195 中对 IS - IS 进行了扩充和修改，使它能够同时应用在 TCP/IP 和 OSI（Open System Interconnection）环境中，称为集成 IS - IS（Integrated IS - IS 或 Dual IS - IS）。IS - IS 路由协议在网络体系结构中的位置如图 6 - 13 所示。

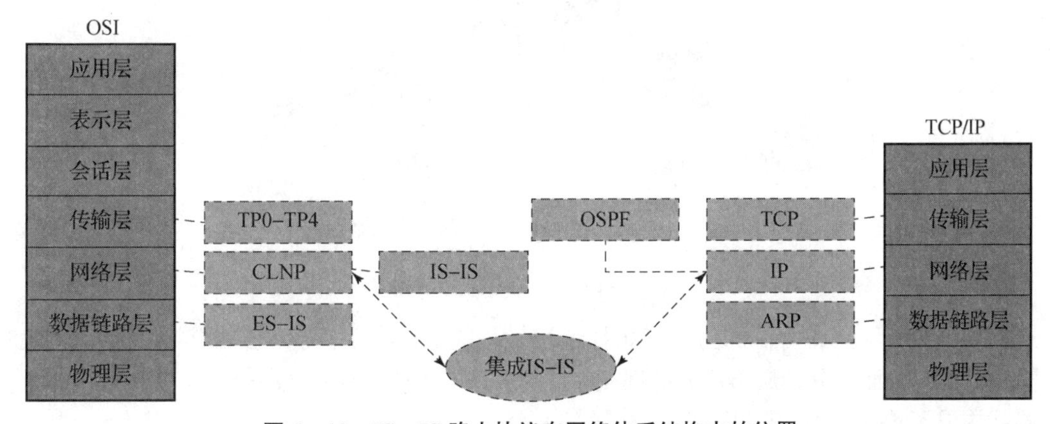

图 6 - 13　IS - IS 路由协议在网络体系结构中的位置

2. IS - IS 主要特征

（1）维护一个链路状态数据库，并使用 SPF 算法来计算最佳路径。

（2）用 Hello 数据包建立和维护邻居关系。

（3）为了支持大规模的路由网络，IS - IS 在自治系统内采用骨干区域与非骨干区域两级的分层结构。

（4）在区域之间可以使用路由汇总来减少路由器的负担。

（5）支持 VLSM 和 CIDR，可以基于接口、区域和路由域进行验证，验证方法支持明文验证、MD5 验证和 Keychain 验证。

（6）IS - IS 只支持广播和点到点两种网络类型。在广播网络类型中通过选举指定 IS

（Designated Intermediate System，DIS）来管理和控制网络上的泛洪扩散。

（7）IS－IS 路由优先级为 15，支持宽度量（wide metric）和窄度量（narrow metric）。IS－IS 路由度量的类型包括默认度量、延迟度量、开销度量和差错度量。默认情况下，IS－IS 采用默认度量，接口的链路开销为 10。

（8）收敛快速，适合大型网络。

3. IS－IS 的整体拓扑

为了支持大规模的路由网络，IS－IS 在自治系统内采用骨干区域与非骨干区域两级的分层结构。一般来说，将 Level－1 路由器部署在非骨干区域，Level－2 路由器和 Level－1－2 路由器部署在骨干区域。每一个非骨干区域都通过 Level－1－2 路由器与骨干区域相连。

图 6－14 所示为一个运行 IS－IS 协议的网络，它与 OSPF 的多区域网络拓扑结构非常相似。整个骨干区域不仅包括区域 1 中的所有路由器，还包括其他区域的 Level－1－2 路由器。

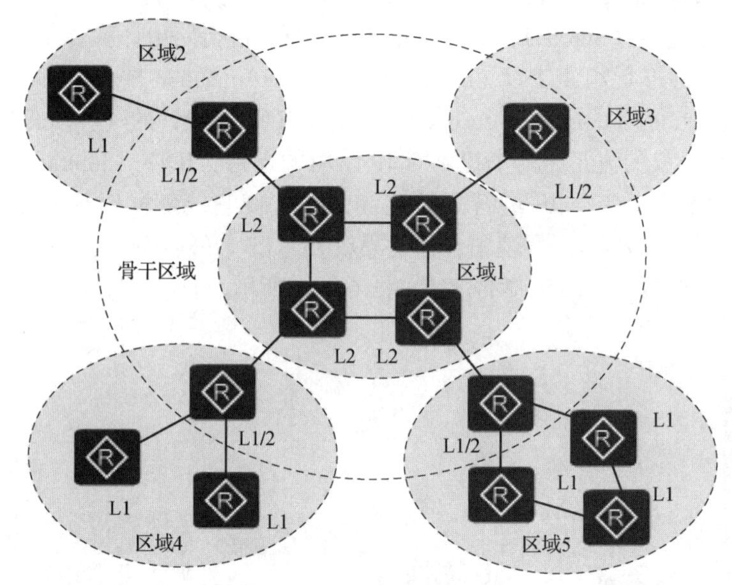

图 6－14　IS－IS 拓扑结构

图 6－15 所示是 IS－IS 的另一种拓扑结构。在这个拓扑中，Level－2 级别的路由器没有在同一个区域，而是分别属于不同的区域。此时，所有物理连续的 Level－1－2 和 Level－2 路由器就构成了 IS－IS 的骨干区域。

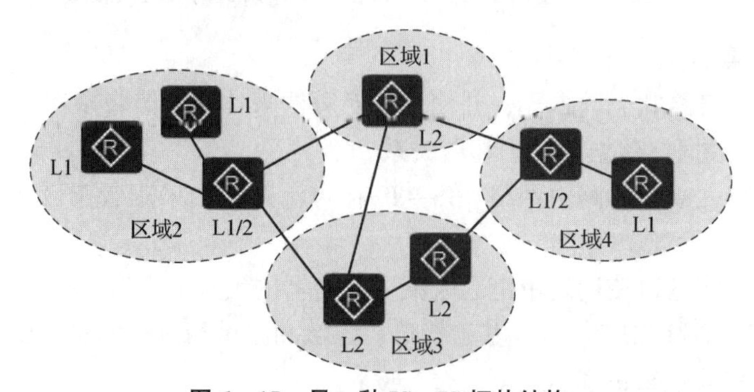

图 6－15　另一种 IS－IS 拓扑结构

通过以上两种拓扑结构图可以体现 IS－IS 与 OSPF 的不同点，具体如下。

（1）在 IS－IS 中，每个路由器都只属于一个区域；而在 OSPF 中，一个路由器的不同接口可以属于不同的区域。

（2）在 IS－IS 中，单个区域没有骨干与非骨干区域的概念；而在 OSPF 中，区域 0 被定义为骨干区域。

（3）在 IS－IS 中，Level－1 和 Level－2 级别的路由都采用 SPF 算法，分别生成最短路径树（Shortest Path Tree，SPT）；而在 OSPF 中，只有在同一个区域内才使用 SPF 算法，区域之间的路由需要通过骨干区域来转发。

4. IS－IS 路由器的分类

（1）Level－1 路由器。

Level－1 路由器负责区域内的路由，它只与属于同一区域的 Level－1 和 Level－1－2 路由器形成邻居关系，属于不同区域的 Level－1 路由器不能形成邻居关系（图 6－16）。Level－1 路由器只负责维护 Level－1 的链路状态数据库（Link State DataBase，LSDB），该 LSDB 包含本区域的路由信息，到本区域外的报文转发给最近的 Level－1－2 路由器。

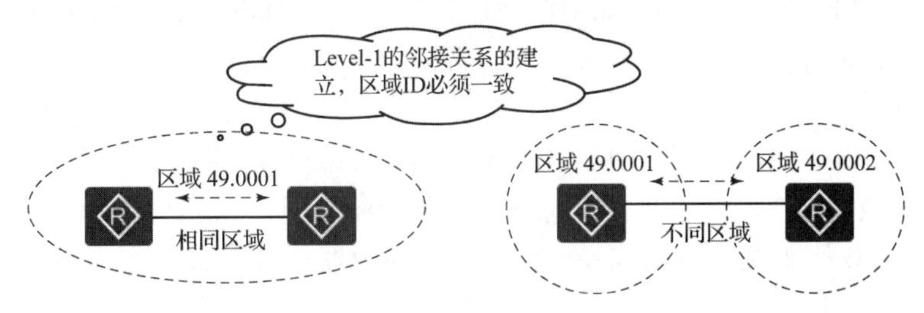

图 6－16 Level－1 路由器邻接建立

（2）Level－2 路由器。

Level－2 路由器负责区域间的路由，它可以与同一区域或者不同区域的 Level－2 路由器或者其他区域的 Level－1－2 路由器形成邻居关系。Level－2 路由器维护一个 Level－2 的 LSDB，该 LSDB 包含区域间的路由信息。

所有 Level－2 级别（即形成 Level－2 邻居关系）的路由器组成路由域的骨干网，负责在不同区域间通信。路由域中 Level－2 级别的路由器必须是物理连续的，以保证骨干网的连续性。只有 Level－2 级别的路由器才能直接与区域外的路由器交换数据报文或路由信息。

（3）Level－1－2 路由器。

同时属于 Level－1 和 Level－2 的路由器称为 Level－1－2 路由器，它可以与同一区域的 Level－1 和 Level－1－2 路由器形成 Level－1 邻居关系，也可以与其他区域的 Level－2 和 Level－1－2 路由器形成 Level－2 的邻居关系。Level－1 路由器必须通过 Level－1－2 路由器才能连接至其他区域。

Level－1－2 路由器维护两个 LSDB：Level－1 的 LSDB 用于区域内路由，Level－2 的 LSDB 用于区域间路由。

5. IS－IS 网络服务访问点

网络服务访问点（Network Service Access Point，NSAP）是 OSI 的网络层协议 CLNP 的地址（类似 IP 地址的概念），用于定位资源的地址。NSAP 的地址结构如图 6－17 所示，它由 IDP（Initial Domain Part）和 DSP（Domain Specific Part）组成。IDP 和 DSP 的长度都是可变的，NSAP 总长最多是 20 B，最少 8 B。

长度是8~20 B

TCP/IP协议栈	IP协议	IP地址	OSPF	Area ID+Router ID
OSI系统	CLNP协议	NSAP地址	IS–IS	NET标识符

NSAP

IDP		DSP		
AFI	IDI	High Order DSP	System ID	SEL
区域ID (1~13 B)			6 B	1 B

图 6－17　NSAP 的地址结构

IDP 相当于 IP 地址中的主网络号。它是由 ISO 规定，并由 AFI（Authority and Format Identifier）与 IDI（Initial Domain Identifier）两部分组成。AFI 表示地址分配机构和地址格式，IDI 用来标识域。

DSP 相当于 IP 地址中的子网号和主机地址。它由 High Order DSP、System ID 和 SEL 这 3 个部分组成。High Order DSP 用来分割区域，System ID 用来区分主机，SEL（NSAP Selector）用来指示服务类型。

（1）Area Address（Area ID）由 IDP 和 DSP 中的 High Order DSP 组成，既能够标识路由域，也能够标识路由域中的区域。因此，它们一起被称为区域地址，相当于 OSPF 中的区域编号。

（2）System ID 用来在区域内唯一标识主机或路由器。在设备的实现中，它的长度固定为 48 b（6 B）。

（3）SEL 的作用类似 IP 中的“协议标识符”，不同的传输协议对应不同的 SEL。在 IP 上 SEL 均为 00。

（4）网络实体名称 NET 指的是设备本身的网络层信息，可以看作一类特殊的 NSAP（SEL＝00），NET 的长度与 NSAP 的相同，最多为 20 B，最少为 8 B。在路由器上配置 IS－IS 时，只需要考虑 NET 即可，NSAP 可不必去关注。

在配置 IS－IS 过程中，NET 最多也只能配置 3 个。在配置多个 NET 时，必须保证它们的 System ID 都相同，如图 6－18 所示。

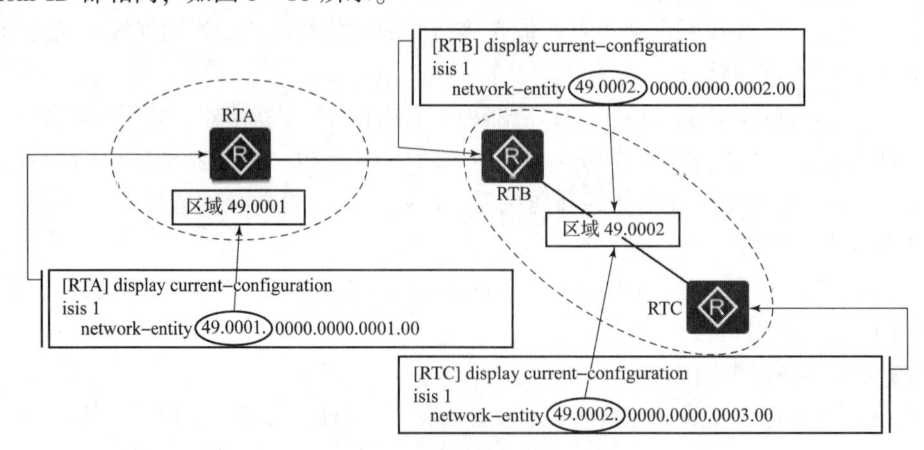

图 6－18　配置系统 ID 和区域 ID

6. DIS和伪节点

在广播网络中，IS－IS需要在所有的路由器中选举一个路由器作为DIS（Designated Intermediate System）。DIS用来创建和更新伪节点（pseudonode），并负责生成伪节点的链路状态协议数据单元（Link State Protocol Data Unit，LSP），用来描述这个网络上有哪些网络设备。

伪节点是用来模拟广播网络的一个虚拟节点，并非真实的路由器。在IS－IS中，伪节点用DIS的System ID和一个字节的Circuit ID（非0值）标识。

如图6－19所示，使用伪节点可以简化网络拓扑，使路由器产生的LSP长度较小。另外，当网络发生变化时，需要产生的LSP数量也会较少，减少SPF的资源消耗。

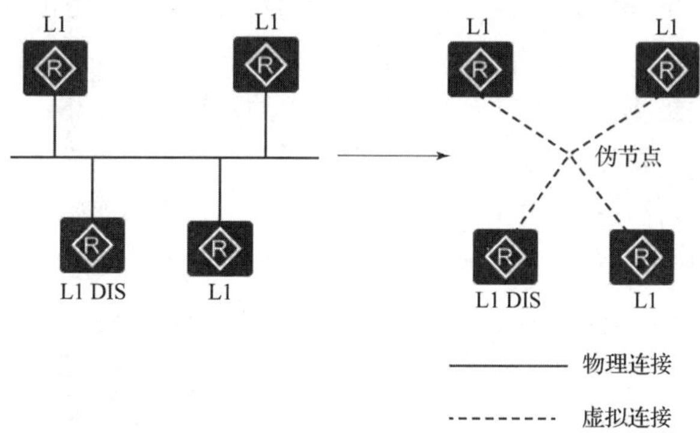

图6－19　伪节点示意图

7. IS－IS邻居关系的建立

IS－IS是一种链路状态路由协议，每一台路由器都会生成一个LSP，它包含了该路由器所有使能IS－IS协议接口的链路状态信息。通过跟相邻设备建立IS－IS邻接关系，互相更新本地设备的LSDB，可以使得LSDB与整个IS－IS网络的其他设备的LSDB实现同步。然后根据LSDB运用SPF算法计算出IS－IS路由。如果此IS－IS路由是到目的地址的最优路由，则此路由会下发到IP路由表中，并指导报文的转发。

两台运行IS－IS的路由器在交互协议报文实现路由功能之前必须首先建立邻居关系。在不同类型的网络上，IS－IS的邻居建立方式并不相同。

1）广播链路邻居关系的建立

在广播链路上，使用LAN IIH报文执行3次握手建立邻居关系，如图6－20所示。

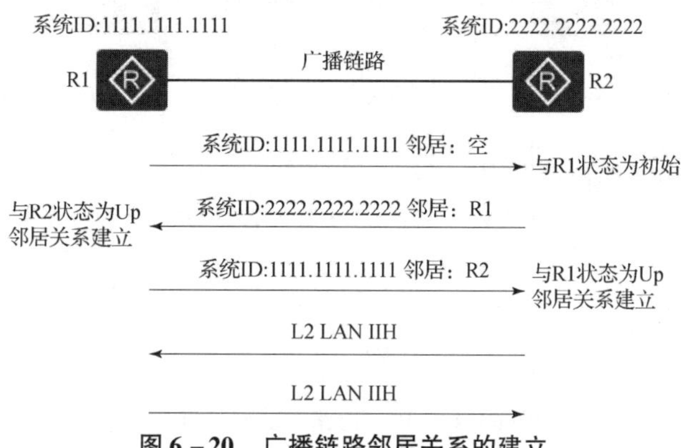

图6－20　广播链路邻居关系的建立

（1）R1 通过组播（组播 MAC：0180. C200. 0015）发送 Level－2 LAN IIH（IS－IS Hello），此报文中无邻居标识。注意：在 ISIS 的 LAN IIH 报文中，使用 TLV 6 来携带邻居标识。

（2）R2 收到此报文后，将自己和 R1 的邻居状态标识为初始（Initial），然后 R2 再向 R1 回复 Level－2 LAN IIH，此报文中标识 R1 为 R2 的邻居。

（3）R1 收到此报文后，将自己与 R2 的邻居状态标识为 Up，然后 R1 再向 R2 发送一个标识 R2 为 R1 邻居的 Level－2 LAN IIH。

（4）R2 收到此报文后，将自己与 R1 的邻居状态标识为 Up。这样，两个路由器成功建立了邻居关系。

因为是广播网络，需要选举 DIS，所以在邻居关系建立后，路由器会等待两个 Hello 报文间隔再进行 DIS 的选举。Hello 报文中包含 Priority 字段，Priority 值最大的将被选举为该广播网的 DIS。若优先级相同，接口 MAC 地址较大的被选举为 DIS。

2）P2P 链路邻居关系的建立

在 P2P 链路上，邻居关系的建立不同于广播链路。分为两次握手机制和 3 次握手机制。

（1）两次握手机制，如图 6－21 所示。

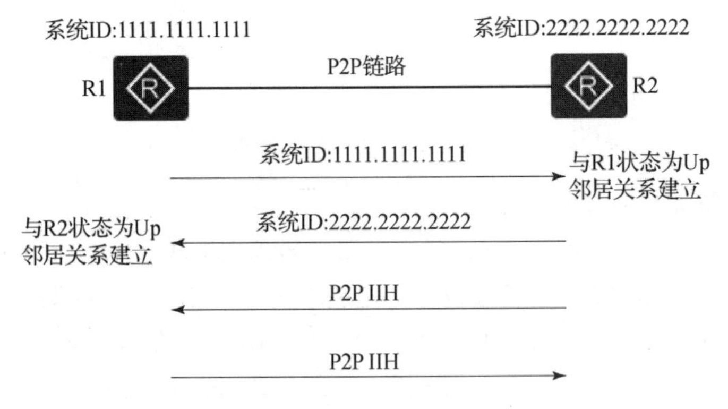

图 6－21　P2P 链路两次握手机制

只要路由器收到对端发来的 Hello 报文，就单方面宣布邻居为 Up 状态，建立邻居关系。

（2）3 次握手机制，如图 6－22 所示。

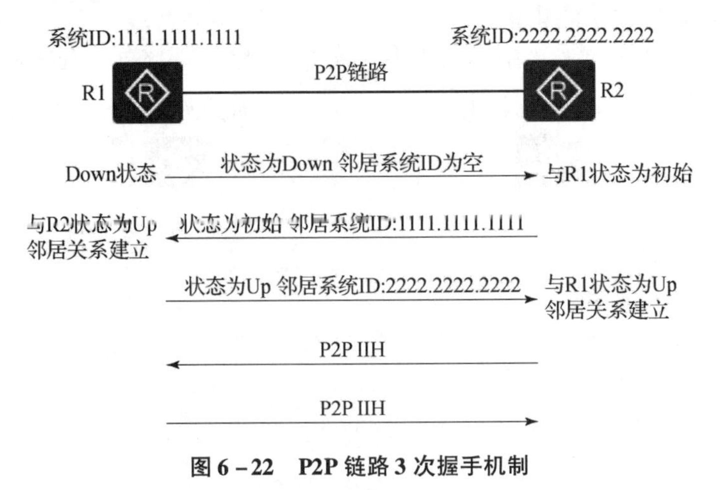

图 6－22　P2P 链路 3 次握手机制

此方式通过3次发送P2P的IS－IS Hello PDU最终建立起邻居关系，类似广播邻居关系的建立。

两次握手机制存在明显的缺陷。当路由器间存在两条及以上的链路时，如果某条链路上到达对端的单向状态为Down，而另一条链路同方向的状态为Up，路由器之间还是能建立起邻接关系。SPF在计算时会使用状态为Up的链路上的参数，这就导致没有检测到故障的路由器在转发报文时仍然试图通过状态为Down的链路。3次握手机制解决了上述不可靠点到点链路中存在的问题。这种方式下，路由器只有在知道邻居路由器也接收到它的报文时，才宣布邻居路由器处于Up状态，从而建立邻居关系。

6.2.2　IS－IS IPv6路由原理

1. IS－IS IPv6路由协议的概念

随着IPv6网络的建设，同样需要动态路由协议为IPv6报文的转发提供准确、有效的路由信息。IS－IS路由协议结合自身具有良好的可扩展性的特点，实现了对IPv6网络层协议的支持，可以发现和生成IPv6路由。

IETF标准（draft－ietf－isis－ipv6－05）中规定了IS－IS为支持IPv6所新增的内容。为了支持IPv6路由的处理和计算，IS－IS新增了两个TLV（Type－Length－Value）和一个新的NLPID（Network Layer Protocol IDentifier）。

新增的两个TLV分别如下。

①236号TLV（IPv6 Reachability）：通过定义路由信息前缀、度量值等信息来说明网络的可达性。

②232号TLV（IPv6 Interface Address）：它相当于IPv4中的“IP Interface Address”TLV，只不过把原来的32 b的IPv4地址改为128 b的IPv6地址。

NLPID是标识网络层协议报文的一个8 b字段，IPv6的NLPID值为142（0x8E）。如果IS－IS支持IPv6，那么向外发布IPv6路由时必须携带NLPID值。

2. IS－IS多拓扑

1）产生背景

IS－IS通过扩展TLV实现IPv6，保持了ISO10589和RFC1195有关建立及维护邻居数据库和拓扑数据库的规定。因此，IPv6具有和IPv4相同的拓扑结构。IPv4和IPv6的混合拓扑被看成一个集成的拓扑，使用同样的最短路径进行SPF计算。这就要求所有的IPv6和IPv4拓扑信息必须一致。

在实际应用中，IPv4和IPv6协议在网络中的部署可能不一致，所以IPv4和IPv6的拓扑信息可能不同。混合拓扑中的一些路由器和链路不支持IPv6协议，但是支持双协议栈的路由器无法感知到这些路由器和链路，仍然会把IPv6报文转发给它们，这就导致IPv6报文因无法转发而被丢弃。同样，存在不支持IPv4的路由器和链路时，IPv4报文也无法转发。

IS－IS的多拓扑（Multi－Topology，MT）特性用来解决上述问题。IS－IS MT是IS－IS为了支持多拓扑而做的扩展，遵循《draft－ietf－IS－IS－wg－multi－topology》中关于IS－IS部分扩展的规定，通过在IS－IS报文中定义新的TLV，MT信息被传播，并且可以按不同的拓扑分别进行SPF计算。

IS－IS MT是指在一个IS－IS自治域内运行多个独立的IP拓扑。例如，IPv4拓扑和

IPv6 拓扑，而不是将它们视为一个集成的单一拓扑。这有利于 IS－IS 在路由计算中根据实际组网情况来单独考虑 IPv4 和 IPv6 网络。根据链路所支持的 IP 协议类型，不同拓扑运行各自的 SPF 计算，实现网络的相互屏蔽。

2）基本原理

下面以图 6－23 中的网络拓扑为例介绍 IS－IS MT。图中的数值表示对应链路上的开销值；路由器 A、路由器 C 和路由器 D 支持 IPv4 和 IPv6 双协议栈；路由器 B 只支持 IPv4 协议，不能转发 IPv6 报文。

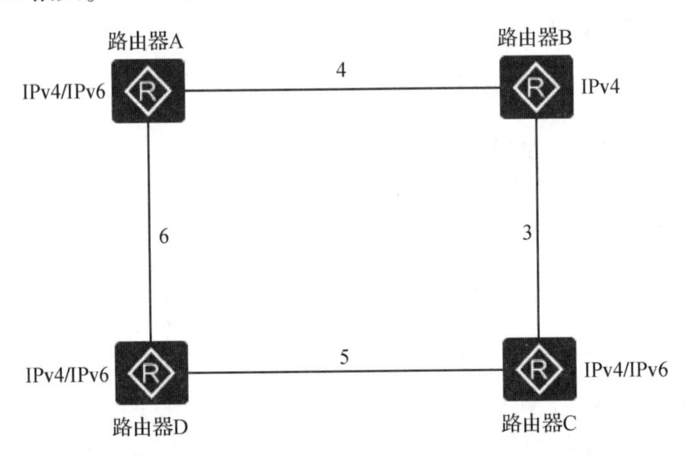

图 6－23　IS－IS MT 组网

如果路由器 A 不支持 IS－IS MT，进行 SPF 计算时只考虑单一的整体拓扑，则路由器 A 到路由器 C 的最短路径是路由器 A→路由器 B→路由器 C，但由于路由器 B 不支持 IPv6，所以路由器 A 发送的 IPv6 报文将无法通过路由器 B 到达路由器 C。

如果在路由器 A 上使能了 IS－IS MT，那么此时路由器 A 在进行 SPF 计算时会根据不同的拓扑分别计算。当路由器 A 需要发送 IPv6 报文给路由器 C 时，路由器 A 只考虑 IPv6 链路来确定 IPv6 报文转发路径，则路由器 A→路由器 D→路由器 C 路径被选为从路由器 A 到路由器 C 的 IPv6 最短路径。IPv6 报文被正确转发。

IS－IS MT 的实现过程如下。

（1）建立拓扑：通过各种报文来建立邻居，从而建立 MT 的拓扑。

（2）SPF 计算：在不同的 MT 上分别进行 SPF 计算。

任务实施

6.2.3　IS－IS IPv4 路由配置

现网中有 4 台路由器，如图 6－24 所示。用户希望在这 4 台路由器实现网络互联，并且因为路由器 A 和路由器 B 性能相对较低，所以还要使这两台路由器处理相对较少的数据信息。

采用以下的思路配置 ISIS 的基本功能：在各路由器上配置 IS－IS 基本功能，实现网络互联。其中，配置路由器 A 和路由器 B 为 Level－1 路由器，可以使这两台路由器维护相对少量的数据信息。

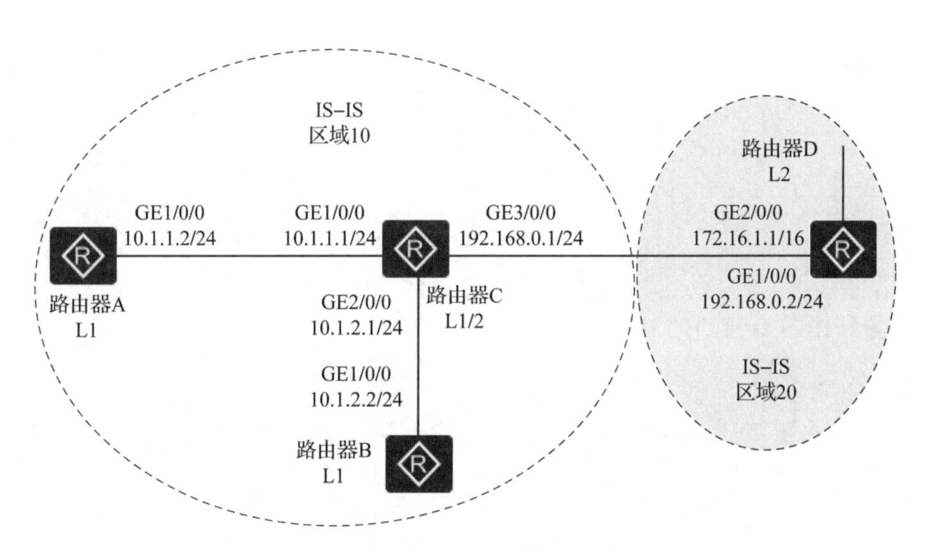

图6-24　IS-IS配置组网

1. 根据拓扑进行组网

在eNSP仿真软件中添加4台AR2220路由器，给路由器A的槽位1添加1GEC接口卡、给路由器B的槽位1添加1GEC接口卡、给路由器C的槽位1、槽位2、槽位3添加1GEC接口卡、给路由器D的槽位1、槽位2添加1GEC接口卡，按照网络拓扑连接各设备接口。注意接口编号不要用错。

2. 配置路由器A接口的IP地址

```
<Huawei> system-view
[Huawei] sysnameRouterA
[RouterA] interface gigabitethernet 1/0/0
[RouterA-GigabitEthernet1/0/0] ip address 10.1.1.2 24
[RouterA-GigabitEthernet1/0/0] quit
```

3. 配置路由器B接口的IP地址

```
<Huawei> system-view
[Huawei] sysnameRouterB
[RouterB] interface gigabitethernet1/0/0
[RouterB-GigabitEthernet1/0/0] ip address 10.1.2.2 24
[RouterB-GigabitEthernet1/0/0]quit
```

4. 配置路由器C接口的IP地址

```
<Huawei> system-view
[Huawei] sysnameRouterC
[RouterC] interface gigabitethernet 1/0/0
[RouterC-GigabitEthernet1/0/0] ip address 10.1.1.1 24
[RouterC-GigabitEthernet1/0/0]quit
```

```
[RouterC] interface gigabitethernet2/0/0
[RouterC - GigabitEthernet2/0/0] ip address 10.1.2.1 24
[RouterC - GigabitEthernet2/0/0]quit
[RouterC] interface gigabitethernet3/0/0
[RouterC - GigabitEthernet3/0/0] ip address 192.168.0.1 24
[RouterC - GigabitEthernet3/0/0]quit
```

5. 配置路由器 D 接口的 IP 地址

```
<Huawei > system - view
[Huawei] sysnameRouterD
[RouterD] interface gigabitethernet1/0/0
[RouterD - GigabitEthernet1/0/0] ip address 192.168.0.2 24
[RouterD - GigabitEthernet1/0/0]quit
[RouterD] interface gigabitethernet2/0/0
[RouterD - GigabitEthernet2/0/0] ip address 172.16.1.116
[RouterD - GigabitEthernet2/0/0]quit
```

6. 配置路由器 A 的 IS – IS 基本功能

```
[RouterA] isis 1
[RouterA - isis -1] is - level level -1
[RouterA - isis -1] network - entity 10.0000.0000.0001.00
[RouterA - isis -1] quit
[RouterA] interface gigabitethernet 1/0/0
[RouterA - GigabitEthernet1/0/0] isis enable 1
[RouterA - GigabitEthernet1/0/0] quit
```

7. 配置路由器 B 的 IS – IS 基本功能

```
[RouterB] isis 1
[RouterB - isis -1] is - level level -1
[RouterB - isis -1] network - entity 10.0000.0000.0002.00
[RouterB - isis -1] quit
[RouterB] interface gigabitethernet 1/0/0
[RouterB - GigabitEthernet1/0/0] isis enable 1
[RouterB - GigabitEthernet1/0/0] quit
```

8. 配置路由器 C 的 IS – IS 基本功能

```
[RouterC] isis 1
[RouterC - isis -1] network - entity 10.0000.0000.0003.00
[RouterC - isis -1] quit
```

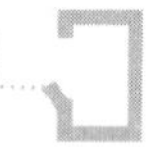

```
[RouterC] interface gigabitethernet 1/0/0
[RouterC - GigabitEthernet1/0/0] isis enable 1
[RouterC - GigabitEthernet1/0/0] quit
[RouterC] interface gigabitethernet 2/0/0
[RouterC - GigabitEthernet2/0/0] isis enable 1
[RouterC - GigabitEthernet2/0/0] quit
[RouterC] interface gigabitethernet 3/0/0
[RouterC - GigabitEthernet3/0/0] isis enable 1
[RouterC - GigabitEthernet3/0/0] quit
```

9. 配置路由器 D 的 IS－IS 基本功能

```
[RouterD] isis 1
[RouterD - isis -1] is - level level -2
[RouterD - isis -1] network - entity 20.0000.0000.0004.00
[RouterD - isis -1] quit
[RouterD] interface gigabitethernet 2/0/0
[RouterD - GigabitEthernet2/0/0] isis enable 1
[RouterD - GigabitEthernet2/0/0] quit
[RouterD] interface gigabitethernet 1/0/0
[RouterD - GigabitEthernet1/0/0] isis enable 1
[RouterD - GigabitEthernet1/0/0] quit
```

10. 验证配置结果

显示各路由器的 IS－IS 路由信息。Level－1 路由器的路由表中应该有一条默认路由，且下一跳为 Level－1－2 路由器，Level－2 路由器应该有所有 Level－1 和 Level－2 的路由。路由器 A 与 B 的 IS－IS 路由表中各会出现一条默认路由。

```
[RouterA] display isis route
                        Route information for ISIS(1)
                        ---------------------------------
                        ISIS(1) Level -1 Forwarding Table
                        -------------------------------------
IPV4 Destination   IntCostExtCostExitInterfaceNextHop     Flags
-------------------------------------------------------------------
10.1.1.0/24       10     NULL    GE1/0/0      Direct     D/-/L/-
10.1.2.0/24       20     NULL    GE1/0/0      10.1.1.1   A/-/-/-
192.168.0.0/24    20     NULL    GE1/0/0      10.1.1.1   A/-/-/-
0.0.0.0/0         10     NULL    GE1/0/0      10.1.1.1   A/-/-/-
    Flags: D - Direct, A - Added to URT, L - Advertised in LSPs, S - IGP
Shortcut,
                        U - Up/Down Bit Set
```

6.2.4 IS - IS IPv6 路由配置

配置 IS - IS 的 IPv6 基本功能组网图如图 6 - 25。

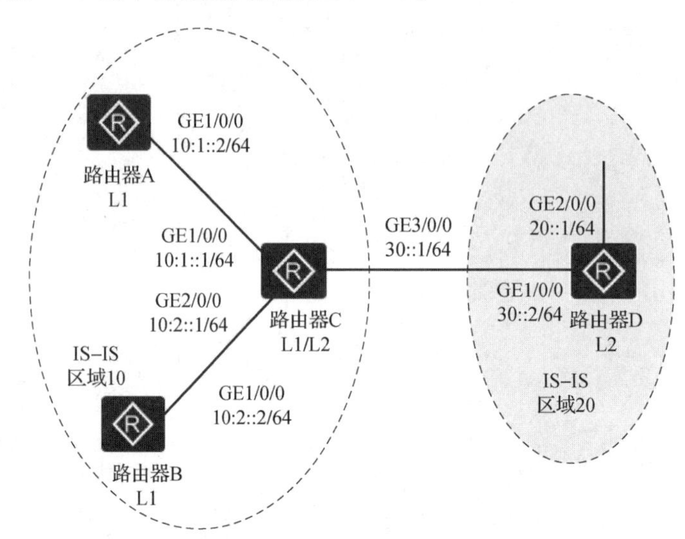

图 6 - 25 配置 IS - IS 的 IPv6 基本功能组网图

1. 根据拓扑进行组网

在 eNSP 仿真软件中添加 4 台 AR2220 路由器，给路由器 A 的槽位 1 添加 1GEC 接口卡，给路由器 B 的槽位 1 添加 1GEC 接口卡，给路由器 C 的槽位 1、槽位 2、槽位 3 添加 1GEC 接口卡，给路由器 D 的槽位 1、槽位 2 添加 1GEC 接口卡，按照网络拓扑连接各设备接口。注意接口编号不要用错。

2. 在路由器 A 上配置 IPv6 地址

```
<Huawei> system-view
[Huawei] sysnameRouterA
[RouterA] ipv6
[RouterA] interface gigabitethernet 1/0/0
[RouterA-GigabitEthernet1/0/0] ipv6 enable
[RouterA-GigabitEthernet1/0/0] ipv6 address10:1::2/64
[RouterA-GigabitEthernet1/0/0] quit
```

3. 在路由器 B 上配置 IPv6 地址

```
<Huawei> system-view
[Huawei] sysnameRouterB
[RouterB] ipv6
[RouterB] interface gigabitethernet 1/0/0
[RouterB-GigabitEthernet1/0/0] ipv6 enable
[RouterB-GigabitEthernet1/0/0] ipv6 address 10:2::2/64
[RouterB-GigabitEthernet1/0/0] quit
```

4. 在路由器 C 上配置 IPv6 地址

```
<Huawei> system-view
[Huawei] sysnameRouterC
[RouterC] ipv6
[RouterC] interface gigabitethernet 1/0/0
[RouterC-GigabitEthernet1/0/0] ipv6 enable
[RouterC-GigabitEthernet1/0/0] ipv6 address 10:1::1/64
[RouterC-GigabitEthernet1/0/0] quit
[RouterC] interface gigabitethernet 2/0/0
[RouterC-GigabitEthernet2/0/0] ipv6 enable
[RouterC-GigabitEthernet2/0/0] ipv6 address 10:2::1/64
[RouterC-GigabitEthernet1/0/0] quit
[RouterC] interface gigabitethernet3/0/0
[RouterC-GigabitEthernet3/0/0] ipv6 enable
[RouterC-GigabitEthernet3/0/0] ipv6 address 30::1/64
[RouterC-GigabitEthernet3/0/0] quit
```

5. 在路由器 D 上配置 IPv6 地址

```
<Huawei> system-view
[Huawei] sysnameRouterD
[RouterD] ipv6
[RouterD] interface gigabitethernet 1/0/0
[RouterD-GigabitEthernet1/0/0] ipv6 enable
[RouterD-GigabitEthernet1/0/0] ipv6 address 30::2/64
[RouterD-GigabitEthernet1/0/0] quit
[RouterD] interface gigabitethernet 2/0/0
[RouterD-GigabitEthernet2/0/0] ipv6 enable
[RouterD-GigabitEthernet2/0/0] ipv6 address 20::1/64
[RouterD-GigabitEthernet2/0/0] quit
```

6. 配置路由器 A 的 IS-IS IPv6 基本功能

```
[RouterA] isis 1
[RouterA-isis-1] is-level level-1
[RouterA-isis-1] network-entity 10.0000.0000.0001.00
[RouterA-isis-1] ipv6 enable
[RouterA-isis-1] quit
[RouterA] interface gigabitethernet 1/0/0
[RouterA-GigabitEthernet1/0/0] isis ipv6 enable 1
[RouterA-GigabitEthernet1/0/0] quit
```

7. 配置路由器 B 的 IS－IS IPv6 基本功能

```
[RouterB] isis 1
[RouterB-isis-1] is-level level-1
[RouterB-isis-1] network-entity 10.0000.0000.0002.00
[RouterB-isis-1] ipv6 enable
[RouterB-isis-1] quit
[RouterB] interface gigabitethernet 1/0/0
[RouterB-GigabitEthernet1/0/0] isis ipv6 enable 1
[RouterB-GigabitEthernet1/0/0] quit
```

8. 配置路由器 C 的 IS－IS IPv6 基本功能

```
[RouterC] isis 1
[RouterC-isis-1] network-entity 10.0000.0000.0003.00
[RouterC-isis-1] ipv6 enable
[RouterC-isis-1] quit
[RouterC] interface gigabitethernet 1/0/0
[RouterC-GigabitEthernet1/0/0] isis ipv6 enable 1
[RouterC-GigabitEthernet1/0/0] quit
[RouterC] interface gigabitethernet 2/0/0
[RouterC-GigabitEthernet2/0/0] isis ipv6 enable 1
[RouterC-GigabitEthernet2/0/0] quit
[RouterC] interface gigabitethernet 3/0/0
[RouterC-GigabitEthernet3/0/0] isis ipv6 enable 1
[RouterC-GigabitEthernet3/0/0] isis circuit-level level-2
[RouterC-GigabitEthernet3/0/0] quit
```

9. 配置路由器 D 的 IS－IS IPv6 基本功能

```
[RouterD] isis 1
[RouterD-isis-1] is-level level-2
[RouterD-isis-1] network-entity 20.0000.0000.0004.00
[RouterD-isis-1] ipv6 enable
[RouterD-isis-1] quit
[RouterD] interface GigabitEthernet 1/0/0
[RouterD-GigabitEthernet1/0/0] isis ipv6 enable 1
[RouterD-GigabitEthernet1/0/0] quit
[RouterD] interface GigabitEthernet 2/0/0
[RouterD-GigabitEthernet2/0/0] isis ipv6 enable 1
[RouterD-GigabitEthernet2/0/0] quit
```

10. 验证配置结果

显示路由器A的IS-IS路由表。

```
[RouterA] display isis route
                         Route information for ISIS(1)
                         ------------------------------------
                        ISIS(1) Level -1 Forwarding Table
                         -----------------------------------------
IPV6 Dest.     ExitInterfaceNextHop     Cost          Flags
--------------------------------------------------------------------------
10:1::/64     GigabitEthernet1/0/0   Direct   10   D/L/-
10:2::/64    GigabitEthernet1/0/0   FE80::A83E:0:3ED2:1   20   A/-/-
      Flags: D-Direct, A-Added to URT, L-Advertised in LSPs, S-
IGP Shortcut,
                                U-Up/Down Bit Set
```

任务总结

通过教师引导和讲授，让学生掌握IS-IS路由协议的概念、主要特征、整体拓扑、IS-IS路由器分类、网络服务访问点、DIS、伪节点、IS-IS邻居关系、IS-IS多拓扑等基础知识，在仿真软件中根据场景完成IS-IS IPv4路由和IS-IS IPv6路由配置，让学生掌握其方法及命令，提升学生实践操作的能力。

任务评价

任务自我评价见表6-3。

表6-3　自我评价表

知识和技能点	掌握程度
IS-IS路由协议的概念	☺完全掌握　☺基本掌握　☹有些不懂　☹完全不懂
IS-IS主要特征	☺完全掌握　☺基本掌握　☹有些不懂　☹完全不懂
IS-IS整体拓扑	☺完全掌握　☺基本掌握　☹有些不懂　☹完全不懂
IS-IS路由器分类	☺完全掌握　☺基本掌握　☹有些不懂　☹完全不懂
网络服务访问点	☺完全掌握　☺基本掌握　☹有些不懂　☹完全不懂
DIS和伪节点	☺完全掌握　☺基本掌握　☹有些不懂　☹完全不懂
IS-IS邻居关系	☺完全掌握　☺基本掌握　☹有些不懂　☹完全不懂
IS-IS多拓扑	☺完全掌握　☺基本掌握　☹有些不懂　☹完全不懂
IS-ISIPv4路由协议配置	☺完全掌握　☺基本掌握　☹有些不懂　☹完全不懂
IS-ISIPv6路由协议配置	☺完全掌握　☺基本掌握　☹有些不懂　☹完全不懂

任务 6.3　BGP 路由配置

任务描述

掌握 BGP 路由协议的概念、BGP 邻居和类型、BGP 工作原理、BGP 路由器 ID、BGP 与 IGP 交互等基本原理。在大型 IP 网络中实现路由器网络互联，要求配置 BGP、BGP4 + 路由协议，实现路由器各网络互联。

任务分析

在掌握 BGP、BGP4 + 路由基础知识的前提下，根据组网要求在仿真软件中选择合适的路由器及线缆，完成网络拓扑搭建，并为各路由器及主机配置合适的 IP 地址，然后在路由器上完成 BGP、BGP4 + 路由配置，通过 ping 命令测试网络连通性或通过查看路由表验证 BGP、BGP4 + 路由配置。

知识准备

6.3.1　BGP 路由原理

1. BGP 协议的概念

为方便管理规模不断扩大的网络，网络被分成了不同的自治系统。1982 年，外部网关协议（Exterior Gateway Protocol，EGP）被用于实现在 AS 之间动态交换路由信息。但是 EGP 设计得比较简单，只发布网络可达的路由信息，而不对路由信息进行优选，同时也没有考虑环路避免等问题，很快就无法满足网络管理的要求。

BGP（Border Gateway Protocol）是为取代最初的 EGP 而设计的另一种外部网关协议。不同于最初的 EGP，BGP 能够进行路由优选、避免路由环路、更高效率的传递路由和维护大量的路由信息。

虽然 BGP 用于在 AS 之间传递路由信息，但并不是所有 AS 之间传递路由信息都需要运行 BGP。比如：在数据中心上行的连入 Internet 的出口上，为了避免 Internet 海量路由对数据中心内部网络的影响，设备采用静态路由代替 BGP 与外部网络通信。

边界网关协议 BGP 是一种实现自治系统（Autonomous System，AS）之间的路由可达，并选择优选路由的距离矢量路由协议，使用 TCP（端口 179）作为其传输协议。早期发布的 3 个版本分别是 BGP－1、BGP－2 和 BGP－3，1994 年开始使用 BGP－4，2006 年之后单播 IPv4 网络使用的版本是 BGP－4，其他网络（如 IPv6 等）使用的版本是 MP－BGP。

MP－BGP 是对 BGP－4 进行了扩展，以达到在不同网络中应用的目的，BGP－4 原有的消息机制和路由机制并没有改变。MP－BGP 在 IPv6 单播网络上的应用称为 BGP4 +，在 IPv4 组播网络上的应用称为 MBGP（Multicast BGP）。

2. BGP 邻居

当两台 BGP 路由器之间建立了一条基于 TCP 的连接，并且相互交换报文，就称它们为邻居或对等体（peer），如图 6－26 所示。若干采用相同更新策略的 BGP 对等体可以构成对等体组（peer group）。

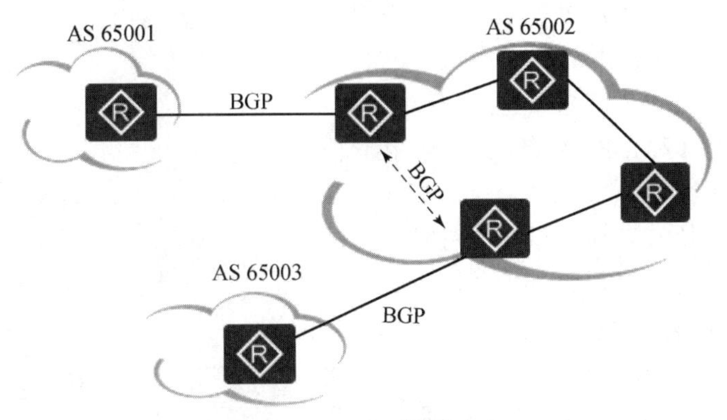

图6－26　BGP邻居建立

如图6－27所示，BGP邻居类型按照运行方式分为EBGP（External/Exterior BGP）和IBGP（Internal/Interior BGP）。

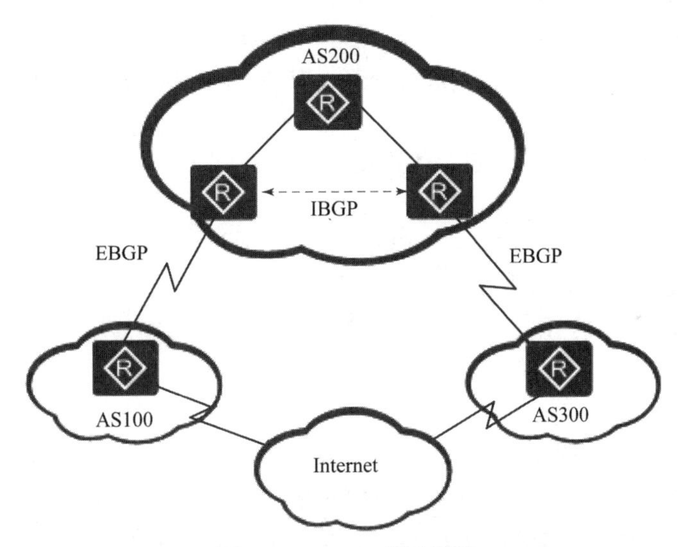

图6－27　BGP邻居类型

EBGP：运行于不同AS之间的BGP称为EBGP。为了防止AS间产生环路，当BGP设备接收EBGP对等体发送的路由时，会将带有本地AS号的路由丢弃。

IBGP：运行于同一AS内部的BGP称为IBGP。为了防止AS内产生环路，BGP设备不将从IBGP对等体学到的路由通告给其他IBGP对等体，并与所有IBGP对等体建立全连接。为了解决IBGP对等体的连接数量太多的问题，BGP设计了路由反射器和BGP联盟。

EBGP只用于不同AS之间传递路由。在图6－28中，AS 100内的RTB与BTC分别从AS 200与AS 300学习到不同的路由，怎么实现AS 200与AS 300之间路由在AS 100内的交换？

在AS 100内实现将学到的AS 200和AS 300路由进行交换，可以在拓扑中的RTB与RTC路由器上将BGP的路由引入IGP协议（图6－28中为OSPF协议），再将IGP协议的路由在RTB与RTC路由器上引入回BGP协议，实现AS 200与AS 300路由的交换。

上述方法存在以下缺点：公网上 BGP 承载的路由数目非常大，引入 IGP 协议后，IGP 协议无法承载大量的 BGP 路由；BGP 路由引入 IGP 协议时，需要做严格的控制，配置复杂，不易维护；BGP 携带的属性在引入 IGP 协议时，由于 IGP 协议不能识别，可能会丢失。

因此，需要设计 BGP 在 AS 内部完成路由的传递。因为 BGP 使用 TCP 作为其承载协议，所以可以跨设备建立邻居关系。如图 6－28 所示，RTB 与 RTC 之间建立 IBGP 邻居关系，并各自将从其他 AS 学到的路由传递给对端，实现 BGP 路由在 AS 内的传递。

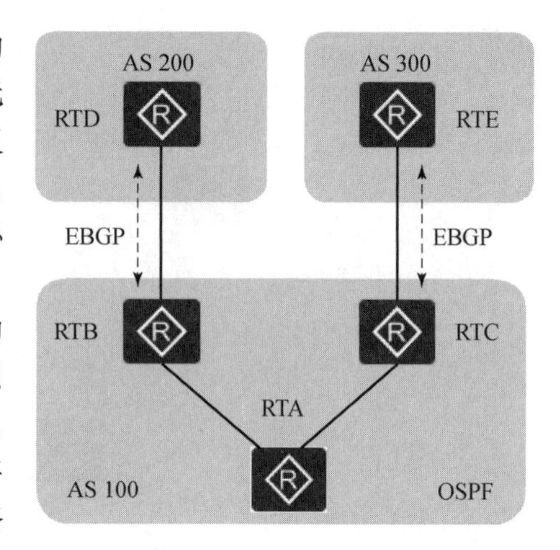

图 6－28　EBGP 传递路由

3. BGP 工作原理

BGP 对等体的建立、更新和删除等交互过程主要有 5 种报文、6 种状态机和 5 个原则。

（1）BGP 的报文。

BGP 对等体间通过以下 5 种报文进行交互，其中 Keepalive 报文为周期性发送，其余报文为触发式发送。

①Open 报文：用于建立 BGP 对等体连接。

②Update 报文：用于在对等体之间交换路由信息。

③Notification 报文：用于中断 BGP 连接。

④Keepalive 报文：用于保持 BGP 连接。

⑤Route－refresh 报文：用于在改变路由策略后请求对等体重新发送路由信息。只有支持路由刷新（Route－refresh）能力的 BGP 设备会发送和响应此报文。

（2）BGP 状态机。

BGP 对等体的交互过程中存在 6 种状态机，即空闲（Idle）、连接（Connect）、活跃（Active）、Open 报文已发送（OpenSent）、Open 报文已确认（OpenConfirm）和连接已建立（Established）。在 BGP 对等体建立的过程中，通常可见的 3 个状态是 Idle、Active 和 Established。

①Idle 状态是 BGP 初始状态。在 Idle 状态下，BGP 拒绝邻居发送的连接请求。只有在收到本设备的 Start 事件后，BGP 才开始尝试和其他 BGP 对等体进行 TCP 连接，并转至 Connect 状态。

②在 Connect 状态下，BGP 启动连接重传定时器（Connect Retry），等待 TCP 完成连接。

③在 Active 状态下，BGP 总是在试图建立 TCP 连接。

④在 OpenSent 状态下，BGP 等待对等体的 Open 报文，并对收到的 Open 报文中的 AS 号、版本号、认证码等进行检查。

⑤在 OpenConfirm 状态下，BGP 等待 Keepalive 或 Notification 报文。如果收到 Keepalive 报文，则转至 Established 状态，如果收到 Notification 报文，则转至 Idle 状态。

⑥在 Established 状态下，BGP 可以和对等体交换 Update、Keepalive、Route－refresh 报

文和 Notification 报文。

（3）BGP 对等体之间的交互原则。

BGP 设备将最优路由加入 BGP 路由表，形成 BGP 路由。BGP 设备与对等体建立邻居关系后，采取以下交互原则。

①从 IBGP 对等体获得的 BGP 路由，BGP 设备只发布给它的 EBGP 对等体。

②从 EBGP 对等体获得的 BGP 路由，BGP 设备发布给它所有 EBGP 和 IBGP 对等体。

③当存在多条到达同一目的地址的有效路由时，BGP 设备只将最优路由发布给对等体。

④路由更新时，BGP 设备只发送更新的 BGP 路由。

⑤所有对等体发送的路由，BGP 设备都会接收。

4. BGP 路由器 ID

BGP 的 Router ID 是一个用于标识 BGP 设备的 32 位值，通常是 IPv4 地址的形式，在 BGP 会话建立时发送的 Open 报文中携带。对等体之间建立 BGP 会话时，每个 BGP 设备都必须有唯一的 Router ID；否则对等体之间不能建立 BGP 连接。

BGP 的 Router ID 在 BGP 网络中必须是唯一的，可以采用手工配置，也可以让设备自动选取。默认情况下，BGP 选择设备上的 Loopback 接口的 IPv4 地址作为 BGP 的 Router ID。如果设备上没有配置 Loopback 接口，系统会选择接口中最大的 IPv4 地址作为 BGP 的 Router ID。一旦选出 Router ID，除非发生接口地址删除等事件；否则即使配置了更大的地址，也保持原来的 Router ID。

5. BGP 与 IGP 交互

BGP 与 IGP 在设备中使用不同的路由表，为了实现不同 AS 间相互通信，BGP 需要与 IGP 进行交互，即 BGP 路由表和 IGP 路由表相互引入。

1）BGP 引入 IGP 路由

BGP 协议本身不发现路由，因此需要将其他路由引入到 BGP 路由表，实现 AS 间的路由互通。当一个 AS 需要将路由发布给其他 AS 时，AS 边缘路由器会在 BGP 路由表中引入 IGP 的路由。为了更好地规划网络，BGP 在引入 IGP 的路由时，可以使用路由策略进行路由过滤和路由属性设置，也可以设置 MED 值指导 EBGP 对等体判断流量进入 AS 时选路。

BGP 引入路由时支持 Import 和 Network 两种方式。

（1）Import 方式是按协议类型，将 RIP、OSPF、ISIS 等协议的路由引入到 BGP 路由表中。为了保证引入的 IGP 路由的有效性，Import 方式还可以引入静态路由和直连路由。

如图 6－29 所示，RTA 上存在 100.0.0.0/24 与 100.0.1.0/24 的两个用户网段，RTB 上通过静态路由指定去往 100.0.0.0/24 网段的路由，通过 OSPF 学到去往 100.0.1.0/24 的路由。RTB 与 RTC 建立 EBGP 的邻居关系，RTB 通过 import 命令宣告 100.0.0.0/24、100.0.1.0/24 与 10.1.12.0/24 的路由，使对端 EBGP 邻居学习到本 AS 内的路由。为了防止其他路由被引入到 BGP 中，需要配置 ip－prefix 进行精确匹配，调用 route－policy 在 BGP 引入路由时进行控制。

（2）Network 方式是逐条将 IP 路由表中已经存在的路由引入到 BGP 路由表中，比 Import 方式更精确。

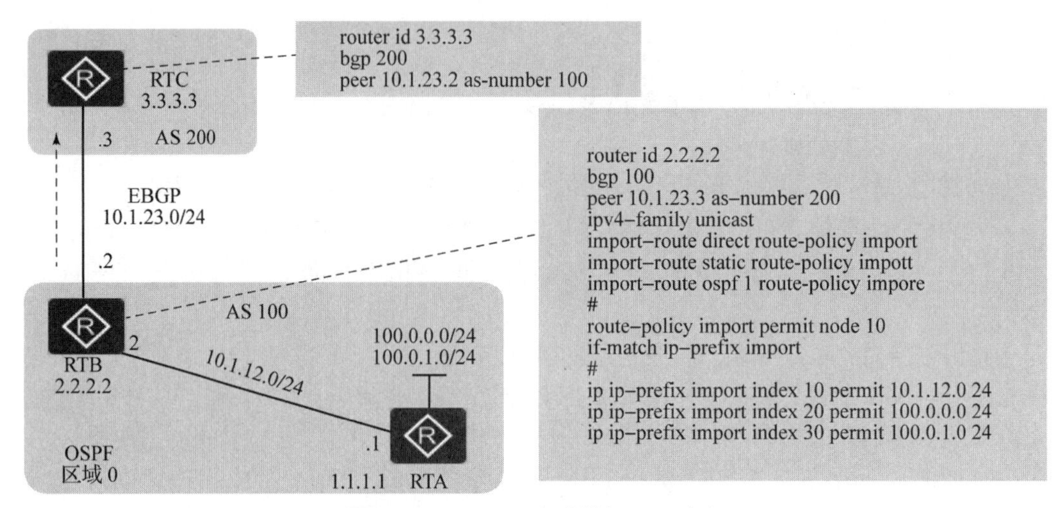

图 6－29　Import 方式引入 IGP 路由

如图 6－30 所示，RTA 上存在 100. 0. 0. 0/24 与 100. 0. 1. 0/24 的两个用户网段，RTB 上通过静态路由指定去往 100. 0. 0. 0/24 网段的路由，通过 OSPF 学到去往 100. 0. 1. 0/24 的路由。RTB 与 RTC 建立 EBGP 的邻居关系，RTB 通过 network 命令宣告 100. 0. 0. 0/24、100. 0. 1. 0/24 与 10. 1. 12. 0/24 的路由，使对端 EBGP 邻居 RTC 学习到 RTB 路由表里的路由。

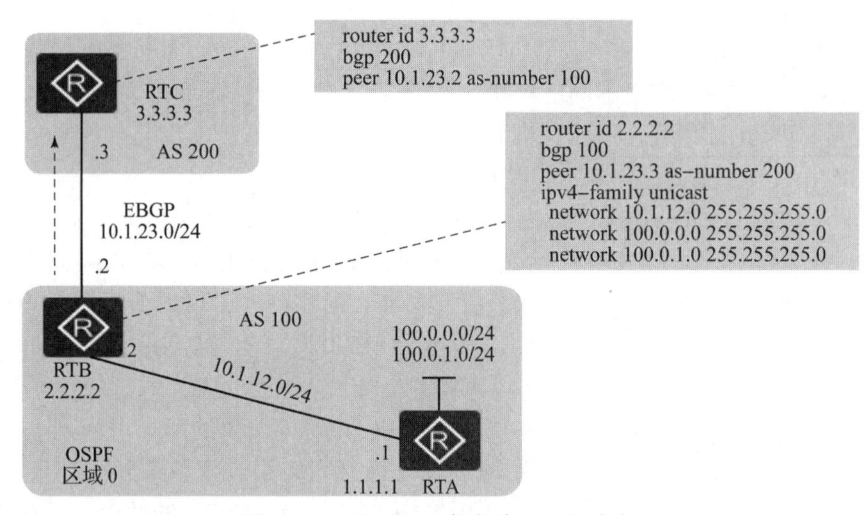

图 6－30　Network 方式引入 IGP 路由

2）IGP 引入 BGP 路由

当一个 AS 需要引入其他 AS 的路由时，AS 边缘路由器会在 IGP 路由表中引入 BGP 的路由。为了避免大量 BGP 路由对 AS 内设备造成影响，当 IGP 引入 BGP 路由时，可以使用路由策略，进行路由过滤和路由属性设置。

任务实施

6.3.2　BGP 路由配置

如图 6 - 31 所示，需要在所有路由器间运行 BGP 协议，路由器 A、路由器 B 之间建立 EBGP 连接，路由器 B、路由器 C 和路由器 D 之间建立 IBGP 全连接。

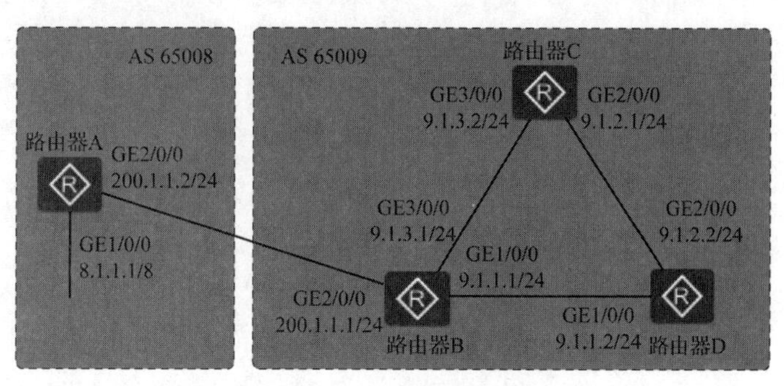

图 6 - 31　BGP 配置组网

1. 根据拓扑进行组网

在 eNSP 仿真软件中添加 4 台 AR2220 路由器，给路由器 A 的槽位 1、槽位 2 添加 1GEC 接口卡，给路由器 B 的槽位 1、槽位 2、槽位 3 添加 1GEC 接口卡，给路由器 C 的槽位 2、槽位 3 添加 1GEC 接口卡，给路由器 D 的槽位 1、槽位 2 添加 1GEC 接口卡，按照网络拓扑连接各设备接口。注意接口编号不要用错。

2. 配置路由器 A 接口的 IP 地址

```
<Huawei > system - view
[Huawei] sysnameRouterA
[RouterA] interface gigabitethernet 1/0/0
[RouterA - GigabitEthernet1/0/0] ip address 8.1.1.1 8
[RouterA - GigabitEthernet1/0/0] quit
[RouterA] interface gigabitethernet2/0/0
[RouterA - GigabitEthernet2/0/0] ip address 200.1.1.224
[RouterA - GigabitEthernet2/0/0] quit
```

3. 配置路由器 B 接口的 IP 地址

```
<Huawei > system - view
[Huawei] sysnameRouterB
[RouterB] interface gigabitethernet 1/0/0
[RouterB - GigabitEthernet1/0/0] ip address 9.1.1.1 24
[RouterB - GigabitEthernet1/0/0] quit
[RouterB] interface gigabitethernet2/0/0
[RouterB - GigabitEthernet2/0/0] ip address 200.1.1.124
[RouterB - GigabitEthernet2/0/0] quit
[RouterB] interface gigabitethernet3/0/0
[RouterB - GigabitEthernet3/0/0] ip address 9.1.3.124
[RouterB - GigabitEthernet3/0/0] quit
```

4. 配置路由器 C 接口的 IP 地址

```
<Huawei> system-view
[Huawei] sysnameRouterC
[RouterC] interface gigabitethernet2/0/0
[RouterC-GigabitEthernet2/0/0] ip address 9.1.2.124
[RouterC-GigabitEthernet2/0/0] quit
[RouterC] interface gigabitethernet3/0/0
[RouterC-GigabitEthernet3/0/0] ip address 9.1.3.224
[RouterC-GigabitEthernet3/0/0] quit
```

5. 配置路由器 D 接口的 IP 地址

```
<Huawei> system-view
[Huawei] sysnameRouterD
[RouterD] interface gigabitethernet 1/0/0
[RouterD-GigabitEthernet1/0/0] ip address 9.1.1.224
[RouterD-GigabitEthernet1/0/0] quit
[RouterD] interface gigabitethernet2/0/0
[RouterD-GigabitEthernet2/0/0] ip address 9.1.2.224
[RouterD-GigabitEthernet2/0/0] quit
```

6. 配置路由器 B 的 IBGP 连接

```
[RouterB] bgp 65009
[RouterB-bgp] router-id 2.2.2.2
[RouterB-bgp] peer 9.1.1.2 as-number 65009
[RouterB-bgp] peer 9.1.3.2 as-number 65009
```

7. 配置路由器 C 的 IBGP 连接

```
[RouterC] bgp 65009
[RouterC-bgp] router-id 3.3.3.3
[RouterC-bgp] peer 9.1.3.1 as-number 65009
[RouterC-bgp] peer 9.1.2.2 as-number 65009
[RouterC-bgp] quit
```

8. 配置路由器 D 的 IBGP 连接

```
[RouterD] bgp 65009
[RouterD-bgp] router-id 4.4.4.4
[RouterD-bgp] peer 9.1.1.1 as-number 65009
[RouterD-bgp] peer 9.1.2.1 as-number 65009
[RouterD-bgp] quit
```

9. 配置路由器 A 的 EBGP 连接

```
[RouterA] bgp 65008
[RouterA-bgp] router-id 1.1.1.1
[RouterA-bgp] peer 200.1.1.1 as-number 65009
```

10. 配置路由器 A 的 EBGP 连接

```
[RouterB-bgp] peer 200.1.1.2 as-number 65008
```

查看 BGP 对等体的连接状态，可以看出，路由器 B 到其他路由器的 BGP 连接均已建立。

```
[RouterB-bgp] display bgp peer
BGP local router ID : 2.2.2.2
Local AS number : 65009
Total number of peers : 3                  Peers in established state : 3
  Peer       V  AS    MsgRcvdMsgSentOutQ  Up/Down   State PrefRcv
  9.1.1.2    4 65009    49       62     0 00:44:58 Established    0
  9.1.3.2    4 65009    56       56     0 00:40:54 Established    0
  200.1.1.2  4 65008    49       65     0 00:44:03 Established    1
```

11. 配置路由器 A 发布路由 8.0.0.0/8

```
[RouterA-bgp] ipv4-family unicast
 [RouterA-bgp-af-ipv4] network 8.0.0.0 255.0.0.0
 [RouterA-bgp-af-ipv4] quit
```

此时使用 display bgp routing-table 命令查看路由器 C 的路由表。从路由器 C 的路由表可以看出，路由器 C 虽然学到了 AS65008 中的 8.0.0.0 的路由，但因为下一跳 200.1.1.2 不可达，所以不是有效路由。

```
[RouterC] display bgp routing-table
  BGP Local router ID is 3.3.3.3
  Status codes: * -valid, > - best, d - damped,
                      h-history,  i-internal,s - suppressed,S-Stale
                      Origin : i - IGP, e - EGP, ? - incomplete
 Total Number of Routes: 1
   Network       NextHop        MED        LocPrfPrefValPath/Ogn
i 8.0.0.0    200.1.1.2       0       100        0      65008i
```

12. 配置路由器 B 的 BGP 引入直连路由

```
[RouterB-bgp] ipv4-family unicast
[RouterB-bgp-af-ipv4] import-route direct
```

再次使用 display bgp routing-table 命令查看路由器 C 的路由表。可以看出，到 8.0.0.0

的路由变为有效路由，下一跳为路由器 A 的地址。

13. 验证配置结果

使用 ping 进行验证，在路由器 C 上 ping 8. 1. 1. 1 发现可以正常通信，说明配置成功。

6. 3. 3　BGP4 + 路由配置

如图 6 – 32 所示，有自治系统 65008 和 65009，其中路由器 A 属于自治系统 65008，路由器 B 和路由器 C 属于自治系统 65009，要求通过配置路由协议来交换自治系统之间的路由信息。在路由器 B、路由器 C 之间配置 IBGP 连接，在路由器 A 和路由器 B 之间配置 EBGP 连接。

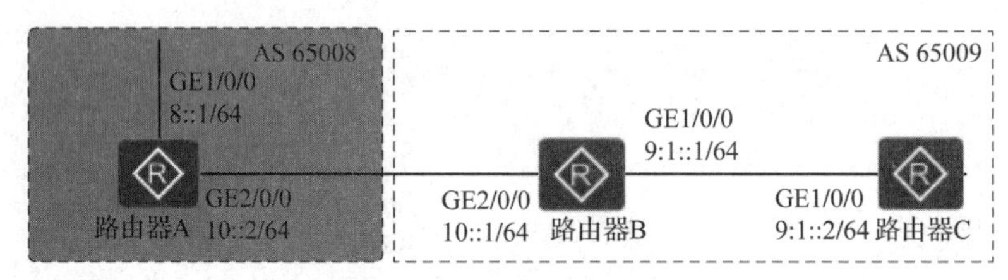

图 6 – 32　BGP4 + 配置组网

1. 根据拓扑进行组网

在 eNSP 仿真软件中添加 3 台 AR2220 路由器，给路由器 A 的槽位 1、槽位 2 添加 1GEC 接口卡，给路由器 B 的槽位 1、槽位 2 添加 1GEC 接口卡，给路由器 C 的槽位 1 添加 1GEC 接口卡，按照网络拓扑连接各设备接口。注意接口编号不要用错。

2. 在路由器 A 上配置 IPv6 地址

```
<Huawei > system - view
[Huawei] sysnameRouterA
[RouterA] ipv6
[RouterA] interface gigabitethernet 1/0/0
[RouterA - GigabitEthernet1/0/0] ipv6 enable
[RouterA - GigabitEthernet1/0/0] ipv6 address 8::1/64
[RouterA - GigabitEthernet1/0/0] quit
[RouterA] interface gigabitethernet 2/0/0
[RouterA - GigabitEthernet2/0/0] ipv6 enable
[RouterA - GigabitEthernet2/0/0] ipv6 address 10::2/64
[RouterA - GigabitEthernet2/0/0] quit
```

3. 在路由器 B 上配置 IPv6 地址

```
<Huawei > system - view
[Huawei] sysnameRouterB
[RouterB] ipv6
[RouterB] interface gigabitethernet 1/0/0
[RouterB - GigabitEthernet1/0/0] ipv6 enable
```

```
[RouterB-GigabitEthernet1/0/0] ipv6 address 9:1::1/64
[RouterB-GigabitEthernet1/0/0] quit
[RouterB] interface gigabitethernet 2/0/0
[RouterB-GigabitEthernet2/0/0] ipv6 enable
[RouterB-GigabitEthernet2/0/0] ipv6 address 10::1/64
[RouterB-GigabitEthernet2/0/0] quit
```

4. 在路由器 C 上配置 IPv6 地址

```
<Huawei> system-view
[Huawei] sysnameRouterC
[RouterC] ipv6
[RouterC] interface gigabitethernet 1/0/0
[RouterC-GigabitEthernet1/0/0] ipv6 enable
[RouterC-GigabitEthernet1/0/0] ipv6 address 9:1::2/64
[RouterC-GigabitEthernet1/0/0] quit
```

5. 在路由器 B 上配置 IBGP

```
[RouterB] ipv6
[RouterB] bgp 65009
[RouterB-bgp] router-id 2.2.2.2
[RouterB-bgp] peer 9:1::2 as-number 65009
[RouterB-bgp] ipv6-family unicast
[RouterB-bgp-af-ipv6] peer 9:1::2 enable
[RouterB-bgp-af-ipv6] network 9:1:: 64
```

6. 在路由器 C 上配置 IBGP

```
[RouterC] ipv6
[RouterC] bgp 65009
[RouterC-bgp] router-id 3.3.3.3
[RouterC-bgp] peer 9:1::1 as-number 65009
[RouterC-bgp] ipv6-family unicast
[RouterC-bgp-af-ipv6] peer 9:1::1 enable
[RouterC-bgp-af-ipv6] network 9:1:: 64
```

7. 在路由器 A 上配置 EBGP

```
[RouterA] ipv6
[RouterA] bgp 65008
[RouterA-bgp] router-id 1.1.1.1
[RouterA-bgp] peer 10::1 as-number 65009
```

```
[RouterA-bgp] ipv6-family unicast
[RouterA-bgp-af-ipv6] peer 10::1 enable
[RouterA-bgp-af-ipv6] network 10:: 64
[RouterA-bgp-af-ipv6] network 8:: 64
```

8. 在路由器 B 上配置 EBGP

```
[RouterB] bgp 65009
[RouterB-bgp] peer 10::2 as-number 65008
[RouterB-bgp] ipv6-family unicast
[RouterB-bgp-af-ipv6] peer 10::2 enable
[RouterB-bgp-af-ipv6] network 10:: 64
```

9. 验证配置结果

查看 BGP4+对等体的连接状态，可以看出路由器 B 到其他路由器的 BGP4+连接均已建立。

```
[RouterB] display bgp ipv6 peer
 BGP local router ID : 2.2.2.2
 Local AS number : 65009
 Total number of peers : 2              Peers in established state : 2
Peer     V    AS MsgRcvdMsgSentOutQUp/Down     State PrefRcv
9:1::2    4   65009    10         14      0 00:07:10 Established   1
10::2  4   65008     6        6      0 00:02:17 Established    2
```

使用 display bgp ipv6 routing-table 命令查看路由器 A 的路由表，从路由表可以看出，路由器 A 学到了 AS65009 中的路由。AS65008 和 AS65009 可以相互交换路由信息。

任务总结

通过教师引导和讲授，让学生掌握 BGP 路由协议的概念、BGP 邻居和类型、BGP 工作原理、BGP 路由器 ID、BGP 与 IGP 交互等基础知识，在仿真软件中根据场景完成 BGP 路由和 BGP4+路由配置，让学生掌握其方法及命令，提升学生实践操作的能力。

任务评价

任务自我评价见表 6-4。

表 6-4 自我评价表

知识和技能点	掌握程度
BGP 路由协议的概念	完全掌握　基本掌握　有些不懂　完全不懂
BGP 邻居和类型	完全掌握　基本掌握　有些不懂　完全不懂
BGP 工作原理	完全掌握　基本掌握　有些不懂　完全不懂
BGP 路由器 ID	完全掌握　基本掌握　有些不懂　完全不懂

续表

知识和技能点	掌握程度
BGP与IGP交互	完全掌握　基本掌握　有些不懂　完全不懂
BGP路由协议配置	完全掌握　基本掌握　有些不懂　完全不懂
BGP4+路由协议配置	完全掌握　基本掌握　有些不懂　完全不懂

任务6.4　路由策略配置

任务描述

掌握路由策略的概念与作用、路由策略原理和路由策略应用场景。在大型IP网络中要求配置路由策略，实现路由过滤和路由属性设置等功能，改变网络流量所经过的路径。

任务分析

在掌握路由策略基础知识的前提下，根据组网要求在仿真软件中选择合适的路由器及线缆，完成网络拓扑搭建，并为各路由器及主机配置合适的IP地址，然后在路由器上完成路由策略配置，通过查看路由表验证路由策略配置。

知识准备

6.4.1　路由策略原理

1. 路由策略概念及作用

1）路由策略概念

路由策略主要实现了路由过滤和路由属性设置等功能，它通过改变路由属性（包括可达性）来改变网络流量所经过的路径。

2）路由策略作用

路由协议在发布、接收和引入路由信息时，根据实际组网需求实施一些策略，以便对路由信息进行过滤和改变路由信息的属性，举例如下。

（1）控制路由的接收和发布。

只发布和接收必要、合法的路由信息，以控制路由表的容量，提高网络的安全性。

（2）控制路由的引入。

在一种路由协议引入其他路由协议发现的路由信息丰富自己的路由信息时，只引入一部分满足条件的路由信息。

（3）设置特定路由的属性。

通过修改路由策略过滤的路由属性，以满足自身需要。

3）路由策略的价值

（1）通过控制路由器的路由表规模，节约系统资源。

（2）通过控制路由的接收、发布和引入，提高网络安全性。

（3）通过修改路由属性，对网络数据流量进行合理规划，以提高网络性能。

2. 路由策略原理

1）路由策略基本原理

路由策略通过使用不同的匹配条件和匹配模式选择路由和改变路由属性。在特定的场景中，路由策略的 6 种过滤器也能单独使用，实现路由过滤。若设备支持 BGP to IGP 功能，还能在 IGP 引入 BGP 路由时，使用 BGP 私有属性作为匹配条件。

如图 6－33 所示，一个路由策略中包含 N（$N \geq 1$）个节点（node）。路由进入路由策略后，按节点序号从小到大依次检查各个节点是否匹配。匹配条件由 If－match 子句定义，涉及路由信息的属性和路由策略的 6 种过滤器。

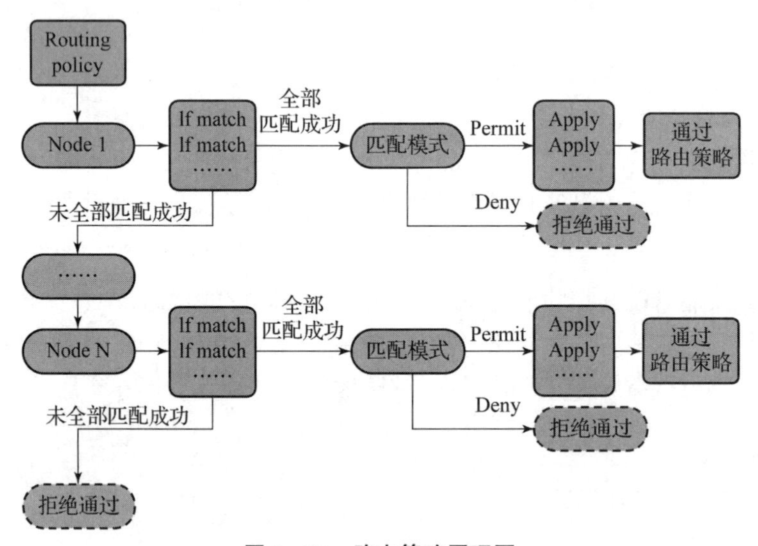

图 6－33　路由策略原理图

当路由与该节点的所有 If－match 子句都匹配成功后，进入匹配模式选择，不再匹配其他节点。匹配模式分为 permit 和 deny 两种。

（1）permit：路由将被允许通过，并且执行该节点的 Apply 子句对路由信息的一些属性进行设置。

（2）deny：路由将被拒绝通过。

当路由与该节点的任意一个 If－match 子句匹配失败后，进入下一节点。如果和所有节点都匹配失败，路由信息将被拒绝通过。

2）路由策略过滤器

路由策略中 If－match 子句中匹配的 6 种过滤器，包括访问控制列表（Access Control List，ACL）、地址前缀列表、AS 路径过滤器、团体属性过滤器、扩展团体属性过滤器和 RD 属性过滤器。这 6 种过滤器具有各自的匹配条件和匹配模式，因此这 6 种过滤器在以下的特定情况下可以单独使用，实现路由过滤。

（1）ACL 过滤器。

ACL 是将报文中的入接口、源或目的地址、协议类型、源或目的端口号作为匹配条件的过滤器，在各路由协议发布、接收路由时单独使用。在 Route－Policy 的 If－match 子句中只支持基本 ACL。

（2）地址前缀列表（IP Prefix List）过滤器。

地址前缀列表将源地址、目的地址和下一跳的地址前缀作为匹配条件的过滤器，可在各路由协议发布和接收路由时单独使用。

每个地址前缀列表可以包含多个索引（index），每个索引对应一个节点。路由按索引号从小到大依次检查各个节点是否匹配，任意一个节点匹配成功，将不再检查其他节点。若所有节点都匹配失败，路由信息将被过滤。

根据匹配前缀的不同，前缀过滤列表可以进行精确匹配，也可以进行在一定掩码长度范围内匹配。

（3）AS 路径过滤器（AS_Path Filter）。

AS 路径过滤器是将 BGP 中的 AS_Path 属性作为匹配条件的过滤器，在 BGP 发布、接收路由时单独使用。AS_ Path 属性记录了 BGP 路由所经过的所有 AS 编号。

（4）团体属性过滤器（Community Filter）。

团体属性过滤器是将 BGP 中的团体属性作为匹配条件的过滤器，在 BGP 发布、接收路由时单独使用。BGP 的团体属性是用来标识一组具有共同性质的路由。

（5）扩展团体属性过滤器（Extcommunity Filter）。

扩展团体属性过滤器是将 BGP 中的扩展团体属性作为匹配条件的过滤器，可在 VPN 配置中利用 VPN Target 区分路由时单独使用。

目前，扩展团体属性过滤器仅应用于对 VPN 中的 VPN Target 属性的匹配。VPN Target 属性在 BGP/MPLS IP VPN 网络中控制 VPN 路由信息在各站点之间的发布和接收。

（6）RD 属性过滤器（Route Distinguisher Filter）。

RD 团体属性过滤器是将 VPN 中的 RD 属性作为匹配条件的过滤器，可在 VPN 配置中利用 RD 属性区分路由时单独使用。VPN 实例通过路由标识符 RD 实现地址空间独立，区分使用相同地址空间的前缀。

3. 路由策略应用场景

1）过滤特定路由

如图 6-34 所示，运行 OSPF 协议的网络中，路由器 A 从 Internet 网络接收路由，并为路由器 B 提供了部分 Internet 路由。其中要求过滤特定路由：路由器 A 仅提供 172.16.17.0/24、172.16.18.0/24 和 172.16.19.0/24 给路由器 B；路由器 C 仅接收路由 172.16.18.0/24；路由器 D 接收路由器 B 提供的全部路由。

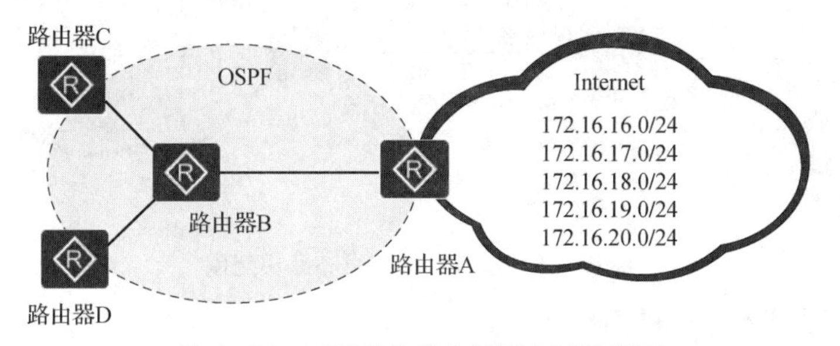

图 6-34　对接收和发布的路由过滤组网

有多种方法可以实现上述要求，下面列举常用的两种。

（1）使用地址前缀列表（IP-Prefix List）。

①在路由器 A 上配置地址前缀列表，并且配置 OSPF 利用该地址前缀列表作为路由器 A 的出口策略。

②在路由器 C 上配置另一个地址前缀列表，并且配置 OSPF 利用该地址前缀列表作为路由器 C 的入口策略。

(2) 使用路由策略。

①在路由器 A 上配置路由策略（其中匹配条件可以是地址前缀列表、路由开销、路由标记等），并且配置 OSPF 利用该路由策略作为路由器 A 的出口策略。

②在路由器 C 上配置另一个路由策略，并且配置 OSPF 利用该路由策略作为路由器 C 的入口策略。

使用路由策略与使用地址前缀列表相比，其优点是对路由的控制更为灵活，并且可以修改路由的属性；缺点是配置复杂。

2) 实现 OSPF 透明传送其他协议路由

如图 6－35 所示，某自治区域运行 OSPF 协议，作为传输区域为其他小区域提供互联。路由器 A 连接的 IS－IS 区域的路由需要通过 OSPF 区域透明传送到路由器 D 所连接的 IS－IS 区域。

为满足上述需求，可以在路由器 A 上配置路由策略，为引入的 IS－IS 路由设置标记值。路由器 D 上会根据这个标记值从众多 OSPF 路由中分离出这条 IS－IS 路由。

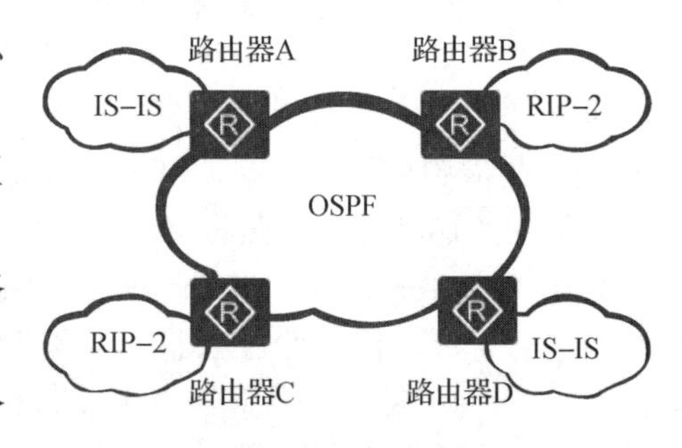

图 6－35　OSPF 透明传送其他协议路由组网

6.4.2　路由策略配置

如图 6－36 所示，运行 OSPF 协议的网络中，路由器 A 从 Internet 网络接收路由，并为 OSPF 网络提供了 Internet 路由。要求 OSPF 网络中只能访问 172.16.17.0/24、172.16.18.0/24 和 172.16.19.0/24 这 3 个网段的网络，其中路由器 C 连接的网络只能访问 172.16.18.0/24 网段的网络。

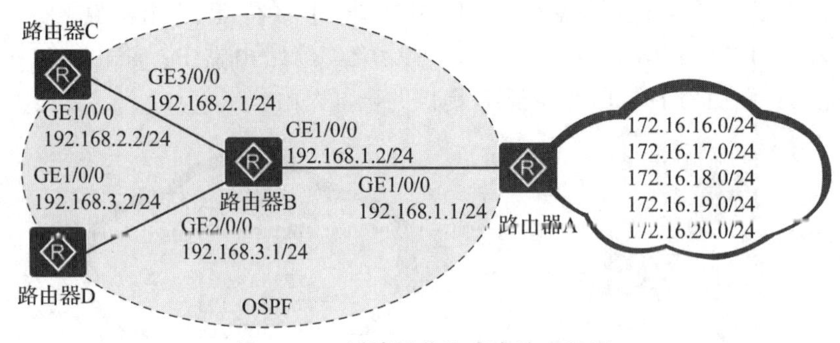

图 6－36　过滤接收和发布路由组网

1. 配置对路由进行过滤的思路

(1) 在路由器 A 上配置路由策略，在路由发布时运用路由策略，使路由器 A 仅提供路由 172.16.17.0/24、172.16.18.0/24、172.16.19.0/24 给路由器 B，实现 OSPF 网络中只能访问 172.16.17.0/24、172.16.18.0/24 和 172.16.19.0/24 这 3 个网段的网络。

（2）在路由器 C 上配置路由策略，在路由引入时运用路由策略，使路由器 C 仅接收路由 172.16.18.0/24，实现路由器 C 连接的网络只能访问 172.16.18.0/24 网段的网络。

2. 根据拓扑进行组网

在 eNSP 仿真软件中添加 4 台 AR2220 路由器，给路由器 A 的槽位 1、槽位 2 添加 1GEC 接口卡，给路由器 B 的槽位 1、槽位 2、槽位 3 添加 1GEC 接口卡，给路由器 C 的槽位 2、槽位 3 添加 1GEC 接口卡，给路由器 D 的槽位 1、槽位 2 添加 1GEC 接口卡，按照网络拓扑连接各设备接口。注意接口编号不要用错。

3. 配置路由器 A 接口的 IP 地址

```
<Huawei> system-view
[Huawei] sysnameRouterA
[RouterA] interface gigabitethernet 1/0/0
[RouterA-GigabitEthernet1/0/0] ip address 192.168.1.1 255.255.255.0
[RouterA-GigabitEthernet1/0/0] quit
```

4. 配置路由器 B 接口的 IP 地址

```
<Huawei> system-view
[Huawei] sysnameRouterB
[RouterB] interface gigabitethernet 1/0/0
[RouterB-GigabitEthernet1/0/0] ip address 192.168.1.224
[RouterB-GigabitEthernet1/0/0] quit
[RouterB] interface gigabitethernet2/0/0
[RouterB-GigabitEthernet2/0/0] ip address 192.168.3.124
[RouterB-GigabitEthernet2/0/0] quit
[RouterB] interface gigabitethernet3/0/0
[RouterB-GigabitEthernet3/0/0] ip address 192.168.2.124
[RouterB-GigabitEthernet3/0/0] quit
```

5. 配置路由器 C 接口的 IP 地址

```
<Huawei> system-view
[Huawei] sysnameRouterC
[RouterC] interface gigabitethernet 1/0/0
[RouterC-GigabitEthernet1/0/0] ip address 192.168.2.224
[RouterC-GigabitEthernet1/0/0] quit
```

6. 配置路由器 D 接口的 IP 地址

```
<Huawei> system-view
[Huawei] sysnameRouterD
[RouterD] interface gigabitethernet 1/0/0
[RouterD-GigabitEthernet1/0/0] ip address 192.168.3.224
[RouterD-GigabitEthernet1/0/0] quit
```

7. 配置路由器 A 的 OSPF 基本功能

```
[RouterA] ospf
[RouterA-ospf-1] area 0
[RouterA-ospf-1-area-0.0.0.0] network 192.168.1.0 0.0.0.255
[RouterA-ospf-1-area-0.0.0.0] quit
[RouterA-ospf-1] quit
```

8. 配置路由器 B 的 OSPF 基本功能

```
[RouterB] ospf
[RouterB-ospf-1] area 0
[RouterB-ospf-1-area-0.0.0.0] network 192.168.1.0 0.0.0.255
[RouterB-ospf-1-area-0.0.0.0] network 192.168.2.0 0.0.0.255
[RouterB-ospf-1-area-0.0.0.0] network 192.168.3.0 0.0.0.255
[RouterB-ospf-1-area-0.0.0.0] quit
```

9. 配置路由器 C 的 OSPF 基本功能

```
[RouterC] ospf
[RouterC-ospf-1] area 0
[RouterC-ospf-1-area-0.0.0.0] network 192.168.2.0 0.0.0.255
[RouterC-ospf-1-area-0.0.0.0] quit
[RouterC-ospf-1] quit
```

10. 配置路由器 D 的 OSPF 基本功能

```
[RouterD] ospf
[RouterD-ospf-1] area 0
[RouterD-ospf-1-area-0.0.0.0] network 192.168.3.0 0.0.0.255
[RouterD-ospf-1-area-0.0.0.0] quit
```

11. 在路由器 A 上配置 5 条静态路由并将这些静态路由引入到 OSPF 协议中

```
[RouterA] ip route-static 172.16.16.0 24 NULL 0
[RouterA] ip route-static 172.16.17.0 24 NULL 0
[RouterA] ip route-static 172.16.18.0 24 NULL 0
[RouterA] ip route-static 172.16.19.0 24 NULL 0
[RouterA] ip route-static 172.16.20.0 24 NULL 0
[RouterA] ospf
[RouterA-ospf-1] import-route static
[RouterA-ospf-1] quit
```

在路由器 B 上使用 display ip routing-table 命令查看 IP 路由表，可以看到 OSPF 引入的 5 条静态路由。

12. 配置路由发布策略

在路由器A上配置地址前缀列表a2b：

```
[RouterA] ipip -prefix a2b index 10 permit 172.16.17.0 24
[RouterA] ipip -prefix a2b index 20 permit 172.16.18.0 24
[RouterA] ipip -prefix a2b index 30 permit 172.16.19.0 24
```

在路由器A上配置发布策略，引用地址前缀列表a2b进行过滤：

```
[RouterA] ospf
[RouterA -ospf -1] filter -policy ip -prefix a2b export static
```

在路由器B上查看IP路由表，可以看到路由器B仅接收到列表a2b中定义的3条路由。

13. 配置路由接收策略

在路由器C上配置地址前缀列表in：

```
[RouterC] ipip -prefix in index 10 permit 172.16.18.0 24
```

在路由器C上配置接收策略，引用地址前缀列表in进行过滤：

```
[RouterC] ospf
[RouterC -ospf -1] filter -policy ip -prefix in import
```

14. 验证配置结果

查看路由器C的IP路由表，可以看到路由器C的本地核心路由表中，仅接收了列表in定义的一条路由。

查看路由器D的IP路由表，可以看到路由器D的本地核心路由表中，接收了路由器B发送的所有路由。

查看路由器C的OSPF路由表，可以看到OSPF路由表中接收到3条列表a2b中定义的路由。因为在链路状态协议中，filter -policy import命令用于过滤从协议路由表加入本地核心路由表的路由。

任务总结

通过教师引导和讲授，让学生掌握路由策略的概念与作用、路由策略原理和路由策略应用场景等基础知识，在仿真软件中根据场景完成路由策略配置，让学生掌握其方法及命令，提升学生实践操作的能力。

项目评价

项目自我评价表6-5。

表6-5 自我评价表

知识和技能点	掌握程度
路由策略的概念与作用	完全掌握　基本掌握　有些不懂　完全不懂
路由策略原理	完全掌握　基本掌握　有些不懂　完全不懂

续表

知识和技能点	掌握程度
路由策略应用场景	完全掌握 基本掌握 有些不懂 完全不懂
路由策略配置	完全掌握 基本掌握 有些不懂 完全不懂

项目小结：

通过教师的理论讲授、实验指导、学生的操作以及自主设计，完成了本项目初识城域网和骨干网路由器、城域网和骨干网络由配置、组建运营商城域网和骨干网3个层次的目标，掌握了城域网和骨干网路由器硬件结构、IS－IS路由配置、BGP路由配置、路由策略配置等任务。通过本项目，培养了学生自主学习能力、动手操作能力和团队合作精神。希望学生能够学以致用，将所学内容与实际生活紧密结合起来，并能够做到活学活用、举一反三。

练习与思考

1. 选择题

（1）BGP用（　　）描述路径，丰富的属性特征方便实现基于策略的路由控制。

A. 属性　　B. 开销　　C. 度量值　　D. 跳数

（2）BGP使用（　　）作为其传输协议，提高了协议的可靠性。

A. TCP（端口179）　　B. TCP（端口79）　　C. UDP（端口179）　　D. TCP（端口69）

（3）自治系统号码分为（　　）。

A. 1 B和2 B　　B. 2 B和4 B　　C. 3 B和6 B　　D. 4 B和8 B

（4）在IS－IS的NSAP地址中，系统ID的长度是（　　）B。

A. 4　　B. 6　　C. 8　　D. 16

（5）BGP引入路由时支持（　　）方式。

A. Import　　B. Export　　C. Network　　D. Summary

（6）路由策略的匹配模式包括（　　）模式。

A. permit　　B. agree　　C. discard　　D. deny

（7）IS－IS在自治系统骨干区域内可部署（　　）路由器。

A. Level－1路由器　　B. Level－2路由器

C. Level－1－2路由器　　D. Level－3路由器

（8）IS－IS协议把路由器分成（　　）几类。

A. Level－1路由器　　B. Level－2路由器

C. Level－1－2路由器　　D. Level－3路由器

（9）为了支持IPv6路由的处理和计算，IS－IS新增了（　　）字段。

A. 236号TLV　　B. 232号TLV　　C. NLPID　　D. EBGP

2. 判断题（对的打“√”，错的打“×”）

（1）NET是当NSAP地址格式中NSEL为0的NSAP地址。　　（　　）

（2）在IS－IS DIS选举过程中，接口优先级高的路由器被选为DIS，如果接口优先级相

同，则接口 MAC 地址大的被选为 DIS，为了维持 LSDB 的稳定性，DIS 选举不具有抢占性。（ ）

（3）CSNP 是描述链路状态数据库中的完整 LSP 列表，功能上类似于 OSPF 协议中的 DD 报文。PSNP 功能上类似于 OSPF 协议中的 LSR 或者 LSAck 报文。（ ）

（4）IS－IS 路由级别包括 Level－1、Level－2 和 Level－1－2 等 3 种类型。（ ）

（5）BGP 对等体间通过以下 5 种报文进行交互。（ ）

（6）BGP 路由引入时 Import 方式是按协议类型。（ ）

（7）BGP 邻居类型按照运行方式分为 EBGP（External/Exterior BGP）和 IBGP（Internal/Interior BGP）。（ ）

（8）路由策略使用不同的匹配条件和匹配模式选择路由和改变路由属性。（ ）

（9）地址前缀列表过滤器是将报文中的入接口、源或目的地址、协议类型、源或目的端口号作为匹配条件的过滤器。（ ）

（10）IS－IS MT 是指在一个 IS－IS 自治域内运行多个独立的 IP 拓扑。（ ）

3. 简答题

（1）简述 IS－IS 路由器的分类。

（2）简述 NSAP 的地址结构。

（3）什么是 BGP 邻居？BGP 邻居有哪些类型？

（4）简述 BGP 对等体之间的交互原则。

（5）简述路由策略概念及作用。

（6）路由策略过滤器有哪些？

（7）请写出配置 IS－IS 基本功能的命令。

（8）请写出配置 IBGP 连接的命令。

项目 7

数据通信网络安全

项目描述：随着 Internet 的发展，网络丰富的信息资源给用户带来了极大的方便，但同时也给上网用户带来了安全问题。由于 Internet 的开放性和超越组织与国界等特点，使它在安全性上存在一些隐患。本项目介绍了 6 种主要的网络安全技术，包括防火墙、访问控制列表（ACL）、网络地址转换（NAT）、虚拟专网（VPN）、地址解析协议（ARP）、IP 源防护（IPSG）等。

项目分析：通过对 6 种主要的网络安全技术，包括防火墙、访问控制列表、网络地址转换、虚拟专网、地址解析协议、IP 源防护等技术原理的介绍，学会使用华为 eNSP 仿真软件实现对以上网络安全技术的配置。

项目目标：

- 掌握防火墙的作用、工作原理及配置。
- 掌握 ACL 技术的原理及配置。
- 掌握 NAT 技术的原理及配置。
- 掌握 VPN 技术的原理及配置。
- 了解 ARP 技术的原理及配置。
- 了解 IPSG 技术的原理及配置。

任务 7.1　防火墙及配置

任务描述

防火墙是一种位于内部网络与外部网络之间的网络安全系统。本任务介绍了防火墙的定义、作用、种类、不足、产品及其工作原理，通过对华为 USG6000V 防火墙的配置，实现了企业内网免受 Internet 安全隐患的威胁，同时保证了正常访问 Internet 的需求。

任务分析

本任务在了解防火墙的定义、作用、种类、不足、产品及其工作原理的基础上，使用华为 eNSP 仿真软件完成对 USG6000V 防火墙的配置，实现在不同的域间方向应用不同的安全策略进行不同的控制。

知识准备

7.1.1　防火墙原理

防火墙原理

1. 防火墙的定义

防火墙（firewall）是一种位于两个或多个网络间，按照一定的访问规则对网络间传输的数据进行过滤，向内部网络提供保护功能的硬件设备与软件的集合。

在大厦的构造中，防火墙被设计用来防止火从大厦的一部分传播到另一部分，网络的防火墙服务也有类似的目的。网络防火墙是位于两个网络的必经之路上，并起防御作用的系统。通常防火墙安装或设置在一台或多台计算机或路由器中，对内部网络提供保护，防止 Internet 的危险传播到内部网络。

防火墙一方面阻止来自 Internet 对内部网络的未授权或未认证的访问；另一方面允许内部网络用户对 Internet 进行 Web 访问或收发 E－mail 等。防火墙也可以作为一个访问 Internet 的权限控制关口，如允许组织内特定的人可以访问 Internet。现在的许多防火墙同时还具有一些其他功能，如进行身份鉴别、对信息进行加密处理等。防火墙不单用于对 Internet 的连接，也可以用来在企业网络内部保护大型机和重要资源。对受保护数据的访问都必须经过防火墙的过滤，即使该访问是来自企业内部。通常将防火墙置于内部网（Intranet）和外部网（Internet）之间，如图 7－1 所示。

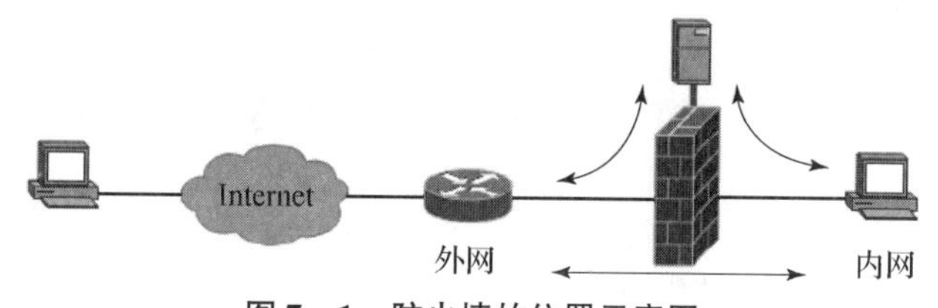

图 7－1　防火墙的位置示意图

2. 防火墙的作用

（1）保护脆弱的服务。

通过过滤不安全的服务，防火墙可以极大地提高网络安全和减少子网中主机的风险。例如，防火墙可以禁止 NIS、NFS 服务通过，防火墙同时可以拒绝源路由和 ICMP 重定向封包。

（2）控制对系统的访问。

防火墙可以提供对系统的访问控制。如允许从外部访问某些主机，同时禁止访问另外的主机。例如，防火墙允许外部访问特定的 Mail 服务器和 Web 服务器。

（3）集中的安全管理。

防火墙对企业内部网实现集中的安全管理，在防火墙定义的安全规则可以运行于整个内部网络系统，而无须在内部网每台机器上分别设立安全策略。防火墙可以定义不同的认证方法，而不需要在每台机器上分别安装特定的认证软件。外部用户也只需要经过一次认证即可访问内部网。

（4）增强的保密性。

使用防火墙可以阻止攻击者获取攻击网络系统的有用信息，如 Figer 和 DNS。

（5）记录和统计网络利用数据以及非法使用数据。

防火墙可以记录和统计通过防火墙的网络通信，提供关于网络使用的统计数据，并且防火墙可以提供统计数据来判断可能的攻击和探测。

(6) 策略执行。

防火墙提供了制定和执行网络安全策略的手段。未设置防火墙时，网络安全取决于每台主机的用户。

3. 防火墙的种类

根据防火墙技术，总体上分为包过滤、应用级网关和代理服务器等三大类型。

(1) 包过滤。

包过滤（Packet Filtering，PF）技术是在网络层对数据包进行选择，选择的依据是系统内设置的过滤逻辑，被称为访问控制表（Access Control Table，ACL）。通过检查数据流中每个数据包的源地址、目的地址、所用端口号、协议状态等因素，或它们的组合来确定是否允许该数据包通过。数据包过滤防火墙逻辑简单，价格便宜，易于安装和使用，网络性能和透明性好，它通常安装在路由器上。路由器是内部网络与 Internet 连接必不可少的设备，因此在原有网络上增加这样的防火墙几乎不需要任何额外的费用。

包过滤防火墙的缺点有二：一是非法访问一旦突破防火墙，即可对主机上的软件和配置漏洞进行攻击；二是数据包的源地址、目的地址以及 IP 端口号都在数据包的头部，很有可能被窃听或假冒。

(2) 应用级网关。

应用级网关（Application Level Gateways，ALG）是在网络应用层上建立协议过滤和转发功能。它针对特定的网络应用服务协议使用指定的数据过滤逻辑，并在过滤的同时，对数据包进行必要的分析、登记和统计，形成报告。实际中的应用网关通常安装在专用工作站系统上。

数据包过滤和应用网关防火墙有一个共同的特点，就是它们仅仅依靠特定的逻辑判定是否允许数据包通过。一旦满足逻辑，则防火墙内外的计算机系统建立直接联系，防火墙外部的用户便有可能直接了解防火墙内部的网络结构和运行状态，这有利于实施非法访问和攻击。

(3) 代理服务。

代理服务（Proxy Service，PS）也称链路级网关或 TCP 通道，也有人将它归于应用级网关一类。它是针对数据包过滤和应用网关技术存在的缺点而引入的防火墙技术，其特点是将所有跨越防火墙的网络通信链路分为两段。防火墙内外计算机系统间应用层的“链接”，由两个终止代理服务器上的“链接”来实现，外部计算机的网络链路只能到达代理服务器，从而起到了隔离防火墙内外计算机系统的作用。此外，代理服务也对过往的数据包进行分析、注册登记，形成报告，同时当发现被攻击迹象时会向网络管理员发出警报，并保留攻击痕迹。

4. 防火墙的不足

(1) 不能防范恶意的知情者。

防火墙可以禁止系统用户经过网络连接发送专有的信息，但用户可以将数据复制到磁盘、磁带上，放在公文包中带出去。如果入侵者已经在防火墙内部，防火墙是无能为力的。内部用户可偷窃数据，破坏硬件和软件，并且巧妙地修改程序而不接近防火墙。对于来自知情者的威胁只能要求加强内部管理，如主机安全和用户教育等。

（2）不能防范不通过它的连接。

防火墙能够有效地防止通过它进行传输信息，却不能防止不通过它而传输的信息。例如，如果站点允许对防火墙后面的内部系统进行拨号访问，那么防火墙绝对没有办法阻止入侵者进行拨号入侵。

（3）不能防备全部的威胁。

防火墙被用来防备已知的威胁，如果是一个很好的防火墙设计方案，可以防备新的威胁，但没有一个防火墙能自动防御所有新的威胁。

（4）防火墙不能防范病毒。

防火墙不能消除网络上的 PC 病毒。

5. 华为防火墙产品

USG2000、USG5000、USG6000 和 USG9500 构成了华为防火墙的四大部分，分别适用于不同的环境需求，其中，USG2000 和 USG5000 系列定位于 UTM（统一威胁管理）产品，USG6000 系列属于下一代防火墙产品，USG9500 系列属于高端防火墙产品。

各个系列的产品介绍如下。

（1）USG2110。USG2110 是华为针对中小企业及连锁机构、SOHO 企业等发布的防火墙设备，其功能涵盖防火墙、UTM、虚拟专用网络、路由、无线等。USG2110 具有性能高、可靠性高、配置方便等特性，而且价格相对较低，支持多种 Virtual Private Network 组网方式。

（2）USG6600。这是华为面向下一代网络环境防火墙产品，适用于大中型企业及数据中心等网络环境，具有访问控制精准、防护范围全面、安全管理简单、防护性能高等特点，可进行企业网边界防护、互联网出口防护、云数据中心边界防护、Virtual Private Network 远程互联等组网应用。

（3）USG9500。该系列包含 USG9520、USG9560、USG9580 等 3 种系列，适用于云服务提供商、大型数据中心、大型企业园区网络等。它拥有最精准的访问控制、最实用的 NGFW 特性，最领先的“NP + 多核 + 分布式”构架及最丰富的虚拟化，被称为最稳定、可靠的安全网关产品，可用于大型数据中心边界防护、广电和二级运营商网络出口安全防护、教育网出口安全防护等网络场景。

（4）NGFW。全称是下一代防火墙，NGFW 更适用于新的网络环境。NGFW 在功能方面不仅要具备标准的防火墙功能，如网络地址转换、状态检测、Virtual Private Network 和大企业需要的功能，而是要实现 IPS（Invasion 防御系统）和防火墙真正的一体化，而不是简单的基于模块。另外，NGFW 还需要具备强大的应用程序感知和应用可视化能力，基于应用策略、日志统计、安全能力与应用深度融合，使用更多的外部信息协助改进安全策略，如身份识别等。

6. 华为防火墙工作原理

华为防火墙默认存在的区域有以下几个。

（1）Trust 区域：主要用于连接公司内部网络，优先级为 85，安全等级较高。

（2）UNtrust 区域：通常连接外部网络，优先级为 5，安全级别很低。该区域表示不受信任的区域，互联网上的安全隐患太多，所以一般把 Internet 划入 UNtrust 区域。

（3）DMZ 区域：非军事化区域，一般用来连接需要对外提供服务的服务器，其安全性介于 Trust 区域和 UNtrust 区域之间，优先级为 50，安全等级中等。

（4）Local 区域：指防火墙本身，优先级为 100，防火墙除了转发区域之间的报文外，还需要自身接收和发送流量，如远程管理、运行动态路由协议等。

（5）其他区域：用户自定义区域，默认最多定义 16 个区域，自定义区域没有默认优先级，需要手动指定。

防火墙基于区域之间处理流量，当数据流在安全区域之间流动时，才会激发防火墙进行安全策略的检查，所以可以看出，防火墙的安全策略通常都是基于域间（如 UNtrust 区域和 Trust 区域之间）的，域间的数据流分为两个方向。

（1）入方向（inbound）：数据由低级别的安全区域向高级别的安全区域传输的方向，如 UNtrust 区域（优先级为 5）的流量到 trust 区域（优先级为 85）的流量就属于入方向。

（2）出方向（outbound）：数据由高级别的安全区域向低级别的安全区域传输的方向，如 Trust 区域（优先级为 85）的流量到 Untrust 区域（优先级为 5）的流量就属于出方向。

在防火墙技术中，通常把两个方向的流量区别对待，因为防火墙的状态化检测机制，所以针对数据流通常只重点处理首个报文，安全策略一旦允许首个报文允许通过，将会形成一个会话表，后续报文和返回的报文如果匹配到会话表将会直接放行，而不再查看策略，从而提高防火墙的转发效率。例如，Trust 区域的客户端访问 UNtrust 区域的互联网，只需要在 Trust 到 UNtrust 的出方向应用安全策略即可，不需要做 UNtrust 到 Trust 区域的安全策略。

防火墙的基本作用是保护特定网络免受“不信任”网络的威胁，但是同时还必须允许两个网络之间可以进行合法的通信。安全策略的作用就是对通过防火墙的数据流进行检验，符合安全策略的合法流量才能通过防火墙。可以在不同的域间方向应用不同的安全策略进行不同的控制。

任务实施

7.1.2 防火墙配置

1. 网络拓扑图

防火墙配置网络拓扑如图 7-2 所示。

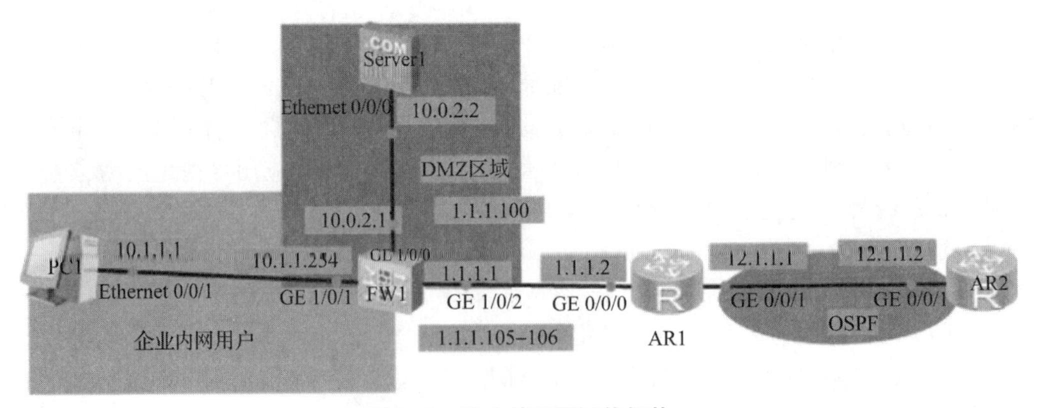

图 7-2 防火墙配置网络拓扑

2. 配置需求

如图 7-2 所示，PC1 是企业内网用户，要通过防火墙 NAT 方式（1.1.1.105 ~ 1.1.1.106）访问 Internet，服务器是企业的 FTP 服务器，通过静态 NAT 方式供外网用户访

问，对外的地址是1.1.1.100。FW1是企业边界防火墙，充当路由和保护企业安全的责任。AR1、AR2是外网路由器。

PC1是Trust区域、服务器是DMZ区域，AR1、AR2是UNtrust区域。

3. 配置步骤

（1）PC配置：

①IPv4地址：10.1.1.1。

②子网掩码：255.255.255.0。

③默认网关：10.1.1.254。

（2）FTP服务器配置：

①IPv4地址：10.1.2.1。

②子网掩码：255.255.255.0。

③默认网关：10.1.2.254。

（3）[FW1] 配置：

```
#
 ip address-set FTP_Server type object
 address 0 10.1.2.0 mask 24
#
 interface GigabitEthernet1/0/0
 undo shutdown
 ip address 10.1.2.254 255.255.255.0
#
 interface GigabitEthernet1/0/1
 undo shutdown
 ip address 10.1.1.254 255.255.255.0
#
 interface GigabitEthernet1/0/2
 undo shutdown
 ip address 1.1.1.1 255.255.255.0
 service-manage ping permit
#
 firewall zone trust
 set priority 85
 add interface GigabitEthernet0/0/0
 add interface GigabitEthernet1/0/1
#
 firewall zone untrust
 set priority 5
 add interface GigabitEthernet1/0/2
```

```
#
 firewall zone dmz
 set priority 50
 add interface GigabitEthernet1/0/0
#
 ip route - static 0.0.0.0 0.0.0.0 GigabitEthernet1/0/2 1.1.1.2
 ip route - static 1.1.1.100 255.255.255.255 NULL0
 ip route - static 1.1.1.105 255.255.255.255 NULL0
 ip route - static 1.1.1.106 255.255.255.255 NULL0
#
 nat server FTP 0 zone untrust protocol tcp global 1.1.1.100 ftp
inside 10.1.2.1 //静态映射
 ftp no - reverse
#
 nat address - group "nat pool" 0     //内网 nat 地址池
 mode pat
 section 0 1.1.1.105 1.1.1.106
#
 nat address - group "dmz pool" 1     //外网访问 FTP 服务器的内网地址池
 mode pat
 section 0 10.1.2.100 10.1.2.100
#
 security - policy                    //安全策略
 rule name Internet
source - zone trust
destination - zone untrust
action permit
 rule name Ftp
source - zone untrust
destination - zone dmz
service ftp
action permit
#
```

(4) [AR1] 配置：

```
#
 interface GigabitEthernet0/0/0
 ip address 1.1.1.2 255.255.255.0
#
 interface GigabitEthernet0/0/1
```

```
 ip address 12.1.1.1 255.255.255.0
#
 ospf 100 router-id 11.1.1.1
 import-route direct
 area 0.0.0.0
 network 12.1.1.1 0.0.0.0
```

(5) [AR2] 配置:

```
#
 interface GigabitEthernet0/0/1
 ip address 12.1.1.2 255.255.255.0
#
 interface GigabitEthernet0/0/2
#
 ospf 100 router-id 22.2.2.2
 area 0.0.0.0
 network 12.1.1.2 0.0.0.0
```

任务总结

通过对防火墙的认识和对华为防火墙的配置，学生理解了防火墙的作用及工作原理，学会了防火墙的基本配置。通过本任务，培养了学生灵活运用所学知识解决实际问题的能力，锻炼了动手操作能力，实现了“教学做”一体化。

任务评价

本任务自我评价见表7-1。

表7-1　自我评价表

知识和技能点	掌握程度
防火墙的定义	完全掌握　基本掌握　有些不懂　完全不懂
防火墙的作用	完全掌握　基本掌握　有些不懂　完全不懂
防火墙的种类及不足	完全掌握　基本掌握　有些不懂　完全不懂
防火墙的工作原理	完全掌握　基本掌握　有些不懂　完全不懂
防火墙的配置	完全掌握　基本掌握　有些不懂　完全不懂

任务7.2　ACL技术及配置

任务描述

ACL是应用在路由器接口的指令列表。ACL可以通过对网络中报文流的精确识别，与其他技术结合，达到控制网络访问行为、防止网络攻击和提高网络带宽利用率的目的，从而切实保障网络环境的安全性和网络服务质量的可靠性。本任务介绍了 ACL 的基本概念及工作原理，通过实例完成了基本 ACL 和高级 ACL 的配置。

任务分析

本任务首先介绍了 ACL 概述，然后介绍了 ACL 的基本概念及工作原理，包括 ACL 组成、通配符、ACL 分类、ACL 匹配机制等，最后在熟悉 ACL 基本配置命令的基础上，完成了 ACL 的配置，实现了报文过滤的目的。

知识准备

7.2.1 ACL 原理

1. ACL 概述

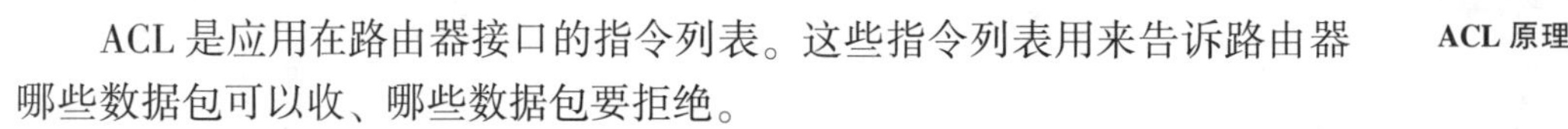

ACL 原理

ACL 是应用在路由器接口的指令列表。这些指令列表用来告诉路由器哪些数据包可以收、哪些数据包要拒绝。

ACL 可以通过对网络中报文流的精确识别，与其他技术结合，达到控制网络访问行为、防止网络攻击和提高网络带宽利用率的目的，从而切实保障网络环境的安全性和网络服务质量的可靠性。ACL 不但可以起到控制网络流量、流向的作用，而且在很大程度上起到保护网络设备、服务器的关键作用。作为外网进入企业内网的第一道关卡，路由器上的 ACL 成为保护内网安全的有效手段。

2. ACL 的基本概念及其工作原理

1）ACL 组成

ACL 由若干条 permit 或 deny 语句组成。每条语句就是该 ACL 的一条规则，每条语句中的 permit 或 deny 就是与这条规则相对应的处理动作，如图 7－3 所示。

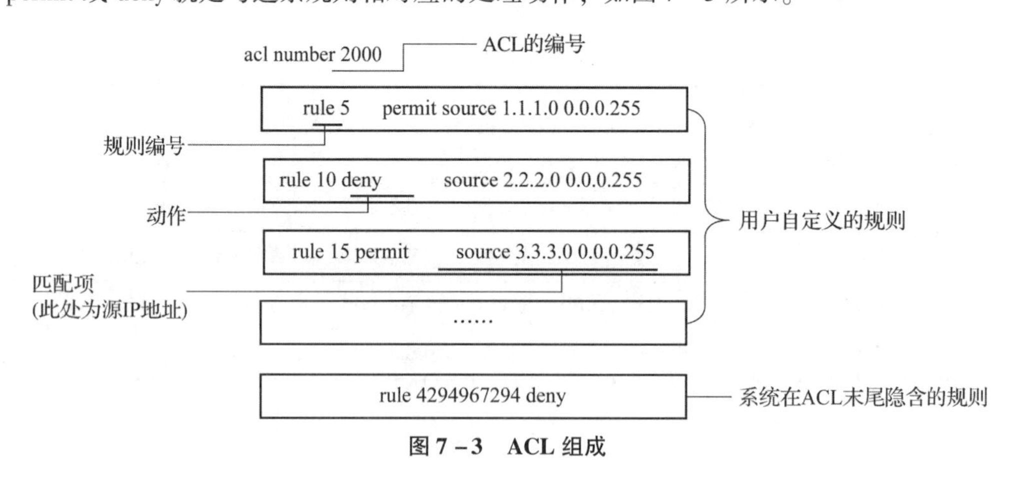

图 7－3 ACL 组成

ACL 的组成包括以下几项。

（1）ACL 编号。在网络设备上配置 ACL 时，每个 ACL 都需要分配一个编号，称为 ACL 编号，用来标识 ACL。不同分类的 ACL 编号范围不同，这个后面具体讲。

（2）规则。前面提到了，一个 ACL 通常由若干条 permit 或 deny 语句组成，每条语句就是该 ACL 的一条规则。

（3）规则编号。每条规则都有一个相应的编号，称为规则编号，用来标识 ACL 规则。可以自定义，也可以系统自动分配。ACL 规则的编号范围是 0～4294967294，所有规则均按照规则编号从小到大进行排序。

（4）动作。每条规则中的 permit 或 deny，就是与这条规则相对应的处理动作。permit 指“允许”，deny 指“拒绝”，但是 ACL 一般是结合其他技术使用，不同的场景，处理动作的含义也有所不同。

（5）匹配项。ACL 定义了极其丰富的匹配项。例子中体现的源地址，ACL 还支持很多其他规则匹配项。例如，2 层以太网帧头信息（如源 MAC、目的 MAC、以太帧协议类型）、3 层报文信息（如目的地址、协议类型）以及 4 层报文信息（如 TCP/UDP 端口号）等。

2）通配符

当进行 IP 地址匹配时，后面会跟着 32 位掩码位，这 32 位称为通配符。通配符也是点分十进制格式，换算成二进制后，“0”表示“匹配”，“1”表示“不关心”。通配符通常采用类似网络掩码的点分十进制形式表示，但是含义却与网络掩码完全不同。通配符中的 1 或者 0 是可以不连续的。

以图 7－4 所示为例具体看以下两条规则。

rule 5：拒绝源 IP 地址为 10. 1. 1. 1 报文通过——因为通配符为全 0，所以每一位都要严格匹配，因此匹配的是主机 IP 地址 10. 1. 1. 1。

rule 15：允许源 IP 地址为 10. 1. 1. 0/24 网段地址的报文通过——因为通配符 0. 0. 0. 11111111，后 8 位为 1，表示不关心，因此 10. 1. 1. xxxxxxxx 的后 8 位可以为任意值，所以匹配的是 10. 1. 1. 0/24 网段。

```
acl number 2000                                        通配符

rule    5     deny     source   10.1.1.1  0
rule    10    deny     source   10.1.1.2  0
rule    15    permit   source   10.1.1.0  0.0.0.255
```

图 7－4 通配符实例

还有以下两个特殊的通配符。

①当通配符全为 0 来匹配 IP 地址时，表示精确匹配某个 IP 地址。

②当通配符全为 1 来匹配 0. 0. 0. 0 地址时，表示匹配了所有 IP 地址。

3）ACL 的分类

ACL 分类表见表 7－2。

表 7－2 ACL 分类表

分类	编号范围	规则定义描述
基本 ACL	2000～2999	仅使用报文的源 IP 地址、分片信息和生效时间段信息来定义规则
高级 ACL	3000～3999	可使用 IPv4 报文的源 IP 地址、目的 IP 地址、IP 协议类型、ICMP 类型、TCP 源/目的端口号、UDP 源/目的端口号、生效时间段等来定义规则

续表

分类	编号范围	规则定义描述
2 层 ACL	4000～4999	使用报文的以太网帧头信息来定义规则，如根据源 MAC 地址、目的 MAC 地址、2 层协议类型等
用户自定义 ACL	5000～5999	使用报文头、偏移位置、字符串掩码和用户自定义字符串来定义规则
用户 ACL	6000～6999	既可使用 IPv4 报文的源 IP 地址或源 UCL（User Control List）组，也可使用目的 IP 地址或目的 UCL 组、IP 协议类型、ICMP 类型、TCP 源端口/目的端口、UDP 源端口/目的端口号等来定义规则

用户在创建 ACL 时可以为其指定编号，不同的编号对应不同类型的 ACL。同时，为了便于记忆和识别，用户还可以创建命名型 ACL，即在创建 ACL 时为其设置名称。命名型 ACL，也可以是“名称数字”的形式，即在定义命名型 ACL 时指定 ACL 编号。如果不指定编号，则系统会自动为其分配一个数字型 ACL 的编号。

4）ACL 的匹配机制

ACL 的匹配机制概括来说就是：配置 ACL 的设备接收报文后，会将该报文与 ACL 中的规则逐条进行匹配，如果不能匹配上，就会继续尝试匹配下一条规则。一旦匹配上，则设备会对该报文执行这条规则中定义的处理动作，并且不再继续尝试与后续规则匹配。

ACL 的匹配流程如图 7－5 所示。

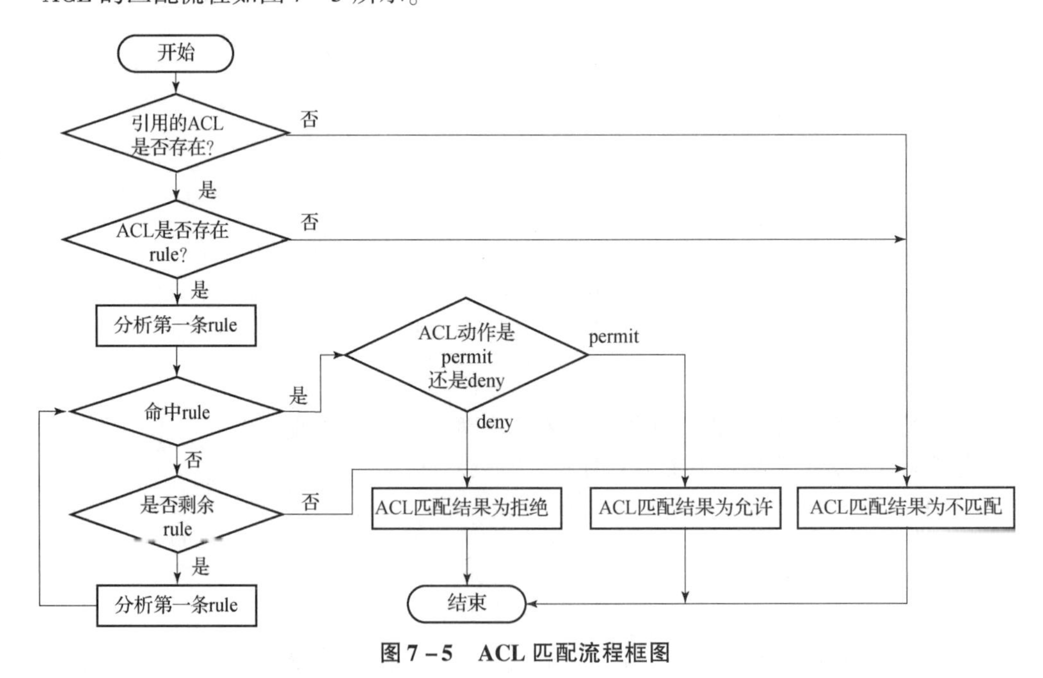

图 7－5　ACL 匹配流程框图

（1）首先系统会查找设备上是否配置了 ACL。如果 ACL 不存在，则返回 ACL 匹配结果为“不匹配”。

（2）如果 ACL 存在，则查找设备是否配置了 ACL 规则。如果规则不存在，则返回 ACL 匹配结果为“不匹配”。

(3) 如果规则存在，则系统会从ACL中编号最小的规则开始查找。如果匹配上了permit规则，则停止查找规则，并返回ACL匹配结果为“匹配（允许）”。如果匹配上了deny规则，则停止查找规则，并返回ACL匹配结果为“匹配（拒绝）”。如果未匹配上规则，则继续查找下一条规则，依此循环。如果一直查到最后一条规则，报文仍未匹配上，则返回ACL匹配结果为“不匹配”。

从整个ACL匹配流程可以看出，报文与ACL规则匹配后，会产生两种匹配结果，即“匹配”和“不匹配”。匹配（命中规则）指存在ACL，且在ACL中查找到了符合匹配条件的规则。不论匹配的动作是“permit”还是“deny”，都称为“匹配”，而不只是匹配上permit规则才算“匹配”。不匹配（未命中规则）指不存在ACL，或ACL中无规则，再或者在ACL中遍历了所有规则都没有找到符合匹配条件的规则，以上3种情况，都叫做“不匹配”。

匹配原则：一旦命中即停止匹配。

路由器转发数据包时会由一个接口接收数据包并从另一个接口转发出去。因此，这个数据包可能会经由两个ACL进行过滤：在入站接口上由入方向ACL进行过滤和在出站接口上再由出站ACL进行过滤，如图7－6所示。

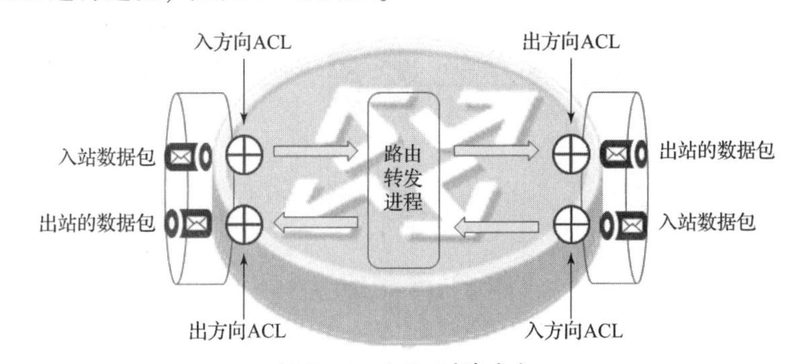

图7－6　ACL过滤方向

任务实施

7.2.2　ACL配置

1. 基本ACL配置命令

1）创建基本ACL

[Huawei]**acl** [**number**] *acl－number*[**match－order config**]

- *acl－number*：指定ACL的编号。
- **match－order config**：指定ACL规则的匹配顺序，config表示配置顺序。

[Huawei]**aclname** *acl－name*{**basic**|*acl－number*} [**match－order config**]

- *acl－name*：指定创建的ACL的名称。
- **basic**：指定ACL的类型为基本ACL。

2）配置基本ACL规则

[Huawei－acl－basic－2000]**rule** [*rule－id*] {**deny**|**permit**} [**source**{*source－address source－wildcard*|**any**}|**time－range***time－name*]

- *rule－id*：指定ACL的规则ID。

• **deny**：指定拒绝符合条件的报文。

• **permit**：指定允许符合条件的报文。

• **source** {*source - address source - wildcard* | **any** }：指定 ACL 规则匹配报文的源地址信息。如果不配置，表示报文的任何源地址都匹配。其中：

• *source - address*：指定报文的源地址。

• *source - wildcard*：指定源地址通配符。

• **any**：表示报文的任意源地址。相当于 source - address 为 0. 0. 0. 0 或者 source - wildcard 为 255. 255. 255. 255。

• **time - range***time - name*：指定 ACL 规则生效的时间段。其中，time - name 表示 ACL 规则生效时间段名称。如果不指定时间段，表示任何时间都生效。

2. 基本 ACL 配置案例

1）网络拓扑图

基本 ACL 配置网络拓扑结构如图 7 - 7 所示。

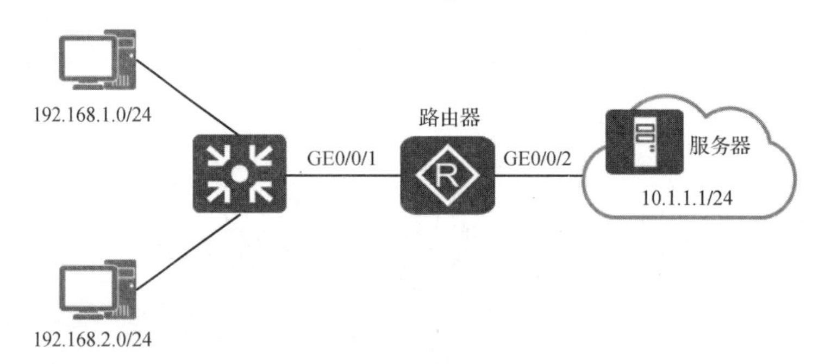

图 7 - 7　基本 ACL 配置网络拓扑结构

2）配置需求

在路由器上部署基本 ACL 后，ACL 将试图穿越路由器的源地址为 192. 168. 1. 0/24 网段的数据包过滤掉，并放行其他流量，从而禁止 192. 168. 1. 0/24 网段的用户访问路由器右侧的服务器网络。

3）配置步骤

（1）如图 7 - 7 所示，完成路由器的 IP 地址和路由相关配置。

（2）创建基本 ACL 2000 并配置 ACL 规则，拒绝 192. 168. 1. 0/24 网段的报文通过，允许其他网段的报文通过。

```
[Router]acl 2000
[Router -acl -basic -2000]rule deny source 192.168.1.0  0.0.0.255
[Router -acl -basic -2000]rule permit source any
```

（3）配置流量过滤。

```
[Router] interface GigabitEthernet 0/0/1
[Router -GigabitEthernet0/0/1]traffic -filter inbound acl 2000
[Router -GigabitEthernet0/0/1] quit
```

4）测试

路由器上配置 ACL 后，192.168.1.0/24 网段的用户不能访问路由器右侧的服务器网络。

3. 高级 ACL 配置

基本 ACL 可以依据源 IP 地址进行报文过滤，而高级 ACL 能够依据源/目的 IP 地址、源/目的端口号、网络层及传输层协议以及 IP 流量分类和 TCP 标记值等各种参数（SYN|ACK|FIN 等）进行报文过滤。

1）网络拓扑图

高级 ACL 配置网络拓扑结构如图 7-8 所示。

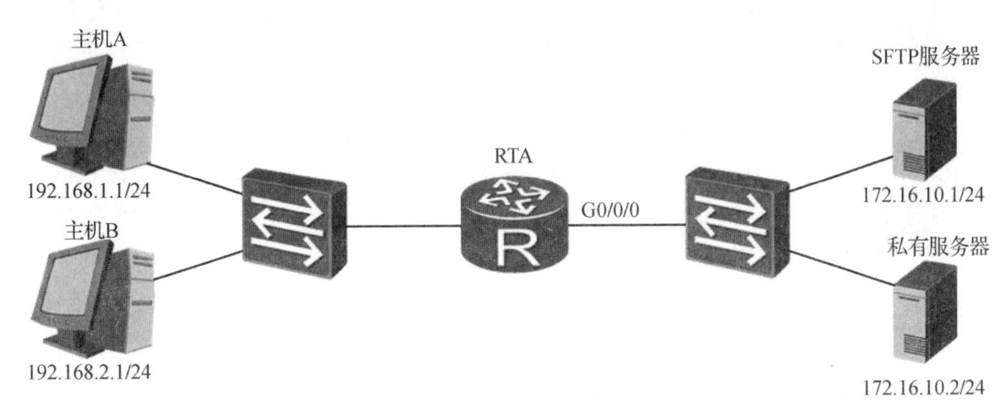

图 7-8 高级 ACL 配置网络拓扑结构

2）配置步骤

```
[RTA]acl 3000
[RTA-acl-adv-3000]rule deny tcp source 192.168.1.0 0.0.0.255 destination 172.16.10.1 0.0.0.0 destination-port eq 21
[RTA-acl-adv-3000]rule deny tcp source 192.168.2.0 0.0.0.255 destination 172.16.10.2 0.0.0.0
[RTA-acl-adv-3000]rule permit ip
[RTA-GigabitEthernet 0/0/0]traffic-filter outbound acl 3000
```

本例中，RTA 上定义了高级 ACL3000，其中第一条规则“rule deny tcp source 192.168.1.0 0.0.0.255 destination 172.16.10.1 0.0.0.0 destination-port eq 21”用于限制源地址范围是 192.168.1.0/24，目的 IP 地址为 172.16.10.1，目的端口号为 21 的所有 TCP 报文；第二条规则“rule deny tcp source 192.168.2.0 0.0.0.255 destination 172.16.10.2 0.0.0.0”用于限制源地址范围是 192.168.2.0/24，目的地址是 172.16.10.2 的所有 TCP 报文；第三条规则“rule permit ip”用于匹配所有 IP 报文，并对报文执行允许动作。

3）验证配置

```
[RTA]display acl 3000
Advanced ACL 3000, 3 rules
Acl's step is 5
```

```
    rule 5 deny tcp source 192.168.1.0 0.0.0.255 destination
172.16.10.1 0 destination-port eqsftp
   rule 10 deny tcp source 192.168.2.0 0.0.0.255 destination
172.16.10.2 0
   rule 15 permit ip
   [RTA]display traffic-filter applied-record
   -----------------------------------------------------------
   Interface                 Direction  AppliedRecord
   -----------------------------------------------------------
   GigabitEthernet0/0/0        outbound   acl 3000
   -----------------------------------------------------------
```

执行 display acl <acl-number>命令可以验证配置的高级 ACL。

显示信息表明，RTA 上共配置了 3 条高级 ACL 规则。第 1 条规则用于拒绝来自源 IP 地址 192.168.1.0/24、目的 IP 地址为 172.16.10.1、目的端口为 21（SFTP）的 TCP 报文；第 2 条规则用于拒绝来自源 IP 地址 192.168.2.0/24、目的 IP 地址为 172.16.10.2 的所有 TCP 报文；第 3 条规则允许所有 IP 报文通过。

任务总结

通过对 ACL 的基本概念和工作原理的介绍，学生理解了 ACL 的作用。通过配置案例，学生学会了 ACL 的基本配置和高级配置。通过本任务，培养了学生灵活运用所学知识解决实际问题的能力，锻炼了动手操作能力，实现了学中做、做中学、学中思、思中悟。

任务评价

任务自我评价见表 7-3。

表 7-3 自我评价表

知识和技能点	掌握程度
ACL 的组成	完全掌握 基本掌握 有些不懂 完全不懂
通配符	完全掌握 基本掌握 有些不懂 完全不懂
ACL 的分类	完全掌握 基本掌握 有些不懂 完全不懂
ACL 匹配机制	完全掌握 基本掌握 有些不懂 完全不懂
ACL 的基本配置	完全掌握 基本掌握 有些不懂 完全不懂
ACL 的高级配置	完全掌握 基本掌握 有些不懂 完全不懂

任务 7.3 NAT 技术及配置

任务描述

网络地址转换（NAT）技术是在私有 IP 地址和公网 IP 地址之间进行转换。NAT 是改变 IP 报文中的源或目的地址的一种处理方式；让局域网用户访问外网资源，也可以设定内部的应用对外提供服务；隐藏内部局域网的 IP 主机，起到安全保护的作用。本任务介绍了 NAT 的概述、类型及工作原理，完成了 NAT 的配置，实现内部网络的主机访问外部网络，提升了内网的安全性。

任务分析

通过对 NAT 概述的介绍，了解了 NAT 的作用；然后介绍了 NAT 的 4 种类型，即静态 NAT、动态 NAT、NAPT/Easy IP 和 NAT 服务器；最后通过对 NAT 的配置，完成了地址转换，实现了内网和外网互访。

知识准备

7.3.1　NAT 原理

NAT 原理

1. NAT 概述

随着 Internet 的发展和网络应用的增多，有限的 IPv4 公有地址已经成为制约网络发展的瓶颈。为解决这个问题，NAT（Network Address Translation，网络地址转换）技术应需而生。

NAT 技术的一种应用场景是在私有 IP 地址和公网 IP 地址之间执行转换。NAT 是改变 IP 报文中的源或目的地址的一种处理方式；让局域网用户访问外网资源，也可以设定内部的应用对外提供服务；隐藏内部局域网的 IP 主机，起到安全保护的作用；NAT 功能通常被集成到路由器、防火墙、ISDN 路由器或者单独的 NAT 设备中。

实际应用中，内部网络一般使用私有地址，A 类 10.0.0.0/8 的地址范围是 10.0.0.0 ~ 10.255.255.255；B 类 172.16.0.0/12 的地址范围是 172.16.0.0 ~ 172.31.255.255；C 类 192.168.0.0/16 的地址范围是 192.168.0.0 ~ 192.168.255.255。这 3 类地址块为私有地址，这些地址不会在 Internet 上被分配，因而可以不必向 ISP 或注册中心申请，而在公司或企业内部自由使用。私有地址不能直接出现在公网上。当私有网络内的主机要与位于公网上的主机进行通信时，必须经过地址转换，将其私有地址转换为合法的公网地址，如图 7－9 所示。

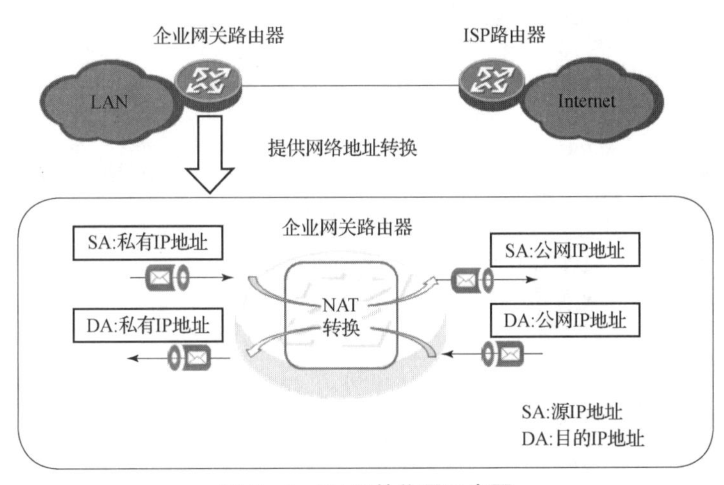

图 7－9　NAT 的作用示意图

NAT 技术主要用于实现内部网络的主机访问外部网络。一方面 NAT 缓解了 IPv4 地址短缺的问题；另一方面 NAT 技术让外网无法直接与使用私有地址的内网进行通信，提升了内网的安全性。

2. NAT 的类型和技术原理

（1）静态 NAT。

静态 NAT 每个私有地址都有一个与之对应并且固定的公有地址，即私有地址和公有地址之间的关系是 1∶1 映射，如图 7－10 所示。静态 NAT 支持双向互访，即私有地址访问 Internet 经过出口设备 NAT 转换时，会被转换成对应的公有地址。同时，外部网络访问内部网络时，其报文中携带的公有地址（目的地址）也会被 NAT 设备转换成对应的私有地址。静态 NAT 实际中很少用，因为一个公网 IP 地址无法为内网中的多台主机同时提供外网连接。

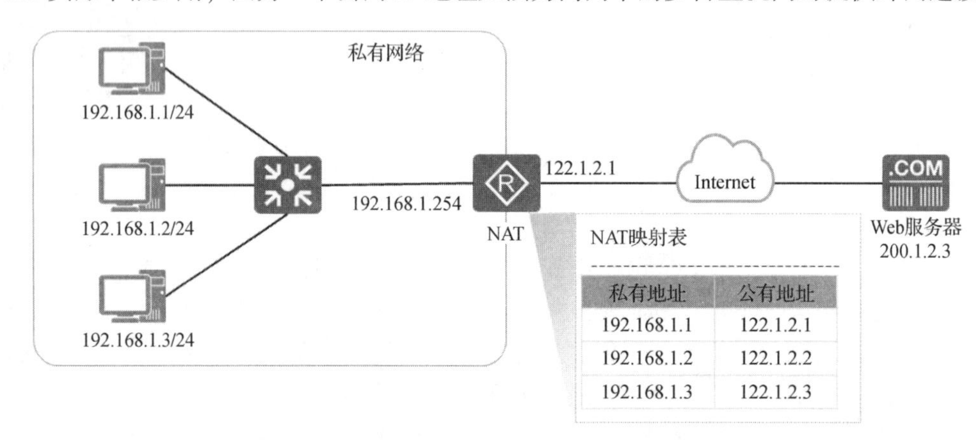

私有地址	公有地址
192.168.1.1	122.1.2.1
192.168.1.2	122.1.2.2
192.168.1.3	122.1.2.3

图 7－10　静态 NAT 示意图

（2）动态 NAT。

静态 NAT 严格地 1∶1 进行地址映射，这就导致即便内网主机长时间离线或者不发送数据时，与之对应的公有地址也处于使用状态。为了避免地址浪费，动态 NAT 提出了地址池的概念：所有可用的公有地址组成地址池。当内部主机访问外部网络时临时分配一个地址池中未使用的地址，并将该地址标记为“In Use”。当该主机不再访问外部网络时回收分配的地址，重新标记为“Not Use”，如图 7－11 所示。

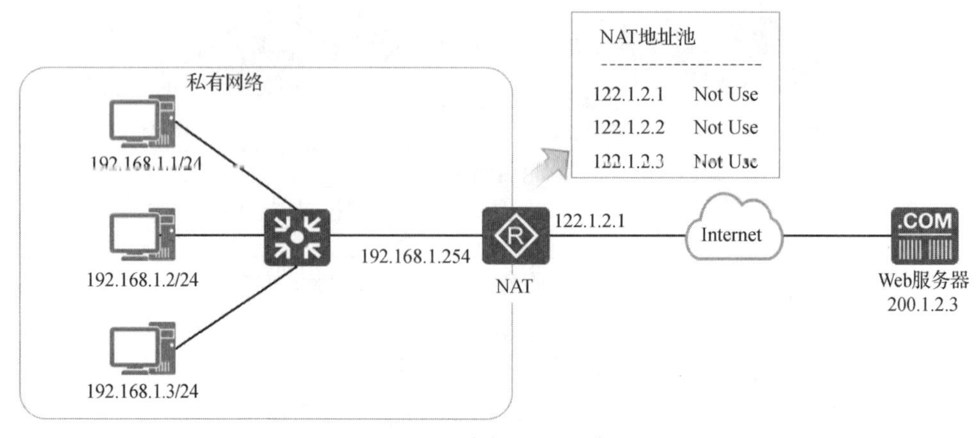

图 7－11　动态 NAT 示意图

（3）NAPT/Easy IP。

动态 NAT 选择地址池中的地址进行地址转换时不会转换端口号，即 No－PAT（No－Port Address Translation，非端口地址转换），公有地址与私有地址还是1：1的映射关系，无法提高公有地址利用率。

NAPT（Network Address and Port Translation，网络地址端口转换），从地址池中选择地址进行地址转换时不仅转换 IP 地址，同时也会对端口号进行转换，从而实现公有地址与私有地址的1：n 映射，可以有效提高公有地址利用率，如图7－12所示。NAPT 借助端口可以实现一个公有地址同时对应多个私有地址。该模式同时对 IP 地址和传输层端口进行转换，实现不同私有地址（不同的私有地址，不同的源端口）映射到同一个公有地址（相同的公有地址，不同的源端口）。

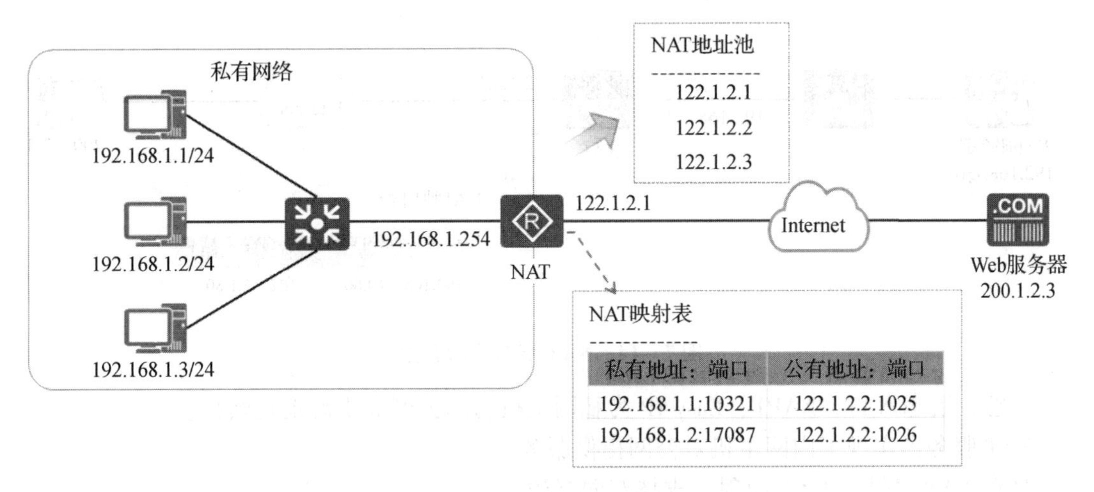

图7－12　NAPT 示意图

Easy IP 的实现原理和 NAPT 相同，同时转换 IP 地址、传输层端口，区别在于 Easy IP 没有地址池的概念，使用接口地址作为 NAT 转换的公有地址，如图7－13所示。Easy IP 适用于不具备固定公网 IP 地址的场景，如通过 DHCP、PPPoE 拨号获取地址的私有网络出口，可以直接使用获取到的动态地址进行转换。

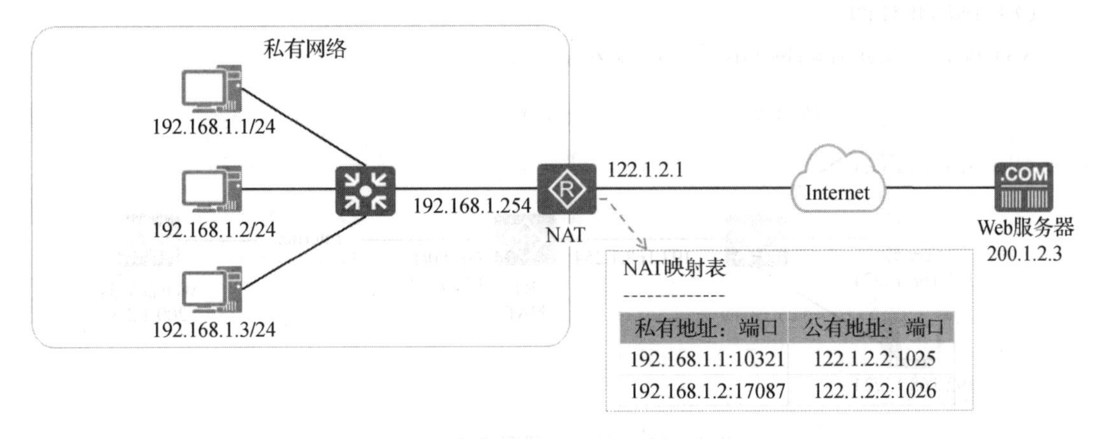

图7－13　Easy IP 示意图

（4）NAT 服务器。

由于 NAT 具有隐藏内部 IP 地址结构的功能，一般情况下外网主机无法主动访问内网主机，但有时企业又需要使用内网服务器对外网主机提供特定服务，这时管理员可以使用称为 NAT 服务器（NAT Server）的实现方法，使内网服务器不被屏蔽，以便外网用户能够随时主动访问内网服务器。

NAT 服务器是指定［公有地址：端口］与［私有地址：端口］的 1∶1 映射关系，将内网服务器映射到公网，当私有网络中的服务器需要对公网提供服务时使用。外网主机主动访问［公有地址：端口］实现对内网服务器的访问，如图 7－14 所示。

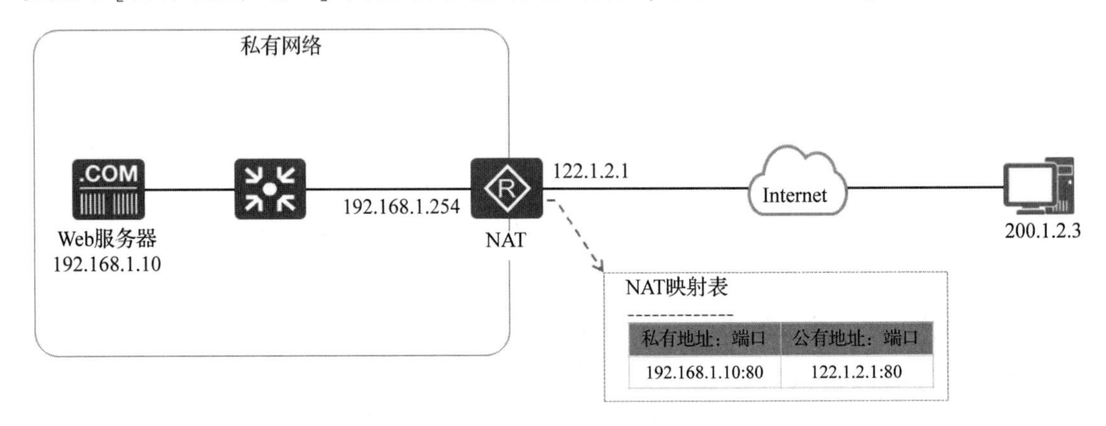

图 7－14　NAT 服务器示意图

注意：动态 NAT、NAPT、Easy IP 为私网主机访问公网提供源地址转换。

NAT 服务器实现了内网主机对公网提供服务。

静态 NAT 提供了 1∶1 映射，支持双向互访。

任务实施

7.3.2　NAT 配置

1. 静态 NAT、动态 NAT、NAPT 和 Easy IP 配置

（1）网络拓扑图。

NAT 配置网络拓扑结构如图 7－15 所示。

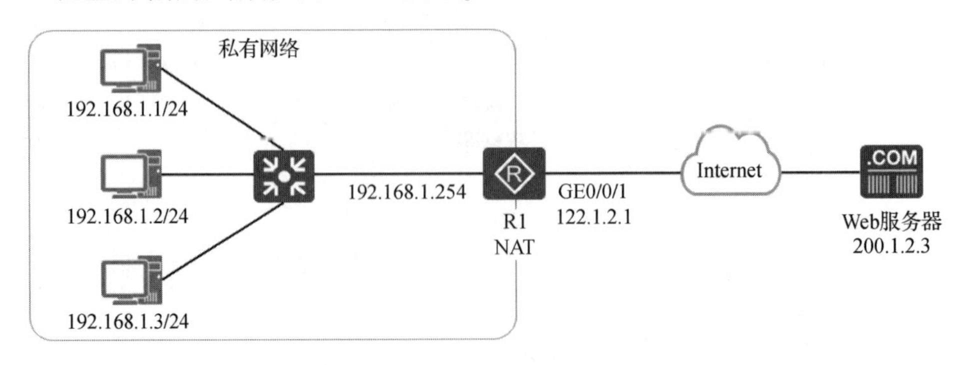

图 7－15　NAT 配置网络拓扑结构

（2）静态 NAT 配置。

```
[R1]interface GigabitEthernet0/0/1
[R1 -GigabitEthernet0/0/1]ip address 122.1.2.1 24
[R1 - GigabitEthernet0/ 0/ 1 ] nat static global 122.1.2.1 inside 192.168.1.1
[R1 - GigabitEthernet0/ 0/ 1 ] nat static global 122.1.2.2 inside 192.168.1.2
[R1 - GigabitEthernet0/ 0/ 1 ] nat static global 122.1.2.3 inside 192.168.1.3
```

（3）动态 NAT 配置。

```
[R1]nat address -group 1 122.1.2.1 122.1.2.3
[R1]acl 2000
[R1 -acl -basic -2000]rule 5 permit source 192.168.1.0 0.0.0.255
[R1 -acl -basic -2000]quit
[R1]interface GigabitEthernet0/0/1
[R1 -GigabitEthernet0/0/1]nat outbound 2000 address -group 1 no -pat
```

（4）NAPT 配置。

```
[R1]nat address -group 1 122.1.2.1 122.1.2.1
[R1]acl 2000
[R1 -acl -basic -2000]rule 5 permit source 192.168.1.0 0.0.0.255
[R1 -acl -basic -2000]quit
[R1]interface GigabitEthernet0/0/1
[R1 -GigabitEthernet0/0/1]nat outbound 2000 address -group 1
```

（5）Easy IP 配置。

```
[R1]acl 2000
[R1 -acl -basic -2000]rule 5 permit source 192.168.1.0 0.0.0.255
[R1 -acl -basic -2000]quit
[R1]interface GigabitEthernet0/0/1
[R1 -GigabitEthernet0/0/1]nat outbound 2000
```

2. NAT 服务器配置

（1）网络拓扑图。

NAT 服务器配置网络拓扑结构如图 7－16 所示。

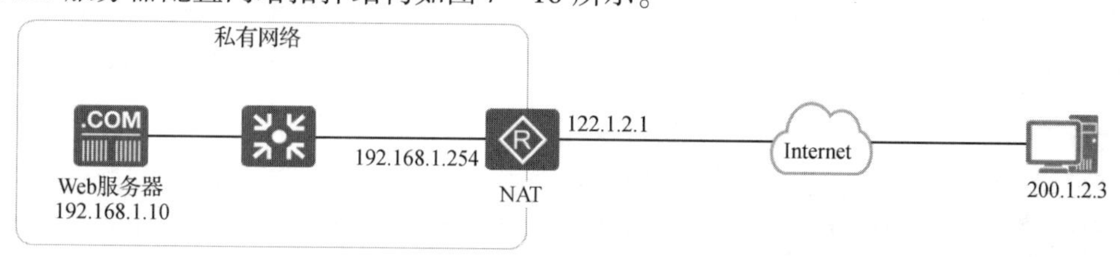

图 7－16　NAT 服务器配置网络拓扑结构

（2）配置命令。

```
[R1]interface GigabitEthernet0/0/1
[R1 -GigabitEthernet0/0/1]ip address 122.1.2.1 24
[R1 - GigabitEthernet0/ 0/ 1 ] nat server protocol tcp global
122.1.2.1 www inside 192.168.1.10 8080
```

任务总结

通过对 NAT 技术的介绍，学生理解了 NAT 的作用，能够区分 NAT 的不同类型，并理解其工作原理的差异。通过完成 NAT 不同类型的配置，加深了对 NAT 的理解。本任务锻炼了学生动手操作能力的同时，培养了学生善于思考、不断钻研的科学精神。

任务评价

本任务自我评价如表 7 -4 所示。

表 7 -4　自我评价表

知识和技能点	掌握程度
NAT 的作用	完全掌握　基本掌握　有些不懂　完全不懂
静态 NAT 工作原理	完全掌握　基本掌握　有些不懂　完全不懂
动态 NAT 工作原理	完全掌握　基本掌握　有些不懂　完全不懂
NAPT/Easy IP 工作原理	完全掌握　基本掌握　有些不懂　完全不懂
NAT 服务器工作原理	完全掌握　基本掌握　有些不懂　完全不懂
NAT 配置	完全掌握　基本掌握　有些不懂　完全不懂

任务 7.4　VPN 技术及配置

任务描述

VPN 是一条穿过非安全网络的安全、稳定的隧道，可以低成本实现异地网络的互联，轻松实现分支机构、合作伙伴、出差员工等访问企业网络。VPN 以虚拟的连接，而不是物理连接实现了网络的互通。VPN 的分类有按照业务用途分类、按照运营模式分类、按照组网模型分类、按照网络层次分类等多种方式。IPSec VPN 工作模式包括隧道模式和传输模式。本任务介绍了 VPN 的概念、分类及在实际网络中的应用，完成了 IPSec VPN 的配置。

任务分析

通过对 VPN 概念的介绍，了解了 VPN 的应用。然后介绍了按照业务用途、运营模式、组网模型、网络参差等 VPN 分类方式。最后通过对 VPN 的配置，完成了 IPSec VPN 的配置。学生在了解 VPN 概念的基础上，理解 VPN 的分类方式，实现 IPSec VPN 的配置。

知识准备

7.4.1　VPN 原理

1. VPN 概念

虚拟专用网络（Virtual Private Network，VPN）指在公用网络（通常是互联网）上建立临时的、安全的连接，如图 7－17 所示，VPN 是一条穿过 Internet 网络的安全、稳定的隧道，可以低成本实现异地网络的互联，轻松实现分支机构、合作伙伴、出差员工等访问企业网络。VPN 以虚拟的连接，而不是物理连接实现了网络的互通。VPN 在私有的管理策略下，具有独立的地址和路由规划方式，同时采取了多种加密技术保证了数据在公共网络传输时的安全。

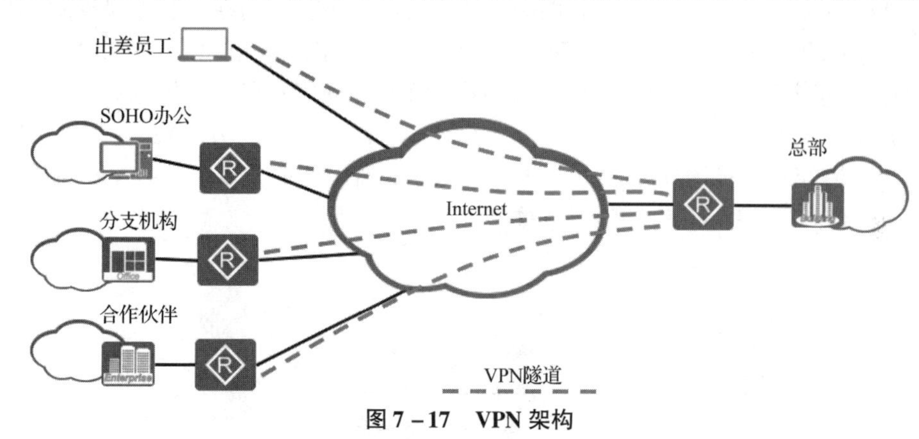

图 7－17　VPN 架构

例如，在图 7－18 中，要实现深圳、北京两地网络的互联，传统的方法是向运营商租用专线构建广域网（WAN），这样的通信方案必然导致高昂的网络通信和维护费用。

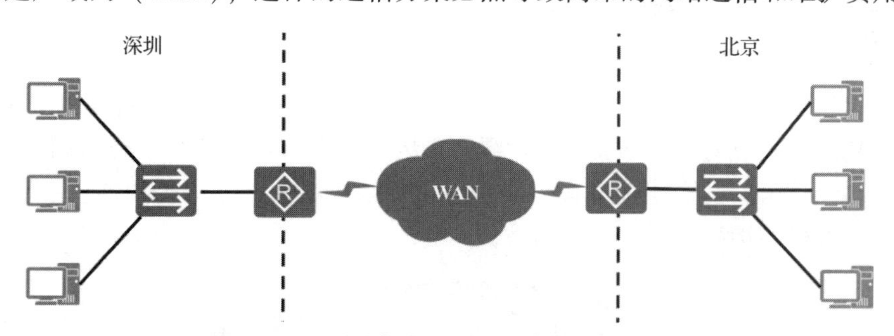

图 7－18　通过专线实现不同城市间网络互联

而在图 7－19 中，则通过 VPN 在 Internet 上构建一个虚拟隧道，这个隧道如同 DDN 专线一样把两地的网络进行互联。这种技术并不需要申请专线，通信成本和维护成本大大降低。VPN 被定义为通过一个公用互联网络建立一个临时的、安全的连接，是一条穿过混乱的公用网络的安全、稳定的隧道。

2. VPN 分类

VPN 主要有以下几种分类方式。

1）按照业务用途分类

VPN 按照业务用途分为远程接入 VPN（Access VPN）、内联网 VPN（Intranet VPN）和外联网 VPN（Extranet VPN）。

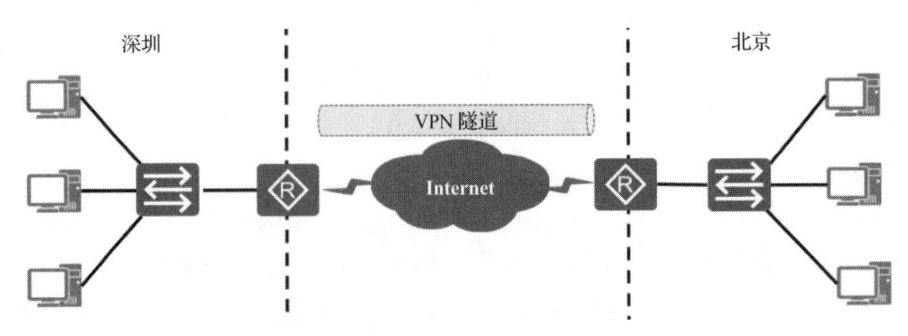

图 7－19　通过 VPN 实现不同城市间网络互联

远程接入 Access VPN 指客户端到网关，使用公网作为骨干网在设备之间传输 VPN 数据流量，如图 7－20 所示。Access VPN 通过一个拥有与专用网络相同策略的共享基础设施，提供对企业内部网或外部网的远程访问。Access VPN 能使用户随时、随地以其所需的方式访问企业资源，能够安全地连接移动用户、远程工作者或分支机构。Access VPN 最适用于公司内部经常有流动人员远程办公的情况。出差员工利用当地 ISP 提供的 VPN 服务，就可以和公司的 VPN 网关建立私有的隧道连接。

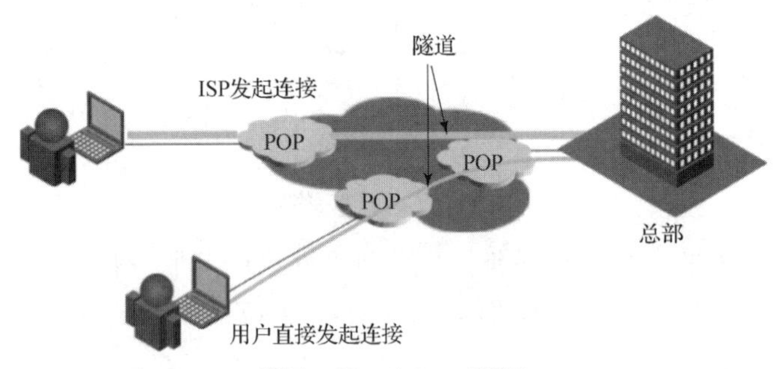

图 7－20　Access VPN

内联网 VPN 指网关到网关，通过公司的网络架构连接来自同公司的资源，如图 7－21 所示。越来越多的企业需要在全国乃至世界范围内建立各种办事机构、分公司、研究所等，各个分公司之间传统的网络连接方式一般是租用专线。显然，在分公司增多、业务开展越来越广泛时，网络结构趋于复杂、费用昂贵。

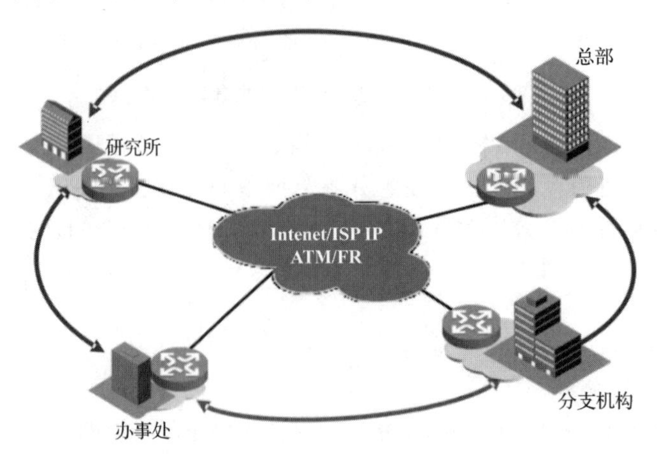

图 7－21　内联网 VPN

利用 VPN 特性可以在 Internet 上组建世界范围内的 Intranet VPM，利用 Internet 的线路保证网络的互联性，而利用隧道、加密等 VPN 特性可以保证信息在整个 Intranet VPN 上安全传输。Intranet VPN 通过一个使用专用连接的共享基础设施，连接企业总部、远程办事处和分支机构。企业拥有与专用网络的相同政策，包括安全、服务质量（QoS）、可管理性和可靠性。

外联网 VPN 与合作伙伴企业网构成 Extranet，将一个公司与另一个公司的资源进行连接，如图 7－22 所示。Extranet VP 通过一个使用专用连接的共享基础设施，将客户、供应商、合作伙伴或兴趣群体连接到企业内部网。企业拥有与专用网络相同的政策，包括安全、服务质量（QoS）、可管理性和可靠性，如图 7－22 所示。利用 VPN 技术可以组建安全的 Extranet，既可以向客户、合作伙伴提供有效的信息服务，又可以保证自身内部网络的安全。

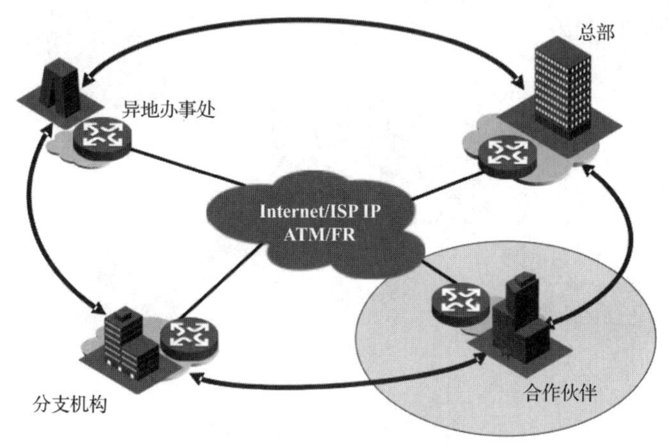

图 7－22　外联网 VPN

2）按照运营模式分类

VPN 按照运营模式分为 CPE－Based VPN 和 Network－Based VPN。

在 CPE－Based VPN 模式下，由用户控制 VPN 的构建、管理和维护，如图 7－23 所示。用户设备需要安装相关的 VPN 隧道协议，如 IPSec、GRE、L2TP 和 PPTP，并负责 VPN 的维护。在 CPE－Based VPN 中，依靠用户侧的网络设备发起 VPN 连接，不需要运营商提供特殊的支持就可以实现 VPN。CPE－Based VPN 方式复杂度高、业务扩展能力弱，主要应用于接入层。

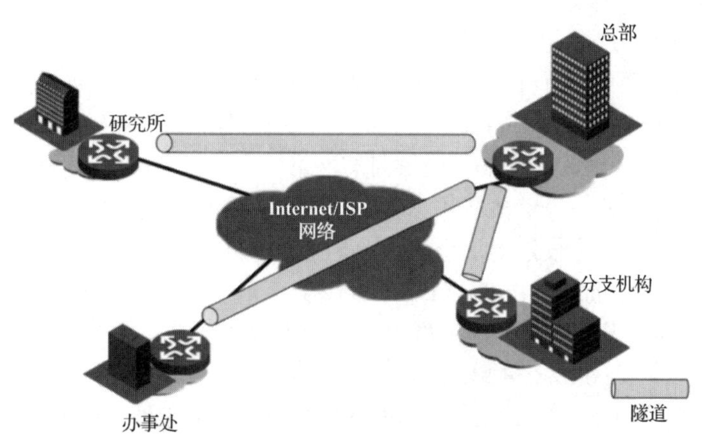

图 7－23　CPE－Based VPN

传统的利用公有 IP 网络构建的 VPN 属于 CPE – Based VPN。其实质是在各个私有路由器之间建立 VPN 安全隧道来传输用户的私有数据。Internet 是典型的公有网络。使用 Internet 构建的 VPN 是最为经济的方式，但服务质量难以保证。企业在规划 IP VPN 建设时应根据自身的需求对各种公用网络进行权衡。

在 Network – Based VPN 模式下，VPN 的构建、管理和维护由 ISP 控制，如图 7 – 24 所示，允许用户在一定程度上进行业务管理和控制。功能特性集中在网络侧设备处实现，用户网络设备只需要支持网络互联，无须特殊的 VPN 功能。

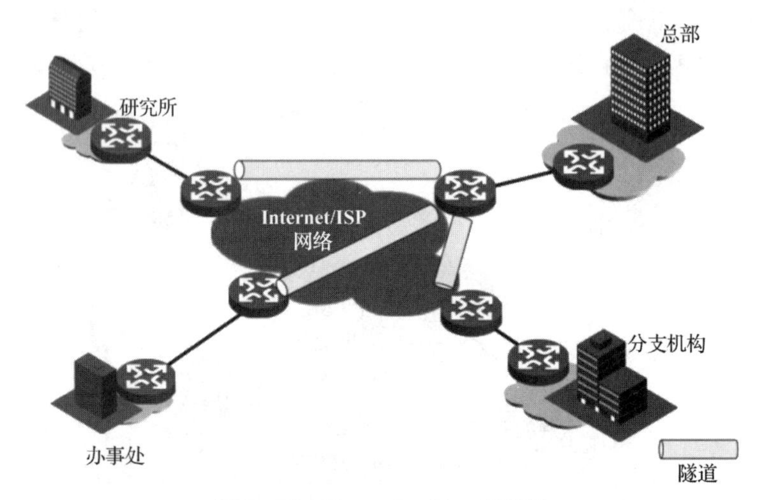

图 7 – 24　Network – Based VPN

Network – Based VPN 方式可以降低用户投资、增加业务灵活性和可扩展性，也为运营商带来新的收益。基于 MPLS 的 VPN 属于 Network – Based VPN。MPLS VPN 由于其在灵活性、可扩展性和 QoS 方面的优势，逐渐成为最主要的 IP – VPN 技术，在电信运营网和企业网中都获得了广泛的应用。MPLS VPN 主要运用于骨干核心网及汇聚层，是对大客户互联及 3G、NGN 等业务系统进行隔离的重要技术。MPLS VPN 对于城域网同样重要：城域网内部署 MPLS VPN 技术，成为提升城域网的价值、为运营商提供更高收益的重要技术。

在 MPLS VPN 中，客户站点可以使用 T1、帧中继、ATM 虚电路、DSL 等链路接入 MPLS VPN 骨干网，并不需要在客户设备上进行特殊配置。

3）按照组网模型分类

VPN 按照组网模型分为 VPDN、VPRN、VLL、VPLS。

VPDN（Virtual Private Dial Network，虚拟拨号专网）如图 7 – 25 所示。VPDN 除 VPN 的总部网络中心采用专线接入 VPN 服务提供商的网络外，其余的 VPN 用户通过 PSTN 或 ISDN 拨号线路接入网络。另外，虽然拨号用户是通过 PSTN 或 ISDN 公网拨入 VPN 的，但是 VPN 所属用户仍与外界隔离，有较好的安全保证。VPDN 也可以使用 IP 专用地址等 VPN 所特有的一些特性，接入范围可遍及 PSTN、ISDN 的覆盖区域，网络建设投资少、周期短，网络运行费用低。VPDN 适用范围包括出差员工、异地小型办公机构等。

VPRN（Virtual Private Routed Networks，虚拟专用路由网络）用 IP 设施仿真出一个专用多站点广域路由网，如图 7 – 26 所示，VPRN 是在 IP 公用网络（如 Internet）基础上实施的，像 VPN 结构一样，VPRN 也可以分为基于网络的 VPRN 及基于 CE 的 VPRN。

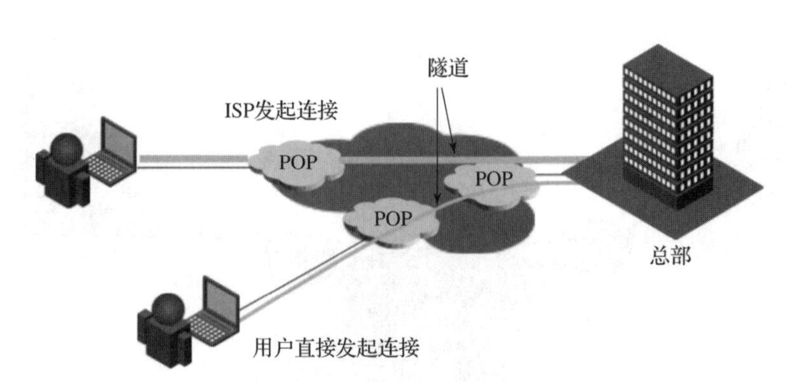

图7－25 VPDN

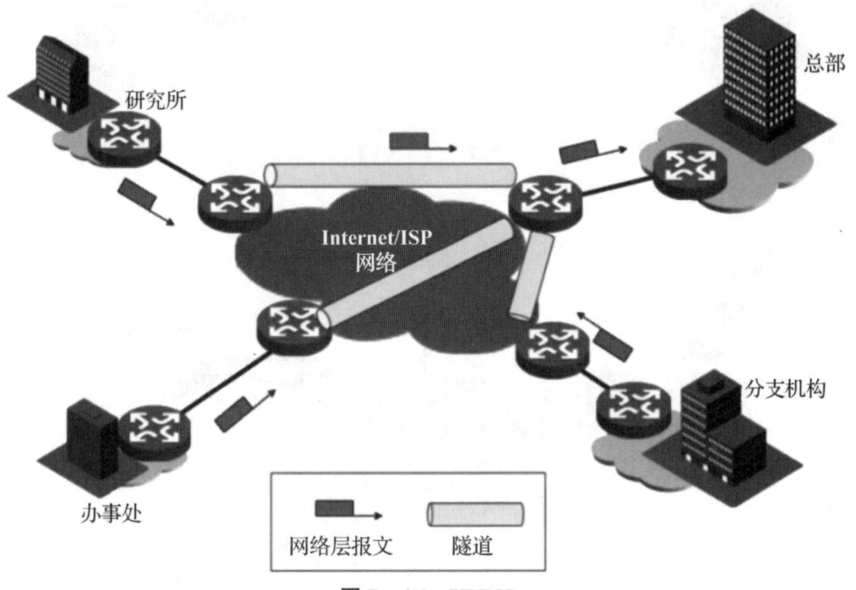

图7－26 VPRN

VLL（Virtual Leased Lines，虚拟租用线）是VPN中最简单的网络类型，可以说它是VPN中的一个特例。VLL是服务提供商在IP网上为用户提供的点到点的链路业务，如提供ATM VCC或帧中继电路等租用电路业务，如图7－27所示。发展VLL的主要原因是由于VPN服务提供商的基础网络是IP网，但有些用户需要一条或多条ATM VCC或帧中继电路的专线，由此诞生了VLL业务。

VLL的工作原理：用户的CE设备通过本地专线接入网络边缘设备PE，在PE之间建立专用隧道，PE实施IP与ATM或帧中继协议转换，使PE的CE侧提供ATM或帧中继接口，从而建立两个CE之间的ATM VCC或帧中继电路通路，供用户使用。

VPLS（Virtual Private LAN Segment，虚拟专用LAN网段）是用Internet设施仿真的LAN网段，如图7－28所示。VPLS可用于提供所谓的透明LAN服务（TLS）。TLS可用于以协议透明方式互联多个支干CE节点（如桥或路由器）。VPLS在IP上仿真LAN网段，类似于LANE在ATM上仿真LAN网段。它的主要优点是协议完全透明，这在多协议传送和传送管理上是很重要的。

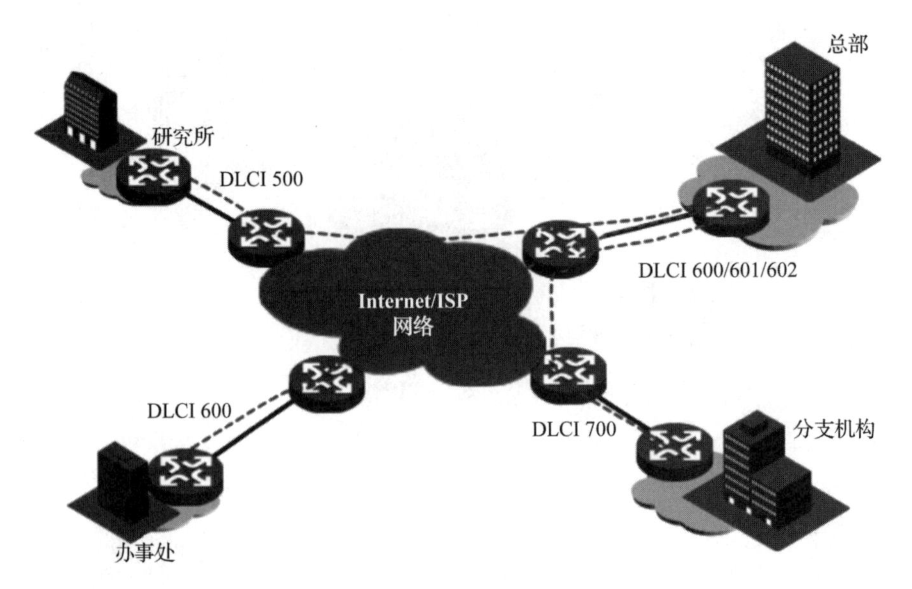

图 7-27　VLL

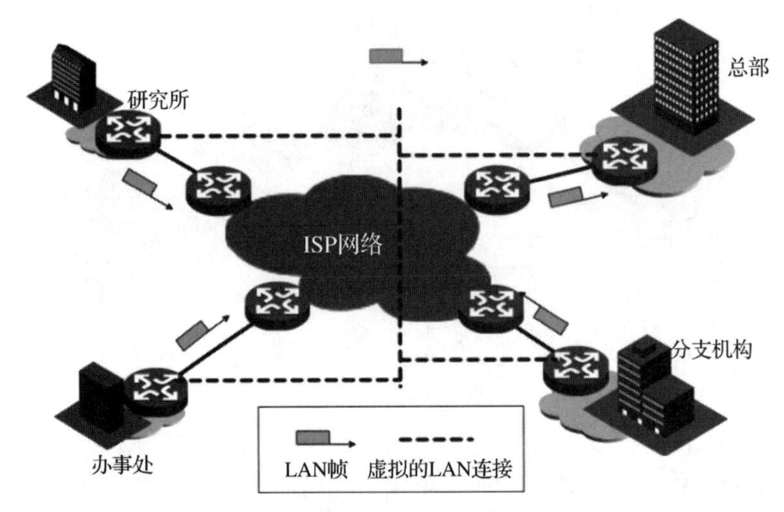

图 7-28　VPLS

4）按照网络层次分类

按照网络层次分为 1 层 VPN、2 层 VPN、3 层 VPN、传输层 VPN 和应用层 VPN。主要的 2 层 VPN 技术有 L2TP、PPTP、MPLS L2 VPN，主要的 3 层 VPN 技术有 GRE、IPSec VPN、BGP/MPLS VPN。BGP/MPLS VPN 在 2 层和 3 层头部之间插入新的字段，是 2.5 层隧道协议。

本节主要介绍 IPSec VPN。IPSec（Internet Protocol Security）是 IETF（Internet Engineering Task Force）制定的一组开放的网络安全协议，在 IP 层通过数据来源认证、数据加密、数据完整性和抗重放功能来保证通信双方 Internet 上传输数据的安全性。

IPSec 主要从以下几个方面保证数据的安全性。

（1）数据来源认证：接收方认证发送方身份是否合法。

（2）数据加密：发送方对数据进行加密，以密文的形式在 Internet 上传送，接收方对接收的加密数据进行解密后处理或直接转发。

（3）数据完整性：接收方对接收的数据进行认证，以判定报文是否被篡改。

（4）抗重复性：接收方会拒绝旧的或重复的数据包，防止恶意用户通过重复发送捕获到的数据包所进行的攻击。

IPSec 包括认证头协议（Authentication Header，AH）、封装安全载荷协议（Encapsulating Security Payload，ESP）、因特网密钥交换协议（Internet Key Exchange，IKE），用于保护数据流。AH 和 ESP 这两个安全协议用于提供安全服务，IKE 协议用于密钥交换。

IPSec VPN 工作模式包括隧道模式（tunnel mode）和传输模式（transport mode）。隧道模式适宜于建立安全 VPN 隧道；传输模式适用于两台主机之间的数据保护。

隧道模式把原始 IP 数据包整个封装到一个新的 IP 数据包中，如图 7－29 所示，在新的 IP 头部和原始 IP 头部之间插入 ESP 头部，并且在最后面加上 ESP 尾部和 ESP 验证数据部分。

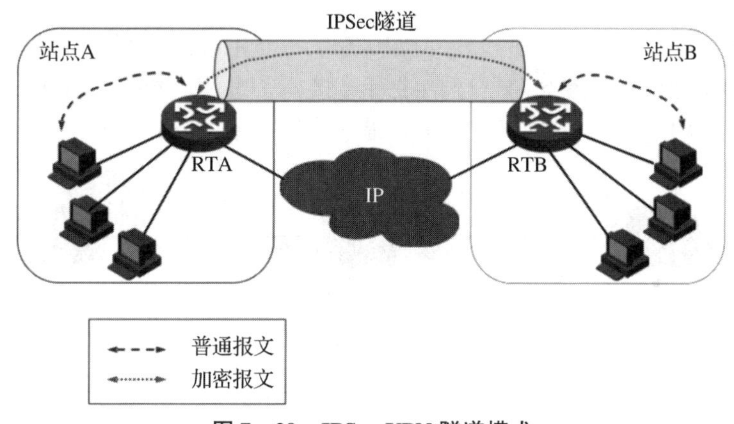

图 7－29　IPSec VPN 隧道模式

隧道模式仅适用于 IP－in－IP 数据报。在隧道模式下，IPSec 策略强制实施于内部 IP 数据报的内容中。可针对不同的内部 IP 地址强制实施不同的 IPSec 策略。也就是说，内部 IP 数据包头、其下一个头及下一个头支持的端口，可以强制实施策略。与传输模式不同，在隧道模式下，外部 IP 数据包头不指示其内部 IP 数据报的策略。如果家中的计算机用户要连接到中心计算机位置，以隧道模式进行隧道连接是不错的选择。

传输模式在原始 IP 头部和 IP 负载之间插入一个 ESP 头部，并且在最后面加上 ESP 尾部和 ESP 验证数据部分。在传输模式下，外部头、下一个头以及下一个头支持的任何端口都可用于确定 IPSec 策略。实际上，IPSec 可在一个端口不同粒度的两个 IP 地址之间强制实行不同的传输模式策略。例如，如果下一个头是 TCP（支持端口），则可为外部 IP 地址的 TCP 端口设置 IPSec 策略。类似地，如果下一个头是 IP 数据包头，外部头和内部 IP 数据包头可用于决定 IPSec 策略，如图 7－30 所示。

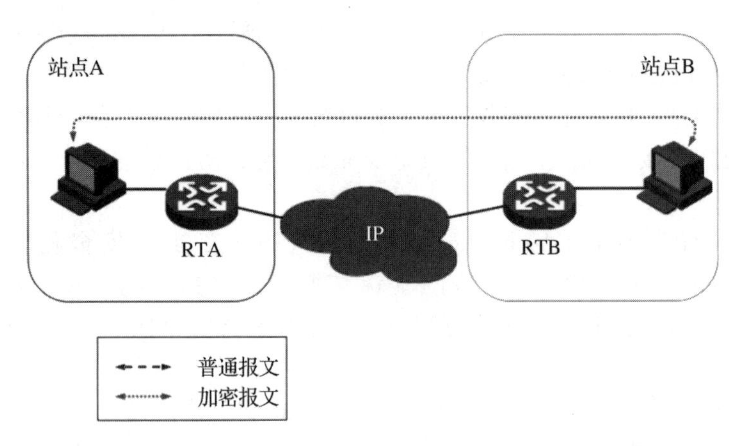

图 7-30　IPSec VPN 传输模式

任务实施

7.4.2　VPN 配置

如图 7-31 所示，企业在总部和分支机构各有一个局域网，两个局域网均已经连接到 Internet。企业希望把分支子网与总部子网进行连接，考虑使用数据专线的成本较高，准备采用 VPN 技术。为了对流量进行安全保护，最终决定采用 IPSec VPN。

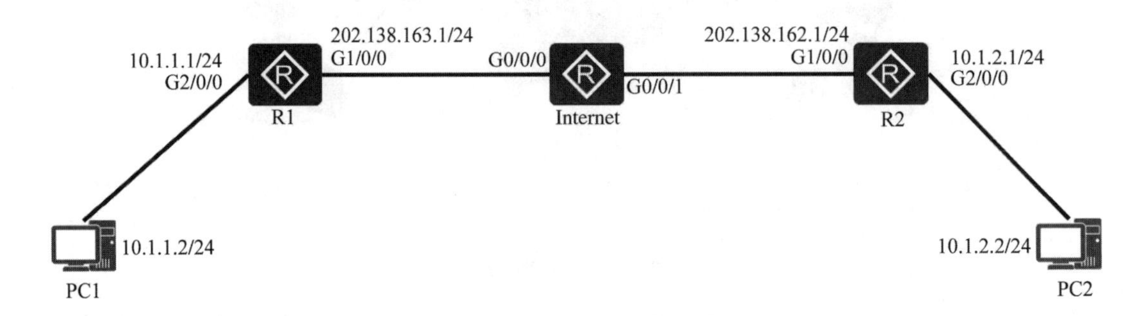

图 7-31　IPSec VPN 配置

1. 配置思路

采用以下思路配置采用 IKE 协商方式建立 IPSec 隧道。

(1) 配置接口的 IP 地址和到对端的静态路由，保证两端路由可达。

(2) 配置 ACL，以定义需要 IPSec 保护的数据流。

(3) 配置 IPSec 安全提议，定义 IPSec 的保护方法。

(4) 配置 IKE 对等体，定义对等体间 IKE 协商时的属性。

(5) 配置安全策略，并引用 ACL、IPSec 安全提议和 IKE 对等体，确定对何种数据流采取何种保护方法。

(6) 在接口上应用安全策略组，使接口具有 IPSec 的保护功能。

2. 配置步骤

(1) 分别在 R1 和 R2 配置接口的 IP 地址和到对端的静态路由。

在 R1 上配置接口的 IP 地址：

```
<Huawei>system-view
[Huawei]sysnameR1
[R1]interfacegigabitethernet1/0/0
[R1-GigabitEthernet1/0/0]ipaddress202.138.163.1255.255.255.0
[R1-GigabitEthernet1/0/0]quit
[R1]interfacegigabitethernet2/0/0
[R1-GigabitEthernet2/0/0]ipaddress10.1.1.1255.255.255.0
[R1-GigabitEthernet2/0/0]quit//在 R1 上配置到对端的静态路由,此处假设
//到对端的下一跳地址为 202.138.163.2。
[R1]iproute-static202.138.162.0255.255.255.0202.138.163.2
[R1]iproute-static10.1.2.0255.255.255.0202.138.163.2
```

在 R2 上配置接口的 IP 地址：

```
<Huawei>system-view
[Huawei]sysnameR2
[R2]interfacegigabitethernet1/0/0
[R2-GigabitEthernet1/0/0]ipaddress202.138.162.1255.255.255.0
[R2-GigabitEthernet1/0/0]quit
[R2]interfacegigabitethernet2/0/0
[R2-GigabitEthernet2/0/0]ipaddress10.1.2.1255.255.255.0
[R2-GigabitEthernet2/0/0]quit//在 R2 上配置到对端的静态路由,此处假设
//到对端下一跳地址为 202.138.162.2。
[R2]iproute-static202.138.163.0255.255.255.0202.138.162.2
[R2]iproute-static10.1.1.0255.255.255.0202.138.162.2
```

（2）分别在 R1 和 R1 上配置 ACL，定义各自要保护的数据流。

在 R1 上配置 ACL，定义由子网 10.1.1.0/24 去子网 10.1.2.0/24 的数据流：

```
[R1]aclnumber3101
[R1-acl-adv-3101]rulepermitipsource10.1.1.00.0.0.255destination
10.1.2.00.0.0.255
[R1-acl-adv-3101]quit
```

在 R2 上配置 ACL，定义由子网 10.1.2.0/24 去子网 10.1.1.0/24 的数据流：

```
[R2]aclnumber3101
[R2-acl-adv-3101]rulepermitipsource10.1.2.00.0.0.255destination
10.1.1.00.0.0.255
[R2-acl-adv-3101]quit
```

（3）分别在 R1 和 R2 上创建 IPSec 安全提议。

在 R1 上配置 IPSec 安全提议：

```
[R1]ipsecproposaltran1
[R1-ipsec-proposal-tran1]quit
```

在路由器 B 上配置 IPSec 安全提议：

```
[R2B]ipsecproposaltran1
[R2B-ipsec-proposal-tran1]quit
```

此时分别在 R1 和 R2 上执行 display ipsec proposal 命令会显示所配置的信息。

（4）分别在 R1 和 R2 上配置 IKE 对等体。

说明：该示例中没有配置 IKE 安全提议，采用的是系统提供的一条默认的 IKE 安全提议。在 R1 上配置 IKE 对等体，并根据默认配置，配置预共享密钥和对端 ID：

```
[R1]ikepeerspubv1
[R1-ike-peer-spub]pre-shared-keysimplehuawei
[R1-ike-peer-spub]remote-address202.138.162.1
[R1-ike-peer-spub]quit
```

在 R2 上配置 IKE 对等体，并根据默认配置，配置预共享密钥和对端 ID：

```
[R2]ikepeerspuav1
[R2-ike-peer-spua]pre-shared-keysimplehuawei
[R2-ike-peer-spua]remote-address202.138.163.1
[R2-ike-peer-spua]quit
```

此时分别在 R1 和 R2 上执行 display ike peer 命令会显示所配置的信息。

（5）分别在 R1 和 R2 上创建安全策略。

在 R1 上配置 IKE 动态协商方式安全策略：

```
[R1]ipsecpolicymap110isakmp
[R1-ipsec-policy-isakmp-map1-10]ike-peerspub
[R1A-ipsec-policy-isakmp-map1-10]proposaltran1
[R1-ipsec-policy-isakmp-map1-10]securityacl3101
[R1-ipsec-policy-isakmp-map1-10]quit
```

在 R2 上配置 IKE 动态协商方式安全策略：

```
[R2]ipsecpolicyuse110isakmp
[R2-ipsec-policy-isakmp-use1-10]ike-peerspua
[R2B-ipsec-policy-isakmp-use1-10]proposaltran1
[R2-ipsec-policy-isakmp-use1-10]securityacl3101
[R2-ipsec-policy-isakmp-use1-10]quit
```

此时分别在 R1 和 R2 上执行 display ipsec policy 命令会显示所配置的信息。

（6）分别在 R1 和 R2 的接口上应用各自的安全策略组，使接口具有 IPSec 的保护功能。

在 R1 的接口上引用安全策略组：

```
[R1]interfacegigabitethernet1/0/0
[R1-GigabitEthernet1/0/0]ipsecpolicymap1
[R1-GigabitEthernet1/0/0]quit
```

在 R2 的接口上引用安全策略组：

```
[R2]interfacegigabitethernet1/0/0
[R2-GigabitEthernet1/0/0]ipsecpolicyuse1
[R2-GigabitEthernet1/0/0]quit
```

（7）检查配置结果。

配置成功后，在主机 PC1 执行 ping 操作仍然可以 ping 通主机 PC2，它们之间的数据传输将被加密，执行命令 display ipsec statistics esp 可以查看数据包的统计信息。

任务总结

在学习 VPN 的概念及分类的基础上，进一步完成 VPN 的配置。学生理解了 VPN 的工作原理，学会了 VPN 的基本配置。通过本任务，培养了学生灵活运用所学知识解决实际问题的能力，锻炼了动手操作能力，实现了“教学做”一体化。

任务评价

本任务自我评价见表 7-5。

表 7-5　自我评价表

知识和技能点	掌握程度
VPN 的概念	完全掌握　基本掌握　有些不懂　完全不懂
VPN 的作用	完全掌握　基本掌握　有些不懂　完全不懂
VPN 的分类	完全掌握　基本掌握　有些不懂　完全不懂
VPN 的工作原理	完全掌握　基本掌握　有些不懂　完全不懂
VPN 的配置	完全掌握　基本掌握　有些不懂　完全不懂

任务 7.5　ARP 技术及配置

任务描述

ARP 即地址解析协议，目的是实现 IP 地址到 MAC 地址的转换。在了解局域网单播 ARP、广播 ARP 原理的基础上，进一步深入理解 ARP 攻击的概念，并完成 ARP 表项固化配置、综合配置和防止中间人攻击配置。本任务介绍了 ARP 的概念，分别介绍了单播 ARP、广播 ARP 的原理，引出了 ARP 攻击的概念及分类，完成了 ARP 的配置。

任务分析

通过对 ARP 概念的介绍，了解了 ARP 的应用。然后介绍了局域网中单播 ARP 原理、局域网中广播 ARP 原理、局域网中 ARP 攻击等 ARP 原理，完成了 ARP 表项固化配置、ARP 综合配置、防止中间人攻击配置等 ARP 配置。学生在了解 ARP 概念和原理的基础上，进一步理解 ARP 攻击原理，实现 ARP 的配置。

知识准备

7.5.1　ARP 原理

ARP（Address Resolution Protocol，地址解析协议）目的是实现 IP 地址到 MAC 地址的转换。在计算机间通信时，计算机要知道目的计算机是谁（就像人与人交流一样，要知道对方是谁），这就需要用到 MAC 地址，而 MAC 地址是目的计算机的唯一标识符。

在 OSI 7 层模型中，发送端对数据从高到低逐层封装发送出去，与发送端相反，接收端则需对数据从低到高逐层解包接收，但是网络层关心的是 IP 地址，数据链路层关心的是 MAC 地址，所以需要将 IP 地址映射到 MAC 地址。

1. 局域网中单播 ARP 原理

如图 7－32 所示，在某局域网中，PC1 要和 PC2 通信，设 PC1 的 IP 地址是 IP1，MAC 地址是 MAC1，PC2 的 IP 地址是 IP2，MAC 地址是 MAC2。首先，PC1 依据 OSI 模型依次从高到低对数据进行封装，包括对 ICMP Data 加 IP 包头的封装，到了封装 MAC 地址的时候，PC1 首先查询自己的 ARP 缓存表，发现没有 IP2 和 MAC2 地址的映射，这时 MAC 数据帧封装失败。使用 ping 命令时，是指定 PC2 的 IP2 的，计算机是知道目的主机的 IP 地址，能够完成网络层的数据封装，因为设备通信还需要对方的 MAC 地址，但是 PC1 的缓存表里没有，所以在 MAC 封装时填入不了目的 MAC 地址。

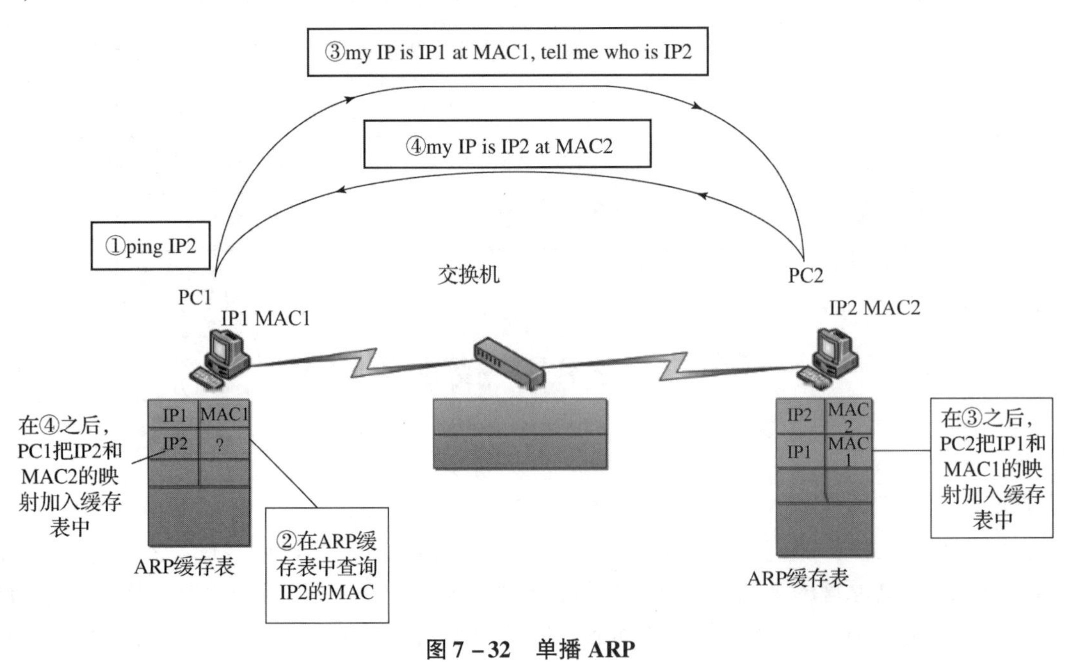

图 7－32　单播 ARP

PC1 为了获取 PC2 的 MAC 地址，需要发送询问信息，询问 PC2 的 MAC 地址，询问信息包括 PC1 的 IP 和 MAC 地址、PC2 的 IP 地址。这里有一个问题，即使是询问信息，也需要进行 MAC 数据帧的封装，那么这个询问信息的目的 MAC 地址是什么呢？规定当目的 MAC 地址为 ff-ff-ff-ff-ff-ff 时，就代表这是一个询问信息，即广播信息。

PC2 收到这个询问信息后，将这里的 IP1 和 MAC1（PC1 的 IP 和 MAC）添加到本地的 ARP 缓存表中，然后 PC2 发送应答信息，对数据进行 IP 和 MAC 的封装，发送给 PC1，因为缓存表里已经有 PC1 的 IP 和 MAC 的映射了。这个应答信息包含 PC2 的 IP2 和 MAC2。PC1 收到这个应答信息，就获取了 PC2 的 MAC 地址，并添加到自己的缓存表中。

经过这样交互式的一问一答，PC1 和 PC2 都获得了对方的 MAC 地址。值得注意的是，先是目的主机完成 ARP 缓存，然后才是源主机完成 ARP 缓存，之后 PC1 和 PC2 就可以真正交流了。

2. 局域网中广播 ARP 原理

局域网中广播 ARP 原理如图 7-33 所示，和点对点单播 ARP 一样，刚开始 PC1 并不知道 PC2 的 MAC 地址，同样需要发送 ARP 请求，但是这个局域网里主机很多，怎样才能只获取 PC2 的 MAC 呢？

首先，就像和一群陌生人交流一样，可以挨着询问一遍，这就是广播。PC1 广播发送询问信息，在交换机上连接的设备都会收到 PC1 发送的询问信息。

接下来，所有在这个交换机上的设备都需要判断此询问信息，如果其 IP 和要询问的 IP 不一致，则丢弃。在图 7-33 中，PC3、Route 均丢弃该询问信息，PC2 判断该询问信息发现满足一致要求，则接收，并写入 PC1 的 IP 和 MAC 到自己的 ARP 映射表中。

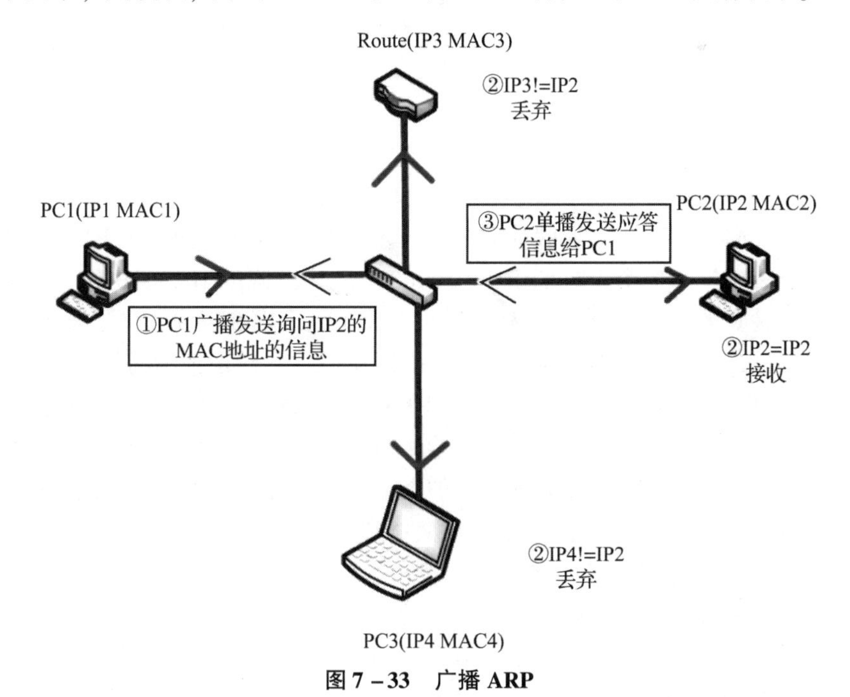

图 7-33 广播 ARP

最后，PC2 单播发送应答信息给 PC1，告诉 PC1 自己的 IP 和 MAC 地址。

3. 局域网中 ARP 攻击

局域网中 ARP 攻击如图 7－34 所示。众所周知，当 PC1 对 PC2 正常通信时（先不管攻击者 PC3），PC2、PC1 会先后建立对方的 IP 和 MAC 地址的映射（即建立 ARP 缓存表），同时对于交换机而言，它也具有记忆功能，会基于源 MAC 地址建立一个 MAC 缓存表（记录 MAC 对应接口的信息），理解为当 PC1 发送消息至交换机的 Port1 时，交换机会把源 MAC（也就是 MAC1）记录下来，添加一条 MAC1 和 Port1 的映射，之后交换机可以根据 MAC 帧的目的 MAC 进行端口转发，这时 PC3 只是处于监听状态，会把 PC1 的广播丢弃。

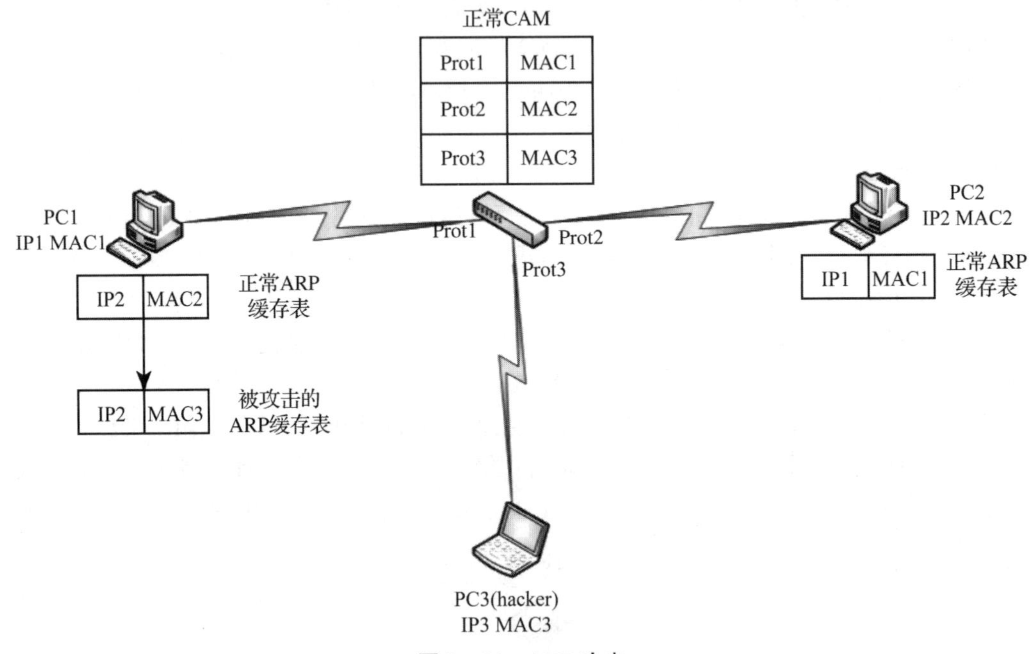

图 7－34　ARP 攻击

正常情况下 PC3 会把广播包丢弃，但是，如果 PC3 抓住这一环节的漏洞，把不属于自己的广播包接收，同时回应一个虚假的回应包，告诉 PC1 它就是 PC2（IP2－MAC3），这样 PC1 会收到两个回应包（一个正确的 IP2－MAC2，一个虚假的 IP2－MAC3），但是 PC1 并不知道到底哪个是真的，所以 PC1 会做出判断，并且判断后到达的为真。如何让虚假的回应包后到达呢？PC3 可以连续不断地发送这样的回应包，总会把正确的回应包覆盖掉。

而后 PC1 会建立 IP2－MAC3 这样一条 ARP 缓存条目，以后当 PC1 给 PC2 发送信息的时候，PC1 依据 OSI 模型从高到低在网络层给数据封装目的 IP 为 IP2 的包头，在链路层通过查询 ARP 缓存表封装目的 MAC 为 MAC3 的数据帧，送至交换机，根据查询 MAC 表，发现 MAC3 对应的接口为 Port3，就这样把信息交付到了 PC3，完成了一次 ARP 攻击。

黑客利用 ARP 进行恶意攻击如图 7－35 所示。黑客所控制的计算机 B 收到计算机 A 的请求（ARP 请求是广播），计算机 B 人为稍作延时再发送 ARP 响应，保证这个响应迟于网关的响应到达计算机 A，计算机 B 回答：10. 1. 1. 1 和 10. 1. 1. 3 的 MAC 均为 B. B. B。由于 ARP 条目会采用最新的响应，因此计算机 A 就误认为 10. 1. 1. 3 的 MAC 为 B. B. B 了，路由器也误认为 10. 1. 1. 1 的 MAC 为 B. B. B。

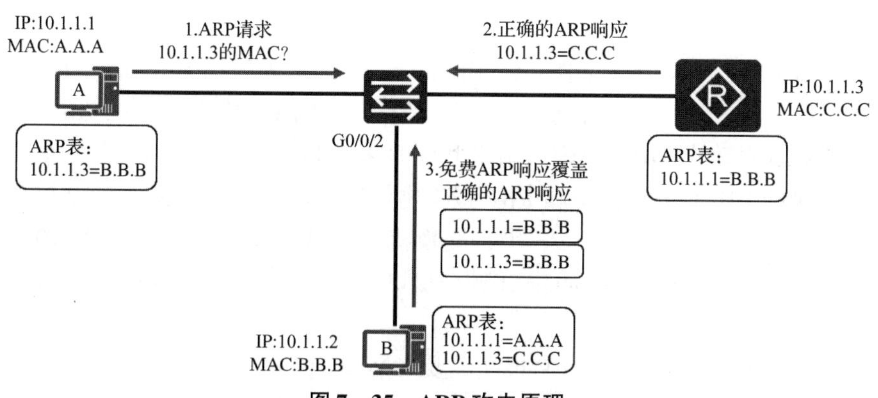

图7－35　ARP攻击原理

网络中针对ARP的攻击层出不穷，中间人攻击是常见的ARP欺骗攻击方式之一。

中间人攻击（Man－in－the－middle Attack）是指攻击者与通讯的两端分别创建独立的联系，并交换其所收到的数据，使通讯的两端认为与对方直接对话，但事实上整个会话都被攻击者完全控制。在中间人攻击中，攻击者可以拦截通讯双方的通话并插入新的内容。

图7－36是中间人攻击的一个场景。攻击者主动向UserA发送伪造UserB的ARP报文，导致UserA的ARP表中记录了错误的UserB地址映射关系，攻击者可以轻易获取到UserA原本要发往UserB的数据；同样，攻击者也可以轻易获取到UserB原本要发往UserA的数据。这样，UserA与UserB间的信息安全无法得到保障。

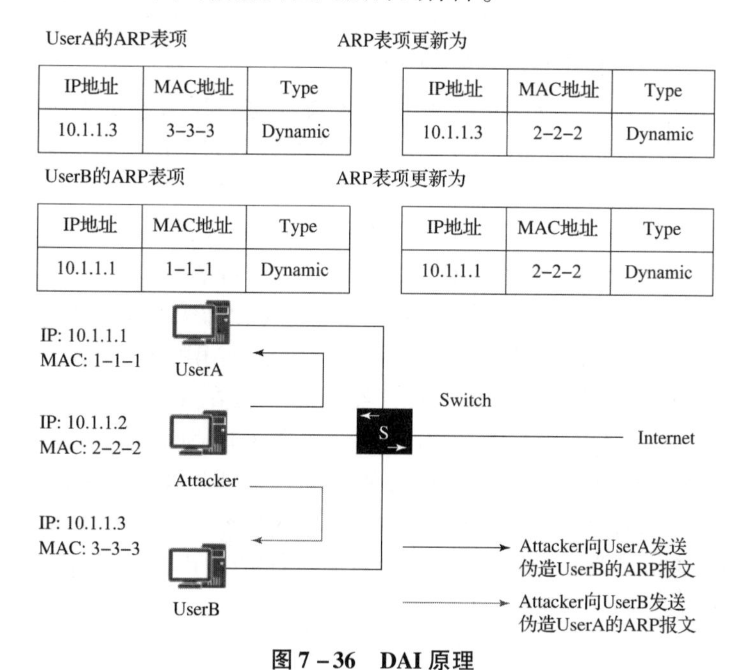

图7－36　DAI原理

为了防御中间人攻击，可以在Switch上部署动态ARP检测DAI（Dynamic ARP Inspection）功能。动态ARP检测是利用绑定表来防御中间人攻击的。当设备收到ARP报文时，将此ARP报文对应的源IP、源MAC、VLAN以及接口信息和绑定表的信息进行比较，如果信息匹配，说明发送该ARP报文的用户是合法用户，允许此用户的ARP报文通过，否则就认为是攻击，丢弃该 ARP 报文。

DAI 基于 DHCP Snooping 来工作，DHCP Snooping 绑定表包括 IP 地址与 MAC 地址的绑定信息，并将其与 VLAN、交换机端口相关联，DAI 可以用来检查接口的 ARP 请求和应答（主动式 ARP 和非主动式 ARP），确保请求和应答来自真正的 MAC、IP 所有者。交换机通过检查接口记录的 DHCP 绑定信息和 ARP 报文的信息决定是否是合法的 ARP 报文，不合法的 ARP 报文将被拒绝转发。图 7－36 中，交换机知道 Attacker 的 IP 地址为 10. 1. 1. 2、MAC 地址为 2－2－2，并知道 Attacker 在哪个接口，Attacker 发送的虚假 ARP 报文将被交换机丢弃。

ARP 安全通过过滤不信任的 ARP 报文以及对某些 ARP 报文进行时间戳抑制来保证网络设备的安全性和健壮性。

ARP 欺骗攻击的主要应用场景有 ARP 表项攻击、网关攻击、中间人攻击等。针对不同 ARP 欺骗攻击类型需要提供不同的解决方案，以增强网络抗击 ARP 欺骗攻击的能力。在这些配置防 ARP 欺骗攻击安全特性中，各项配置均是并列关系，无严格配置顺序，也并不是要求配置所有的 ARP 安全特性方案，用户可根据需要选择配置一种或多种方案。

（1）ARP 表项攻击。ARP 欺骗攻击一般都是通过修改 ARP 表项来完成的。解决方案是增强 ARP 表项的自我保护功能。

针对 ARP 表项攻击，可采用以下解决方案。

①ARP 表项固化。使设备在第一次学习到 ARP 之后，不再允许用户更新此 ARP 表项或只能更新此 ARP 表项的部分信息，或者通过发送 ARP 请求报文的方式进行确认，以防止攻击者伪造 ARP 报文修改正常用户的 ARP 表项内容。

②ARP 报文合法性检查。设备对收到的 ARP 报文进行以太网数据帧首部中的源 MAC 地址和 ARP 报文数据区中的源 MAC 地址的一致性检查，如果两者不一致，则直接丢弃该 ARP 报文，以免非法修改或创建 ARP 表项；否则允许该 ARP 报文通过。

③ARP 表项严格学习。只学习自己发送的 ARP 请求报文的应答报文。

④ARP 报文内 MAC 地址一致性检查。网关设备在进行 ARP 学习前对 ARP 报文进行检查。如果以太网数据帧首部中的源/目的 MAC 地址和 ARP 报文数据区中的源/目的 MAC 地址不同，则认为是攻击报文，将其丢弃；否则，继续进行 ARP 学习。

⑤DHCP 触发 ARP 学习。当 DHCP 服务器给用户分配 IP 地址时，设备回应用户。DHCP ACK 报文成功后，获取用户的 MAC 地址，生成该 IP 地址对应的 ARP 表项。这样可以省掉设备学习用户主机 ARP 的过程，避免攻击者通过 ARP 报文对 ARP 表项的攻击。

（2）网关攻击。攻击者仿冒网关地址，发送 ARP 报文头的源 IP 地址是网关地址的 ARP 报文，从而使主机修改网关的 MAC 地址为攻击者的 MAC 地址，需要发送给原来网关的报文就发送给攻击者了。

针对网关攻击，可采用以下解决方案。

①ARP 防网关冲突。使配置作为网关的设备丢弃 ARP 报文头的源 IP 地址是自己 IP 地址的 ARP 报文。但是这种防攻击策略只适用于所有主机的 ARP 报文必须通过网关转发的场景。

②发送免费 ARP 报文。用来定期更新合法用户的 ARP 表项，使得合法用户 ARP 表项中记录的是正确的网关地址映射关系。

（3）中间人攻击。中间人攻击会同时修改主机和网关的信息，包括修改主机上的网关信息和修改网关上的主机信息两种类型。前者攻击者仿冒网关地址，发送 ARP 报文头的源 IP 地址是网关地址的 ARP 报文，使主机修改网关的 MAC 地址为攻击者的 MAC 地址。后者攻击者仿冒主机地址，发送 ARP 报文头的源 IP 地址是主修改主机的 MAC 地址为攻击者的 MAC 地址。

针对中间人攻击，可采用“动态 ARP 检测”解决方案。当设备收到 ARP 报文时，将此 ARP 报文的源 IP、源 MAC、收到 ARP 报文的接口及 VLAN 信息和 DHCP 侦听绑定表的信息进行比较，如果信息匹配，则认为是合法用户，允许此用户的 ARP 报文通过；否则认为是攻击，丢弃该 ARP 报文。本功能仅适用于 DHCP 侦听场景，适用于所有主机的 ARP 报文必须通过网关转发的场景。

网络中有很多针对 ARP 表项的攻击，攻击者通过发送大量伪造的 ARP 请求、应答报文攻击网络设备，主要有 ARP 缓冲区溢出攻击和 ARP 拒绝服务攻击两种。

①ARP 缓冲区溢出攻击。攻击者向设备发送大量虚假的 ARP 请求报文和免费 ARP 报文，造成设备上的 ARP 缓存溢出，无法缓存正常的 ARP 表项，从而阻碍正常的报文转发。

②ARP 拒绝服务攻击。攻击者发送大量伪造的 ARP 请求、应答报文或其他能够触发 ARP 处理的报文，造成设备的计算资源长期忙于 ARP 处理，影响其他业务的处理，从而阻碍正常的报文转发。

任务实施

7.5.2　ARP 配置

1. ARP 表项固化配置

为了防止 ARP 地址欺骗攻击，可以配置 ARP 表项固化功能，使欺骗类 ARP 报文不能修改原来 ARP 表项。以下 3 种 ARP 表项固化模式适用于不同的应用场景。

1）fixed - mac 方式

这种固化模式是以报文中源 MAC 地址与 ARP 表中现有对应 IP 地址的表项中的 MAC 地址是否匹配为审查的关键依据。当这两个 MAC 地址不匹配时，则直接丢弃该 ARP 报文；如果这两个 MAC 地址是匹配的，但是报文中的接口或 VLAN 信息与 ARP 表中对应表项不匹配时，则可以更新对应 ARP 表项中的接口和 VLAN 信息。这种模式适用于静态配置 IP 地址，但网络存在冗余链路（这样可以改变出接口和 VLAN）的情况。当链路切换时，ARP 表项中的接口信息可以快速改变。

2）fixed - all 方式

这种固化模式是仅当 ARP 报文对应的 MAC 地址、接口、VLAN 信息和 ARP 表中对应表项的信息完全匹配时，设备才可以更新 ARP 表项的其他内容。这种模式匹配最严格，适用于静态配置 IP 地址，网络没有冗余（这样不可以改变出接口和 VLAN），且同一 IP 地址用户不会从不同接口接入的情况。

3）send - ack 方式

这种模式是当设备收到一个涉及 MAC 地址、VLAN、接口修改的 ARP 报文时，不会立即更新 ARP 表项，而是先向待更新的 ARP 表项现有 MAC 地址对应的用户发送一个单播的 ARP 请求报文，再根据用户的确认结果决定是否更新 ARP 表项中的 MAC 地址、VLAN 和接口信息。此方式适用于动态分配 IP 地址，有冗余链路的网络。

可在全局和 VLANIF 接口下配置 ARP 表项固化功能，全局配置该功能后，默认设备上所有接口的 ARP 表项固化功能均已使能。当全局和 VLANIF 接口下同时配置了该功能，VLANIF 接口下的配置优先生效。

ARP 表项固化配置步骤如下。

（1）进入系统视图。

```
<HUAWEI > system -view
```

（2）进入要配置 ARP 表项严格学习功能的 VLANIF 接口，进入 VLANIF 接口视图。在系统视图下配置 ARP 表项固化功能无须执行此步骤。

```
[HUAWEI] vlan 10
[HUAWEI] interface vlanif 10
```

（3）在全局或 VLANIF 接口下配置 ARP 表项固化功能。

命令中的选项说明如下。

fixed - mac：多选一选项，指定按固定 MAC 模式运行 ARP 防欺骗功能。固定 MAC 指的是不允许通过 ARP 学习对 MAC 地址进行修改，但允许对 VLAN 和接口信息进行修改：

```
[HUAWEIJarp anti -attackentry -check fixed -mac enable
```

fixed - all：多选一选项，指定按固定所有参数的模式运行 ARP 防欺骗功能。固定所有参数指的是对动态 ARP 和已解析的静态 ARP，MAC、VLAN 和接口信息均不允许修改：

```
[HUAWEIJarp anti -attackentry -check fixed -all enable
```

send - ack：多选一选项，指定按查询确认模式运行 ARP 防欺骗功能。查询确认指的是设备收到一个涉及 MAC 地址、VLAN、接口修改的 ARP 报文时，不会立即进行修改，而是先记录发送请求的表项信息，对源 ARP 表中与此 ARP 报文中的 MAC 地址对应的用户发一个单播确认，在收到 ACK 后删除该表项：

```
[HUAWEI -Vlanif10]arpanti -attack entry -check send -ack enable
```

2. ARP 综合配置

ARP 综合配置拓扑如图 7 - 37 所示，交换机通过 GE0/0/3 接口连接服务器，通过 GE0/0/1 和 GE0/0/2 接口分别连接 VLAN10 和 VLAN20 下的用户 PC1 和 PC2。在图 7 - 37 中，交换机选择 S5700 交换机。

网络中存在以下 ARP 威胁，现希望能够防止这些 ARP 攻击行为，为用户提供更安全的网络环境和更稳定的网络服务。

（1）攻击者向交换机发送伪造的 ARP 报文和伪造的免费 ARP 报文进行 ARP 欺骗攻击，恶意修改交换机上的 ARP 表项，造成其他用户无法正常接收数据报文。

（2）攻击者发出大量目的 IP 地址不可达的 IP 报文进行 ARP 泛洪攻击，造成交换机的 CPU 负荷过重。

（3）用户 PC1 构造大量源 IP 地址变化、MAC 地址固定的 ARP 报文进行 ARP 泛洪攻击，造成交换机的 ARP 表资源被耗尽以及 CPU 进程繁忙，影响正常业务的处理。

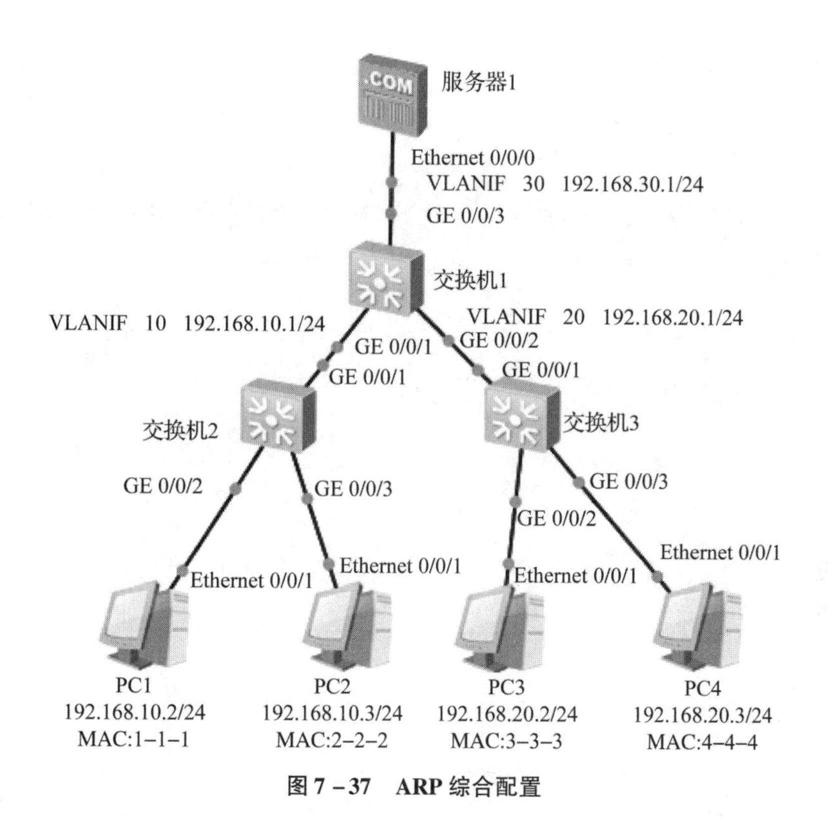

图7-37　ARP综合配置

（4）用户PC3构造大量源IP地址固定的ARP报文进行ARP泛洪攻击，造成交换机的CPU进程繁忙，影响到正常业务的处理。

1）基本配置思路分析

针对这样的环境，首先要分析网络中存在哪些ARP方面的安全隐患，然后有针对性地给出可用解决方案，选择对应的解决方案。

（1）配置ARP表项严格学习功能和ARP表项固化功能，实现防止伪造的ARP报文错误更新交换机的ARP表项；配置免费ARP报文主动丢弃功能，实现防止伪造的免费ARP报文错误地更新设备ARP表项。

（2）配置根据源IP地址进行ARP Miss消息限速，实现防止用户侧存在攻击者发出大量目的IP地址不可达的IP报文触发大量ARP Miss消息，形成ARP泛洪攻击。同时需要保证交换机可以正常处理服务器发出的大量此类报文，避免因丢弃服务器发出的大量此类报文而造成网络无法正常通信。

（3）配置基于接口的ARP表项限制以及根据源MAC地址进行ARP限速，实现防止User1发送的大量源IP地址变化MAC地址固定的ARP报文形成的ARP泛洪攻击，避免交换机的ARP表资源被耗尽，避免CPU进程繁忙。

（4）配置根据源IP地址进行ARP限速，实现防止User3发送的大量源IP地址固定的ARP报文形成的ARP泛洪攻击，避免Switch的CPU进程繁忙。

2）具体配置步骤

（1）只需完成交换机1的配置即可：

```
<Huawei>system-view
[Huawei]vlan batch 10 20 30
[Huawei]interface gigabitethernet 0/0/1
[Huawei-GigabitEthernet0/0/1]port link-type trunk
[Huawei-GigabitEthernet0/0/1]port trunkallow-pass vlan 10
[Huawei-GigabitEthernet0/0/1]quit
[Huawei]interface gigabitethernet 0/0/2
[Huawei-GigabitEthernet0/0/2]port link-typetrunk
[Huawei-GigabitEthernet0/0/2]port trunkallow-pass vlan 20
[Huawei-GigabitEthernet0/0/2]quit
[Huawei]interface gigabitethernet 0/0/3
[Huawei-GigabitEthernet0/0/3]port link-typetrunk
[Huawei-GigabitEthernet0/0/3]port trunkallow-pass vlan 30
[Huawei-GigabitEthernet0/0/3]quit
```

（2）创建接口 VLANIF10、VLANIF20、VLANIF30，并按图中标注配置各 VLANIF 接口的 IP 地址：

```
[Huawei]interface vlanif 10
[Huawei-Vlanif10]ip address 192.168.10.1 24
[Huawei-Vlanif10]quit
[Huawei]interface vlanif 20
[Huawei-Vlanif20]ip address 192.168.20.1 24
[Huawei-Vlanif20]quit
[Huawei]interface vlanif 30
[Huawei-Vlanif30]ip address 192.168.30.1 24
[Huawei-Vlanif30]quit
```

（3）配置 ARP 表项严格学习功能，使网关设备只对自己主动发送的 ARP 请求报文的应答报文触发本学习 ARP 表项，其他设备主动向网关设备发送的 ARP 报文不能触发本学习 ARP 表项。防止从伪造的 ARP 报文中学习 ARP 表项：

```
[Huawei]arp learning strict
```

（4）配置 ARP 表项固化模式为 fixed-mac 方式。使网关设备对收到的 ARP 报文中的 MAC 地址与 ARP 表中对应表项的 MAC 地址进行匹配检查，直接丢弃 MAC 地址不匹配的 ARP 报文：

```
[Huawei]arp anti-attack entry-checkfixed-mac enable
```

（5）配置免费 ARP 报文主动丢弃功能，使网关设备直接丢弃免费 ARP 报文，此配置 ENSP 模拟器中 S5700、S3700 交换机不支持：

```
[Huawei]arp anti-attack gratuitous-arp drop
```

（6）配置根据源 IP 地址进行 ARP Miss 消息限速，对服务器（IP 地址为 192.168.30.2）的 ARP Miss 消息进行限速，允许交换机每秒最多处理该 IP 地址触发的 40 个 ARP Miss 消息；对于其他用户，允许交换机每秒最多处理同一个源 IP 地址触发的 20 个 ARP Miss 消息：

```
[Huawei]arp-miss speed-limit source-ipmaximum 20
[Huawei]arp-miss speed-limit source-ip 192.168.30.2 maximum 40
```

（7）配置基于接口的 ARP 表项限制，使 GE0/0/1 接口最多可以学习到 20 个动态 ARP 表项：

```
[Huawei]interface gigabitethernet0/0/1
[Huawei-GigabitEthernet0/0/1]arp-limit vlan10 maximum 20
[Huawei-GigabitEthernet0/0/1]quit
```

（8）配置根据源 MAC 地址进行 ARP 限速，对用户 PC1（MAC 地址为 1-1-1）进行 ARP 报文限速，每秒最多只允许 10 个该 MAC 地址的 ARP 报文通过：

```
[Huawei]arp speed-limit source-mac 1-1-1maximum 10
```

（9）配置根据源 IP 地址进行 ARP 限速，对用户 PC3（IP 地址为 192.168.20.2）进行 ARP 报文限速，每秒最多只允许 10 个该 IP 地址的 ARP 报文通过：

```
[Huawei]arp speed-limit source-ip 192.168.20.2 maximum 10
```

配置后，通过 display arp learning strict 命令查看全局已经配置 ARP 表项严格学习功能；通过 display arp packet statistics 命令查看 ARP 处理的报文统计数据。

3. ARP 防止中间人攻击配置

ARP 防止中间人攻击配置拓扑如图 7-38 所示，交换机 1 通过 GE0/0/4 接口连接 DHCP 服务器，通过 GE0/0/1 和 GE0/0/2 接口分别连接 DHCP 客户端 PC1 和 PC2，通过 GE0/0/3 接口连接静态配置 IP 地址的用户 PC3。交换机 1 的 GE0/0/1、GE0/0/2、GE0/0/3、GE0/0/4 接口都属于 VLAN10。在图 7-38 中，交换机选择 S5700 型号。

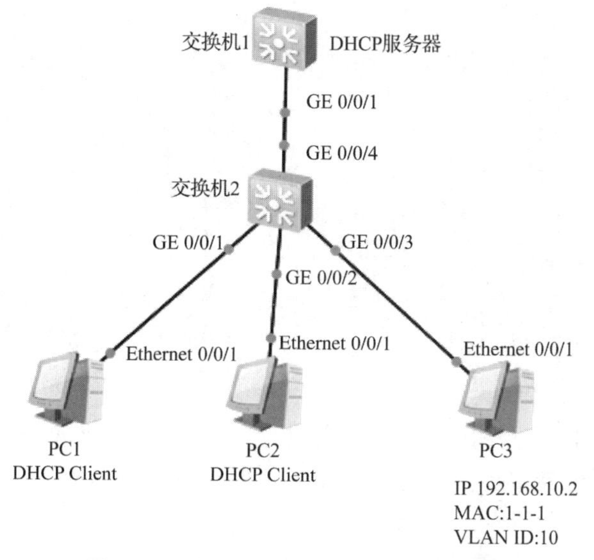

图 7-38　ARP 防止中间人攻击配置拓扑

1）基本配置思路分析

现希望能够防止 ARP 中间人攻击，避免合法用户的数据被中间人窃取，同时希望能够了解当前 ARP 中间人攻击的频率和范围。

可以采取以下方法来预防 ARP 中间人攻击。

（1）使能动态 ARP 检测功能，使交换机 1 对收到的 ARP 报文对应的源 IP 地址、源 MAC 地址、VLAN 以及接口信息进行 DHCP 侦听绑定表匹配检查，防止 ARP 中间人攻击。

（2）使能动态 ARP 检测丢弃报文告警功能，使交换机 1 开始统计丢弃的不匹配 DHCP 侦听绑定表的 ARP 报文数量，并在丢弃数量超过告警阈值时能以告警的方式提醒管理员，这样可以使管理员根据告警信息以及报文丢弃计数来了解当前 ARP 中间人攻击的频率和范围。

（3）配置 DHCP 侦听功能，并为 PC3 配置静态绑定表（对于采用 DHCP 自动分配 IP 地址的 PC1 和 PC2，在设备使能 DHCP 侦听功能后，当上线时设备会自动生成 DHCP 侦听绑定表），使动态 ARP 检测功能生效。

2）具体配置步骤

（1）创建 VLAN10，并将 GE0/0/1、GE0/0/2、GE0/0/3、GE0/0/4 接口加入 VLAN10 中：

```
<Huawei>system-view
[Huawei]sysname SW1
[SW1]vlan batch 10
[SW1]interface gigabitethernet0/0/1
[SW1-GigabitEthernet0/0/1]portlink-type access
[SW1-GigabitEthernet0/0/1]port defaultvlan 10
[SW1-GigabitEthernet0/0/1]quit
[SW1]interface gigabitethernet0/0/2
[SW1-GigabitEthernet0/0/2]portlink-type access
[SW1-GigabitEthernet0/0/2]port defaultvlan 10
[SW1-GigabitEthernet0/0/2]quit
[SW1]interface gigabitethernet0/0/3
[SW1-GigabitEthernet0/0/3]portlink-type access
[SW1-GigabitEthernet0/0/3]port defaultvlan 10
[SW1-GigabitEthernet0/0/3]quit
[SW1]interface gigabitethernet0/0/4
[SW1-GigabitEthernet0/0/4]portlink-type trunk
[SW1-GigabitEthernet0/0/4]port trunkallow-pass vlan 10
[SW1-GigabitEthernet0/0/4]quit
```

（2）使能动态 ARP 检测功能和动态 ARP 检测丢弃报文告警功能。在用户侧的 GE0/0/1、GE0/0/2、GE0/0/3 接口想使能动态 ARP 检测功能和动态 ARP 检测丢弃报文告警功能。以 GE0/0/1 为例：

```
    [SW1]interface gigabitethernet0/0/1
    [SW1 -GigabitEthernet1/0/1]arpanti -attack check user -bind enable
    [SW1 -GigabitEthernet1/0/1]arpanti - attack check user - bind alarm
enable
    [SW1 -GigabitEthernet1/0/1]quit
```

（3）配置 DHCPSnooping 功能：

```
    [SW1]dhcp enable
    [SW1]dhcp Snooping enable//全局使能 DHCPSnooping 功能
    [SW1]vlan 10
    [SW1 -vlan10]dhcp Snooping enable   //在 VLAN10 内使能 DHCP 侦听功能，
//这就会为 VLAN10 中的动态 IP 地址用户 UserA 和 UserB 自动生成绑定表
    [SW1 -vlan10]quit
    [SW1]interface gigabitethernet0/0/1
    [SW1 -GigabitEthernet0/0/1]dhcp Snoopingtrusted   //配置接口 GE0/0/1
//为 DHCP 侦听信任接口,所有接口默认均为非信任端口
    [SW1 -GigabitEthernet0/0/1]quit
    [SW1]user -bind static ip -address 192.168.10.2 mac -address 0001 -
0001 -0001 interface Gigabitethernet 0/0/3 vlan 10   //在信任接口 GE0/0/3
//上为采用静态 IP 地址分配的 PC3 用户配置静态绑定表
```

配置好后，查看验证：GE0/0/1 接口下产生了 ARP 报文丢弃计数和丢弃的 ARP 报文告警数，表明防 ARP 中间人攻击功能已经生效。当在各接口下多次执行命令 display arp anti – attack statistics check user – bind interface 时，可根据显示信息中“Dropped ARP packet number is”字段值的变化来了解 ARP 中间人攻击频率和范围。

任务总结

在学习 ARP 原理及攻击类型的基础上，进一步完成 ARP 相关配置，学生理解了 ARP 的作用及工作原理，学会了 ARP 的基本配置。通过本任务，培养了学生灵活运用所学知识解决实际问题的能力，锻炼了动手操作能力，实现了“教学做”一体化。

任务评价

本任务自我评价见表 7 –6。

表 7 –6 自我评价表

知识和技能点	掌握程度
ARP 的单播原理	完全掌握 基本掌握 有些不懂 完全不懂
ARP 的广播原理	完全掌握 基本掌握 有些不懂 完全不懂
ARP 攻击	完全掌握 基本掌握 有些不懂 完全不懂
ARP 配置命令	完全掌握 基本掌握 有些不懂 完全不懂
ARP 配置案例	完全掌握 基本掌握 有些不懂 完全不懂

任务7.6 IPSG技术及配置

任务描述

IP源防护IPSG（IP Source Guard）针对基于源IP的攻击提供了一种防御机制，利用绑定表来防御IP源欺骗的攻击，可以有效地防止基于源地址欺骗的网络攻击行为。本任务介绍了IPSG的原理、绑定表等内容，并对IPSG和DAI防护技术进行了比较，完成了IPSG的配置。

任务分析

通过对IPSG原理的讲解，介绍了IPSG的绑定表。然后对IPSG和DAI进行了比较。最后通过对IPSG的配置，完成了IPSG的配置。学生在了解IPSG的概念及防护原理的基础上，进一步熟悉IPSG和DAI的异同点，完成IPSG的配置。

知识准备

7.6.1 IPSG原理

随着网络规模越来越大，基于源IP的攻击也逐渐增多。一些攻击者利用欺骗的手段获取到网络资源，取得合法使用网络资源的权限，甚至造成被欺骗者无法访问网络，或者信息泄露。IP源地址欺骗是黑客进行DoS攻击时经常同时使用的一种手段，黑客发送具有虚假源IP地址的数据包。IP源防护IPSG针对基于源IP的攻击提供了一种防御机制，设备在作为2层设备使用时，利用绑定表来防御IP源欺骗的攻击，可以有效地防止基于源地址欺骗的网络攻击行为。

1. IPSG原理

一个典型的利用IPSG防攻击的示例如图7－39所示。非法主机伪造合法主机的IP地址获取上网权限。此时，通过在交换机的接入用户侧的接口或VLAN上部署IPSG功能，交换机可以对进入接口的IP报文进行检查，丢弃非法主机的报文，从而阻止此类攻击。

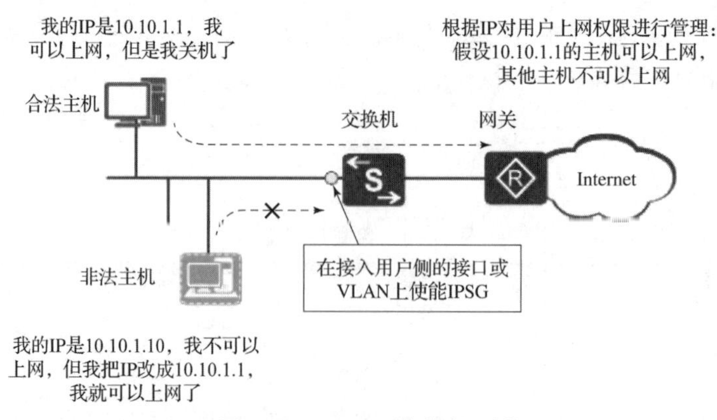

图7－39 IPSG防攻击示例

IPSG可以防止局域网内的IP地址欺骗攻击，IPSG可以防范针对源IP地址进行欺骗的攻击行为。和DAI类似，IPSG也是基于DHCP侦听进行工作，DHCP侦听绑定表包括IP地

址与 MAC 地址的绑定信息，并将其与 VLAN、交换机端口相关联，交换机根据 DHCP 侦听绑定表的内容来过滤 IP 报文。客户端发送的 IP 数据包，只有其源 IP 地址、MAC 地址、VLAN 和 DHCP 侦听绑定表相符才会被发送，其他 IP 数据包都将被丢弃。

IPSG 功能基于绑定表（DHCP 动态和静态绑定表）对 IP 报文进行匹配检查。当设备在转发 IP 报文时，将此 IP 报文中的源 IP、源 MAC、接口、VLAN 信息和绑定表的信息进行比较，如果信息匹配，表明是合法用户，则允许此报文正常转发；否则认为是攻击报文，并丢弃该 IP 报文。例如，用户通过 DHCP 上线后，交换机根据 DHCPACK 报文生成用户的绑定表，绑定表包括用户的源 IP、源 MAC、端口、VLAN 信息。当用户发送 IP 报文时，交换机查找此 IP 报文是否和该用户的绑定表匹配，如果是相同的，则允许报文通过；否则丢弃该 IP 报文。这样，合法用户发送的 IP 报文会被允许通过，而攻击者发送虚假的 IP 报文，无法匹配到绑定表，报文被丢弃，无法攻击其他用户。

IPSG 通过绑定表禁止非法主机访问，如图 7－40 所示。交换机上的绑定表绑定了源 IP 地址、MAC 地址、所属 VLAN、接口等信息，只有与绑定表内信息匹配的主机才能通过网关访问 Internet，非法主机由于信息与绑定表不匹配，无法访问 Internet。

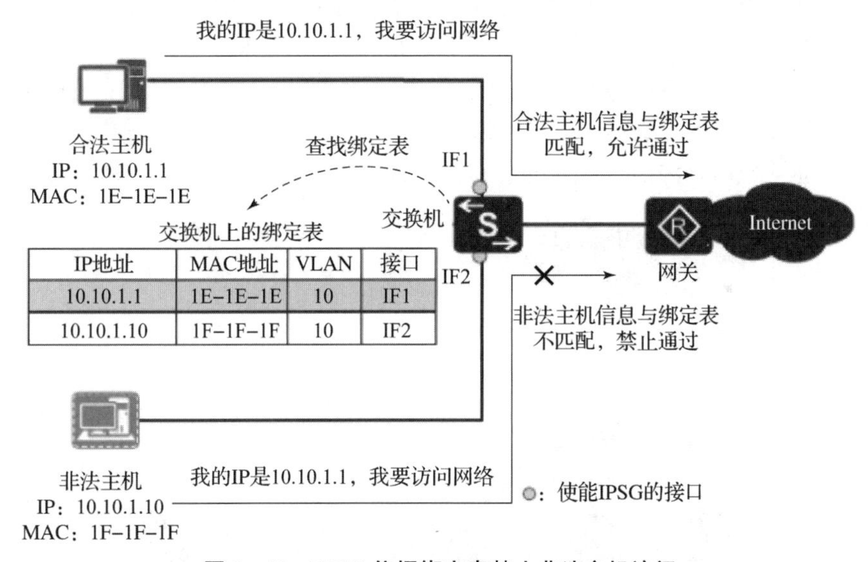

图 7－40 IPSG 依据绑定表禁止非法主机访问

IPSG 利用绑定表去匹配检查 2 层接口上收到的 IP 报文，只有匹配绑定表的报文才允许通过，其他报文将被丢弃。绑定表包括静态和动态两种，两种绑定表的比较见表 7－7。

表 7－7 IPSG 的绑定表

绑定表类型	生成过程	适用场景
静态绑定表	适用 user－bind 命令手动配置	针对 IPv4 和 IPv6 主机，适用于主机数较少且主机使用静态 IP 地址的场景
DHCP 侦听动态绑定表（1）	配置 DHCP 侦听功能后，DHCP 主机动态获取 IP 地址时，设备根据 DHCP 服务器发送的 DHCP 回复报文动态生成	针对 IPv4 和 IPv6 主机，适用于主机数较多且主机从 DHCP 服务器获取 IP 地址的场景

续表

绑定表类型	生成过程	适用场景
DHCP 侦听动态绑定表（2）	802.1X 用户认证过程中，设备根据认证用户的信息生成	针对 IPv4 和 IPv6 主机，适用于主机数较多、主机使用静态 IP 地址，并且网络中部署了 802.1X 认证的场景。该方式生成的表项不可靠，建议配置静态绑定表
ND 侦听动态绑定表	配置 ND 侦听功能后，设备通过侦听用户用于重复地址检测的 NS（Neighbor Solicitation）报文来建立	仅针对 IPv6 主机，适用于主机数较多的场景

IPSG 仅支持在 2 层物理接口或者 VLAN 上应用，且只对使能了 IPSG 功能的非信任接口进行检查。对于 IPSG 来说。默认所有的接口均为非信任接口。信任接口由用户指定。IPSG 的信任接口/非信任接口也就是 DHCP 侦听或 ND 侦听中的信任接口/非信任接口，信任接口/非信任接口同样适用于基于静态绑定表方式的 IPSG。

IPSG 中各接口角色如图 7-41 所示。IF1 和 IF2 接口为非信任接口且使能 IPSG 功能，从 IF1 和 IF2 接口收到的报文会执行 IPSG 检查。IF3 接口为非信任接口但未使能 IPSG 功能，从 IF3 接口收到的报文不会执行 IPSG 检查，可能存在攻击。IF4 接口为用户指定的信任接口，从 IF4 接口收到的报文也不会执行 IPSG 检查，但此接口一般不存在攻击。在 DHCP 侦听的场景下，通常把与合法 DHCP 服务器直接或间接连接的接口设置为信任接口。

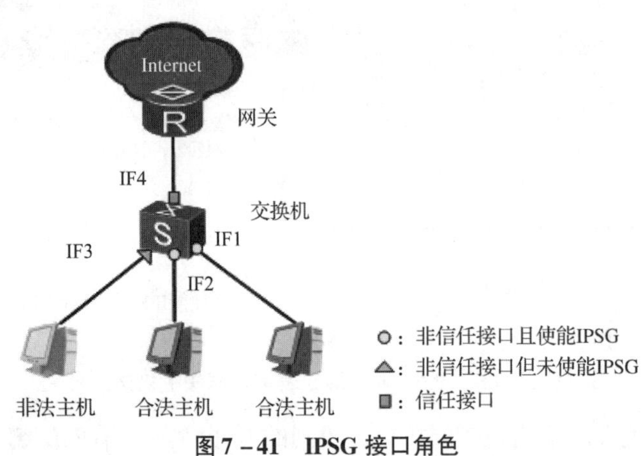

图 7-41　IPSG 接口角色

2. IPSG 与 DAI 比较

IPSG 是 IP 源保护，DAI 是动态 ARP 检测，这两项技术部署的前提是 DHCP 侦听，这两种技术都是 2 层技术。区别可以从它们的名字中看出来，分别用于防范不同的攻击类型。

IPSG 用于同一个网络中，其他主机盗用自己的 IP 地址。如果配置了 IPSG，那么每个端口只能有一个 IP 地址，就算主机关机了，只要别人没有占用该端口，就不能用端口对应 IP 地址。这是一个很好的防止内部网络乱改 IP 的技术。默认情况下，IPSG 只以源 IP 地址为条件过滤 IP 包，如果加上以源 MAC 地址为条件过滤的话，必须开启 DHCP SNOOPING INFORMAITON OPTION 82 功能。

DAI 主要是防范中间人攻击的，中间人并不会抢占他人的 IP，而是通过 ARP 欺骗，引

导2层数据流从自己这里经过，从而可以截获他人信息。DAI利用侦听表中的端口和MAC项，来过滤非法的ARP应答，保证ARP请求可以得到正确的应答。

可以看出，两项技术是针对不同需求的，为了网络更加安全，建议网络中这两种技术都要配置。

任务实施

7.6.2　IPSG配置

1. IPSG配置命令

IPSG依赖于DHCP侦听来实现它的功能，设备使能DHCP侦听功能后，当DHCP用户上线时，设备会自动生成DHCP侦听绑定表。对于静态配置IP地址的用户，设备不会生成DHCP侦听绑定表，所以需要手动添加静态绑定表，在系统视图下执行“user - bind static {{ip - address ip - address & <1 - 10>} | mac - address mac - address} * [interface interface - type interface - number] [vlan vlan - id]”命令。

进入接口视图或者进入VLAN视图，执行“ip source check user - bind enable”命令，使能IP报文检查功能。默认情况下，接口或VLAN未使能对IP报文的检查功能。

进入接口视图，执行“ip source check user - bind check - item {ip - address | mac - address | vlan} *”命令；或者VLAN视图下执行“ip source check user - bind check - item {ip - address | mac - address | interface} *”命令，配置IP报文检查项。

使用“display dhcp static user - bind {interface interface - type interface - number | ip - address ip - address | mac - address mac - address | vlan vlan - id} * [verbose]”命令查看静态绑定表信息。

使用“display dhcp static user - bind user - bind all [verbose]”命令查看静态绑定表信息。

使用“display ip source check user - bind interface interface - type interface - number”命令查看接口下IP Source Guard相关的配置信息。

（1）启用DHCP SNOOPING。

全局命令：

```
 ip dhcp snooping vlan 10,20,30
no ip dhcp snooping information option
ip dhcp snooping database flash:dhcpsnooping.text //将侦听表保存到单独
//文档中,防止掉电后消失
ip dhcp snooping
```

接口命令：

```
 ip dhcp snooping trust //将连接 DHCP 服务器的端口设置为 Trust,其余
//unTrust(默认)
```

（2）启用DAI，防止ARP欺骗和中间人攻击。通过手工配置或者DHCP侦听，交换机将能够确定正确的端口。如果ARP应答和侦听不匹配，那么它将被丢弃，并且记录违规行

为。违规端口将进入 err - disabled 状态，攻击者也就不能继续对网络做进一步破坏了。

全局命令：

```
ip arp inspection vlan 30
```

接口命令（交换机之间链路配置 DAI 信任端口，用户端口则在默认的非信任端口）：

```
ip arp inspection trust
ip arp inspection limit rate 100
```

（3）启用 IPSG，前提是启用 IP DHCP SNOOPING，能够获得有效的源端口信息。IPSG 是一种类似于 uRPF（单播反向路径检测）的 2 层接口特性，uRPF 可以检测第 3 层或路由接口。

接口命令：

```
switchport mode acc
switchport port - security
ip verify source vlan dhcp - snooping port - security
```

（4）关于几个静态 IP 的解决办法。

①通过 arp access - list 添加静态主机：

```
arp access - list static - arp
permit ip host 192.168.1.1 mac host 0000.0000.0003
ip arp inspection filter static - arp vlan 30
```

②DHCP 中绑定固定 IP：

```
ip dhcp pool test
host 192.168.1.18 255.255.255.0 (分给用户的 IP)
client - identifier 0101.0bf5.395e.55(用户端 MAC)
client - name test
```

2. IPSG 配置案例

IPSG 静态绑定配置拓扑如图 7 - 42 所示，主机通过交换机接入网络，网关为企业出口网关，各主机均使用静态配置的 IP 地址。管理员希望主机使用管理员分配的固定 IP 地址上网，不允许私自更改 IP 地址非法获取网络访问权限。

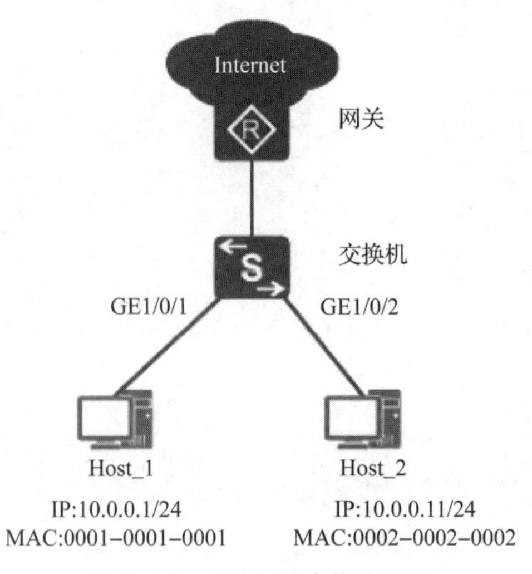

图 7 - 42　IPSG 静态绑定配置

在 ENSP 模拟器中，交换机选择 S5700。采用以下的思路在交换机上配置 IPSG 功能，实现上述需求。

在交换机上配置 Host_1 和 Host_2 的静态绑定表，固定 IP 和 MAC 的绑定关系。

在交换机连接用户主机的接口使能 IPSG，实现主机只能使用管理员分配的固定 IP 地址上

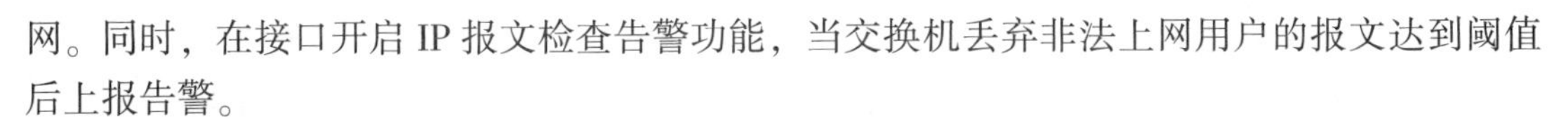

网。同时，在接口开启 IP 报文检查告警功能，当交换机丢弃非法上网用户的报文达到阈值后上报告警。

操作步骤如下。

步骤 1　创建 Host_1 和 Host_2 的静态绑定表项：

```
<HUAWEI> system-view
[HUAWEI] sysname Switch
[switch] user-bind static ip-address 10.0.0.1 mac-address 0001-0001-0001
[Switch] user-bind static ip-address 10.0.0.11 mac-address 0002-0002-0002
```

步骤 2　使能 IPSG 并设置丢弃报文上报告警功能：

```
#在连接 Host_1 的 GE1/0/1 接口使能 IPSG 和 IP 报文检查告警功能,当丢弃报文阈值到达 200 将上报告警
[Switch] interface gigabitethernet 1/0/1
[Switch-GigabitEthernet1/0/1] ip source check user-bind enable
[switch-GigabitEthernet1/0/1] ip source check user-bind alarm enable
[Switch-GigabitEthernet1/0/1] ip source check user-bind alarm threshold 200
[Switch-GigabitEthernet1/0/1] quit
#在连接 Host_2 的 GE1/0/2 接口使能 IPSG 和 IP 报文检查告警功能,当丢弃报文阈值到达 200 将上报告警
[Switch] interface gigabitethernet 1/0/2
[Switch-GigabitEthernet1/0/2] ip source check user-bind enable
[switch-GigabitEthernet1/0/2] ip source check user-bind alarm enable
iswitch-GigabitEthernet1/0/2] ip source check user-bind alarm threshold 200
[Switch-GigabitEthernet1/0/2] quit
```

步骤 3　验证配置结果：在交换机上执行 display dhcp static user-bind all 命令，可以查看静态绑定表信息：

```
[Switch] display dhcp static user-bind all
DHCP static Bind-table:
Flags:O - outer vlan ,I - inner vlan ,P - Vlan-mapping
IP AddressMAC AddressvsI/vLAN(O/I/P) Interface
10.0.0.10001-0001-0001--/--/--          --
10.0.0.10002-0002-0002--/--/--          --
Print count   2     Total count   2
```

Host_1 和 Host_2 使用管理员分配的固定 IP 地址可以正常访问网络，更改 IP 地址后无法访问网络。

任务总结

在学习 IPSG 原理及分类的基础上，进一步完成 IPSG 相关配置。学生理解了 IPSG 的作用及工作原理，学会了 IPSG 的基本配置。通过本任务，培养了学生灵活运用所学知识解决实际问题的能力，锻炼了动手操作能力，实现了“教学做”一体化。

任务评价

本任务自我评价见表 7－8。

表 7－8　自我评价表

知识和技能点	掌握程度
IPSG 的防攻击原理	完全掌握　基本掌握　有些不懂　完全不懂
IPSG 的绑定表	完全掌握　基本掌握　有些不懂　完全不懂
IPSG 与 DAI	完全掌握　基本掌握　有些不懂　完全不懂
IPSG 配置命令	完全掌握　基本掌握　有些不懂　完全不懂
IPSG 配置案例	完全掌握　基本掌握　有些不懂　完全不懂

项目评价

本项目自我评价见表 7－9。

表 7－9　自我评价表

任务	掌握程度
防火墙及配置	完全掌握　基本掌握　有些不懂　完全不懂
ACL 技术及配置	完全掌握　基本掌握　有些不懂　完全不懂
NAT 技术及配置	完全掌握　基本掌握　有些不懂　完全不懂
VPN 技术及配置	完全掌握　基本掌握　有些不懂　完全不懂
ARP 技术及配置	完全掌握　基本掌握　有些不懂　完全不懂
IPSG 技术及配置	完全掌握　基本掌握　有些不懂　完全不懂

项目小结：

本项目介绍了 6 种主要的网络安全技术，包括防火墙、访问控制列表（ACL）、网络地址转换（NAT）、虚拟专网（VPN）、地址解析协议（ARP）、IP 源防护（IPSG）等。通过本项目，学生认识到网络安全的重要性和理解了不同网络安全技术的工作原理。通过配置操作，加深了对原理的理解，并锻炼了动手操作能力，培养了学生解决实际问题的能力。

练习与思考

1. 单项选择题

(1) 在公用网络上建立临时的、安全的连接是（ ）。

A. NAT　B. VPN　C. ARP　D. IPSG

(2) 实现 IP 地址到 MAC 地址的转换的是（ ）。

A. TCP　B. UDP　C. IP　D. ARP

(3) DAI 指的是（ ）。

A. 动态 RARP 检测　B. 动态 ARP 检测

C. 动态 MAC 检测　D. 动态 IP 检测

(4) IPSG 针对基于（ ）攻击提供了一种防御机制。

A. 源 IP　B. 源 MAC　C. 目的 IP　D. 目的 MAC

(5) 下列关于防火墙的描述，不正确的是（ ）。

A. 防火墙不能防范不经过防火墙的攻击

B. 防火墙不能解决来自内部网络的攻击和安全问题

C. 防火墙不能对非法的外部访问进行过滤

D. 防火墙不能消除网络上的 PC 机的病毒

(6) 基本 ACL 的数字编号范围是（ ）。

A. 2000 ~ 2999　B. 3000 ~ 3999　C. 4000 ~ 4999　D. 5000 ~ 5999

(7) 如果企业内部需要连接入 Internet 的用户共有 400 个，但该企业只申请到一个 C 类的合法 IP 地址，则应该使用（ ）NAT 方式实现。

A. 静态 NAT　B. 动态 NAT　C. NAPT　D. TCP 负载均衡

2. 判断题（对的打"√"，错的打"×"）

(1) 防火墙能够完全防止传送已被病毒感染的软件和文件。（ ）

(2) ACL 可以实现对网络中报文流的精确识别。（ ）

(3) NAT 可以将某主机的私有地址转换为合法的公网地址。（ ）

(4) NAPT 可以将内部所有地址映射到一个外部地址。（ ）

(5) VPN 技术不需要申请专线，通信成本和维护成本大大降低。（ ）

(6) ARP 安全通过过滤不信任的 ARP 报文以及对某些 ARP 报文进行时间戳抑制来保证网络设备的安全性和健壮性。（ ）

(7) IP 源地址欺骗是黑客进行 DoS 攻击时经常同时使用的一种手段，黑客发送具有虚假目的 IP 地址的数据包。（ ）

3. 简答题

(1) 什么是防火墙？防火墙的主要作用有哪些？

(2) ACL 的分类有几种？编号范围分别是多少？

(3) NAT 的主要作用是什么？

(4) 什么是 VPN？请举例说明 VPN 在实际中的应用。

(5) ARP 攻击有哪些应用场景？

(6) IPSG 的绑定表有哪些内容？

参 考 文 献

[1] 杨延广. 数据通信与计算机网 [M]. 北京：人民邮电出版社，2014.

[2] 李志球. 计算机网络基础 [M]. 5 版. 北京：电子工业出版社，2020.

[3] 穆维新. 数据路由与交换技术 [M]. 北京：清华大学出版社，2018.

[4] 王达. 华为路由器学习指南 [M]. 北京：人民邮电出版社，2020.

[5] 朱仕耿. HCNP 路由器交换学习指南 [M]. 北京：人民邮电出版社，2020.

[6] 许成刚. eNSP 网络技术与应用从基础到实战 [M]. 北京：中国水利水电出版社，2020.

[7] 孙秀英，史红彦. 路由交换技术及应用 [M]. 3 版. 北京：人民邮电出版社，2018.

[8] 孙青华. 通信概论 [M]. 北京：高等教育出版社，2019.

[9] 杨昊龙，杨云，沈宇春. 局域网组建、管理与维护 [M]. 3 版. 北京：机械工业出版社，2019.

[10] 华为技术有限公司. 网络系统建设与运维（初级）[M]. 北京：人民邮电出版社，2020.

[11] 华为技术有限公司. 网络系统建设与运维（中级）[M]. 北京：人民邮电出版社，2020.

[12] 华为技术有限公司. 网络系统建设与运维（高级）[M]. 北京：人民邮电出版社，2020.